航天科技图书出版基金资助出版

多体柔性卫星全天时的高精度控制方法与应用

刘一武 著

中国宇航出版社
·北京·

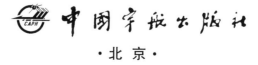

图书在版编目（CIP）数据

多体柔性卫星全天时的高精度控制方法与应用 / 刘一武著. -- 北京 : 中国宇航出版社, 2024. 11.
ISBN 978-7-5159-2456-4

Ⅰ. TP872

中国国家版本馆 CIP 数据核字第 202414Z1R3 号

责任编辑　王杰琼　　**封面设计**　王晓武

出　版 发　行　中国宇航出版社

社　址　北京市阜成路 8 号　**邮　编**　100830
(010)68768548

网　址　www.caphbook.com

经　销　新华书店

发行部　(010)68767386　(010)68371900
(010)68767382　(010)88100613 (传真)

零售店　读者服务部　(010)68371105

承　印　北京中科印刷有限公司

版　次　2024 年 11 月第 1 版
2024 年 11 月第 1 次印刷

规　格　787×1092

开　本　1/16

印　张　16.5

字　数　402 千字

书　号　ISBN 978-7-5159-2456-4

定　价　109.00 元

本书如有印装质量问题，可与发行部联系调换

航天科技图书出版基金简介

航天科技图书出版基金是由中国航天科技集团公司于2007年设立的，旨在鼓励航天科技人员著书立说，不断积累和传承航天科技知识，为航天事业提供知识储备和技术支持，繁荣航天科技图书出版工作，促进航天事业又好又快地发展。基金资助项目由航天科技图书出版基金评审委员会审定，由中国宇航出版社出版。

申请出版基金资助的项目包括航天基础理论著作，航天工程技术著作，航天科技工具书，航天型号管理经验与管理思想集萃，世界航天各学科前沿技术发展译著以及有代表性的科研生产、经营管理译著，向社会公众普及航天知识、宣传航天文化的优秀读物等。出版基金每年评审2次，资助30～40项。

欢迎广大作者积极申请航天科技图书出版基金。可以登录中国航天科技国际交流中心网站，点击“通知公告”专栏查询详情并下载基金申请表；也可以通过电话、信函索取申报指南和基金申请表。

网址：http：//www.ccastic.spacechina.com

电话：(010) 68767205，68767805

序

自1970年4月24日东方红一号卫星发射以来，经历了50多年的发展，中国的空间事业取得了非凡的成就，有力地推动了国民经济和社会的发展，形成了通信、导航、遥感、深空探测、空间科学与技术试验等五大卫星系列。随着卫星应用领域的不断扩大，卫星系统的复杂度不断增加，性能指标不断提高。在这些卫星中，有一类卫星的结构除了中心刚体外，还包括多个柔性子体，结构复杂，卫星精度要求高，这对卫星控制技术提出了挑战。面对这些挑战，本书作者刘一武同志从1998年进入北京控制工程研究所博士后流动站就开始开展挠性结构控制的研究工作。在20多年的研究中，不但在理论方法上取得了大量的研究成果，而且作为某复杂卫星型号副总师，负责该型号卫星控制系统的研制，将研究成果成功应用于卫星控制系统中，为该型号的圆满成功做出了突出贡献。本书正是作者20多年研究和实践的总结，其中大部分内容是首次公开发表。

本专著覆盖了多体柔性卫星全天时高精度控制技术的多个方面，涉及动力学模型、控制方法、应用实例等内容。全书共7章，第1章对控制对象进行了描述，给出了全天时高精度卫星控制需求，指出了多体柔性卫星控制的难点。第2章介绍了多体柔性卫星的动力学模型，全面给出了系统质心变化、惯量变化、质心相对运动方程、系统转动动力学方程、子体振动方程、子体转动方程等公式。第3章介绍了多基准统一的高精度姿态确定方法，主要内容包括：星敏感器测量模型、多星敏感器系统的观测方程、冗余陀螺组误差传递与安装关系、基于星敏感器的姿态确定方法、多星敏感器相对成像载荷的基准统一与稳定维持方法等。第4章介绍了多体柔性卫星姿态、角动量与轨道的自主协同控制方法，主要内容包括：子体转动与振动的控制方法、卫星姿态的复合控制方法、系统角动量的自主控制方法、应用实例等。第5章介绍了地球静止轨道卫星高精度自主位置保持的预测控制策略，主要内容包括：卫星轨道的倾角与经度的高精度摄动模型、倾角的高精度预测控制方法、经度的高精度控制方法等。第6章介绍了多层级故障诊断与系统容错方法，主要内容包括：分层的部件故障快速定位与处理方法、部件数据不更新的故障诊断方法、自主优选零空间向量的冗余陀螺故障诊断方法、系统稳定性质和状态演化的实时检测方法、不使用推进情况下的长期高精度姿态稳定控制方法及应用实例等。第7章介绍了含固定转速驱动电机的挠性卫星自旋稳定性分析与应用，主要内容包括：太阳光压力矩、气动力矩对自旋的影响分析与应用实例等。

本书内容丰富，系统全面，理论和实际相结合，既有理论方法研究成果的介绍，又有实际应用的实例说明，是近年来该领域少有的一本专著，可作为相关领域研究生的教材或参考书，亦可作为相关领域科技人员的参考书。相信本书的出版必将促进柔性卫星控制技术的发展，是一本值得阅读的专著。

杨孟飞

中国科学院院士

前　言

本书是关于多体柔性卫星全天时的高精度控制方法与应用的一本专著，系统地讨论了该方向所涉及的动力学及其特性、姿态确定方法、姿态与轨道控制方法、系统容错方法等内容。

大中型遥感卫星呈现多体运动、结构柔性易激发振动的动力学特点，全天时的高精度控制是遥感卫星的重要发展方向。对“高精度”添加“全天时”的定语，是强调高精度控制应保持持续，不轻易中断。本书总结了作者多年来针对该需求的研究成果，其中具有特色的成果包括：姿态系统的多基准统一与长期稳定维持方法，多体柔性卫星的姿态、角动量与轨道的自主协同控制方法，静止轨道卫星高精度的自主位置保持的预测模型与控制方法，多层级异常检测与系统容错的方法，挠性卫星自旋稳定性与应用等。小部分内容是作者已公开发表的成果的推广或深化，更多内容是首次公开发表。

本书也设计了一些应用实例，对象模型与参数均引自公开文献介绍的航天器真实参数，或依据这些材料少量合理拓展，符合工程实际。

由于全天时的特性与长期稳定运行的特性有共通之处，因此本书成果也适用于航天器长期稳定运行的控制系统设计。

本书可供从事航天器控制方法与工程研制的科研人员参考。

本书成稿得益于师长教诲、同事协作和亲人的付出，在此深表谢意。特别感谢北京控制工程研究所吴宏鑫院士和张洪华研究员，是他们将作者领入挠性结构控制领域的大门，给予了作者大量的专业技术指导和无私帮助。

在本书成稿过程中，中国空间技术研究院杨孟飞院士给予了指导，北京控制工程研究所陈守磊、陆栋宁、沈莎莎等同志参与了部分仿真试验与数据整理工作，在此一并致谢。

本书得到中国宇航出版社编辑和审稿专家的帮助。感谢航天科技图书出版基金的资助和中国宇航出版社的大力支持。

限于作者水平，书中不足之处在所难免，恳请读者批评指正。

作　者

2024 年 9 月于北京

目　录

第1章　绪　论

大中型遥感卫星的应用领域十分广泛，包括资源与环境监测、测绘与制图、气候与天气预报、国家安全与国防、灾害应对与救济、科学研究等；并且，随着科学技术的发展，现代大中型遥感卫星正向着定量化、高功能密度、高效率与高可靠性方向发展，在国家安全与人民生活中发挥着越来越重要的作用。

控制系统是卫星的核心分系统之一，而实现控制系统全天时的高精度性能，则是保障遥感卫星长期稳定运行、充分发挥效能的重要基础。

1.1　大中型遥感卫星的结构与控制任务

1.1.1　大中型遥感卫星的结构特点

现代大中型遥感卫星结构复杂，一般由中心刚体和多个柔性子体组成。

中心刚体承担卫星系统的姿态控制、轨道控制、供配电等服务功能，许多情况下也承载多台主载荷（包括采用摆镜扫描成像的大型载荷），并为各柔性子体或附件提供结构支撑、驱动力矩。

而卫星的柔性子体一般是具有如下形式或功能的附件的部分组合。

1）可驱动的太阳能电池帆板（太阳翼），由太阳能电池帆板驱动机构（Solar Array Drive Assembly，SADA）驱动，使电池面对准太阳，以获取能源。

2）可驱动的天线，对准地面站、可移动目标或其他卫星，以建立通信链路，或进行信息侦听、采集等。

3）可驱动的平台，其上安装特殊的光学、激光或微波载荷装置，通过平台扫描、目标搜索与跟踪等动作获取信息，多采用轻量化设计。平台结构也具有柔性特征。

卫星运动控制系统设计面临的对象是多体指向运动与柔性振动高度耦合的复杂对象。

下面是近年发射的几颗典型的遥感卫星。

（1）美国 Landsat－9 卫星[1]

陆地卫星（Landsat）系列是美国国家航空航天局（NASA）开展“可持续陆地成像”计划的主要载体，Landsat－9 卫星（图 1－1）是该系列最新的一颗，于 2021 年发射入轨。Landsat－9 卫星携带两台有效载荷仪器，包括业务陆地成像仪－2（OLI－2）和热红外遥感器－2（TIRS－2）。平台采用单翼太阳能电池帆板构造，太阳能电池帆板入轨展开后长度达 9.8 m。

Landsat－9 卫星采用 3 台高精度星敏感器测量姿态，采用 6 台动量轮作为姿态控制的执行机构，姿态控制精度优于 0.001 7°（3σ）。

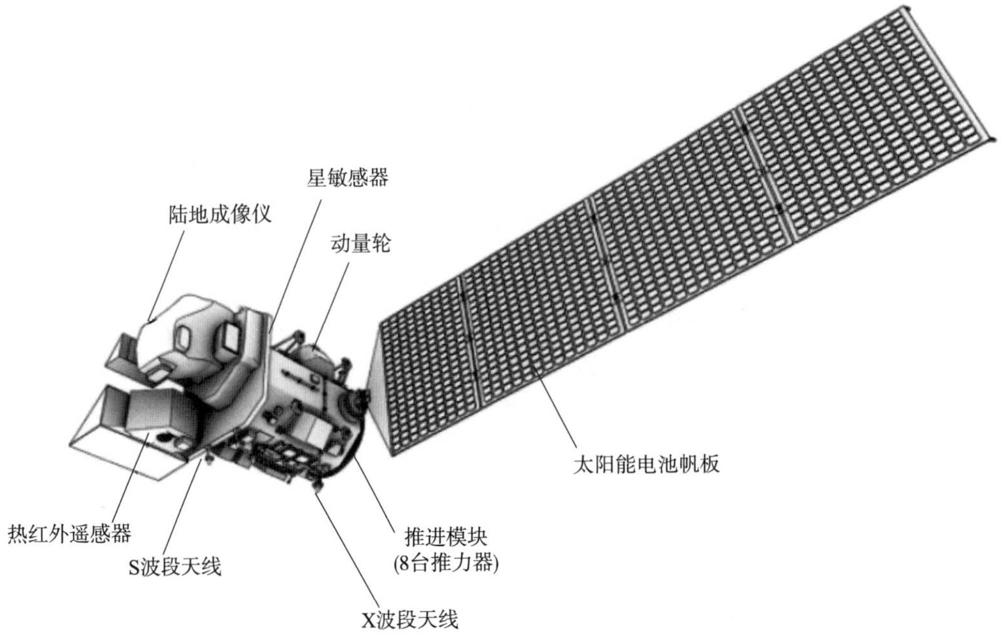

图 1-1 Landsat-9 卫星平台构造（来源：NASA）

(2) SWOT 卫星[2]

“地表水和海洋地形”（Surface Water and Ocean Topography，SWOT）卫星是 2022 年 12 月 16 日发射的陆地及海洋水文三维观测系统，由 NASA、法国国家空间研究中心（CNES）、加拿大航天局（CSA）及英国航天局（UKSA）联合研制，其构型与对地观测示意图如图 1-2 所示[3]。SWOT 卫星运行于 890 km 的近地轨道，倾角 77.6°，可覆盖地表约 90%的内陆水体，测高精度可达 2 cm。相比传统测高卫星，SWOT 卫星在测高技术、测高精度等方面有很大提升，实现了更高的空间分辨率及时间分辨率。

SWOT 卫星有效载荷主要包括星下点高度计（Nadir Altimeter）和 Ka -波段 SAR（Synthetic Aperture Radar，合成孔径雷达）干涉仪 KaRIn，其中 SAR 干涉仪 KaRIn 安装在一个在轨展开的 10 m 长基线上；同时，为了满足干涉仪大功率电能需求，卫星还安装了两翼对日定向太阳能电池帆板，两翼总长可达 23 m。

SWOT 卫星采用 4 台动量轮、3 台星敏感器及 1 台三轴光纤陀螺构成高精度姿态控制系统，针对上述长基线在轨展开结构及大型挠性帆板对日运动影响，确保实现高稳定度的姿态控制，以满足 SAR 载荷的干涉测量需求。

(3) GOES-R

美国地球静止环境业务卫星-R（Geostationary Operational Environmental Statellite-R，GOES-R）首发星于 2016 年 11 月发射[4]，其构型如图 1-3 所示，卫星携带了先进基线成像仪（Advanced Baseline Imager，ABI）、太阳紫外成像仪（SUVI）、地球静止轨道闪电绘图仪（GLM）等载荷。其中，ABI 是扫描型辐射成像仪，具有多种扫描模式，通过自身的二维运动，实现地球全面盘 5 min 一次的扫描成像；SUVI 安装在可驱动太阳能电

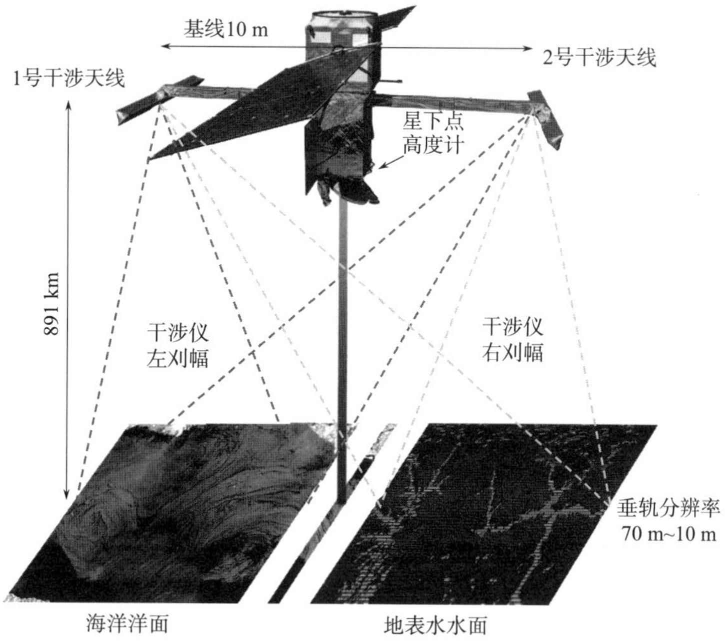

图 1-2　SWOT 卫星的构型与对地观测示意图[3]

池帆板的太阳指向平台（SPP）上，通过 SADA 和太阳指向平台的调节，进行对太阳的定向观测。

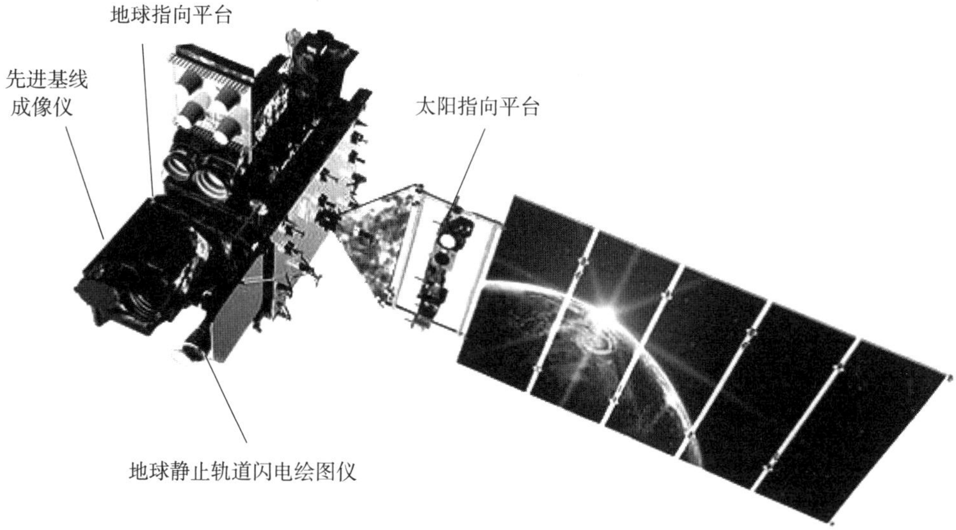

图 1-3　美国 GOES-R 构型

GOES-R 配置了 Honeywell 公司的 6 个 HR-18 型动量轮；配置了 Northrop Grumman 公司的 2 套 IMU（Inertial Measurement Unit，惯性测量单元），每套 4 个陀螺头，采样频率为 200 Hz；配置了 Sodern 公司的 1 套 Hydra 星敏感器，1 套 3 个探头，采

样频率为 20 Hz。GOES－R 使用星敏感器陀螺组合定姿，实现了 6″（30 μrad）的姿态确定精度。

（4）“风云四号”（FY－4）卫星

“风云四号”卫星是我国第二代地球同步轨道气象卫星[5]，其连续、稳定运行能力大幅提升。“风云四号”卫星配备了单翼太阳能电池帆板、磁强计、特高频（Ultra High Frequency，UHF）天线等大型挠性附件，其构型如图 1－4 所示。

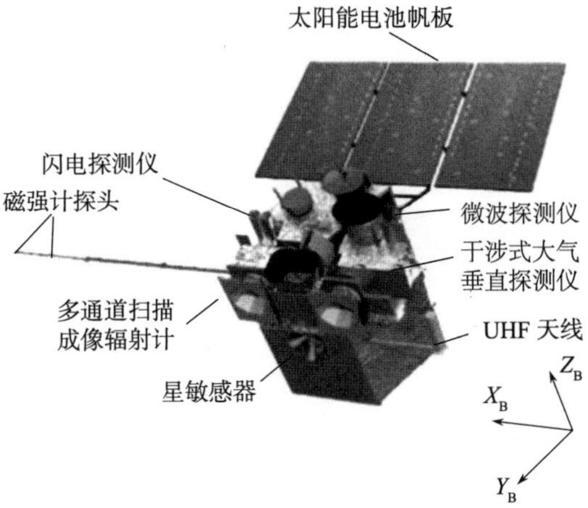

图 1－4　风云四号卫星构型

“风云四号”卫星主要装载了多通道扫描成像辐射计、干涉式大气垂直探测仪、闪电探测仪和微波探测仪等有效载荷。其中，多通道扫描成像辐射计、干涉式大气垂直探测仪都采用二维扫描方式工作。两台动载荷装在一颗卫星上，具有较大的挑战性，不仅运动规律复杂、干扰大，而且多个姿态基准的变化复杂，统一与维持的难度较大。美国 GOES－R 只带一台二维扫描载荷，而欧洲第三代气象卫星（MTG）的两台二维扫描载荷则分别放在两颗卫星上[6]。

“风云四号”卫星采用 6 台动量轮、3 台星敏感器、1 套三浮陀螺与 1 套光纤陀螺构成高精度姿态控制系统。

1.1.2　大中型遥感卫星业务运行期间的控制任务

卫星在与运载火箭分离后，将完成太阳能电池帆板展开与捕获太阳、轨道机动进入准标称轨道、建立对地姿态、各子体解锁展开等系列动作，经过在轨测试后开始业务运行。

卫星业务运行期间的控制任务主要如下。

（1）姿态测量与姿态确定

现代遥感卫星通常采用星敏感器测量卫星姿态，采用陀螺测量角速度。而姿态确定则是利用卫星姿态运动学或动力学方程，设计滤波器，进一步获得更高精度的姿态信息。

（2）多体指向控制

中心体维持对地姿态，一方面保证主载荷对地指向的精度和稳定性，另一方面也为运动子体提供稳定的支撑平台。控制系统的执行机构采用角动量交换机构，稳定控制为主的执行机构通常采用动量轮，而实施快速机动任务的执行机构多采用控制力矩陀螺（Control Moment Gyroscopes，CMG）。动量轮的优势是输出力矩分辨率高，而CMG的优势是输出力矩大。

运动子体的指向目标、指向的测量、控制方式等形式多样，因任务与功能需求、精度要求不同可能有较大的区别。驱动电动机可能是步进电动机、直流无刷电动机，测量组件可能是电位计、旋转变压器，甚至是更高精度的感应同步器。

（3）角动量管理

外干扰力矩导致卫星系统角动量积累，从而造成角动量交换机构的角动量增加，一旦角动量达到容量极限，机构就会失去控制能力。角动量管理包括：1）将外力矩积累的系统角动量卸载；2）在冗余配置的角动量交换机构的组合内部进行角动量交换，以保证各机构的转速保持相对均衡，并控制在适当范围内。

低轨卫星通常配置磁力矩器，设计卸载律主动产生磁矩、利用与地磁场作用形成的力矩进行角动量卸载。静止轨道卫星的地磁场很弱，通常需要利用推进系统进行角动量卸载。

（4）工作轨道维护

卫星业务运行需要保持在适当的轨道。例如，静止轨道卫星需要定点在指定的经度附近，并控制漂移范围；低轨遥感卫星需要维持相对固定的轨道周期、降交点地方时，以满足一定的重访周期，有些任务还需要卫星工作在冻结轨道。而由于受到地球非球形摄动力、日月引力、太阳光压力、气动力等摄动因素作用，卫星轨道会发生变化，偏离标称位置或标称轨道，因而需要定期或不定期进行轨道控制。

卫星轨道的测量通常由星载全球导航卫星系统（GNSS）接收机或地面测站提供，星上轨道则利用卫星轨道动力学进行轨道外推计算，或通过设计滤波器进一步提高轨道参数的确定精度。

由推进系统作为轨道控制的执行机构。通常由地面指定轨道控制策略，卫星控制分系统进入轨道控制模式，维持轨控发动机的点火姿态，轨控结束后再进入高精度对地指向的控制模式。随着自主性要求的提高，星上自主轨道控制方法也在逐步发展。

（5）控制系统的故障诊断、隔离与恢复（FDIR）

控制部件出现异常是不可避免的，FDIR是控制系统的必备功能，一般包括：1）检测部件异常，诊断部件故障，将故障部件剔除出闭环系统，通过冗余部件重组系统；2）如果系统状态超出闭环控制的适用范围，则系统转入安全模式，如保证能源供应，而控制系统相对简单地捕获太阳并实现对太阳的定向控制；3）如果判断出FDIR没有成功，系统失控，则卫星停止控制，等待地面处理。

1.2　全天时的高精度需求与控制难点

一方面，遥感卫星对姿态控制系统的高精度需求是不断发展的，其性能要求也在不断提高。姿态确定精度、指向控制精度和姿态稳定度对成像载荷获取高质量的图像至关重要。图像质量包括图像的清晰度、帧内配准、帧间配准、图像定位等要素，它们充分依赖卫星的姿态确定和姿态控制性能。

另一方面，遥感卫星的全天时需求也已提上日程。国家安全和人民生活对遥感卫星的需求与依赖越来越大，对卫星的业务连续性要求越来越迫切。因此如何不断增加成像业务时间，提高观测效率，也是急需发展的方向之一。

以 GOES 的发展历程为例：早期采用双自旋平台，成像业务时间占比小于 10%，全年无效观测时间占比 90%以上；后来发展到第三代静止轨道气象卫星，采用三轴稳定技术，虽然业务中断时间仍不理想，如 GOES－I 每天业务中断 30 min 以上，全年中断180 h 以上，但是相比自旋稳定而言极大提高了观测效率；而美国第四代气象卫星 GOES－R 提出了每年对地观测业务仅中断 2 h 的目标[4]。

另一个全天时的例子是美国的天基红外系统（Space－Based Infrared System，SBIRS）[7]。该系统于 2022 年建成，用于导弹跟踪，通过多颗卫星配合工作，实现了对热点地区的 24 h 不间断观测。此外，考虑到 SBIRS 弹性和抗毁性能不足、难以适应新型空天威胁目标、无法应对多域多目标作战等问题，2018 年美国空军又发布了“下一代过顶持续红外”（Next－Generation Overhead Persistent Infrared，NG－OPIR）预警卫星项目以接替 SBIRS。项目计划由 3 颗地球同步轨道（GEO）卫星和 2 颗高椭圆轨道（HEO）卫星组成，采用超大面阵的多波段红外阵焦平面探测器，实现对多种空间动目标（弹道导弹、地空导弹、助推-滑翔高超声速飞行器、吸气式高超声速飞行器等）连续不间断地收集可见光、近红外、短波红外和中波红外图像[8]。

全天时的高精度要求，对姿态轨道控制系统（以下简称“姿轨控系统”）提出了三大需求。

1）需求 1：“全天时”，要求尽可能缩短非业务时段，尽可能提高智能自主性，提高观测效率。

2）需求 2：“高精度控制”，要求为所有的有效载荷提供一个高精度的、长时间的姿态基准，以保证遥感业务的运行，在完成业务运行必需的多体运动控制、角动量管理、轨道控制、FDIR 等多种任务的同时，确保有效载荷图像质量的姿态确定精度、指向控制精度和姿态稳定度。

3）需求 3：“强鲁棒性或强容错性”，要求姿轨控系统在发生异常时仍能稳定运行，甚至在突发非预知异常风险的情况下，具备迅速自主恢复正常工作的能力。

下面简要阐述控制系统面对全天时的高精度要求时的主要难点。

（1）维护长期稳定和统一的姿态基准

星上定姿系统既服务于姿轨控系统本身，为高精度姿态控制提供测量；更服务于有效载荷的图像定位及应用，是星地一体、自主运行的关键。但是，星上定姿的多台星敏感器，各类固定安装的载荷、运动载荷分别有自己的基准，需要解决多个基准不统一的问题，并且需要长期维持统一的基准。

有效载荷图像的定位数据虽然是姿态基准标定的依据，但是有效载荷本身无法解决多基准统一的问题，也无法维持长期稳定的定位基准。载荷的定位信息是不完备的、稀疏的，只靠载荷无法实现全天时长期稳定基准。

美国因其具有遍布全球的基地和地面控制点布局，通常采用依赖地标的定位方案[9]，这就导致对地面的依赖较大、代价较高，卫星的自主性不强。此外，依然存在大量不宜设置地面控制点的区域，如海洋、无人区。

如果布局受限，地面控制点少，则非地面控制点定位精度较低，难以实现长期高精度定位，准确标定以轨道周期为特征的低频基准误差的难度较大。

星敏感器提供的定位信息是连续的，如果能够正确建立星敏感器相对有效载荷的基准偏差模型，利用有效载荷的稀疏的定位信息，对模型参数自主标定和修正，就可能获得长期的姿态基准，并且多个载荷之间变化的基准也能得到标定。有效载荷的定位信息可以来自地标的测量，也可以是有效载荷定期或不定期朝天获得的恒星测量信息。

（2）实现姿态、角动量与轨道的高精度全自主协同控制

姿态控制的刚柔动力学耦合、多体运动耦合一直是高精度控制的难点，首先需要解决柔性子体转动与振动耦合进而影响动态性能的问题，其次要解决子体运动与中心体姿态运动的耦合影响问题。

此外，采用推进系统进行角动量管理和轨道维持控制，以及控制系统发生故障及相应处理，通常的设计难以保证有效载荷的成像条件，形成退出卫星的高精度姿态控制模式的后果。这与全天时需求相矛盾，因此需要发展卫星姿态、角动量、轨道的协调控制方法，解决这一矛盾。

具体问题主要表现为以下 3 个方面。

（a）柔性子体转动的控制

目前，柔性子体控制方法存在局限性，其动态性能受制于挠性振动模态频率，频率越低，系统收敛速度越慢。要改善动态性能，需要从发掘柔性子体转动动力学的特性入手。

（b）姿态、角动量、轨道的协同控制

中心体的姿态稳定控制不仅可以保障主载荷成像条件，也是子体转动实现高品质控制、满足子体搭载载荷工作的基础。但中心体的姿态受到子体运动的干扰，需要高精度处理。

遥感卫星的工作轨道维护或静止轨道位置保持、动量轮构型切换、系统角动量喷气卸载等工作以往都依赖地面的日常维护，通常会导致业务中断。其原因在于，这些动作的设计没有仔细考虑如何与高精度轮控相匹配，干扰较大，实施时只能切到姿态喷气控制模式，控制精度与稳定度无法满足有效载荷正常工作的需要。

要实现姿态、角动量、轨道的协同控制，需要开展以下 3 方面工作。

1）干扰力矩的实时估计与动态补偿，在此基础上实现卫星姿态的前馈与反馈结合的复合控制。

2）适应不确知环境力矩和任意构型轮系变化的角动量智能规划与控制。

3）自主的定时规划轨道控制策略与实施小冲量高精度轨道控制。

(c) 高精度的、自主的轨道控制

静止轨道气象卫星已经提出优于 0.01°的位置保持精度，这比现有水平提高半个量级以上，在轨道动力学上将出现新的主导因素，现有控制方法不能完全适用，因此需要发展与其相适应的方法。

低轨分布式观测卫星群的高精度编队控制[10]也是当前的研究热点。

(3) 实现部件与系统异常的快速检测、处理与容错

维持全天时业务运行的重要基础，就是具备快速、准确地处理好部件故障与系统异常的能力，这是保证控制系统长期稳定运行的难点，也是国际上的研究热点，经常有因异常处理不当造成事故的报道。

其重点工作应包括以下内容。

1) 建立全面、快速、准确的故障检测与处理方法。通常情况下，异常部件在导致控制性能无法支持业务连续之前，即被检测与处理掉。

2) 建立系统异常检测与容错机制，防止突发非预知异常情况下系统故障扩散、系统性能严重恶化，甚至破坏卫星安全。

3) 研究系统迅速自主恢复正常工作的动力学基础和相关控制方法。

1.3 本书内容

本书总结了针对上述控制难点的研究成果，主要内容安排如下。

1) 第 1 章介绍了遥感卫星全天时的高精度控制需求的背景、主要控制难点与全书内容安排。

2) 第 2 章建立了多体柔性卫星的动力学模型，特别揭示了子体振动与转动两种运动相关性的力学特性，这是全书的基础，为后文提出新型的控制方法提供控制对象。

3) 第 3 章论述了多基准统一的高精度姿态确定方法。

①通过建立星敏感器测量模型，比较研究了多个星敏感器的系统综合方法和视场融合方法，建立了多星敏感器系统的观测方程。

②给出了冗余陀螺组误差传递与安装的关系，可作为选择陀螺安装方向和选用陀螺参与定姿的参考或依据。

③分析了基于陀螺测量角速度的姿态确定系统的动态特性和稳态精度；提出了一种基于动力学预估角速度的姿态确定方法，分析了其动态特性和稳态精度。它们为滤波器参数设计提供了依据。

④提出了姿态系统多基准统一与稳定维持方法。首先，实现了多星敏感器之间的基准统一；其次，建立了多星敏感器系统与有效载荷基准偏差的观测方程，获得了基准偏差修正公式；最后，建立了基准偏差的多时间尺度周期变化模型，给出了辨识方法，其结果可以为星上姿态确定系统提供长期稳定的姿态基准。

4) 第 4 章论述了多体柔性卫星的姿态、角动量与轨道的自主协同控制方法。一方面，

实现了子体运动、卫星姿态、系统角动量的自主控制，解决了姿态控制中的刚柔耦合、多体运动耦合、角动量合理分配问题；另一方面，解决了在角动量控制与卸载、小冲量轨道控制期间如何自主维持高精度姿态的问题。

①提出了一种新颖的子体运动控制结构，实现了子体转动与振动解耦的高效控制。

②卫星姿态控制采用前馈与反馈相结合的复合控制方法，介绍了各种干扰力矩的估计方法，特别是讨论了针对推力器卸载力矩、轨控脉冲力矩的动态补偿方法。

③提出了卫星姿态动力学方程数字仿真的新解算策略，可以完全解决奇异问题，保证数字仿真的可信度。

④提出了一种角动量自主管理方法，具有沿轮组角动量包容最大的优化方向卸载、飞轮不过零不饱和、轮组重新构型时无需中断姿态轮控模式等优点，从而保证了角动量控制与姿态控制的协同。

5）第 5 章论述了地球静止轨道卫星高精度的自主位置保持的预测控制策略。

①建立了倾角与经度的预测控制模型，特别是获得了以前不考虑或可忽略、而高精度控制必须考虑的摄动模型。

②提出了星上自主定时规划控制策略，给出了初始状态的确定方法，保证了轨道预报精度；长周期预报与短周期滚动输出控制策略相结合，兼顾角动量卸载的需求。

③倾角的高精度控制采用纵向修正与固定初值的最优方向搜索相结合的方法，进一步减缓了半月周期摄动造成的控制线的波折角度。

④经度的高精度控制采取偏心率与平经度的误差限协调分配而控制解耦的方法：偏心率采用满足误差限的最优方向搜索的控制方法；而根据平经度的摄动特点，即其速度是短时间成主要因素的正弦部分与线性增长部分的混合，设计了针对性的极限环控制律。

6）第 6 章论述了多层级故障诊断与系统容错方法，旨在实现面向多重故障的稳定控制的系统设计架构。

①从异常检测的全面性角度，提出了部件故障快速、准确定位的分层方法。

②论述了部件数据不更新异常、冗余陀螺组异常的检测原理和定位方法。

③从系统动态与状态演变特性的角度，提出了新的系统状态异常检测方法，减少了检测阈值的不确定范围。

④基于系统异常检测方法，提出了一套不使用推进情况的长期稳定运行控制方案。

7）第 7 章论述了含固定转速驱动电动机的挠性卫星的自旋稳定性质，为主动控制卫星自旋在本体的方向奠定了理论基础；分析了太阳光压力矩、气动力矩对自旋进动的影响；设计了两个应用实例，展示了上述性质在失控后重建稳定姿态或者重大故障修复过程中保证姿态安全的作用。

参 考 文 献

［1］ 龚燃．2021年国外民商用对地观测卫星发展综述［J］．国际太空，2022（2）：31－37.

［2］ 俞昊天，李国元．"地表水和海洋地形"卫星进展［J］．国际太空，2023（1）：32－37.

［3］ VAZE P，KAKI S，LIMONADI D，et al. The surface water and ocean topography mission［C］. IEEE Conference，2018.

［4］ CHAPEL J，STANCLIFFE D，BEVACQUA T，et al. In－flight guidance，navigation，and control performance results for the goes－16 spacecraft［C］. GNC2017，10th International ESA Conference on Guidance，Navigation & Control Systems，1－25.

［5］ 董瑶海．风云四号气象卫星及其应用展望［J］．上海航天，2016，33（2）：1－8.

［6］ AMINOU D M A，BEZY J L，MEYNART R，et al. Meteosat Third Generation（MTG）critical technology pre－development activities［C］. Proc. of SPIE 7474（07）：1－13.

［7］ 王久龙，王潇逸，胡海飞，等．美国"下一代过顶持续红外"（OPIR）预警卫星研究进展［J］．现代防御技术，2022，50（2）：18－25.

［8］ HO A，SHEA E，GEORGE A，et al. Comparative analysis of parallel OPIR compression on space processors［C］. Aerospace Conference，2017 IEEE，1－7.

［9］ DE LUCCIA F J，HOUCHIN S，PORTER B C，et al. Image navigation and registration performance assessment tool set for the GOES－R Advanced Baseline Imager and Geostationary Lightning Mapper［C］. SPIE，2016，Vol9881（988119）：1－17.

［10］ 陈重华，李楠，完备，等．InSAR卫星编队构形保持控制方法［J］．测绘学报，2022，51（12）：2448－2454.

第 2 章　多体柔性卫星的动力学及其特性

本章建立了多体柔性卫星的动力学模型，为后续章节的控制方法提供了控制对象。本章主要内容包括子体的振动方程、卫星质心相对运动方程、卫星系统转动方程和子体转动方程，并分析了子体转动与振动的模型特性。

2.1　概述

从第一颗人造卫星上天开始，卫星就具备柔性的特点。到 21 世纪初，典型的遥感卫星构型是中心刚体＋附件，附件是由 SADA 驱动的大型柔性太阳翼。而当代的大中型遥感卫星构型更加复杂，一般由中心刚体和多个可转动的柔性子体组成，呈现“多运动体＋柔性”的特点。

多体柔性卫星的动力学比较复杂。作者团队在研究含 SADA 卫星姿态控制问题过程中，发现 SADA 转动状态与 SADA 振动模态存在约束关系[1,2]。本章针对图 2－1 所示的复杂卫星对象，建立了更具广泛意义的多体柔性平台卫星的动力学模型，并进一步揭示柔性子体转动状态与柔性体振动相关性的力学特性。

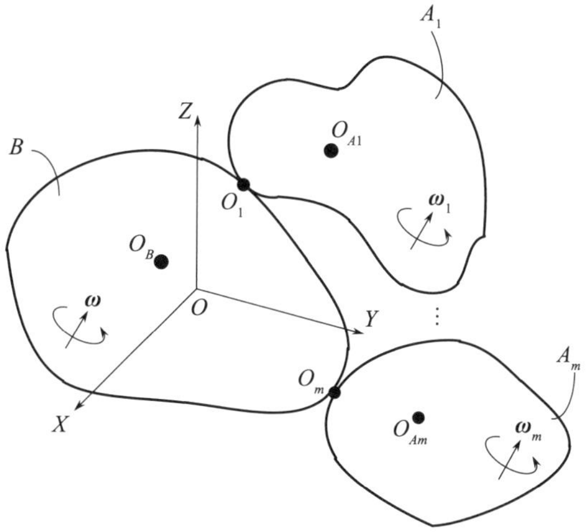

图 2－1　多体柔性卫星组成

首先给出图 2－1 所示变量的定义，以方便下文使用。本书仅考虑柔性体受控情况，无控是其特殊情况，只需将控制量置 0，去掉不需要考虑的状态。

中心刚体用 B 表示，多个可转动的柔性子体用 A_i（$i=1$，…，m）表示，A_i 通过铰链点 O_i 与 B 相连。

定义中心体 B 的固连坐标系为 F_B ，子体 A_i 变形前的固连坐标系为 F_{Ai} ，F_{Ai} 相对 F_B 的转换矩阵为 $\boldsymbol{R}_i$ ，相对转速为 $\boldsymbol{\omega}_i$ 。卫星绕系统质心 O 旋转的惯性角速度为 $\boldsymbol{\omega}$ 。

记中心体 B 的质心为 O_B（相对 O 的矢径为 $\boldsymbol{O}_B$），O 相对 O_B 的矢径为 $\boldsymbol{c}$ 。子体 A_i 的质心为 O_{Ai} ，各铰链点 O_i 相对 O 的矢径为 $\boldsymbol{O}_i$ ，相对 O_B 的矢径为 $\boldsymbol{O}_{iB}$ 。设中心体的质量为 m_B ，子体 A_i 的质量为 m_{Ai} ，系统总质量 m_S 为

$$m_S = m_B + \sum_i m_{Ai}$$

显然：

$$\boldsymbol{c} = -\boldsymbol{O}_B$$

$$\boldsymbol{O}_i = \boldsymbol{O}_{iB} + \boldsymbol{O}_B$$

$$\dot{\boldsymbol{O}}_B = \dot{\boldsymbol{O}}_i = -\dot{\boldsymbol{c}}$$

为了减小转换复杂性，在动力学方程的推导过程中，将各相关矢量及其微分直接在相应的固连坐标系中表示。与中心体固连的矢量、$\boldsymbol{\omega}$ 、质心速度及其微分、施加在中心体的力与力矩在坐标系 F_B 表示；与子体 A_i 固连的矢量（包括振动）及微分、$\boldsymbol{\omega}_i$ 、施加在子体 A_i 的力与力矩在坐标系 F_{Ai} 中表示；而跨 B 、A_i 的矢量，通过铰链点 O_i ，分解为在两个坐标系描述的分量相加。

系统质心平移方程与系统转动动力学在坐标系 F_B 中描述，其中涉及子体 A_i 的变量通过矩阵 $\boldsymbol{R}_i$ 转换到坐标系 F_B 。子体 A_i 的转动动力学与振动方程在坐标系 F_{Ai} 中描述，其中涉及中心体的变量同样需要进行转换。

为了简洁，动力学推导需要忽略一些高阶项，但仍需满足实用需求。基于本书的研究对象，在下文推导中，有关挠性振动方程中的模态坐标及其速率的二次项、振动与转动的二次及以上耦合项被忽略（较大的陀螺力矩仍被保留），但保留中心体转动与子体转动的二次耦合项，以适应子体以较大的角速度转动的情况。应用中可根据实际情况取舍与简化。

2.2 子体的振动方程

子体 A_i 的微元 dm 相对系统质心 O 的矢径如图 2-2 所示。其通过铰链点 O_i 分解为两个坐标系描述的变量：铰链点坐标 O_i 在 F_B 中表示，微元的变形 $\boldsymbol{u}$ 与变形前相对 O_i 的矢量 $\boldsymbol{\rho}$ 在子体坐标系 F_{Ai} 中表示。

对变形 $\boldsymbol{u}$ 采用有限元方法建模，有关原理可参考文献 [3，4]。

将子体 A_i 划分为 n_i 个离散单元，讨论第 j 个单元（$j=1，\cdots，n_i$）。

2.2.1 单元 j 的振动方程

在单元 j 取若干个节点，这些节点的位移构成单元 j 的节点位移向量 $\boldsymbol{q}_j$ 。对应所取节点，单元 j 的形状函数阵、几何函数阵、弹性系数阵分别为 $\boldsymbol{N}_j(\boldsymbol{\rho})$ 、$\boldsymbol{B}_j(\boldsymbol{\rho})$ 、$\boldsymbol{D}_j(\boldsymbol{\rho})$ ，则单元 j 任意点随时间变化的位移（变形）、应变、应力分别表示为

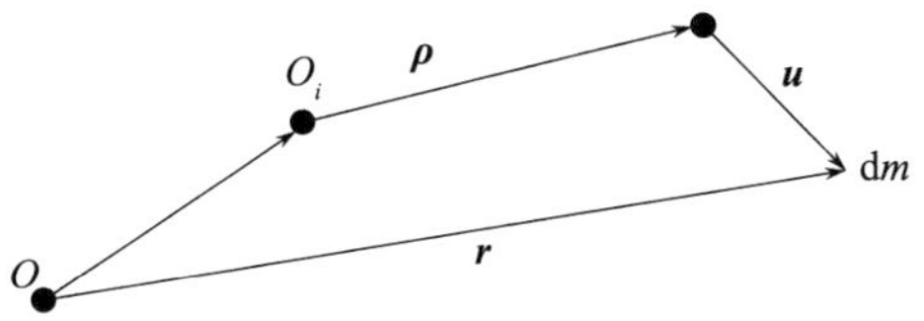

图 2-2　子体微元相对质心矢径的分解

$$\begin{aligned}\boldsymbol{u}(\boldsymbol{\rho},t)&=\boldsymbol{N}_j(\boldsymbol{\rho})\boldsymbol{q}_j(t)\\ \boldsymbol{\varepsilon}(\boldsymbol{\rho},t)&=\boldsymbol{B}_j(\boldsymbol{\rho})\boldsymbol{q}_j(t)\\ \boldsymbol{\sigma}(\boldsymbol{\rho},t)&=\boldsymbol{D}_j(\boldsymbol{\rho})\boldsymbol{\varepsilon}(\boldsymbol{\rho},t)\end{aligned}\tag{2.2.1}$$

记单元 j 受到的体积力为 $\boldsymbol{f}_{bj}$（不含引力）、其面 S_j 的面力为 $\boldsymbol{f}_{pj}$ 、点力为 $\boldsymbol{F}_{j,k}(\boldsymbol{\rho}_k)$ 。对于虚位移 $\delta\boldsymbol{u}=\boldsymbol{N}_j\boldsymbol{\delta q}_j$ ，由虚功方程得到

$$\begin{aligned}&\int_{\Omega_j}\left\{\boldsymbol{\sigma}\cdot\delta\boldsymbol{\varepsilon}\,\mathrm{d}\Omega+\frac{\mathrm{d}\boldsymbol{V}}{\mathrm{d}t}\cdot\delta\boldsymbol{u}\,\mathrm{d}m+v\dot{\boldsymbol{u}}\cdot\delta\boldsymbol{u}\,\mathrm{d}\Omega\right\}\\ =&\int_{\Omega_j}\boldsymbol{f}_{bj}\cdot\delta\boldsymbol{u}\,\mathrm{d}\Omega+\int_{\Omega_j}\boldsymbol{g}\cdot\delta\boldsymbol{u}\,\mathrm{d}m+\int_{S_j}\boldsymbol{f}_{pj}\cdot\delta\boldsymbol{u}\,\mathrm{d}S+\sum_k\boldsymbol{F}_{j,k}(\boldsymbol{\rho}_k)\cdot\delta\boldsymbol{u}(\boldsymbol{\rho}_k)\end{aligned}\tag{2.2.2}$$

式中，$\boldsymbol{g}$ 为地球引力加速度；v 为阻尼比；$\mathrm{d}\boldsymbol{V}/\mathrm{d}t$ 为质点的惯性加速度。

设 $\bar{\boldsymbol{V}}$ 为未变形时质点的惯性速度，忽略子体振动与转动的高阶耦合项，则

$$\frac{\mathrm{d}\boldsymbol{V}}{\mathrm{d}t}=\frac{\mathrm{d}\bar{\boldsymbol{V}}}{\mathrm{d}t}+\ddot{\boldsymbol{u}}\tag{2.2.3}$$

将式（2.2.1）和式（2.2.3）代入式（2.2.2），得到单元 j 的振动方程：

$$\boldsymbol{M}_j\ddot{\boldsymbol{q}}_j+\boldsymbol{C}_j\dot{\boldsymbol{q}}_j+\boldsymbol{K}_j\boldsymbol{q}_j+\int_{\Omega_j}\boldsymbol{N}_j^{\mathrm{T}}\left(\frac{\mathrm{d}\bar{\boldsymbol{V}}}{\mathrm{d}t}-\boldsymbol{g}\right)\mathrm{d}m=\boldsymbol{F}_j\tag{2.2.4}$$

式中：

$$\boldsymbol{M}_j=\int_{\Omega_j}\boldsymbol{N}_j^{\mathrm{T}}\boldsymbol{N}_j\,\mathrm{d}m,\quad\boldsymbol{C}_j=\int_{\Omega_j}v\boldsymbol{N}_j^{\mathrm{T}}\boldsymbol{N}_j\,\mathrm{d}\Omega,\quad\boldsymbol{K}_j=\int_{\Omega_j}\boldsymbol{B}_j^{\mathrm{T}}\boldsymbol{D}_j\boldsymbol{B}_j\,\mathrm{d}\Omega$$

$$\boldsymbol{F}_j=\int_{\Omega_j}\boldsymbol{N}_j^{\mathrm{T}}\boldsymbol{f}_{bj}\,\mathrm{d}\Omega+\int_{S_j}\boldsymbol{N}_j^{\mathrm{T}}\boldsymbol{f}_{pj}\,\mathrm{d}S+\sum_k\boldsymbol{N}_j^{\mathrm{T}}(\boldsymbol{\rho}_k)\boldsymbol{F}_{j,k}$$

2.2.2　所有单元的组装

由所有单元的节点位移向量 $\boldsymbol{q}_j$ 构造子体的节点位移向量 $\boldsymbol{q}$ ，使得 $\boldsymbol{q}$ 包含所有 $\boldsymbol{q}_j$ 的分量，但没有重复，即使相邻单元可能会共用某些节点，但共用节点的位移在 $\boldsymbol{q}$ 中只出现一次。$\boldsymbol{q}$ 的维数记为

$$n_{\Sigma}\equiv 3n_q$$

式中，n_q 为所有非重复的节点个数。

那么，有

$$\boldsymbol{q}_j=\boldsymbol{E}_j\boldsymbol{q}$$

式中，$\boldsymbol{E}_j$ 为选择矩阵，其行向量只有一个元素为 1，其他元素为 0。

单元方程可扩充为

$$(\boldsymbol{E}_j^{\mathrm{T}}\boldsymbol{M}_j\boldsymbol{E}_j)\ddot{\boldsymbol{q}}+(\boldsymbol{E}_j^{\mathrm{T}}\boldsymbol{C}_j\boldsymbol{E}_j)\dot{\boldsymbol{q}}+(\boldsymbol{E}_j^{\mathrm{T}}\boldsymbol{K}_j\boldsymbol{E}_j)\boldsymbol{q}+\boldsymbol{E}_j^{\mathrm{T}}\int_{\Omega_j}\boldsymbol{N}_j^{\mathrm{T}}\left(\frac{\mathrm{d}\overline{\boldsymbol{V}}}{\mathrm{d}t}-\boldsymbol{g}\right)\mathrm{d}m=\boldsymbol{E}_j^{\mathrm{T}}\boldsymbol{F}_j$$

将所有单元的扩充方程相加，得到子体 A_i 的振动方程：

$$\boldsymbol{M}\ddot{\boldsymbol{q}}+\boldsymbol{C}\dot{\boldsymbol{q}}+\boldsymbol{K}\boldsymbol{q}+\sum_j\int_{\Omega_j}\boldsymbol{E}_j^{\mathrm{T}}\boldsymbol{N}_j^{\mathrm{T}}\left(\frac{\mathrm{d}\overline{\boldsymbol{V}}}{\mathrm{d}t}-\boldsymbol{g}\right)\mathrm{d}m=\sum_j\boldsymbol{E}_j^{\mathrm{T}}\boldsymbol{F}_j \tag{2.2.5}$$

式中：

$$\boldsymbol{M}=\sum_j(\boldsymbol{E}_j^{\mathrm{T}}\boldsymbol{M}_j\boldsymbol{E}_j),\quad \boldsymbol{C}=\sum_j(\boldsymbol{E}_j^{\mathrm{T}}\boldsymbol{C}_j\boldsymbol{E}_j),\quad \boldsymbol{K}=\sum_j(\boldsymbol{E}_j^{\mathrm{T}}\boldsymbol{K}_j\boldsymbol{E}_j)$$

$\boldsymbol{M}$、$\boldsymbol{C}$、$\boldsymbol{K}$ 分别为子体振动方程的质量矩阵、阻尼矩阵和刚度矩阵。

为下文需要，定义整体的形状函数为

$$\boldsymbol{N}_{Ai}(\boldsymbol{\rho})=\sum_j\delta_j(\boldsymbol{\rho})\boldsymbol{N}_j(\boldsymbol{\rho})\boldsymbol{E}_j \tag{2.2.6}$$

如果 $\boldsymbol{\rho}$ 指定的质点位于单元 j，则 $\delta_j(\boldsymbol{\rho})=1$，否则为 0；如果该质点为两个或以上单元共用节点，则规定只有一个单元对应 $\delta_j(\boldsymbol{\rho})=1$，其他为 0。因此，式（2.2.1）的位移方程也可以等价表示为

$$\boldsymbol{u}(\boldsymbol{\rho},t)=\boldsymbol{N}_{Ai}(\boldsymbol{\rho})\boldsymbol{q}(t) \tag{2.2.7}$$

2.2.3 模态方程

式（2.2.5）的特征方程

$$|\Lambda^2\boldsymbol{M}-\boldsymbol{K}|=0$$

共有 n_Σ 个解 Λ_j^2，对应特征向量 $\boldsymbol{\varphi}_j$ 满足归一化条件：

$$\boldsymbol{\varphi}_i^{\mathrm{T}}\boldsymbol{M}\boldsymbol{\varphi}_j=\delta_{ij},\quad \boldsymbol{\varphi}_i^{\mathrm{T}}\boldsymbol{K}\boldsymbol{\varphi}_j=\Lambda_j^2\delta_{ij}$$

式中，δ_{ij} 为狄利克雷函数。

显然，振型矩阵

$$\boldsymbol{\Phi}=[\boldsymbol{\varphi}_1,\cdots,\boldsymbol{\varphi}_{n\Sigma}]$$

满足

$$\begin{aligned}&\boldsymbol{\Phi}^{\mathrm{T}}\boldsymbol{M}\boldsymbol{\Phi}=\boldsymbol{E}\\&\boldsymbol{\Lambda}^2\equiv\boldsymbol{\Phi}^{\mathrm{T}}\boldsymbol{K}\boldsymbol{\Phi}=\mathrm{diag}\{\Lambda_1^2,\cdots,\Lambda_{n\Sigma}^2\}\end{aligned} \tag{2.2.8}$$

式中　$\boldsymbol{E}$ ——单位矩阵。

令 $\boldsymbol{q}=\boldsymbol{\Phi}\boldsymbol{\eta}$，$\boldsymbol{\eta}$ 为模态坐标，代入式（2.2.5），有

$$\ddot{\boldsymbol{\eta}}+\boldsymbol{D}\dot{\boldsymbol{\eta}}+\boldsymbol{\Lambda}^2\boldsymbol{\eta}+\boldsymbol{\Phi}^{\mathrm{T}}\sum_j\int_{\Omega_j}\boldsymbol{E}_j^{\mathrm{T}}\boldsymbol{N}_j^{\mathrm{T}}\left(\frac{\mathrm{d}\overline{\boldsymbol{V}}}{\mathrm{d}t}-\boldsymbol{g}\right)\mathrm{d}m=\boldsymbol{\Phi}^{\mathrm{T}}\sum_j\boldsymbol{E}_j^{\mathrm{T}}\boldsymbol{F}_j \tag{2.2.9}$$

式（2.2.9）中，阻尼项工程上一般可以对角化处理：

$$\boldsymbol{D}\equiv\boldsymbol{\Phi}^{\mathrm{T}}\boldsymbol{C}\boldsymbol{\Phi}=\mathrm{diag}\{2\xi_1\Lambda_1,\cdots,2\xi_{n\Sigma}\Lambda_{n\Sigma}\} \tag{2.2.10}$$

式中，ξ_j 为第 j 阶模态的阻尼系数。

下面处理惯性力项。设卫星质心速度为 $\boldsymbol{V}_O$，定义卫星质心的非引力速度为 $\boldsymbol{v}_O$，满足

$$\frac{\mathrm{d}\boldsymbol{v}_O}{\mathrm{d}t}\equiv\frac{\mathrm{d}\boldsymbol{V}_O}{\mathrm{d}t}-\boldsymbol{g}=\dot{\boldsymbol{v}}_O+\boldsymbol{\omega}\times\boldsymbol{v}_O \tag{2.2.11}$$

则

$$\overline{\boldsymbol{V}}=\boldsymbol{R}_i\left(\boldsymbol{V}_O+\frac{\mathrm{d}\boldsymbol{O}_i}{\mathrm{d}t}\right)+\frac{\mathrm{d}\boldsymbol{\rho}}{\mathrm{d}t}=\boldsymbol{R}_i(\boldsymbol{V}_O+\dot{\boldsymbol{O}}_i+\boldsymbol{\omega}\times\boldsymbol{O}_i)+(\boldsymbol{R}_i\boldsymbol{\omega}+\boldsymbol{\omega}_i)\times\boldsymbol{\rho}$$

$$\frac{\mathrm{d}\overline{\boldsymbol{V}}}{\mathrm{d}t}-\boldsymbol{g}=\boldsymbol{R}_i[\dot{\boldsymbol{v}}_O+\boldsymbol{\omega}\times\boldsymbol{v}_O+\ddot{\boldsymbol{O}}_i+2\boldsymbol{\omega}\times\dot{\boldsymbol{O}}_i+\dot{\boldsymbol{\omega}}\times\boldsymbol{O}_i+\boldsymbol{\omega}\times(\boldsymbol{\omega}\times\boldsymbol{O}_i)]$$

$$-\boldsymbol{\rho}^{\times}(\boldsymbol{R}_i\dot{\boldsymbol{\omega}}+\dot{\boldsymbol{\omega}}_i-\boldsymbol{\omega}_i^{\times}\boldsymbol{R}_i\boldsymbol{\omega})+(\boldsymbol{R}_i\boldsymbol{\omega}+\boldsymbol{\omega}_i)^{\times}(\boldsymbol{R}_i\boldsymbol{\omega}+\boldsymbol{\omega}_i)^{\times}\boldsymbol{\rho}$$

由于所有表达式都在相应的坐标系表示，因此矢量叉乘就等效表示为前一矢量反对称矩阵与后一向量相乘，如：

$$\boldsymbol{a}\times\boldsymbol{b}=\boldsymbol{a}^{\times}\boldsymbol{b}$$

全书这两种等效的表达通用。

定义

$$\boldsymbol{B}_T=\sum_j\int_{\Omega_j}\boldsymbol{N}_j\boldsymbol{E}_j\,\mathrm{d}m\boldsymbol{\Phi}$$

$$\boldsymbol{B}_R=\sum_j\int_{\Omega_j}\boldsymbol{\rho}^{\times}\boldsymbol{N}_j\boldsymbol{E}_j\,\mathrm{d}m\boldsymbol{\Phi}\qquad(2.2.12)$$

$$\boldsymbol{F}_S=\boldsymbol{O}_i^{\times}\boldsymbol{R}_i^{\mathrm{T}}\boldsymbol{B}_T+\boldsymbol{R}_i^{\mathrm{T}}\boldsymbol{B}_R$$

3 个矩阵 $\boldsymbol{B}_T$、$\boldsymbol{B}_R$、$\boldsymbol{F}_S$ 分别为子体振动与卫星平动、子体转动、卫星转动的耦合系数阵，这在后文推导中将反映出来。它们在动力学方程中扮演重要角色，并且与子体的质量特性矩阵具有明确关系。

将以上公式代入式（2.2.9），得到子体 A_i 的模态方程：

$$\ddot{\boldsymbol{\eta}}+\boldsymbol{D}\dot{\boldsymbol{\eta}}+\boldsymbol{\Lambda}^2\boldsymbol{\eta}+\boldsymbol{B}_T^{\mathrm{T}}\boldsymbol{R}_i\boldsymbol{g}(\boldsymbol{O}_i)+\boldsymbol{B}_R^{\mathrm{T}}(\boldsymbol{R}_i\dot{\boldsymbol{\omega}}+\dot{\boldsymbol{\omega}}_i-\boldsymbol{\omega}_i^{\times}\boldsymbol{R}_i\boldsymbol{\omega})+\sum_j\boldsymbol{B}_{T,j}(\boldsymbol{R}_i\boldsymbol{\omega}+\boldsymbol{\omega}_i)^{\times}(\boldsymbol{R}_i\boldsymbol{\omega}+\boldsymbol{\omega}_i)^{\times}\boldsymbol{\rho}_i=\boldsymbol{\Phi}^{\mathrm{T}}\sum_j\boldsymbol{E}_j^{\mathrm{T}}\boldsymbol{F}_j$$

式中：

$$\boldsymbol{B}_{T,j}=\int_{\Omega_j}\boldsymbol{N}_j\boldsymbol{E}_j\,\mathrm{d}m\boldsymbol{\Phi}$$

$$\boldsymbol{g}(\boldsymbol{O}_i)=\dot{\boldsymbol{v}}_O+\boldsymbol{\omega}\times\boldsymbol{v}_O-\ddot{\boldsymbol{c}}+\dot{\boldsymbol{\omega}}\times\boldsymbol{O}_i-2\boldsymbol{\omega}\times\dot{\boldsymbol{c}}+\boldsymbol{\omega}\times(\boldsymbol{\omega}\times\boldsymbol{O}_i)$$

模态方程忽略二阶小量，得到线性化方程：

$$\ddot{\boldsymbol{\eta}}+\boldsymbol{D}\dot{\boldsymbol{\eta}}+\boldsymbol{\Lambda}^2\boldsymbol{\eta}+\boldsymbol{B}_T^{\mathrm{T}}\boldsymbol{R}_i(\dot{\boldsymbol{v}}_O+\boldsymbol{\omega}\times\boldsymbol{v}_O-\ddot{\boldsymbol{c}})+\boldsymbol{F}_S^{\mathrm{T}}\dot{\boldsymbol{\omega}}+\boldsymbol{B}_R^{\mathrm{T}}\dot{\boldsymbol{\omega}}_i=\boldsymbol{\Phi}^{\mathrm{T}}\sum_j\boldsymbol{E}_j^{\mathrm{T}}\boldsymbol{F}_j$$

后文推导需要区分各附件 A_i 的 $\boldsymbol{\eta}$、$\boldsymbol{B}_T$、$\boldsymbol{B}_R$、$\boldsymbol{F}$ 等变量，分别加上标 i 以示分辨，故上式表示为（其他变量根据限定对象区分）

$$\ddot{\boldsymbol{\eta}}^i+\boldsymbol{D}\dot{\boldsymbol{\eta}}^i+\boldsymbol{\Lambda}^2\boldsymbol{\eta}^i+\boldsymbol{B}_T^{i\mathrm{T}}\boldsymbol{R}_i(\dot{\boldsymbol{v}}_O+\boldsymbol{\omega}\times\boldsymbol{v}_O-\ddot{\boldsymbol{c}})+\boldsymbol{F}_S^{i\mathrm{T}}\dot{\boldsymbol{\omega}}+\boldsymbol{B}_R^{i\mathrm{T}}\dot{\boldsymbol{\omega}}_i=\boldsymbol{\Phi}^{\mathrm{T}}\sum_j\boldsymbol{E}_j^{\mathrm{T}}\boldsymbol{F}_j\qquad(2.2.13)$$

2.3 卫星质心在本体系的变化与质心相对运动方程

2.3.1 卫星质心在本体系的变化公式

图 2－1 描述了系统各组件的质心位置。各子体 A_i 未变形时质心 O_{Ai} 相对铰链点 O_i 的矢量为 $\boldsymbol{\rho}_{Ai}$（在子体未变形时固连系表示），子体 A_i 变形时相对铰链点 O_i 质心矢量为

$$\hat{\boldsymbol{\rho}}_{Ai}=\frac{\int(\boldsymbol{\rho}+\boldsymbol{u})\mathrm{d}m}{m_{Ai}}=\boldsymbol{\rho}_{Ai}+\frac{1}{m_{Ai}}\boldsymbol{B}_T^i\boldsymbol{\eta}^i$$

由质心公式，得到质心实时位置与变化率的计算公式：

$$\begin{aligned}\boldsymbol{c}&=\sum_i\frac{m_{Ai}}{m_S}\left(\boldsymbol{O}_{iB}+\boldsymbol{R}_i^{\mathrm{T}}\boldsymbol{\rho}_{Ai}+\frac{1}{m_{Ai}}\boldsymbol{R}_i^{\mathrm{T}}\boldsymbol{B}_T^i\boldsymbol{\eta}^i\right)\\ \dot{\boldsymbol{c}}&=\sum_i\frac{m_{Ai}}{m_S}\boldsymbol{R}_i^{\mathrm{T}}\left(\boldsymbol{\omega}_i^{\times}\boldsymbol{\rho}_{Ai}+\frac{1}{m_{Ai}}\boldsymbol{B}_T^i\dot{\boldsymbol{\eta}}^i\right)\end{aligned}\tag{2.3.1}$$

系统质心随子体相对姿态 $\boldsymbol{R}_i$ 与振动模态坐标 $\boldsymbol{\eta}^i$ 变化。星上可根据式（2.3.1）实时计算系统质心，从而实时计算系统惯量、各作用力的力臂。一般情况下 $\boldsymbol{\eta}^i$ 周期性变化，平均而言，可以忽略其影响，避免模态无测量或测量不全面带来的麻烦；如果子体受到单向的持续激励（如变轨推力），某些模态会维持较大的静变形，此时可依据测量或动力学估算，获得其对质心变化的影响。

2.3.2 卫星质心相对运动方程

中心体的动量为

$$\boldsymbol{P}_B=\int_B(\boldsymbol{V}_O+\dot{\boldsymbol{r}}+\boldsymbol{\omega}\times\boldsymbol{r})\mathrm{d}m=m_B(\boldsymbol{V}_O-\dot{\boldsymbol{c}}+\boldsymbol{\omega}\times\boldsymbol{O}_B)$$

式中，$\boldsymbol{r}$ 为微元相对质心的矢径。

子体 A_i 的动量（在坐标系 F_B 中表示）为

$$\begin{aligned}\boldsymbol{P}_{Ai}&=\int_{Ai}\{\boldsymbol{V}_O+\dot{\boldsymbol{O}}_i+\boldsymbol{\omega}\times\boldsymbol{O}_i+\boldsymbol{R}_i^{\mathrm{T}}[(\boldsymbol{R}_i\boldsymbol{\omega}+\boldsymbol{\omega}_i)\times\boldsymbol{\rho}+\dot{\boldsymbol{u}}]\}\mathrm{d}m\\&=m_{Ai}\{\boldsymbol{V}_O-\dot{\boldsymbol{c}}+\boldsymbol{\omega}\times\boldsymbol{O}_i+\boldsymbol{R}_i^{\mathrm{T}}(\boldsymbol{R}_i\boldsymbol{\omega}+\boldsymbol{\omega}_i)\times\boldsymbol{\rho}_{Ai}\}+\boldsymbol{R}_i^{\mathrm{T}}\boldsymbol{B}_T^i\dot{\boldsymbol{\eta}}^i\end{aligned}$$

利用质心变化公式（2.3.1），得到合动量（忽略振动与转动的二次项）：

$$\boldsymbol{P}=\boldsymbol{P}_B+\sum_i\boldsymbol{P}_{Ai}=m_S\boldsymbol{V}_O$$

根据动量定理（忽略 $\boldsymbol{\omega}$ 、$\boldsymbol{\omega}_i$ 与 $\dot{\boldsymbol{\eta}}$ 叉乘项），得到：

$$\frac{\mathrm{d}\boldsymbol{P}}{\mathrm{d}t}=m_S\frac{\mathrm{d}\boldsymbol{V}_O}{\mathrm{d}t}=m_S\boldsymbol{g}+\sum_{j\in B}\boldsymbol{F}_{bj}+\sum_i\boldsymbol{R}_i^{\mathrm{T}}\boldsymbol{F}_{Ai}^i\tag{2.3.2}$$

式中，$\sum_{j\in B}\boldsymbol{F}_{bj}$ 为中心体 B 所受外力（不含引力）；$\sum_i\boldsymbol{R}_i^{\mathrm{T}}\boldsymbol{F}_{Ai}^i$ 为全部子体 A_i 所受外力（不含引力）。

根据 2.1 节的定义，各子体所受合外力为

$$\boldsymbol{F}_{Ai}^{i} = \sum_{j\in Ai}\left(\int_{\Omega_j}\boldsymbol{f}_{bj}\,\mathrm{d}\Omega + \int_{S_j}\boldsymbol{f}_{pj}\,\mathrm{d}S + \sum_{k}\boldsymbol{F}_{j,k}\right)$$

式中，j 为子体有限元划分的单元序号。

按照式（2.2.10）的定义，式（2.3.2）左、右两边去掉地球引力影响，得到系统质心运动方程：

$$m_S(\dot{\boldsymbol{v}}_O + \boldsymbol{\omega}\times\boldsymbol{v}_O) = \sum_{j\in B}\boldsymbol{F}_{bj} + \sum_{i}\boldsymbol{R}_i^{\mathrm{T}}\boldsymbol{F}_{Ai}^{i} \tag{2.3.3}$$

依据式（2.3.3）描述的系统质心平动运动，分析其与子体转动、振动的耦合关系，无须考虑地球引力造成轨道摄动的影响。

在子体振动方程和转动方程中，质心运动相关项实际上是

$$\dot{\boldsymbol{v}}_O + \boldsymbol{\omega}\times\boldsymbol{v}_O - \ddot{\boldsymbol{c}}$$

对式（2.3.1）中的 $\dot{\boldsymbol{c}}$ 求导，得到

$$m_S\ddot{\boldsymbol{c}} = \sum_{i}\boldsymbol{R}_i^{\mathrm{T}}m_{Ai}\boldsymbol{\rho}_{Ai}^{\times\mathrm{T}}\dot{\boldsymbol{\omega}}_i + \sum_{i}\boldsymbol{R}_i^{\mathrm{T}}\boldsymbol{B}_T^{i}\ddot{\boldsymbol{\eta}}^{i} \tag{2.3.4}$$

与式（2.3.3）结合，得到

$$m_S(\dot{\boldsymbol{v}}_O + \boldsymbol{\omega}\times\boldsymbol{v}_O - \ddot{\boldsymbol{c}}) + \sum_{i}\boldsymbol{R}_i^{\mathrm{T}}(m_{Ai}\boldsymbol{\rho}_{Ai}^{\times\mathrm{T}}\dot{\boldsymbol{\omega}}_i + \boldsymbol{B}_T^{i}\ddot{\boldsymbol{\eta}}^{i}) = \sum_{j\in B}\boldsymbol{F}_{bj} + \sum_{i}\boldsymbol{R}_i^{\mathrm{T}}\boldsymbol{F}_{Ai}^{i} \tag{2.3.5}$$

比较式（2.3.3）和式（2.3.4），可知：子体的振动与转动虽然引起质心在本体系的变化，但并不直接影响系统质心在空间的平动。

2.4　系统转动动力学

系统动力学依据角动量定理

$$\frac{\mathrm{d}}{\mathrm{d}t}\int\boldsymbol{r}\times\frac{\mathrm{d}\boldsymbol{r}}{\mathrm{d}t}\mathrm{d}m = \boldsymbol{T}$$

推导而得。

式中，$\boldsymbol{T}$ 为作用在卫星上的力矩；$\boldsymbol{r}$ 为微元 $\mathrm{d}m$ 相对质心的矢径。

2.4.1　系统角动量及其变化

对于中心体 B：

$$\frac{\mathrm{d}\boldsymbol{r}}{\mathrm{d}t} = \boldsymbol{\omega}\times\boldsymbol{r} + \dot{\boldsymbol{r}} = \boldsymbol{\omega}\times\boldsymbol{r} + \dot{\boldsymbol{O}}_B$$

中心体 B 相对质心的角动量为

$$\boldsymbol{H}_{BO} = \int_B\boldsymbol{r}\times\frac{\mathrm{d}\boldsymbol{r}}{\mathrm{d}t}\mathrm{d}m = \boldsymbol{I}_{BO}\boldsymbol{\omega} + m_B\boldsymbol{O}_B^{\times}\dot{\boldsymbol{O}}_B$$

式中，$\boldsymbol{I}_{BO} = \int\boldsymbol{r}^{\times}\boldsymbol{r}^{\times\mathrm{T}}\mathrm{d}m$ 为 B 相对质心 O 的惯量矩阵，进一步表示为

$$\boldsymbol{I}_{BO} = \boldsymbol{I}_B + m_B\boldsymbol{O}_B^{\times}\boldsymbol{O}_B^{\times\mathrm{T}}$$

式中，$\boldsymbol{I}_B$ 为中心体相对自身质心 O_B 的惯量矩阵。

对于子体 A_i：

$$\boldsymbol{r}=\bar{\boldsymbol{r}}+\boldsymbol{R}_i^{\mathrm{T}}\boldsymbol{u},\quad \bar{\boldsymbol{r}}=\boldsymbol{O}_i+\boldsymbol{R}_i^{\mathrm{T}}\boldsymbol{\rho}$$

$$\frac{\mathrm{d}\boldsymbol{r}}{\mathrm{d}t}=\dot{\boldsymbol{O}}_i+\boldsymbol{\omega}\times\bar{\boldsymbol{r}}+\boldsymbol{R}_i^{\mathrm{T}}\boldsymbol{\omega}_i^{\times}\boldsymbol{\rho}+\boldsymbol{R}_i^{\mathrm{T}}\dot{\boldsymbol{u}}+(\boldsymbol{\omega}+\boldsymbol{R}_i^{\mathrm{T}}\boldsymbol{\omega}_i)^{\times}\boldsymbol{R}_i^{\mathrm{T}}\boldsymbol{u}$$

子体 A_i 相对质心的角动量（忽略振动与转动的二次项）为

$$\begin{aligned}\boldsymbol{H}_{Ai,O}&=\int_{Ai}\boldsymbol{r}\times\frac{\mathrm{d}\boldsymbol{r}}{\mathrm{d}t}\mathrm{d}m=\int_{Ai}[\bar{\boldsymbol{r}}\times\dot{\boldsymbol{O}}_i+\bar{\boldsymbol{r}}\times(\boldsymbol{\omega}\times\bar{\boldsymbol{r}})+\bar{\boldsymbol{r}}^{\times}\boldsymbol{R}_i^{\mathrm{T}}\boldsymbol{\omega}_i^{\times}\boldsymbol{\rho}+\bar{\boldsymbol{r}}\times\boldsymbol{R}_i^{\mathrm{T}}\dot{\boldsymbol{u}}]\mathrm{d}m\\&=m_{Ai}(\boldsymbol{O}_i+\boldsymbol{R}_i^{\mathrm{T}}\boldsymbol{\rho}_{Ai})^{\times}\dot{\boldsymbol{O}}_i+\boldsymbol{I}_O^i\boldsymbol{\omega}+\int_{Ai}\bar{\boldsymbol{r}}^{\times}\boldsymbol{R}_i^{\mathrm{T}}\boldsymbol{\omega}_i^{\times}\boldsymbol{\rho}\,\mathrm{d}m+\boldsymbol{F}_S^i\dot{\boldsymbol{\eta}}^i\end{aligned}$$

式中，$\boldsymbol{I}_O^i=\int_{Ai}\bar{\boldsymbol{r}}^{\times}\bar{\boldsymbol{r}}^{\times\mathrm{T}}\mathrm{d}m$ 为子体 A_i 变形前相对质心 O 的惯量矩阵。

而

$$\int_{Ai}\bar{\boldsymbol{r}}^{\times}\boldsymbol{R}_i^{\mathrm{T}}\boldsymbol{\omega}_i^{\times}\boldsymbol{\rho}\,\mathrm{d}m=(\boldsymbol{R}_i^{\mathrm{T}}\boldsymbol{I}_{Oi}+m_{Ai}\boldsymbol{O}_i^{\times\mathrm{T}}\boldsymbol{R}_i^{\mathrm{T}}\boldsymbol{\rho}_{Ai}^{\times})\boldsymbol{\omega}_i$$

式中，$\boldsymbol{I}_{Oi}=\int_{Ai}\boldsymbol{\rho}^{\times}\boldsymbol{\rho}^{\times\mathrm{T}}\mathrm{d}m$ 为子体 A_i 变形前相对铰链点 O_i 的惯量矩阵。

显然

$$\boldsymbol{I}_O^i=m_{Ai}\boldsymbol{O}_i^{\times\mathrm{T}}\boldsymbol{O}_i^{\times}+m_{Ai}[\boldsymbol{O}_i^{\times\mathrm{T}}(\boldsymbol{R}_i^{\mathrm{T}}\boldsymbol{\rho}_{Ai})^{\times}+(\boldsymbol{R}_i^{\mathrm{T}}\boldsymbol{\rho}_{Ai})^{\times\mathrm{T}}\boldsymbol{O}_i^{\times}]+\boldsymbol{R}_i^{\mathrm{T}}\boldsymbol{I}_{Oi}\boldsymbol{R}_i$$

可得到

$$\boldsymbol{H}_{Ai,O}=m_{Ai}(\boldsymbol{O}_i+\boldsymbol{R}_i^{\mathrm{T}}\boldsymbol{\rho}_{Ai})^{\times}\dot{\boldsymbol{O}}_i+\boldsymbol{I}_O^i\boldsymbol{\omega}+(\boldsymbol{R}_i^{\mathrm{T}}\boldsymbol{I}_{Oi}+m_{Ai}\boldsymbol{O}_i^{\times\mathrm{T}}\boldsymbol{R}_i^{\mathrm{T}}\boldsymbol{\rho}_{Ai}^{\times})\boldsymbol{\omega}_i+\boldsymbol{F}_S^i\dot{\boldsymbol{\eta}}$$

记

$$\boldsymbol{I}_S=\boldsymbol{I}_{BO}+\sum_i\boldsymbol{I}_O^i,\quad \boldsymbol{J}_i=\boldsymbol{I}_{Oi}+m_{Ai}(\boldsymbol{R}_i\boldsymbol{O}_i)^{\times\mathrm{T}}\boldsymbol{\rho}_{Ai}^{\times}$$

利用质心变化公式（2.3.1），得系统角动量为

$$\boldsymbol{H}_O=\boldsymbol{H}_{BO}+\sum_i\boldsymbol{H}_{Ai,O}=\boldsymbol{I}_S\boldsymbol{\omega}+\sum_i\boldsymbol{R}_i^{\mathrm{T}}\boldsymbol{J}_i\boldsymbol{\omega}_i+\sum_i\boldsymbol{F}_S^i\dot{\boldsymbol{\eta}}^i \tag{2.4.1}$$

对式（2.4.1）求导，得到角动量变化公式：

$$\begin{aligned}\frac{\mathrm{d}\boldsymbol{H}_O}{\mathrm{d}t}&=\dot{\boldsymbol{H}}_O+\boldsymbol{\omega}\times\boldsymbol{H}_O\\&=\boldsymbol{I}_S\dot{\boldsymbol{\omega}}+\sum_i\boldsymbol{R}_i^{\mathrm{T}}(\boldsymbol{J}_i\dot{\boldsymbol{\omega}}_i+\boldsymbol{\omega}_i^{\times}\boldsymbol{J}_i\boldsymbol{\omega}_i)+\sum_i\boldsymbol{F}_S^i\ddot{\boldsymbol{\eta}}^i+(\dot{\boldsymbol{I}}_S\boldsymbol{\omega}+\sum_i\boldsymbol{R}_i^{\mathrm{T}}\dot{\boldsymbol{J}}_i\boldsymbol{\omega}_i)+\boldsymbol{\omega}\times\boldsymbol{H}_O\end{aligned} \tag{2.4.2}$$

式（2.4.2）中，等号右边前 3 项是系统状态变化项，最后 1 项为陀螺力矩项。而第 4 项为系统、子体惯量变化项，可推导系统惯量变化公式

$$\begin{aligned}\dot{\boldsymbol{I}}_S&=\sum_i(\boldsymbol{G}_i+\boldsymbol{G}_i^{\mathrm{T}})\\\boldsymbol{G}_i&=\int_{Ai}(\boldsymbol{R}_i^{\mathrm{T}}\boldsymbol{\omega}_i^{\times}\boldsymbol{\rho})^{\times\mathrm{T}}\bar{\boldsymbol{r}}^{\times}\mathrm{d}m\\\dot{\boldsymbol{J}}_i&=-m_{Ai}(\boldsymbol{R}_i\dot{\boldsymbol{c}}+\boldsymbol{\omega}_i^{\times}\boldsymbol{R}_i\boldsymbol{O}_i)^{\times\mathrm{T}}\boldsymbol{\rho}_{Ai}^{\times}\end{aligned} \tag{2.4.3}$$

可见 $\dot{\boldsymbol{I}}_S$ 中不显含质心变化 $\dot{\boldsymbol{c}}$，但 $\dot{\boldsymbol{J}}_i$ 显含 $\dot{\boldsymbol{c}}$。

2.4.2　作用在系统的力矩

作用在系统的力矩可归纳为以下 4 项。

1）中心体角动量交换机构力矩：$-\dot{\boldsymbol{H}}_w-\boldsymbol{\omega}\times\boldsymbol{H}_w$。

2）卫星所受环境力矩 $\boldsymbol{T}_d$，包括重力梯度力矩、太阳光压力矩、气动力矩、剩磁力矩等。

3）中心体推力 $\boldsymbol{F}_{bj}$ 所致力矩 $\sum_{j\in B}\boldsymbol{r}_{bj}\times\boldsymbol{F}_{bj}$（$\boldsymbol{r}_{bj}$ 是力的作用点相对系统质心的矢径）。

4）子体所受外力相对系统质心 O 的力矩。对于附件 A_i：

$$\boldsymbol{T}_{Ai}=\sum_{j}^{n_i}\left(\int_{\Omega_j}\bar{\boldsymbol{r}}\times\boldsymbol{f}_{bj}\,\mathrm{d}\Omega+\int_{S_j}\bar{\boldsymbol{r}}\times\boldsymbol{f}'_{bj}\,\mathrm{d}S+\sum_{k}\boldsymbol{r}_k^{\times}\boldsymbol{F}_{j,k}\right)\tag{2.4.4}$$

式（2.4.4）中，相对质心矢径、作用力均在子体坐标系表示。由于光压力矩、气动力矩已在 $\boldsymbol{T}_d$ 中计算，因此 $\boldsymbol{f}'_{pj}$ 为面力 $\boldsymbol{f}_{pj}$ 中去掉光压力、气动力的剩余部分。

综上，系统所受作用力矩为

$$\boldsymbol{T}=-\dot{\boldsymbol{H}}_w-\boldsymbol{\omega}\times\boldsymbol{H}_w+\boldsymbol{T}_d+\sum_{j\in B}\boldsymbol{r}_{bj}\times\boldsymbol{F}_{bj}+\sum_{i}\boldsymbol{R}_i^{\mathrm{T}}\boldsymbol{T}_{Ai}\tag{2.4.5}$$

2.4.3　系统转动动力学

综合式（2.4.2）和式（2.4.5），获得系统动力学方程：

$$\begin{aligned}&\boldsymbol{I}_S\dot{\boldsymbol{\omega}}+\sum_i\boldsymbol{R}_i^{\mathrm{T}}\boldsymbol{J}_i\dot{\boldsymbol{\omega}}_i+\sum_i\boldsymbol{F}_S^i\ddot{\boldsymbol{\eta}}^i+\left[\dot{\boldsymbol{I}}_S\boldsymbol{\omega}+\sum_i\boldsymbol{R}_i^{\mathrm{T}}(\dot{\boldsymbol{J}}_i\boldsymbol{\omega}_i+\boldsymbol{\omega}_i^{\times}\boldsymbol{J}_i\boldsymbol{\omega}_i)\right]+\boldsymbol{\omega}\\&\quad\times\left(\boldsymbol{I}_S\boldsymbol{\omega}+\sum_i\boldsymbol{R}_i^{\mathrm{T}}\boldsymbol{J}_i\boldsymbol{\omega}_i+\sum_i\boldsymbol{F}_S^i\dot{\boldsymbol{\eta}}^i\right)\\&=-\dot{\boldsymbol{H}}_w-\boldsymbol{\omega}\times\boldsymbol{H}_w+\boldsymbol{T}_d+\sum_{j\in B}\boldsymbol{r}_{bj}\times\boldsymbol{F}_{bj}+\sum_i\boldsymbol{R}_i^{\mathrm{T}}\boldsymbol{T}_{Ai}\end{aligned}\tag{2.4.6}$$

与常见姿态动力学研究不同的是，式（2.4.6）保留了惯量变化项与子体转动的陀螺力矩项，以适应子体较大速度的情况，并且考虑了子体各种力源所致力矩。

2.5　子体的转动动力学

2.5.1　子体三自由度转动情况

子体 A_i 与中心体铰接在 O_i 处，设中心体施加给 A_i 的铰链力矩为 $\boldsymbol{T}_{ai}$。子体在铰链处零变形，因此 2.2 节的振动方程不显含 $\boldsymbol{T}_{ai}$。

微元 dm 的矢径如图 2-2 所示，记 $\boldsymbol{\rho}'=\boldsymbol{\rho}+\boldsymbol{u}$。子体 A_i 相对 O_i 的角动量为

$$\boldsymbol{H}_{Oi}=\int_{Ai}\boldsymbol{\rho}'\times\mathbf{V}\mathrm{d}m=\int_{Ai}\boldsymbol{\rho}'\times\frac{\mathrm{d}\boldsymbol{r}}{\mathrm{d}t}\mathrm{d}m+\int_{Ai}\boldsymbol{\rho}'\mathrm{d}m\times(\boldsymbol{R}_i\mathbf{V}_O)\tag{2.5.1}$$

对式（2.5.1）的第一个等号后的公式求导：

$$\frac{\mathrm{d}\boldsymbol{H}_{Oi}}{\mathrm{d}t}=\int_{Ai}\frac{\mathrm{d}\boldsymbol{\rho}'}{\mathrm{d}t}\times\boldsymbol{V}\mathrm{d}m+\int_{Ai}\boldsymbol{\rho}'\times\frac{\mathrm{d}\boldsymbol{V}}{\mathrm{d}t}\mathrm{d}m$$

该导数就引入了输入力矩的显示表达。定义

$$\boldsymbol{T}_f\equiv\int_{Ai}\boldsymbol{\rho}'\times\frac{\mathrm{d}\boldsymbol{V}}{\mathrm{d}t}\mathrm{d}m$$

应用牛顿第三定律，子体结构内力不产生力矩，因此上式代表子体 A_i 受到的所有外力矩及所有外力在 O_i 的力矩。

再对式（2.5.1）的第二个等号后的公式求导，综合得到

$$\frac{\mathrm{d}}{\mathrm{d}t}\int_{Ai}\boldsymbol{\rho}'\times\frac{\mathrm{d}\boldsymbol{r}}{\mathrm{d}t}\mathrm{d}m=\boldsymbol{T}_f-\int_{Ai}\boldsymbol{\rho}'\mathrm{d}m\times\left(\boldsymbol{R}_i\frac{\mathrm{d}\boldsymbol{V}_O}{\mathrm{d}t}\right)+\int_{Ai}\frac{\mathrm{d}\boldsymbol{\rho}'}{\mathrm{d}t}\mathrm{d}m\times\left(\boldsymbol{R}_i\frac{\mathrm{d}\boldsymbol{O}_i}{\mathrm{d}t}\right)\quad(2.5.2)$$

下面对式（2.5.2）的各项展开，或用系统状态及变化率表示，或明确输入力矩。

显然

$$\begin{aligned}\frac{\mathrm{d}\boldsymbol{r}}{\mathrm{d}t}&=\boldsymbol{R}_i(\dot{\boldsymbol{O}}_i+\boldsymbol{\omega}\times\boldsymbol{O}_i)+(\boldsymbol{R}_i\boldsymbol{\omega}+\boldsymbol{\omega}_i)\times\boldsymbol{\rho}+\dot{\boldsymbol{u}}+(\boldsymbol{R}_i\boldsymbol{\omega}+\boldsymbol{\omega}_i)\times\boldsymbol{u}\\&\approx\boldsymbol{R}_i(\dot{\boldsymbol{O}}_i+\boldsymbol{\omega}\times\boldsymbol{O}_i)+(\boldsymbol{R}_i\boldsymbol{\omega}+\boldsymbol{\omega}_i)\times\boldsymbol{\rho}+\dot{\boldsymbol{u}}\end{aligned}$$

则

$$\begin{aligned}\int_{Ai}\boldsymbol{\rho}'\times\frac{\mathrm{d}\boldsymbol{r}}{\mathrm{d}t}\mathrm{d}m&\approx\int_{Ai}\boldsymbol{\rho}\times\frac{\mathrm{d}\boldsymbol{r}}{\mathrm{d}t}\mathrm{d}m\\&=m_{Ai}\boldsymbol{\rho}_{Ai}^{\times}\boldsymbol{R}_i(\dot{\boldsymbol{O}}_i+\boldsymbol{\omega}\times\boldsymbol{O}_i)+\boldsymbol{I}_{Oi}(\boldsymbol{R}_i\boldsymbol{\omega}+\boldsymbol{\omega}_i)+\int_{Ai}\boldsymbol{\rho}^{\times}\dot{\boldsymbol{u}}\mathrm{d}m\\&=\boldsymbol{I}_{Oi}\boldsymbol{\omega}_i+\boldsymbol{J}_i^{\mathrm{T}}\boldsymbol{R}_i\boldsymbol{\omega}+m_{Ai}\boldsymbol{\rho}_{Ai}^{\times}\boldsymbol{R}_i\dot{\boldsymbol{O}}_i+\boldsymbol{B}_R^i\dot{\boldsymbol{\eta}}^i\end{aligned}$$

对上式求导：

$$\begin{aligned}&\frac{\mathrm{d}}{\mathrm{d}t}\int_{Ai}\boldsymbol{\rho}'\times\frac{\mathrm{d}\boldsymbol{r}}{\mathrm{d}t}\mathrm{d}m\\&=\boldsymbol{I}_{Oi}\dot{\boldsymbol{\omega}}_i+\boldsymbol{J}_i^{\mathrm{T}}\boldsymbol{R}_i\dot{\boldsymbol{\omega}}-\boldsymbol{J}_i^{\mathrm{T}}\boldsymbol{\omega}_i^{\times}\boldsymbol{R}_i\boldsymbol{\omega}+\dot{\boldsymbol{J}}_i^{\mathrm{T}}\boldsymbol{R}_i\boldsymbol{\omega}+m_{Ai}\boldsymbol{\rho}_{Ai}^{\times}\boldsymbol{R}_i\ddot{\boldsymbol{O}}_i-m_{Ai}\boldsymbol{\rho}_{Ai}^{\mathrm{T}}\boldsymbol{\omega}_i^{\times}\boldsymbol{R}_i\dot{\boldsymbol{O}}_i+\boldsymbol{B}_R^i\ddot{\boldsymbol{\eta}}^i\\&\quad+(\boldsymbol{\omega}_i+\boldsymbol{R}_i\boldsymbol{\omega})^{\times}[\boldsymbol{I}_{Oi}\dot{\boldsymbol{\omega}}_i+\boldsymbol{J}_i^{\mathrm{T}}\boldsymbol{R}_i\boldsymbol{\omega}+m_{Ai}\boldsymbol{\rho}_{Ai}^{\times}\boldsymbol{R}_i\dot{\boldsymbol{O}}_i+\boldsymbol{B}_R^i\dot{\boldsymbol{\eta}}^i]\end{aligned}\qquad(2.5.3)$$

而

$$\begin{aligned}\int_{Ai}\frac{\mathrm{d}\boldsymbol{\rho}'}{\mathrm{d}t}\mathrm{d}m\times\left(\boldsymbol{R}_i\frac{\mathrm{d}\boldsymbol{O}_i}{\mathrm{d}t}\right)&=m_{Ai}\boldsymbol{R}_i(\dot{\boldsymbol{O}}_i+\boldsymbol{\omega}\times\boldsymbol{O}_i)^{\times}\boldsymbol{R}_i^{\mathrm{T}}\boldsymbol{\rho}_{Ai}^{\times}(\boldsymbol{R}_i\boldsymbol{\omega}+\boldsymbol{\omega}_i)\\&=-m_{Ai}\boldsymbol{\rho}_{Ai}^{\mathrm{T}}\dot{\boldsymbol{O}}_i(\boldsymbol{\omega}_i+\boldsymbol{R}_i\boldsymbol{\omega})+m_{Ai}(\boldsymbol{\omega}_i+\boldsymbol{R}_i\boldsymbol{\omega})^{\mathrm{T}}\boldsymbol{R}_i\dot{\boldsymbol{O}}_i\boldsymbol{\rho}_{Ai}\\&\quad-m_{Ai}\boldsymbol{O}_i^{\mathrm{T}}\boldsymbol{R}_i^{\mathrm{T}}\boldsymbol{\rho}_{Ai}^{\times}(\boldsymbol{\omega}_i+\boldsymbol{R}_i\boldsymbol{\omega})\boldsymbol{R}_i\boldsymbol{\omega}\\&\quad+m_{Ai}\boldsymbol{\omega}^{\mathrm{T}}\boldsymbol{R}_i^{\mathrm{T}}\boldsymbol{\rho}_{Ai}^{\times}(\boldsymbol{\omega}_i+\boldsymbol{R}_i\boldsymbol{\omega})\boldsymbol{R}_i\boldsymbol{O}_i\end{aligned}\qquad(2.5.4)$$

式（2.5.4）化简时用到了如下矢量公式：

$$\boldsymbol{a}\times(\boldsymbol{b}\times\boldsymbol{c})=(\boldsymbol{a}\cdot\boldsymbol{c})\boldsymbol{b}-(\boldsymbol{a}\cdot\boldsymbol{b})\boldsymbol{c},\quad(\boldsymbol{a}\times\boldsymbol{b})\times\boldsymbol{c}=(\boldsymbol{a}\cdot\boldsymbol{c})\boldsymbol{b}-(\boldsymbol{b}\cdot\boldsymbol{c})\boldsymbol{a}$$

$$(\boldsymbol{a}\times\boldsymbol{b})\cdot\boldsymbol{c}=\begin{vmatrix}\boldsymbol{a}^{\mathrm{T}}\\ \boldsymbol{b}^{\mathrm{T}}\\ \boldsymbol{c}^{\mathrm{T}}\end{vmatrix}$$

式（2.5.2）余下两项的处理如下：

$$\boldsymbol{T}_f-\int_{A_i}\boldsymbol{\rho}'\mathrm{d}m\times\left(\boldsymbol{R}_i\frac{\mathrm{d}\boldsymbol{V}_O}{\mathrm{d}t}\right)\approx\boldsymbol{T}_f-m_{Ai}\boldsymbol{\rho}_{Ai}^{\times}\boldsymbol{R}_i\left(\frac{\mathrm{d}\boldsymbol{V}_O}{\mathrm{d}t}\right)$$

外力矩 $\boldsymbol{T}_f$ 也包含子体的引力力矩，而引力作用可从上式两项中抵消而扣除。子体 A_i 所受引力以外的外力所产生的作用力矩（相对 O_i）为

$$\boldsymbol{T}_{Ai,Oi}=\sum_j^{n_i}\left(\int_{\Omega_j}\boldsymbol{\rho}\times\boldsymbol{f}_{bj}\mathrm{d}\Omega+\int_{S_j}\boldsymbol{\rho}\times\boldsymbol{f}_{pj}\mathrm{d}S+\sum_k\boldsymbol{\rho}_k\times\boldsymbol{F}_{j,k}\right)\tag{2.5.5}$$

从 $\boldsymbol{T}_f$ 中扣除引力力矩的结果为 $\boldsymbol{T}_{ai}+\boldsymbol{T}_{Ai,Oi}$ ，则

$$\boldsymbol{T}_f-\int_{A_i}\boldsymbol{\rho}'\mathrm{d}m\times\left(\boldsymbol{R}_i\frac{\mathrm{d}\boldsymbol{V}_O}{\mathrm{d}t}\right)\approx\boldsymbol{T}_{ai}+\boldsymbol{T}_{Ai,Oi}-m_{Ai}\boldsymbol{\rho}_{Ai}^{\times}\boldsymbol{R}_i(\dot{\boldsymbol{v}}_O+\boldsymbol{\omega}\times\boldsymbol{v}_O)\tag{2.5.6}$$

需要说明的是，由于整星的面质比与子体面质比一般差别很大，因此面力（如光压力、大气阻力）的作用不能从 $\mathrm{d}\boldsymbol{V}_O/\mathrm{d}t$ 中抵消；同样，由于子体质量与整星质量不同，因此作用在子体的点力所产生的力矩也不能从 $\mathrm{d}\boldsymbol{V}_O/\mathrm{d}t$ 中抵消。它们的作用应根据式（2.5.5）加以保留。

将式（2.5.3）、式（2.5.4）和式（2.5.6）代入式（2.5.2）中，并利用质心变化 $\dot{\boldsymbol{O}}_i=-\dot{\boldsymbol{c}}$ ，得到子体 A_i 的转动动力学方程：

$$\begin{aligned}&\boldsymbol{I}_{Oi}\dot{\boldsymbol{\omega}}_i+\boldsymbol{J}_i^{\mathrm{T}}\boldsymbol{R}_i\dot{\boldsymbol{\omega}}+\boldsymbol{B}_R^i\ddot{\boldsymbol{\eta}}^i+m_{Ai}\boldsymbol{\rho}_{Ai}^{\times}\boldsymbol{R}_i(\dot{\boldsymbol{v}}_O+\boldsymbol{\omega}\times\boldsymbol{v}_O-\ddot{\boldsymbol{c}})\\&\quad+\dot{\boldsymbol{J}}_i^{\mathrm{T}}\boldsymbol{R}_i\boldsymbol{\omega}-\boldsymbol{J}_i^{\mathrm{T}}\boldsymbol{\omega}_i^{\times}\boldsymbol{R}_i\boldsymbol{\omega}+m_{Ai}\boldsymbol{\rho}_{Ai}^{\mathrm{T}}\boldsymbol{\omega}_i^{\times}\boldsymbol{R}_i\dot{\boldsymbol{c}}\\&\quad-m_{Ai}\boldsymbol{\rho}_{Ai}^{\mathrm{T}}\boldsymbol{R}_i\dot{\boldsymbol{c}}(\boldsymbol{\omega}_i+\boldsymbol{R}_i\boldsymbol{\omega})+m_{Ai}(\boldsymbol{\omega}_i+\boldsymbol{R}_i\boldsymbol{\omega})^{\mathrm{T}}\boldsymbol{R}_i\dot{\boldsymbol{c}}\boldsymbol{\rho}_{Ai}\\&\quad+m_{Ai}\boldsymbol{O}_i^{\mathrm{T}}\boldsymbol{R}_i^{\mathrm{T}}\boldsymbol{\rho}_{Ai}^{\mathrm{T}}(\boldsymbol{\omega}_i+\boldsymbol{R}_i\boldsymbol{\omega})\boldsymbol{R}_i\boldsymbol{\omega}\\&\quad-m_{Ai}\boldsymbol{\omega}^{\mathrm{T}}\boldsymbol{R}_i^{\mathrm{T}}\boldsymbol{\rho}_{Ai}^{\mathrm{T}}(\boldsymbol{\omega}_i+\boldsymbol{R}_i\omega)\boldsymbol{R}_i\boldsymbol{O}_i+(\boldsymbol{\omega}_i+\boldsymbol{R}_i\boldsymbol{\omega})^{\times}(\boldsymbol{I}_{Oi}\boldsymbol{\omega}_i+\boldsymbol{J}_i^{\mathrm{T}}\boldsymbol{R}_i\boldsymbol{\omega}-m_{Ai}\boldsymbol{\rho}_{Ai}^{\times}\boldsymbol{R}_i\dot{\boldsymbol{c}}+\boldsymbol{B}_R^i\dot{\boldsymbol{\eta}}^i)\\&\quad=\boldsymbol{T}_{ai}+\boldsymbol{T}_{Ai,Oi}\end{aligned}\tag{2.5.7}$$

式中，第 1 行是子体转动角动量随系统状态变化的项；第 2 行是因子体相对转动角速度导致的转动角动量变化；第 3 行与第 4 行是铰链点牵连速度与子体质心牵连速度的耦合作用项；第 5 行是陀螺力矩项。

在实际应用中，可根据对象转动快慢、轨道变化速度等具体情况，对式（2.5.7）的非线性项进行进一步取舍。

2.5.2　子体一个或两个自由度转动情况

式（2.5.7）描述了子体三维转动动力学，如果转动控制限制为一个或两个自由度，则是三自由度转动的特殊情况。对其处理如下。

定义投影矩阵 $\boldsymbol{P}_r$ ，其列向量表示转轴在子体坐标系 F_{ai} 的方位坐标，一个自由度对

应的 $\boldsymbol{P}_r$ 为单位列向量，而两自由度转动可等效处理两个转轴垂直，$\boldsymbol{P}_r$ 为 3×2 矩阵，两个单位列向量正交。因此，受限的铰链力矩 $\boldsymbol{T}_{ai}^{p}$ 、子体转速 $\boldsymbol{\omega}_i^{p}$ 与三维情况的关系为

$$\begin{aligned}\boldsymbol{T}_{ai}^{p} &= \boldsymbol{P}_r^{\mathrm{T}}\boldsymbol{T}_{ai}\\ \boldsymbol{\omega}_i &= \boldsymbol{P}_r\boldsymbol{\omega}_i^{p}\end{aligned} \tag{2.5.8}$$

将式（2.5.7）两边分别左乘投影矩阵 $\boldsymbol{P}_r^{\mathrm{T}}$ ，并代入式（2.5.8），即可获得关于转动速度 $\boldsymbol{\omega}_i^{p}$ 与控制力矩 $\boldsymbol{T}_{ai}^{p}$ 的子体转动动力学方程。再将 $\boldsymbol{\omega}_i=\boldsymbol{P}_r\boldsymbol{\omega}_i^{p}$ 代入振动模态方程（2.2.13）和系统动力学方程，这样，所有方程就都限定了子体转动自由度。另外，除了陀螺力矩项，其中的子体转动惯量矩阵、子体振动与子体转动耦合系数阵由三自由度情况的 $\boldsymbol{I}_{Oi}$ 、$\boldsymbol{B}_R^{i}$ 修正为

$$\begin{aligned}\boldsymbol{I}_{Oi}^{p} &= \boldsymbol{P}_r^{\mathrm{T}}\boldsymbol{I}_{Oi}\boldsymbol{P}_r\\ \boldsymbol{B}_R^{i,p} &= \boldsymbol{P}_r^{\mathrm{T}}\boldsymbol{B}_R^{i}\end{aligned} \tag{2.5.9}$$

2.6 子体转动与振动的模型特性

2.6.1 耦合系数阵与质量特性的关系

式（2.2.10）定义的子体振动与卫星平动、子体转动、卫星转动的耦合系数阵与子体的质量特性矩阵存在关系。文献［5，6］分别针对带太阳能电池帆板卫星、多柔性体卫星给出了有限元建模的极限（无穷维）情况下的模态恒等式，描述了上述关系。在实际工程中，有限元建模维数有限，是一种近似的模态截断情况。学者们提出了许多种不同的模态截断准则，其中 Hughes 等[5]提出的模态截断的惯性完备准则是非常有代表性且应用较广的准则，可使模态截断后的模型保持上述关系。

对于式（2.2.4）定义的单元质量矩阵 $\boldsymbol{M}_j=\int_{\Omega_j}\boldsymbol{N}_j^{\mathrm{T}}\boldsymbol{N}_j\,\mathrm{d}m$ ，如果严格按质量分布积分，则其结果称为一致质量矩阵；而直接将单元质量按几何位置的分布等效到节点上，则获得单元集中质量矩阵[3]。计算经验表明，同一网格下，两种方法的有限元计算结果近似[4]。

本节论证：如果有限元单元采用集中质量矩阵，则有限元建模都能保证模态恒等式成立。

对于子体 A_i ，采用式（2.2.6）定义的整体形状函数 $\boldsymbol{N}_{Ai}(\boldsymbol{\rho})$ ，可以证明质量矩阵、振动与平动、子体转动的耦合系数阵可表示为

$$\begin{aligned}\boldsymbol{M}^{i} &= \sum_j(\boldsymbol{E}_j^{\mathrm{T}}\boldsymbol{M}_j\boldsymbol{E}_j)=\int_{Ai}\boldsymbol{N}_{Ai}^{\mathrm{T}}\boldsymbol{N}_{Ai}\,\mathrm{d}m\\ \boldsymbol{B}_T^{i} &= \sum_j\int_{\Omega_j}\boldsymbol{N}_j\boldsymbol{E}_j\,\mathrm{d}m\boldsymbol{\Phi}=\int_{Ai}\boldsymbol{N}_{Ai}\,\mathrm{d}m\boldsymbol{\Phi}\\ \boldsymbol{B}_R^{i} &= \sum_j\int_{\Omega_j}\boldsymbol{\rho}^{\times}\boldsymbol{N}_j\boldsymbol{E}_j\,\mathrm{d}m\boldsymbol{\Phi}=\int_{Ai}\boldsymbol{\rho}^{\times}\boldsymbol{N}_{Ai}\,\mathrm{d}m\boldsymbol{\Phi}\end{aligned} \tag{2.6.1}$$

由振型矩阵归一化条件，得到

$$\boldsymbol{\Phi}\boldsymbol{\Phi}^{\mathrm{T}}=(\boldsymbol{M}^{i})^{-1} \tag{2.6.2}$$

由式（2.2.6），单位组装后整体 n_q 个节点的节点位移向量与整体形状函数必须满足

$$\boldsymbol{q}=\begin{bmatrix}\vdots\\ \boldsymbol{N}_{Ai}(\boldsymbol{\rho}_k)\\ \vdots\end{bmatrix}\boldsymbol{q}$$

式中，$\boldsymbol{\rho}_k$ 为第 k 个节点相对 O_i 的矢径。

理论上节点可以有多种划分，为确保自洽，上式中形状函数矩阵在所有节点处的取值应为单位阵，则

$$\boldsymbol{N}_{Ai}(\boldsymbol{\rho}_k)=[0\quad\cdots\quad 0\quad \underset{\substack{\uparrow\\ \text{第}\,k\,\text{块}}}{\boldsymbol{E}}\quad 0\quad\cdots\quad 0] \tag{2.6.3}$$

除第 k 个 3×3 的行分块为单位阵，其他均为 0。

现在将所有质量集中到 n_q 个节点上，各节点质量为 $m_k(k=1,\cdots,n_q)$，总质量不变，即

$$m_{Ai}=\sum_{k=1}^{n_q}m_k$$

则式（2.6.1）各积分可以离散求和，有

$$\boldsymbol{M}^i=\mathrm{diag}\{m_1\boldsymbol{E},\cdots,m_{n_q}\boldsymbol{E}\}$$
$$\boldsymbol{\Phi}\boldsymbol{\Phi}^{\mathrm{T}}=(\boldsymbol{M}^i)^{-1}=\mathrm{diag}\{m_1^{-1}\boldsymbol{E},\cdots,m_{n_q}^{-1}\boldsymbol{E}\}$$
$$\boldsymbol{B}_T^i=[m_1\boldsymbol{E},\cdots,m_{n_q}\boldsymbol{E}]\boldsymbol{\Phi}$$
$$\boldsymbol{B}_R^i=[m_1\boldsymbol{\rho}_1^{\times},\cdots,m_{n_q}\boldsymbol{\rho}_{n_q}^{\times}]\boldsymbol{\Phi}$$

由之可以推导出

$$\begin{aligned}\boldsymbol{B}_T^i\boldsymbol{B}_T^{i\mathrm{T}}&=m_{Ai}\boldsymbol{E}\\ \boldsymbol{B}_T^i\boldsymbol{B}_R^{i\mathrm{T}}&=m_{Ai}\boldsymbol{\rho}_{Ai}^{\times\mathrm{T}}\\ \boldsymbol{B}_R^i\boldsymbol{B}_R^{i\mathrm{T}}&=\boldsymbol{I}_{Oi}\\ \boldsymbol{F}_S^i\boldsymbol{F}_S^{i\mathrm{T}}&=\boldsymbol{I}_O^i\end{aligned} \tag{2.6.4}$$

式（2.6.4）就是子体 A_i 的模态恒等式，反映了振动的各耦合系数阵与子体质量、相对铰链点 O_i 的惯量矩阵、相对系统质心 O 的惯量矩阵的关系。

2.6.2　子体 A_i 振动方程的分解

（1）简化外力作用在 O_i 的力矩

将子体各单元所受环境力与主动力离散到全部 n_q 个节点，按组装顺序排列，则振动方程右端外力阵可表示为

$$\boldsymbol{f}\equiv\sum_j\boldsymbol{E}_j^{\mathrm{T}}\boldsymbol{F}_j=[\boldsymbol{f}_1^{\mathrm{T}},\cdots,\boldsymbol{f}_{n_q}^{\mathrm{T}}]^{\mathrm{T}} \tag{2.6.5}$$

它们作用在 O_i 的力矩为

$$\boldsymbol{T}_{Ai,Oi}=\sum_k^{n_q}\boldsymbol{\rho}_k\times\boldsymbol{f}_k \tag{2.6.6}$$

(2) 对模态坐标进行分解

记惯量矩阵 $\boldsymbol{I}_{Oi}$ 的正定的平方根为 $\boldsymbol{I}_{Oi}^{0.5}$，定义 n_Σ 维空间到三维空间的单位投影矩阵 $\boldsymbol{T}(3\times n_\Sigma$ 矩阵)：

$$\boldsymbol{T}\equiv(\boldsymbol{B}_R^i\boldsymbol{B}_R^{i\mathrm{T}})^{-0.5}\boldsymbol{B}_R^i=\boldsymbol{I}_{Oi}^{-0.5}\boldsymbol{B}_R^i \tag{2.6.7a}$$

则它的单位正交补矩阵 $\boldsymbol{S}[(n_\Sigma-3)\times n_\Sigma$ 矩阵] 满足

$$\begin{bmatrix}\boldsymbol{T}\\ \boldsymbol{S}\end{bmatrix}[\boldsymbol{T}^\mathrm{T}\quad \boldsymbol{S}^\mathrm{T}]=\boldsymbol{E},\quad \boldsymbol{T}^\mathrm{T}\boldsymbol{T}+\boldsymbol{S}^\mathrm{T}\boldsymbol{S}=\boldsymbol{E} \tag{2.6.7b}$$

一旦给定 $\boldsymbol{B}_R^i$，显然 $\boldsymbol{T}$、$\boldsymbol{S}$ 唯一确定。

矩阵 $\boldsymbol{S}$ 由方程

$$\boldsymbol{Tx}=\boldsymbol{0} \tag{2.6.8}$$

的 $n_\Sigma-3$ 个单位正交解基组成，由常规方法容易求解。

如果利用集中质量矩阵，则 $\boldsymbol{S}$ 还有如下形式：

$$\boldsymbol{S}=\boldsymbol{U\Phi} \tag{2.6.9a}$$

$$[\boldsymbol{\rho}_1^\times,\cdots,\boldsymbol{\rho}_{nq}^\times]\boldsymbol{U}^\mathrm{T}=0,\quad \boldsymbol{U\Phi\Phi}^\mathrm{T}\boldsymbol{U}^\mathrm{T}=\boldsymbol{E} \tag{2.6.9b}$$

容易验证，式 (2.6.9) 满足式 (2.6.7b) 规定的单位正交补条件。

矩阵 $\boldsymbol{T}$、$\boldsymbol{S}$ 可将 n_Σ 维模态坐标 $\boldsymbol{\eta}^i$ 分别投影到三维空间和 $n_\Sigma-3$ 维正交补空间。记

$$\boldsymbol{\varsigma}\equiv\boldsymbol{T\eta}^i,\quad \boldsymbol{\zeta}\equiv\boldsymbol{S\eta}^i \tag{2.6.10}$$

则模态坐标 $\boldsymbol{\eta}^i$ 分解为

$$\boldsymbol{\eta}^i=\boldsymbol{T}^\mathrm{T}\boldsymbol{\varsigma}+\boldsymbol{S}^\mathrm{T}\boldsymbol{\zeta}$$

(3) 对振动方程进行分解

分别用 $\boldsymbol{T}$、$\boldsymbol{S}$ 左乘模态方程 (2.2.13)，应用模态恒等式 (2.6.4)，整理得到分离后的模态方程

$$\begin{aligned}&\ddot{\boldsymbol{\varsigma}}+(\boldsymbol{TDT}^\mathrm{T})\dot{\boldsymbol{\varsigma}}+(\boldsymbol{T\Lambda}^2\boldsymbol{T}^\mathrm{T})\boldsymbol{\varsigma}+(\boldsymbol{TDS}^\mathrm{T}\dot{\boldsymbol{\zeta}}+\boldsymbol{T\Lambda}^2\boldsymbol{S}^\mathrm{T}\boldsymbol{\zeta})\\&+m_{Ai}\boldsymbol{I}_{Oi}^{-0.5}\boldsymbol{\rho}_{Ai}^\times\boldsymbol{R}_i(\dot{\boldsymbol{v}}_O+\boldsymbol{\omega}\times\boldsymbol{v}_O-\ddot{\boldsymbol{c}}+\boldsymbol{O}_i^{\times\mathrm{T}}\dot{\boldsymbol{\omega}})+\boldsymbol{I}_{Oi}^{0.5}(\boldsymbol{R}_i\dot{\boldsymbol{\omega}}+\dot{\boldsymbol{\omega}}_i)\\&=\boldsymbol{T\Phi}^\mathrm{T}\boldsymbol{f}\end{aligned} \tag{2.6.11}$$

$$\begin{aligned}&\ddot{\boldsymbol{\zeta}}+(\boldsymbol{SDS}^\mathrm{T})\dot{\boldsymbol{\zeta}}+(\boldsymbol{S\Lambda}^2\boldsymbol{S}^\mathrm{T})\boldsymbol{\zeta}+(\boldsymbol{SDT}^\mathrm{T}\dot{\boldsymbol{\varsigma}}+\boldsymbol{S\Lambda}^2\boldsymbol{T}^\mathrm{T}\boldsymbol{\varsigma})\\&+\boldsymbol{SB}_T^{i\mathrm{T}}\boldsymbol{R}_i(\dot{\boldsymbol{v}}_O+\boldsymbol{\omega}\times\boldsymbol{v}_O-\ddot{\boldsymbol{c}}+\boldsymbol{O}_i^{\times\mathrm{T}}\dot{\boldsymbol{\omega}})=\boldsymbol{S\Phi}^\mathrm{T}\boldsymbol{f}\end{aligned} \tag{2.6.12}$$

从式 (2.6.11) 和式 (2.6.12) 可以看出：

1) 只有三维坐标 $\boldsymbol{\varsigma}$ 的方程与子体的转动相耦合，而 $\boldsymbol{\zeta}$ 与子体转动无耦合。

2) $\boldsymbol{\varsigma}$、$\boldsymbol{\zeta}$ 的运动之间存在一定的耦合（如 $\boldsymbol{\varsigma}$ 的微分方程包含 $\boldsymbol{T\Lambda}^2\boldsymbol{S}^\mathrm{T}\boldsymbol{\zeta}$ 项，$\boldsymbol{\zeta}$ 的微分方程包含 $\boldsymbol{S\Lambda}^2\boldsymbol{T}^\mathrm{T}\boldsymbol{\varsigma}$ 项）。下面定性估算，由于 $\boldsymbol{T}$、$\boldsymbol{S}$ 正交，因此一般情况下耦合矩阵的特征参数应该比较小。

由式 (2.2.5)、式 (2.6.4) 和式 (2.6.7) 可得

$$\boldsymbol{T\Lambda}^2\boldsymbol{S}^\mathrm{T}=\boldsymbol{I}_{Oi}^{-0.5}[m_1\boldsymbol{\rho}_1^\times,\cdots,m_{nq}\boldsymbol{\rho}_{nq}^\times]\boldsymbol{KU}^\mathrm{T} \tag{2.6.13}$$

式 (2.6.13) 中，刚度矩阵 $\boldsymbol{K}=\sum_j(\boldsymbol{E}_j^\mathrm{T}\boldsymbol{K}_j\boldsymbol{E}_j)$ 由各单元刚度矩阵 $\boldsymbol{K}_j$ 组装得到，$\boldsymbol{K}_j$ 呈

主对角优势，而航天器子体的内部结构通常具有良好的对称性，其质量分布均匀，容易保证划分的单元比较均匀、一致，各节点集中质量近似相等，则组装后的刚度矩阵仍保留主对角优势，并且各块近似一致（数量占比少的复用节点可能偏离主对角，但稀疏，且其值相对小）。当节点足够多时，宏观上 $\boldsymbol{K}$ 在式（2.6.13）中近似起系数相等的对角阵的作用，则式（2.6.9b）中的正交性在一定程度上近似成立，阻尼项的耦合类似。因此，$\boldsymbol{\varsigma}$ 、$\boldsymbol{\zeta}$ 的运动耦合作用较小。

相反，$\boldsymbol{T\Lambda}^2\boldsymbol{T}^{\mathrm{T}}$ 、$\boldsymbol{S\Lambda}^2\boldsymbol{S}^{\mathrm{T}}$ 的特征参数应该大得多。

2.6.3　子体 A_i 振动方程与转动方程的约束关系

定义

$$\begin{aligned}\boldsymbol{H}_i &= \boldsymbol{I}_{Oi}\boldsymbol{\omega}_i + \boldsymbol{J}_i^{\mathrm{T}}\boldsymbol{R}_i\boldsymbol{\omega} + \boldsymbol{I}_{Oi}^{0.5}\dot{\boldsymbol{\varsigma}} - m_{Ai}\boldsymbol{\rho}_{Ai}^{\times}\boldsymbol{R}_i\dot{\boldsymbol{c}} \\ \boldsymbol{H}_i' &= \boldsymbol{I}_{Oi}\dot{\boldsymbol{\omega}}_i + \boldsymbol{J}_i^{\mathrm{T}}\boldsymbol{R}_i\dot{\boldsymbol{\omega}} + \boldsymbol{I}_{Oi}^{0.5}\ddot{\boldsymbol{\varsigma}} - m_{Ai}\boldsymbol{\rho}_{Ai}^{\times}\boldsymbol{R}_i\ddot{\boldsymbol{c}}\end{aligned} \tag{2.6.14}$$

式中，$\boldsymbol{H}_i'$ 为仅对 $\boldsymbol{H}_i$ 中的状态量微分结果（若忽略二阶小量，则 $\boldsymbol{H}_i' \doteq \dot{\boldsymbol{H}}_i$）。

为简化表达，定义 $\boldsymbol{W}_R(\dot{\boldsymbol{c}},\ \boldsymbol{\omega},\ \boldsymbol{\omega}_i)$（在小角速度时可忽略）为

$$\begin{aligned}\boldsymbol{W}_R(\dot{\boldsymbol{c}},\boldsymbol{\omega},\boldsymbol{\omega}_i) = & -\boldsymbol{J}_i^{\mathrm{T}}\boldsymbol{\omega}_i^{\times}\boldsymbol{R}_i\boldsymbol{\omega} + \dot{\boldsymbol{J}}_i^{\mathrm{T}}\boldsymbol{R}_i\boldsymbol{\omega} + m_{Ai}\boldsymbol{\rho}_{Ai}^{\mathrm{T}}\boldsymbol{\omega}_i^{\times}\boldsymbol{R}_i\dot{\boldsymbol{c}} - m_{Ai}\boldsymbol{\rho}_{Ai}^{\mathrm{T}}\boldsymbol{R}_i\dot{\boldsymbol{c}}(\boldsymbol{\omega}_i + \boldsymbol{R}_i\boldsymbol{\omega}) \\ & + m_{Ai}(\boldsymbol{\omega}_i + \boldsymbol{R}_i\omega)^{\mathrm{T}}\boldsymbol{R}_i\dot{\boldsymbol{c}}\boldsymbol{\rho}_{Ai} + m_{Ai}\boldsymbol{O}_i^{\mathrm{T}}\boldsymbol{R}_i^{\mathrm{T}}\boldsymbol{\rho}_{Ai}^{\mathrm{T}}(\boldsymbol{\omega}_i + \boldsymbol{R}_i\boldsymbol{\omega})\boldsymbol{R}_i\boldsymbol{\omega} \\ & - m_{Ai}\boldsymbol{\omega}^{\mathrm{T}}\boldsymbol{R}_i^{\mathrm{T}}\boldsymbol{\rho}_{Ai}^{\mathrm{T}}(\boldsymbol{\omega}_i + \boldsymbol{R}_i\boldsymbol{\omega})\boldsymbol{R}_i\boldsymbol{O}_i\end{aligned} \tag{2.6.15}$$

则动力学方程（2.5.7）可表示为

$$\begin{aligned}&\boldsymbol{H}_i' + (\boldsymbol{\omega}_i + \boldsymbol{R}_i\boldsymbol{\omega}) \times \boldsymbol{H}_i + m_{Ai}\boldsymbol{\rho}_{Ai}^{\times}\boldsymbol{R}_i(\dot{\boldsymbol{v}}_O + \boldsymbol{\omega} \times \boldsymbol{v}_O) + \boldsymbol{W}_R(\dot{\boldsymbol{c}},\boldsymbol{\omega},\boldsymbol{\omega}_i) \\ &= \boldsymbol{T}_{ai} + \sum_k^{nq}\boldsymbol{\rho}_k \times \boldsymbol{f}_k\end{aligned} \tag{2.6.16}$$

对模态的三维坐标方程（2.6.11）左乘 $\boldsymbol{I}_{oi}^{0.5}$ ，利用式（2.6.3）可证明

$$\boldsymbol{B}_R^i\boldsymbol{\Phi}^{\mathrm{T}}\sum_j\boldsymbol{E}_j^{\mathrm{T}}\boldsymbol{F}_j = \boldsymbol{T}_{Ai,Oi} = \sum_k^{nq}\boldsymbol{\rho}_k \times \boldsymbol{f}_k \tag{2.6.17}$$

则式（2.6.11）等效为

$$\boldsymbol{H}_i' + m_{Ai}\boldsymbol{\rho}_{Ai}^{\times}\boldsymbol{R}_i(\dot{\boldsymbol{v}}_O + \boldsymbol{\omega} \times \boldsymbol{v}_O) + \boldsymbol{B}_R^i(\boldsymbol{D}\dot{\boldsymbol{\eta}}^i + \boldsymbol{\Lambda}^2\boldsymbol{\eta}^i) = \sum_k^{nq}\boldsymbol{\rho}_k \times \boldsymbol{f}_k \tag{2.6.18}$$

式（2.6.16）与式（2.6.18）相减，得到子体振动与转动的约束关系：

$$-\boldsymbol{B}_R^i(\boldsymbol{D}\dot{\boldsymbol{\eta}}^i + \boldsymbol{\Lambda}^2\boldsymbol{\eta}^i) = \boldsymbol{T}_{ai} - (\boldsymbol{\omega}_i + \boldsymbol{R}_i\boldsymbol{\omega}) \times \boldsymbol{H}_i - \boldsymbol{W}_R(\dot{\boldsymbol{c}},\boldsymbol{\omega},\boldsymbol{\omega}_i) \tag{2.6.19}$$

式（2.6.19）是系统运动状态与铰链力矩的一个代数约束（而非微分约束）。其等号左边形式上是子体振动模态广义的弹性力矩和阻尼力矩（但并非真正的物理力矩），不妨称之为振动的模态弹阻力矩。

上述分析表明：

1）子体转动方程与振动模态方程并不完全独立，而存在运动状态与铰链力矩的代数

约束关系。

2）模态坐标通过转动耦合系数阵变换的微分方程与转动方程等价，可以由代数约束方程替代，而剩余模态坐标由其正交补投影获得，从而减少模态微分方程的维数。为了区分，后文将变换后的这两种模态坐标分别称为转动模态坐标和正交补模态坐标。

3）模态弹阻力矩等于铰链力矩与转动的陀螺力矩、中心体与子体运动交叉力矩之和。当转动速度较小时，其近似等于铰链力矩。

2.6.4 子体 A_i 转动控制低于三自由度的情况

这是三自由度的特殊情况。按照 2.5 节设计投影矩阵 $\boldsymbol{P}_r$，相关量与三自由度情况的关系有

$$\boldsymbol{T}_{ai}^{p}=\boldsymbol{P}_r^{\mathrm{T}}\boldsymbol{T}_{ai},\quad \boldsymbol{\omega}_i=\boldsymbol{P}_r\boldsymbol{\omega}_i^{p},\quad \boldsymbol{B}_R^{i,p}=\boldsymbol{P}_r^{\mathrm{T}}\boldsymbol{B}_R^{i},\quad \boldsymbol{I}_{Oi}^{p}=\boldsymbol{P}_r^{\mathrm{T}}\boldsymbol{I}_{Oi}\boldsymbol{P}_r$$

并且仍有模态恒等式

$$\boldsymbol{B}_R^{i,p}\boldsymbol{B}_R^{i,p\mathrm{T}}=\boldsymbol{I}_{Oi}^{p}$$

式（2.6.7）定义的用于模态坐标分解的空间投影矩阵 $\boldsymbol{T}$ 所涉及的惯量矩阵 $\boldsymbol{I}_{Oi}$ 与耦合系数矩阵 $\boldsymbol{B}_R^{i}$ 分别用 $\boldsymbol{I}_{Oi}^{p}$ 和 $\boldsymbol{B}_R^{i,p}$ 替代，即

$$\boldsymbol{T}=(\boldsymbol{I}_{Oi}^{p})^{-0.5}\boldsymbol{B}_R^{i,p}$$

它的单位正交补矩阵 $\boldsymbol{S}$ 满足

$$\begin{bmatrix}\boldsymbol{T}\\ \boldsymbol{S}\end{bmatrix}[\boldsymbol{T}^{\mathrm{T}}\quad \boldsymbol{S}^{\mathrm{T}}]=\boldsymbol{E},\quad \boldsymbol{T}^{\mathrm{T}}\boldsymbol{T}+\boldsymbol{S}^{\mathrm{T}}\boldsymbol{S}=\boldsymbol{E}$$

由方程

$$\boldsymbol{Tx}=\boldsymbol{0}$$

的单位正交解基组成。

类似式（2.6.9），如果利用集中质量矩阵，则 $\boldsymbol{S}$ 还有如下形式：

$$\boldsymbol{S}=\boldsymbol{U\Phi}$$

$$\boldsymbol{P}_r^{\mathrm{T}}[\boldsymbol{\rho}_1^{\times},\cdots,\boldsymbol{\rho}_{nq}^{\times}]\boldsymbol{U}^{\mathrm{T}}=\boldsymbol{0},\quad \boldsymbol{U\Phi\Phi}^{\mathrm{T}}\boldsymbol{U}^{\mathrm{T}}=\boldsymbol{E}$$

式（2.6.10）定义的投影公式

$$\boldsymbol{\varsigma}\equiv\boldsymbol{T\eta}^{i},\quad \boldsymbol{\zeta}\equiv\boldsymbol{S\eta}^{i}$$

仍然成立，只是空间维数发生变化，它们将 n_{Σ} 维模态坐标 $\boldsymbol{\eta}^{i}$ 分别投影到一维或二维空间和其正交补空间。分解后的模态方程［式（2.6.11）和式（2.6.12）］仍然适用。

将 $\boldsymbol{P}_r^{\mathrm{T}}$ 分别左乘式（2.6.16）、式（2.6.18）和式（2.6.19），得到转动方程、约束振动方程和约束关系：

$$\begin{aligned}&\boldsymbol{P}_r^{\mathrm{T}}\boldsymbol{H}_i'+\boldsymbol{P}_r^{\mathrm{T}}(\boldsymbol{P}_r\boldsymbol{\omega}_i^{p}+\boldsymbol{R}_i\boldsymbol{\omega})\times\boldsymbol{H}_i+\boldsymbol{P}_r^{\mathrm{T}}m_{Ai}\boldsymbol{\rho}_{Ai}^{\times}\boldsymbol{R}_i(\dot{\boldsymbol{v}}_O+\boldsymbol{\omega}\times\boldsymbol{v}_O)+\boldsymbol{P}_r^{\mathrm{T}}\boldsymbol{W}_R(\dot{\boldsymbol{c}},\boldsymbol{\omega},\boldsymbol{P}_r\boldsymbol{\omega}_i^{p})\\&\quad=\boldsymbol{T}_{ai}^{p}+\boldsymbol{P}_r^{\mathrm{T}}\sum_{k}^{nq}\boldsymbol{\rho}_k\times\boldsymbol{f}_k\end{aligned}\tag{2.6.20a}$$

$$\begin{aligned}&\boldsymbol{P}_r^{\mathrm{T}}\boldsymbol{H}_i'+\boldsymbol{P}_r^{\mathrm{T}}m_{Ai}\boldsymbol{\rho}_{Ai}^{\times}\boldsymbol{R}_i(\dot{\boldsymbol{v}}_O+\boldsymbol{\omega}\times\boldsymbol{v}_O)+\boldsymbol{B}_R^{i,p}(\boldsymbol{D}\dot{\boldsymbol{\eta}}^{i}+\boldsymbol{\Lambda}^2\boldsymbol{\eta}^{i})\\&\quad=\boldsymbol{P}_r^{\mathrm{T}}\sum_{k}^{nq}\boldsymbol{\rho}_k\times\boldsymbol{f}_k\end{aligned}\tag{2.6.20b}$$

$$-\boldsymbol{B}_R^{i,p}(\boldsymbol{D}\dot{\boldsymbol{\eta}}^i+\boldsymbol{\Lambda}^2\boldsymbol{\eta}^i)=\boldsymbol{T}_{ai}^p-\boldsymbol{P}_r^{\mathrm{T}}(\boldsymbol{\omega}_i+\boldsymbol{R}_i\boldsymbol{\omega})\times\boldsymbol{H}_i-\boldsymbol{P}_r^{\mathrm{T}}\boldsymbol{W}_R(\dot{\boldsymbol{c}},\boldsymbol{\omega},\boldsymbol{P}_r\boldsymbol{\omega}_i^p)\tag{2.6.20c}$$

由式（2.6.14），式中：

$$\boldsymbol{P}_r^{\mathrm{T}}\boldsymbol{H}_i=\boldsymbol{I}_{Oi}^p\boldsymbol{\omega}_i^p+\boldsymbol{P}_r^{\mathrm{T}}\boldsymbol{J}_i^{\mathrm{T}}\boldsymbol{R}_i\boldsymbol{\omega}+(\boldsymbol{I}_{Oi}^p)^{0.5}\dot{\boldsymbol{\varsigma}}-m_{Ai}\boldsymbol{P}_r^{\mathrm{T}}\boldsymbol{\rho}_{Ai}^{\times}\boldsymbol{R}_i\dot{\boldsymbol{c}}$$

$$\boldsymbol{P}_r^{\mathrm{T}}\boldsymbol{H}'_i=\boldsymbol{I}_{Oi}^p\dot{\boldsymbol{\omega}}_i^p+\boldsymbol{P}_r^{\mathrm{T}}\boldsymbol{J}_i^{\mathrm{T}}\boldsymbol{R}_i\dot{\boldsymbol{\omega}}+(\boldsymbol{I}_{Oi}^p)^{0.5}\ddot{\boldsymbol{\varsigma}}-m_{Ai}\boldsymbol{P}_r^{\mathrm{T}}\boldsymbol{\rho}_{Ai}^{\times}\boldsymbol{R}_i\ddot{\boldsymbol{c}}$$

本章小结

本章建立了多体柔性卫星的动力学模型，其主要内容如下。

1）建立了具有广泛意义的多体柔性卫星的动力学模型，全面给出了系统质心变化、惯量变化、质心相对运动方程、系统转动动力学方程、子体振动方程、子体转动方程等公式。

2）保留了中心体转动与子体转动的二次耦合项，以适应子体以较大的角速度转动的情况；另外，考虑了子体各种力源及所致力矩，为复杂的执行机构配置留出力学接口。在实际应用中，可根据具体情况进行取舍与简化。

3）子体的振动与转动虽然引起质心在本体系的变化，但并不会直接影响系统质心在空间的平动。

4）子体模态坐标通过转动耦合系数阵变换分解为转动模态坐标和正交补模态坐标，揭示了子体振动与转动两种运动相关性的力学特性。转动模态坐标方程与转动方程等价，可以由代数约束方程替代。而正交补模态与转动方程解除了显式耦合，仅与转动模态弱耦合。这就消除了运动的冗余自由度，为设计高效的控制器指明了方向。

参 考 文 献

[1] LU D N, LIU Y W. Singular formalism and admissible control of spacecraft with rotating flexible solar array [J]. Chinese Journal of Aeronautics, 2014, 27 (1): 136-144.

[2] 陆栋宁. 含 SADA 卫星姿态控制问题研究 [D]. 北京：中国空间技术研究院，2013.

[3] 曾攀. 工程有限元方法 [M]. 北京：科学出版社，2010.

[4] 周加喜. 工程有限元及数值计算 [M]. 武汉：华中科技大学出版社，2019.

[5] HUGHES P C, SKELTON R E. Modal truncation for flexible spacecraft [J]. Journal of Guidance and Control, 1981, 4 (3): 291-297.

[6] HABLANI H B. Modal identities for multibody elastic spacecraft [J]. Journal of Guidance and Control, 1991, 14 (2): 294-303.

第3章　多基准统一的高精度姿态确定方法

姿态确定是姿态控制、有效载荷图像定位的基础。本章针对维护长期稳定和统一的高精度姿态基准的需求，提出了多基准统一的高精度姿态确定方法，内容包括星敏感器测量模型、多星敏感器系统的观测方程、两种基于星敏感器的姿态确定方法、多星敏感器之间的基准统一、多星敏感器相对成像载荷的基准统一与稳定维持方法等。

3.1　概述

对于高精度卫星，卫星姿态确定的首要任务是测量和估计卫星坐标系相对惯性系的方位；然后利用轨道参数或其他参照，获得卫星对地姿态信息或相对其他参考系姿态。

星敏感器是卫星最常用的高精度姿态测量部件，其通过对星空成像、恒星提取、与导航星表匹配等过程，获得敏感器视场内多颗恒星矢量的测量，并解算出敏感器测量坐标系相对惯性系的姿态。随着成像芯片与敏感器技术的进展，星敏感器测量精度向着亚角秒、毫角秒发展[1]，但是为了保证较高的成像分辨率，高精度星敏感器的视场较小（一般在10°以内)，且精度越高视场越不容易做大，导致在星敏感器的测量中，光轴指向的测量精度远高于绕光轴转动角的测量精度。因此，卫星需要非平行安装两个或以上星敏感器，利用多个星敏感器同时测量，才能实现三轴高精度姿态确定。

卫星姿态的确定，一方面是为姿态控制提供输入，确保有效载荷指向稳定；另一方面为有效载荷图像提供实时的定位信息，后者在指标要求上一般比前者高出1～2个量级或以上。

卫星姿态确定存在的第一个问题是：星上如何统一定姿基准并长期稳定维持，这是实现全天时自主观测的基础。现实情况是有效载荷定标数据没有真正进入星上姿态确定系统，上述第二个目标远未实现。姿态基准的标定往往由地面事后处理，主要缺点是实时性差，并且对定姿系统的运行规律和误差模型的发掘远远不够，有地面控制点的定位精度尚可，但无地面控制点的定位精度就比较差。

卫星姿态确定存在的第二个问题是：如何进一步提高算法精度。姿态确定系统绝不是一个简单的卡尔曼（Kalman）滤波系统，如何充分认识与把握星敏感器测量模型，并依据定姿系统的动态特性与稳态精度分析明确姿态确定系统设计原则和参数确定，仍有待系统研究。

本章给出多基准统一的高精度姿态确定方法，是针对这两个问题的研究结果。内容安排上，本章按照从基础到综合的顺序进行叙述。

1）介绍星敏感器测量原理与误差模型（3.2节）和基于多星敏感器的观测方程（3.3

节），这是基础部分。

2）介绍星敏感器与陀螺组合的姿态确定方法（3.4 节）和基于动力学的姿态确定方法（3.5 节），并对提高精度的参数设计原则进行论述，但是遗留了定姿基准问题。

3）介绍多基准统一部分，解决了姿态确定系统的定姿基准问题，包括多星敏感器之间的基准统一方法（3.6 节）、多星敏感器相对成像载荷的基准统一与稳定维持方法（3.7 节）。

3.2 星敏感器的测量原理与误差模型

安装在三轴稳定卫星上的星敏感器由光学系统和面阵光敏探测器件组成。来自恒星的平行光经过光学系统，在面阵上聚焦成像圈。定义星敏感器测量坐标系为 $OX_SY_SZ_S$，Z_S 轴沿中心光轴，X_S、Y_S 轴沿探测器面阵的正交基准，如图 3－1 所示，p_x、p_y 为星光像元在 X_SY_S 平面上的坐标，f_s 为光学系统的焦距。

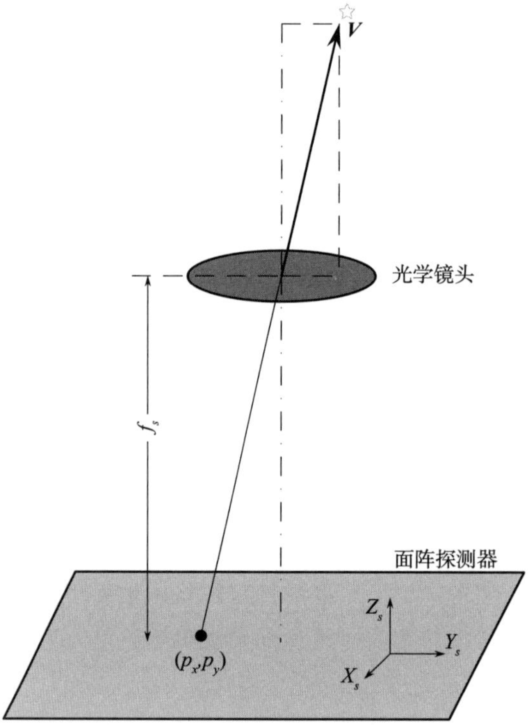

图 3－1 星敏感器的测量原理

设星敏感器视场内某恒星的星象中心在测量系的坐标为

$$\boldsymbol{L} = [-p_x \quad -p_y \quad f_s]^{\mathrm{T}}$$

由星像中心坐标可以求得相应的恒星方向矢量 **V** 在测量坐标系中的坐标：

$$\boldsymbol{W} = \frac{\boldsymbol{L}}{|\boldsymbol{L}|} \tag{3.2.1}$$

基于星图识别建立的星象与导航星表中恒星之间具有一一对应关系，对于星敏感器在某一时刻测量的 N 颗恒星，可以给出如下坐标关系式：

$$\boldsymbol{W}_i = \boldsymbol{A}\boldsymbol{V}_i (i = 1, 2, \cdots, N) \tag{3.2.2}$$

式中，$\boldsymbol{W}_i$ 为序号为 i 的恒星方向矢量在测量坐标系中的表示，由星敏感器测量值给出；$\boldsymbol{V}_i$ 为相应恒星的方向矢量在惯性坐标系的表示，由导航星表给出；$\boldsymbol{A}$ 为星敏感器测量坐标系相对惯性系的转换矩阵。

姿态确定系统必须考虑测量的随机误差。

给出 $\boldsymbol{V}_i$ 的导航星表是由长期的天文观测确定的，随机误差很小，主要误差是恒星缓慢移动等系统性因素，可通过运动补偿等措施克服。

测量的随机误差主要来源于星点中心不确定性（或星点提取误差）。第 i 颗恒星坐标 $\boldsymbol{L}_i$ 的测量值 $\boldsymbol{L}_{im} = \boldsymbol{L}_i + \Delta\boldsymbol{L}_i$，$\Delta\boldsymbol{L}_i = [n_{xi} \quad n_{yi} \quad 0]^{\mathrm{T}}$，不考虑系统误差，则 n_{xi}、n_{yi} 一般假设为均值为 0 的白噪声，且各星点误差独立。

令 $\boldsymbol{W}_i = \boldsymbol{L}_i / |\boldsymbol{L}_i|$，$\boldsymbol{n}_i = \Delta\boldsymbol{L}_i / |\boldsymbol{L}_i|$，则

$$\frac{\boldsymbol{L}_{im}}{|\boldsymbol{L}_i|} = \boldsymbol{W}_i + \boldsymbol{n}_i$$

上式单位化，得到该恒星视线单位矢量的测量：

$$\hat{\boldsymbol{W}}_i = \boldsymbol{W}_i + \Delta\boldsymbol{W}_i \tag{3.2.3}$$

其中，误差矢量是单位化前误差与其在恒星视线方向投影之差，因此：

$$\Delta\boldsymbol{W}_i = (\boldsymbol{E} - \boldsymbol{W}_i\boldsymbol{W}_i^{\mathrm{T}})\boldsymbol{n}_i = \boldsymbol{W}_i^{X}\boldsymbol{W}_i^{X\mathrm{T}}\boldsymbol{n}_i \tag{3.2.4}$$

设 $\boldsymbol{n}_{xi} / |\boldsymbol{L}_i|$、$\boldsymbol{n}_{yi} / |\boldsymbol{L}_i|$ 的方差为 σ_{wi}^2，则

$$E\{\boldsymbol{n}_i\boldsymbol{n}_i^{\mathrm{T}}\} = \sigma_{wi}^2 \operatorname{diag}\{1, 1, 0\}$$

误差矢量 $\Delta\boldsymbol{W}_i$ 的方差为

$$\boldsymbol{D}_i \equiv D(\Delta\boldsymbol{W}_i) = \sigma_{wi}^2 (\boldsymbol{E} - \boldsymbol{W}_i\boldsymbol{W}_i^{\mathrm{T}}) \operatorname{diag}\{1, 1, 0\} (\boldsymbol{E} - \boldsymbol{W}_i\boldsymbol{W}_i^{\mathrm{T}}) \tag{3.2.5}$$

星敏感器按照某个采样周期，实时成像与解算自身坐标系相对惯性系的姿态，并输出给卫星控制系统。星敏感器定姿算法的任务，就是根据每一帧星图处理得到的 N 对测量 $(\hat{\boldsymbol{V}}_i, \boldsymbol{W}_i)$，实时获得姿态矩阵 $\boldsymbol{A}$。在存在测量误差的情况下，式（3.2.2）不再严格成立，问题转化为优化问题：寻找姿态矩阵 $\boldsymbol{A}$，使得代价函数

$$L(\boldsymbol{A}) = \frac{1}{2}\sum_{i=1}^{N} a_i \, |\hat{\boldsymbol{W}}_i - \boldsymbol{A}\boldsymbol{V}_i|^2$$

最小。

式中，a_i 为加权系数，满足 $\sum^{N} a_i = 1$。

可以按照各点的均方差大小取加权系数，使得

$$a_i \sigma_{wi} = \frac{1}{N}\sigma_w$$

下文等价地取

$$a_i = \frac{1}{N}, \quad \sigma_{wi} = \sigma_w$$

则代价函数为

$$L(\boldsymbol{A}) = \frac{1}{2N} \sum_{i=1}^{N} |\hat{\boldsymbol{W}}_i - \boldsymbol{A}\boldsymbol{V}_i|^2 \tag{3.2.6}$$

为后文分析需要，首先引入姿态误差的几种不同表达及它们的换算关系。

设星敏感器测量系坐标轴 $\boldsymbol{X}_S$、$\boldsymbol{Y}_S$、$\boldsymbol{Z}_S$ 在惯性系的表示分别为 $\boldsymbol{X}_I$、$\boldsymbol{Y}_I$、$\boldsymbol{Z}_I$ ，则它们可以表示姿态矩阵：

$$\boldsymbol{A} = [\boldsymbol{X}_I \quad \boldsymbol{Y}_I \quad \boldsymbol{Z}_I]^{\mathrm{T}} \tag{3.2.7}$$

由于存在测量误差，因此式（3.2.6）的最优解 $\hat{\boldsymbol{A}}$ 与真实的姿态矩阵存在差异，记为

$$\hat{\boldsymbol{A}} = \boldsymbol{A} + \Delta\boldsymbol{A} = \delta\boldsymbol{A} \cdot \boldsymbol{A}, \quad \Delta\boldsymbol{A} = [\Delta\boldsymbol{X}_I \quad \Delta\boldsymbol{Y}_I \quad \Delta\boldsymbol{Z}_I]^{\mathrm{T}} \tag{3.2.8}$$

这里假设 $\hat{\boldsymbol{A}}$ 已被单位正交化（实际上，采用最小二乘方法等求解，也可以不强制正交化，对于这种情况，后文单独讨论）。

在星敏感器测量系考察误差性质更方便，记

$$\Delta\boldsymbol{X}_S = \boldsymbol{A}\Delta\boldsymbol{X}_I, \quad \Delta\boldsymbol{Y}_S = \boldsymbol{A}\Delta\boldsymbol{Y}_I, \quad \Delta\boldsymbol{Z}_S = \boldsymbol{A}\Delta\boldsymbol{Z}_I$$

$$\Delta\boldsymbol{A}_S = [\Delta\boldsymbol{X}_S \quad \Delta\boldsymbol{Y}_S \quad \Delta\boldsymbol{Z}_S]^{\mathrm{T}}$$

对式（3.2.8）右乘 $\boldsymbol{A}^{\mathrm{T}}$ ，得到

$$\delta\boldsymbol{A} = \hat{\boldsymbol{A}}\boldsymbol{A}^{\mathrm{T}} = \boldsymbol{E} + \Delta\boldsymbol{A}_S$$

用小的三轴欧拉角 $\boldsymbol{\Phi} = [\phi_1 \quad \phi_2 \quad \phi_3]^{\mathrm{T}}$ 描述姿态偏差，因为获得的姿态矩阵已经正交化，所以误差 $\Delta\boldsymbol{A}_S$ 与 $\boldsymbol{\Phi}$ 唯一对应，有

$$\begin{aligned} &\delta\boldsymbol{A} = \boldsymbol{E} - \boldsymbol{\Phi}^{\times} \\ &\Delta\boldsymbol{X}_S = [0 \quad \phi_3 \quad -\phi_2]^{\mathrm{T}} \\ &\Delta\boldsymbol{Y}_S = [-\phi_3 \quad 0 \quad \phi_1]^{\mathrm{T}} \\ &\Delta\boldsymbol{Z}_S = [\phi_2 \quad -\phi_1 \quad 0]^{\mathrm{T}} \end{aligned} \tag{3.2.9}$$

则

$$\phi_1 = \boldsymbol{Z}_S^{\mathrm{T}}\Delta\boldsymbol{Y}_S = -\boldsymbol{Y}_S^{\mathrm{T}}\Delta\boldsymbol{Z}_S$$

$$\phi_2 = -\boldsymbol{Z}_S^{\mathrm{T}}\Delta\boldsymbol{X}_S = \boldsymbol{X}_S^{\mathrm{T}}\Delta\boldsymbol{Z}_S$$

$$\phi_3 = \boldsymbol{Y}_S^{\mathrm{T}}\Delta\boldsymbol{X}_S = -\boldsymbol{X}_S^{\mathrm{T}}\Delta\boldsymbol{Y}_S$$

因为是在测量系描述，所以上式中

$$\boldsymbol{X}_S = [1 \quad 0 \quad 0]^{\mathrm{T}}, \quad \boldsymbol{Y}_S = [0 \quad 1 \quad 0]^{\mathrm{T}}, \quad \boldsymbol{Z}_S = [0 \quad 0 \quad 1]^{\mathrm{T}}$$

可以取

$$\boldsymbol{\Phi} = \begin{bmatrix} \phi_1 \\ \phi_2 \\ \phi_3 \end{bmatrix} = \begin{bmatrix} \boldsymbol{Z}_S^{\mathrm{T}}\Delta\boldsymbol{Y}_S \\ \boldsymbol{X}_S^{\mathrm{T}}\Delta\boldsymbol{Z}_S \\ \boldsymbol{Y}_S^{\mathrm{T}}\Delta\boldsymbol{X}_S \end{bmatrix} = \begin{bmatrix} \boldsymbol{Y}_S^{\mathrm{T}}\Delta\boldsymbol{A}_S\boldsymbol{Z}_S \\ \boldsymbol{Z}_S^{\mathrm{T}}\Delta\boldsymbol{A}_S\boldsymbol{X}_S \\ \boldsymbol{X}_S^{\mathrm{T}}\Delta\boldsymbol{A}_S\boldsymbol{Y}_S \end{bmatrix} \tag{3.2.10}$$

与 $\boldsymbol{A}$ 等价的四元数记为 $\bar{\boldsymbol{q}} = [\boldsymbol{q}_v^{\mathrm{T}}, \ q_0]^{\mathrm{T}}$ ，其中 q_0 是标量部分，$\boldsymbol{q}_v$ 是矢量部分，则

$$\boldsymbol{A}(\overline{\boldsymbol{q}})=(q_0^2-\boldsymbol{q}_v^{\mathrm{T}}\boldsymbol{q}_v)\boldsymbol{E}+2\boldsymbol{q}_v\boldsymbol{q}_v^{\mathrm{T}}-2q_0\boldsymbol{q}_v^{\times}$$

记 $\hat{\boldsymbol{A}}$ 、$\delta\boldsymbol{A}$ 相应的四元数分别为 $\hat{\overline{\boldsymbol{q}}}=[\hat{\boldsymbol{q}}_v^{\mathrm{T}},\ \hat{q}_0]^{\mathrm{T}}$ 、$\delta\overline{\boldsymbol{q}}=[\delta\boldsymbol{q}_v^{\mathrm{T}},\ 1]^{\mathrm{T}}$ ，有

$$\begin{aligned}\hat{\overline{\boldsymbol{q}}}&=\overline{\boldsymbol{q}}\otimes\delta\overline{\boldsymbol{q}}\\ \delta\boldsymbol{q}_v&=\frac{1}{2}\boldsymbol{\Phi}\end{aligned}\tag{3.2.11}$$

为后文论证使用方便，定义

$$\boldsymbol{V}=[\boldsymbol{V}_1\quad\cdots\quad\boldsymbol{V}_N]^{\mathrm{T}}$$

$$\boldsymbol{W}_X=[W_{1X}\quad\cdots\quad W_{NX}]^{\mathrm{T}},\quad\hat{\boldsymbol{W}}_X=\left[\hat{W}_{1X}\quad\cdots\quad\hat{W}_{NX}\right]^{\mathrm{T}},\quad\Delta\boldsymbol{W}_X=\hat{\boldsymbol{W}}_X-\boldsymbol{W}_X$$

$$\boldsymbol{W}_Y=[W_{1Y}\quad\cdots\quad W_{NY}]^{\mathrm{T}},\quad\hat{\boldsymbol{W}}_Y=\left[\hat{W}_{1Y}\quad\cdots\quad\hat{W}_{NY}\right]^{\mathrm{T}},\quad\Delta\boldsymbol{W}_Y=\hat{\boldsymbol{W}}_Y-\boldsymbol{W}_Y$$

$$\boldsymbol{W}_Z=[W_{1Z}\quad\cdots\quad W_{NZ}]^{\mathrm{T}},\quad\hat{\boldsymbol{W}}_Z=\left[\hat{W}_{1Z}\quad\cdots\quad\hat{W}_{NZ}\right]^{\mathrm{T}},\quad\Delta\boldsymbol{W}_Z=\hat{\boldsymbol{W}}_Z-\boldsymbol{W}_Z$$

$$\boldsymbol{W}=\boldsymbol{V}\boldsymbol{A}^{\mathrm{T}}=[\boldsymbol{W}_1\quad\cdots\quad\boldsymbol{W}_N]^{\mathrm{T}}=[\boldsymbol{W}_X\quad\boldsymbol{W}_Y\quad\boldsymbol{W}_Z]$$

$$\hat{\boldsymbol{W}}=\left[\hat{\boldsymbol{W}}_X\quad\hat{\boldsymbol{W}}_Y\quad\hat{\boldsymbol{W}}_Z\right]$$

$$\Delta\boldsymbol{W}=\hat{\boldsymbol{W}}-\boldsymbol{W}=[\Delta\boldsymbol{W}_X\quad\Delta\boldsymbol{W}_Y\quad\Delta\boldsymbol{W}_Z]$$

式中，W_{iX} 、W_{iY} 、W_{iZ} 为 $\boldsymbol{W}_i$ 的三轴分量。

国内星敏感器发展初期，采用最小二乘法求解式（3.2.6），现在大多采用 QUEST 算法。下文讨论两种方法的误差性质。

3.2.1　最小二乘法及其误差模型

将式（3.2.7）代入式（3.2.6），则代价函数可以分解为三项之和：

$$L(\boldsymbol{A})=L(\boldsymbol{X}_I)+L(\boldsymbol{Y}_I)+L(\boldsymbol{Z}_I)\tag{3.2.12}$$

式中：

$$L(\boldsymbol{X}_I)=\frac{1}{2N}\sum_{i=1}^{N}\left|\hat{\boldsymbol{W}}_i(x)-\boldsymbol{X}_I^{\mathrm{T}}\boldsymbol{V}_i\right|^2$$

$$L(\boldsymbol{Y}_I)=\frac{1}{2N}\sum_{i=1}^{N}\left|\hat{\boldsymbol{W}}_i(y)-\boldsymbol{Y}_I^{\mathrm{T}}\boldsymbol{V}_i\right|^2$$

$$L(\boldsymbol{Z}_I)=\frac{1}{2N}\sum_{i=1}^{N}\left|\hat{\boldsymbol{W}}_i(z)-\boldsymbol{Z}_I^{\mathrm{T}}\boldsymbol{V}_i\right|^2$$

如果忽略 $\boldsymbol{A}$ 中 3 个行向量的非正交性误差，则 3 项独立：

$$\min_{\boldsymbol{A}}L(\boldsymbol{A})=\min_{|\boldsymbol{X}_I|=1}L(\boldsymbol{X}_I)+\min_{|\boldsymbol{Y}_I|=1}L(\boldsymbol{Y}_I)+\min_{|\boldsymbol{Z}_I|=1}L(\boldsymbol{Z}_I)$$

可以分别用最小二乘法求解 3 项的最优值，并对它们进行单位化，文献［2］中分析了该结果的误差性质。本节在其基础上，进一步增加正交化过程，分析正交化结果的误差性质，并进行正交化前后的比较。

首先求最小二乘解。$L(\boldsymbol{X}_I)=0$、$L(\boldsymbol{Y}_I)=0$、$L(\boldsymbol{Z}_I)=0$ 对应的最小二乘解分别为

$$\hat{\boldsymbol{X}}_{I,1} = (\boldsymbol{V}^{\mathrm{T}}\boldsymbol{V})^{-1}\boldsymbol{V}^{\mathrm{T}}\hat{\boldsymbol{W}}_X$$
$$\hat{\boldsymbol{Y}}_{I,1} = (\boldsymbol{V}^{\mathrm{T}}\boldsymbol{V})^{-1}\boldsymbol{V}^{\mathrm{T}}\hat{\boldsymbol{W}}_Y \tag{3.2.13}$$
$$\hat{\boldsymbol{Z}}_{I,1} = (\boldsymbol{V}^{\mathrm{T}}\boldsymbol{V})^{-1}\boldsymbol{V}^{\mathrm{T}}\hat{\boldsymbol{W}}_Z$$

然后将上述 3 个向量单位化：

$$\hat{\boldsymbol{X}}_{I,2} = \frac{\hat{\boldsymbol{X}}_{I,1}}{|\hat{\boldsymbol{X}}_{I,1}|},\quad \hat{\boldsymbol{Y}}_{I,2} = \frac{\hat{\boldsymbol{Y}}_{I,1}}{|\hat{\boldsymbol{Y}}_{I,1}|},\quad \hat{\boldsymbol{Z}}_{I,2} = \frac{\hat{\boldsymbol{Z}}_{I,1}}{|\hat{\boldsymbol{Z}}_{I,1}|}$$

那么，误差为

$$\Delta\boldsymbol{X}_{I,2} = (\boldsymbol{E} - \boldsymbol{X}_I\boldsymbol{X}_I^{\mathrm{T}})(\boldsymbol{V}^{\mathrm{T}}\boldsymbol{V})^{-1}\boldsymbol{V}^{\mathrm{T}}\Delta\boldsymbol{W}_X$$
$$\Delta\boldsymbol{Y}_{I,2} = (\boldsymbol{E} - \boldsymbol{Y}_I\boldsymbol{Y}_I^{\mathrm{T}})(\boldsymbol{V}^{\mathrm{T}}\boldsymbol{V})^{-1}\boldsymbol{V}^{\mathrm{T}}\Delta\boldsymbol{W}_Y \tag{3.2.14}$$
$$\Delta\boldsymbol{Z}_{I,2} = (\boldsymbol{E} - \boldsymbol{Z}_I\boldsymbol{Z}_I^{\mathrm{T}})(\boldsymbol{V}^{\mathrm{T}}\boldsymbol{V})^{-1}\boldsymbol{V}^{\mathrm{T}}\Delta\boldsymbol{W}_Z$$

由之获得姿态矩阵 $\boldsymbol{A}$ 的估计：

$$\hat{\boldsymbol{A}}_2 = \left[\hat{\boldsymbol{X}}_{I,2}\quad \hat{\boldsymbol{Y}}_{I,2}\quad \hat{\boldsymbol{Z}}_{I,2}\right]^{\mathrm{T}} = \boldsymbol{A} + \Delta\boldsymbol{A}_2,\quad \Delta\boldsymbol{A}_2 = [\Delta\boldsymbol{X}_{I,2}\quad \Delta\boldsymbol{Y}_{I,2}\quad \Delta\boldsymbol{Z}_{I,2}]^{\mathrm{T}}$$

在测量系考察误差性质。对式（3.2.14）左乘 $\boldsymbol{A}$，利用

$$\boldsymbol{V} = \boldsymbol{W}\boldsymbol{A},\quad \boldsymbol{X}_I = \boldsymbol{A}^{\mathrm{T}}\boldsymbol{X}_S,\quad \boldsymbol{Y}_I = \boldsymbol{A}^{\mathrm{T}}\boldsymbol{Y}_S,\quad \boldsymbol{Z}_I = A^{\mathrm{T}}\boldsymbol{Z}_S$$

得到

$$\boldsymbol{p}_1 \equiv \boldsymbol{A}\Delta\boldsymbol{X}_{I,2} = (\boldsymbol{E} - \boldsymbol{X}_S\boldsymbol{X}_S^{\mathrm{T}})\boldsymbol{P}\Delta\boldsymbol{W}\boldsymbol{X}_S$$
$$\boldsymbol{p}_2 \equiv \boldsymbol{A}\Delta\boldsymbol{Y}_{I,2} = (\boldsymbol{E} - \boldsymbol{Y}_S\boldsymbol{Y}_S^{\mathrm{T}})\boldsymbol{P}\Delta\boldsymbol{W}\boldsymbol{Y}_S \tag{3.2.15}$$
$$\boldsymbol{p}_3 \equiv \boldsymbol{A}\Delta\boldsymbol{Z}_{I,2} = (\boldsymbol{E} - \boldsymbol{Z}_S\boldsymbol{Z}_S^{\mathrm{T}})\boldsymbol{P}\Delta\boldsymbol{W}\boldsymbol{Z}_S$$

式中：

$$\boldsymbol{P} = \boldsymbol{Q}^{-1}\boldsymbol{W}^{\mathrm{T}},\quad \boldsymbol{Q} = \boldsymbol{W}^{\mathrm{T}}\boldsymbol{W}$$

则姿态矩阵误差：

$$\Delta\boldsymbol{A}_{2S} = \hat{\boldsymbol{A}}_2\boldsymbol{A}^{\mathrm{T}} - \boldsymbol{E} = \Delta\boldsymbol{A}_2\boldsymbol{A}^{\mathrm{T}} = [\boldsymbol{p}_1\quad \boldsymbol{p}_2\quad \boldsymbol{p}_3]^{\mathrm{T}} \tag{3.2.16}$$

式（3.2.16）给出了最小二乘非正交化结果的误差。

为了下文定量分析使用，做如下进一步推导。显然

$$\boldsymbol{W}^{\mathrm{T}}\Delta\boldsymbol{W} = \sum_{i=1}^{N}\boldsymbol{W}_i\boldsymbol{n}_i^{\mathrm{T}} - (\boldsymbol{W}_i\boldsymbol{n}_i)\boldsymbol{W}_i\boldsymbol{W}_i^{\mathrm{T}}$$

设 $\boldsymbol{\alpha}$、$\boldsymbol{\beta}$ 表示测量系坐标轴向量，$W_{i\alpha}$、$W_{i\beta}$ 分别表示 $\boldsymbol{W}_i$ 在其上的分量；$\delta_{\alpha\beta}$ 表示狄利克雷函数，只有两下标相等，取值为 1，否则为 0。则由

$$E\{\boldsymbol{W}^{\mathrm{T}}\Delta\boldsymbol{W}\boldsymbol{\alpha}\boldsymbol{\beta}^{\mathrm{T}}\Delta\boldsymbol{W}^{\mathrm{T}}\boldsymbol{W}\} = \sigma_w^2\sum_{i=1}^{N}\begin{bmatrix}\delta_{\alpha\beta}(1-\delta_{\alpha z}) - (W_{ix}\delta_{x\beta} + W_{iy}\delta_{y\beta})W_{i\alpha} \\ -(W_{ix}\delta_{x\alpha} + W_{iy}\delta_{y\alpha})W_{i\beta} + (1 - W_{iz}^2)W_{i\alpha}W_{i\beta}\end{bmatrix}\boldsymbol{W}_i\boldsymbol{W}_i^{\mathrm{T}}$$

可推出

$$\begin{aligned}\boldsymbol{D}_{\alpha\beta} &\equiv E\{\boldsymbol{P}\Delta\boldsymbol{W}\boldsymbol{\alpha}\boldsymbol{\beta}^{\mathrm{T}}\Delta\boldsymbol{W}^{\mathrm{T}}\boldsymbol{P}^{\mathrm{T}}\} \\ &= \sigma_w^2\delta_{\alpha\beta}(1-\delta_{\alpha z})\boldsymbol{Q}^{-1} \\ &\quad - \sigma_w^2\boldsymbol{Q}^{-1}\sum_{i=1}^{N}(W_{ix}\delta_{x\beta} + W_{iy}\delta_{y\beta})W_{i\alpha}\boldsymbol{W}_i\boldsymbol{W}_i^{\mathrm{T}}\boldsymbol{Q}^{-1}\end{aligned}$$

$$-\sigma_w^2 \boldsymbol{Q}^{-1}\sum_{i=1}^{N}(W_{ix}\delta_{x\alpha}+W_{iy}\delta_{y\alpha})W_{i\beta}\boldsymbol{W}_i\boldsymbol{W}_i^{\mathrm{T}}\boldsymbol{Q}^{-1}$$
$$+\sigma_w^2 \boldsymbol{Q}^{-1}\sum_{i=1}^{N}(1-W_{iz}^2)W_{i\alpha}W_{i\beta}\boldsymbol{W}_i\boldsymbol{W}_i^{\mathrm{T}}\boldsymbol{Q}^{-1}$$

代入各坐标轴组合，得到

$$\begin{aligned}
\boldsymbol{D}_{xx} &= \sigma_w^2\boldsymbol{Q}^{-1}\left[\boldsymbol{E}-\sum_{i=1}^{N}(1+W_{iz}^2)W_{ix}^2\boldsymbol{W}_i\boldsymbol{W}_i^{\mathrm{T}}\boldsymbol{Q}^{-1}\right]\\
\boldsymbol{D}_{yy} &= \sigma_w^2\boldsymbol{Q}^{-1}\left[\boldsymbol{E}-\sum_{i=1}^{N}(1+W_{iz}^2)W_{iy}^2\boldsymbol{W}_i\boldsymbol{W}_i^{\mathrm{T}}\boldsymbol{Q}^{-1}\right]\\
\boldsymbol{D}_{zz} &= \sigma_w^2\boldsymbol{Q}^{-1}\sum_{i=1}^{N}(1-W_{iz}^2)W_{iz}^2\boldsymbol{W}_i\boldsymbol{W}_i^{\mathrm{T}}\boldsymbol{Q}^{-1}\\
\boldsymbol{D}_{xy} &= -\sigma_w^2\boldsymbol{Q}^{-1}\sum_{i=1}^{N}(1+W_{iz}^2)W_{ix}W_{iy}\boldsymbol{W}_i\boldsymbol{W}_i^{\mathrm{T}}\boldsymbol{Q}^{-1}\\
\boldsymbol{D}_{yz} &= -\sigma_w^2\boldsymbol{Q}^{-1}\sum_{i=1}^{N}W_{iz}^3W_{iy}\boldsymbol{W}_i\boldsymbol{W}_i^{\mathrm{T}}\boldsymbol{Q}^{-1}\\
\boldsymbol{D}_{zx} &= -\sigma_w^2\boldsymbol{Q}^{-1}\sum_{i=1}^{N}W_{iz}^3W_{ix}\boldsymbol{W}_i\boldsymbol{W}_i^{\mathrm{T}}\boldsymbol{Q}^{-1}
\end{aligned} \tag{3.2.17}$$

（1）非正交化结果的误差

由于式（3.2.16）不一定满足反对称条件，因此不再唯一对应一组欧拉角，即式（3.2.9）不再满足。可以按照有利的误差性质构造测量方程，从而获得较小的误差。这里取

$$\boldsymbol{\Phi}\equiv\begin{bmatrix}\boldsymbol{\phi}_1\\ \boldsymbol{\phi}_2\\ \boldsymbol{\phi}_3\end{bmatrix}=\begin{bmatrix}\boldsymbol{Z}_S^{\mathrm{T}}\boldsymbol{p}_2\\ -\boldsymbol{Z}_S^{\mathrm{T}}\boldsymbol{p}_1\\ (\boldsymbol{Y}_S^{\mathrm{T}}\boldsymbol{p}_1-\boldsymbol{X}_S^{\mathrm{T}}\boldsymbol{p}_2)/2\end{bmatrix}=\begin{bmatrix}\boldsymbol{Z}_S^{\mathrm{T}}\boldsymbol{P}\Delta\boldsymbol{W}\boldsymbol{Y}_S\\ -\boldsymbol{Z}_S^{\mathrm{T}}\boldsymbol{P}\Delta\boldsymbol{W}\boldsymbol{X}_S\\ (\boldsymbol{Y}_S^{\mathrm{T}}\boldsymbol{P}\Delta\boldsymbol{W}\boldsymbol{X}_S-\boldsymbol{X}_S^{\mathrm{T}}\boldsymbol{P}\Delta\boldsymbol{W}\boldsymbol{Y}_S)/2\end{bmatrix} \tag{3.2.18}$$

式（3.2.18）的方差阵各分量，就是形如矩阵（3.2.17）各分量的线性组合：

$$\boldsymbol{D}_{LS,1}\equiv D(\boldsymbol{\Phi})=\begin{bmatrix}T_{11} & T_{12} & T_{13}\\ & T_{22} & T_{23}\\ & * & \\ & & T_{33}\end{bmatrix} \tag{3.2.19}$$

该对称矩阵各分量为

$$\begin{aligned}
T_{11} &= \boldsymbol{Z}_S^{\mathrm{T}}\boldsymbol{D}_{yy}\boldsymbol{Z}_S\\
T_{22} &= \boldsymbol{Z}_S^{\mathrm{T}}\boldsymbol{D}_{xx}\boldsymbol{Z}_S\\
T_{33} &= \frac{1}{4}(\boldsymbol{X}_S^{\mathrm{T}}\boldsymbol{D}_{yy}\boldsymbol{X}_S+\boldsymbol{Y}_S^{\mathrm{T}}\boldsymbol{D}_{xx}\boldsymbol{Y}_S-2\boldsymbol{Y}_S^{\mathrm{T}}\boldsymbol{D}_{xy}\boldsymbol{X}_S)\\
T_{12} &= -\boldsymbol{Z}_S^{\mathrm{T}}\boldsymbol{D}_{xy}\boldsymbol{Z}_S\\
T_{13} &= \frac{1}{2}(-\boldsymbol{Z}_S^{\mathrm{T}}\boldsymbol{D}_{yy}\boldsymbol{X}_S+\boldsymbol{Y}_S^{\mathrm{T}}\boldsymbol{D}_{xy}\boldsymbol{Z}_S)\\
T_{23} &= \frac{1}{2}(\boldsymbol{Z}_S^{\mathrm{T}}\boldsymbol{D}_{xy}\boldsymbol{X}_S-\boldsymbol{Z}_S^{\mathrm{T}}\boldsymbol{D}_{xx}\boldsymbol{Y}_S)
\end{aligned} \tag{3.2.20}$$

（2）正交化结果的误差

对 $\hat{\boldsymbol{A}}_2$ 正交化，获得姿态估计矩阵 $\hat{\boldsymbol{A}}$ 。采用如下正交化公式：

$$\hat{\boldsymbol{A}}=\frac{1}{2}\hat{\boldsymbol{A}}_2(3\boldsymbol{E}-\hat{\boldsymbol{A}}_2^{\mathrm{T}}\hat{\boldsymbol{A}}_2) \tag{3.2.21}$$

可以验证 $\hat{\boldsymbol{A}}\hat{\boldsymbol{A}}^{\mathrm{T}}-\boldsymbol{E}$ 为误差 $\Delta\boldsymbol{A}_2$ 的二阶小量，非正交误差从正交化前的一阶变成了二阶小量。

在测量系考察误差性质。对式（3.2.21）右乘 $\boldsymbol{A}^{\mathrm{T}}$ ，忽略二阶小量，得到

$$\begin{aligned}&\hat{\boldsymbol{A}}\boldsymbol{A}^{\mathrm{T}}=\boldsymbol{E}+\Delta\boldsymbol{A}_S\\&\Delta\boldsymbol{A}_S=\frac{1}{2}(\Delta\boldsymbol{A}_2\boldsymbol{A}^{\mathrm{T}}-\boldsymbol{A}\Delta\boldsymbol{A}_2^{\mathrm{T}})\equiv[\Delta\boldsymbol{X}_S\quad\Delta\boldsymbol{Y}_S\quad\Delta\boldsymbol{Z}_S]^{\mathrm{T}}\end{aligned} \tag{3.2.22}$$

由式（3.2.22）获得正交化后的误差：

$$\Delta\boldsymbol{A}_S=\frac{1}{2}(\Delta\boldsymbol{A}_2\boldsymbol{A}^{\mathrm{T}}-\boldsymbol{A}\Delta\boldsymbol{A}_2^{\mathrm{T}})\equiv\frac{1}{2}[\boldsymbol{p}_1\quad\boldsymbol{p}_2\quad\boldsymbol{p}_3]^{\mathrm{T}}-\frac{1}{2}[\boldsymbol{p}_1\quad\boldsymbol{p}_2\quad\boldsymbol{p}_3]$$

将 $\Delta\boldsymbol{A}_S$ 代入式（3.2.10），姿态误差为

$$\boldsymbol{\Phi}=\begin{bmatrix}\phi_1\\\phi_2\\\phi_3\end{bmatrix}=\frac{1}{2}\begin{bmatrix}\boldsymbol{Z}_S^{\mathrm{T}}\boldsymbol{p}_2-\boldsymbol{Y}_S^{\mathrm{T}}\boldsymbol{p}_3\\\boldsymbol{X}_S^{\mathrm{T}}\boldsymbol{p}_3-\boldsymbol{Z}_S^{\mathrm{T}}\boldsymbol{p}_1\\\boldsymbol{Y}_S^{\mathrm{T}}\boldsymbol{p}_1-\boldsymbol{X}_S^{\mathrm{T}}\boldsymbol{p}_2\end{bmatrix}=\frac{1}{2}\begin{bmatrix}\boldsymbol{Z}_S^{\mathrm{T}}\boldsymbol{P}\Delta\boldsymbol{W}\boldsymbol{Y}_S-\boldsymbol{Y}_S^{\mathrm{T}}\boldsymbol{P}\Delta\boldsymbol{W}\boldsymbol{Z}_S\\\boldsymbol{X}_S^{\mathrm{T}}\boldsymbol{P}\Delta\boldsymbol{W}\boldsymbol{Z}_S-\boldsymbol{Z}_S^{\mathrm{T}}\boldsymbol{P}\Delta\boldsymbol{W}\boldsymbol{X}_S\\\boldsymbol{Y}_S^{\mathrm{T}}\boldsymbol{P}\Delta\boldsymbol{W}\boldsymbol{X}_S-\boldsymbol{X}_S^{\mathrm{T}}\boldsymbol{P}\Delta\boldsymbol{W}\boldsymbol{Y}_S\end{bmatrix} \tag{3.2.23}$$

由此可以计算姿态误差方差阵：

$$\boldsymbol{D}_{LS,2}\equiv\boldsymbol{D}(\boldsymbol{\Phi})=\begin{bmatrix}T_{11}&T_{12}&T_{13}\\&T_{22}&T_{23}\\&*&\\&&T_{33}\end{bmatrix} \tag{3.2.24}$$

矩阵各分量为

$$\begin{aligned}T_{11}&=\frac{1}{4}(\boldsymbol{Z}_S^{\mathrm{T}}\boldsymbol{D}_{yy}\boldsymbol{Z}_S+\boldsymbol{Y}_S^{\mathrm{T}}\boldsymbol{D}_{zz}\boldsymbol{Y}_S-2\boldsymbol{Z}_S^{\mathrm{T}}\boldsymbol{D}_{yz}\boldsymbol{Y}_S)\\T_{22}&=\frac{1}{4}(\boldsymbol{Z}_S^{\mathrm{T}}\boldsymbol{D}_{xx}\boldsymbol{Z}_S+\boldsymbol{X}_S^{\mathrm{T}}\boldsymbol{D}_{zz}\boldsymbol{X}_S-2\boldsymbol{X}_S^{\mathrm{T}}\boldsymbol{D}_{zx}\boldsymbol{Z}_S)\\T_{33}&=\frac{1}{4}(\boldsymbol{X}_S^{\mathrm{T}}\boldsymbol{D}_{yy}\boldsymbol{X}_S+\boldsymbol{Y}_S^{\mathrm{T}}\boldsymbol{D}_{xx}\boldsymbol{Y}_S-2\boldsymbol{Y}_S^{\mathrm{T}}\boldsymbol{D}_{xy}\boldsymbol{X}_S)\\T_{12}&=\frac{1}{4}(-\boldsymbol{Z}_S^{\mathrm{T}}\boldsymbol{D}_{xy}\boldsymbol{Z}_S-\boldsymbol{X}_S^{\mathrm{T}}\boldsymbol{D}_{zz}\boldsymbol{Y}_S+\boldsymbol{Y}_S^{\mathrm{T}}\boldsymbol{D}_{zx}\boldsymbol{Z}_S+\boldsymbol{Z}_S^{\mathrm{T}}\boldsymbol{D}_{yz}\boldsymbol{X}_S)\\T_{13}&=\frac{1}{4}(-\boldsymbol{Y}_S^{\mathrm{T}}\boldsymbol{D}_{zx}\boldsymbol{Y}_S+\boldsymbol{Y}_S^{\mathrm{T}}\boldsymbol{D}_{zy}\boldsymbol{X}_S-\boldsymbol{Z}_S^{\mathrm{T}}\boldsymbol{D}_{yy}\boldsymbol{X}_S+\boldsymbol{Y}_S^{\mathrm{T}}\boldsymbol{D}_{xy}\boldsymbol{Z}_S)\\T_{23}&=\frac{1}{4}(-\boldsymbol{X}_S^{\mathrm{T}}\boldsymbol{D}_{yz}\boldsymbol{X}_S+\boldsymbol{X}_S^{\mathrm{T}}\boldsymbol{D}_{zx}\boldsymbol{Y}_S+\boldsymbol{Z}_S^{\mathrm{T}}\boldsymbol{D}_{xy}\boldsymbol{X}_S-\boldsymbol{Z}_S^{\mathrm{T}}\boldsymbol{D}_{xx}\boldsymbol{Y}_S)\end{aligned} \tag{3.2.25}$$

3.2.2 QUEST 算法的误差模型

QUEST 算法的具体推导参见文献［3］，为完整起见，这里简要地给出其主要计算

公式。

该算法将求式（3.2.6）的最优解 $\hat{\boldsymbol{A}}$ 转化为求解相应的四元数 $\hat{\boldsymbol{q}}$ 问题。$\hat{\boldsymbol{q}}$ 是 4×4 矩阵

$$\boldsymbol{K}=\begin{bmatrix}\boldsymbol{S}-\sigma\boldsymbol{E} & \boldsymbol{Z}\\ \boldsymbol{Z}^{\mathrm{T}} & \sigma\end{bmatrix} \tag{3.2.26}$$

的最大特征值对应的单位特征向量。其中：

$$\boldsymbol{S}=\frac{1}{N}\sum_{i=1}^{N}(\hat{\boldsymbol{W}}_i\boldsymbol{V}_i^{\mathrm{T}}-\boldsymbol{V}_i\hat{\boldsymbol{W}}_i^{\mathrm{T}}),\quad \boldsymbol{Z}=\frac{1}{N}\sum_{i=1}^{N}(\hat{\boldsymbol{W}}_i\times\boldsymbol{V}_i),\quad \sigma=\frac{1}{2}\mathrm{tr}\boldsymbol{S} \tag{3.2.27}$$

设最大特征值为 $\lambda_{\max}$，则

$$\hat{\boldsymbol{q}}=\frac{1}{\sqrt{\gamma^2+|\boldsymbol{X}|^2}}\begin{bmatrix}\gamma\\ \boldsymbol{X}\end{bmatrix} \tag{3.2.28}$$

式中：

$$\gamma=(\lambda_{\max}+\sigma)\alpha-\det(\boldsymbol{S})$$
$$\boldsymbol{X}=(\alpha\boldsymbol{E}+\beta\boldsymbol{S}+\boldsymbol{S}^2)\boldsymbol{Z}$$

式中，$\alpha=\lambda_{\max}^2-\sigma^2+\mathrm{tr}[\mathrm{adj}(\boldsymbol{S})]$；$\beta=\lambda_{\max}-\sigma$。

而特征值满足如下方程：

$$\lambda^4-(a+b)\lambda^2-c\lambda+(ab+c\sigma-d)=0 \tag{3.2.29}$$

式中：

$$a=\sigma^2-\mathrm{tr}[\mathrm{adj}(\boldsymbol{S})],\quad b=\sigma^2+\boldsymbol{Z}^{\mathrm{T}}\boldsymbol{Z},\quad c=\det(\boldsymbol{S})+\boldsymbol{Z}^{\mathrm{T}}\boldsymbol{S}\boldsymbol{Z},\ d=\boldsymbol{Z}^{\mathrm{T}}\boldsymbol{S}^2\boldsymbol{Z}$$

$\lambda_{\max}$ 接近 1，用 1 作为初值，采用牛顿迭代法求解式（3.2.29），可以获得 $\lambda_{\max}$ 的高精度近似解。

文献［3］假设标称姿态为零姿态推导了 QUEST 算法误差，这里补充说明其合理性。将 $\hat{\boldsymbol{A}}=\delta\boldsymbol{A}\cdot\boldsymbol{A}$ 代入式（3.2.6），则

$$L(\hat{\boldsymbol{A}})=\frac{1}{2N}\sum_{i=1}^{N}|\hat{\boldsymbol{W}}_i-\delta\boldsymbol{A}\cdot\boldsymbol{A}\boldsymbol{V}_i|^2=\frac{1}{2N}\sum_{i=1}^{N}|\hat{\boldsymbol{W}}_i-\delta\boldsymbol{A}\cdot\boldsymbol{W}_i|^2=L(\delta\boldsymbol{A})$$

因此，同样的测量下，求任意姿态下的最优解 $\hat{\boldsymbol{A}}$ 与求零姿态下的最优解 $\delta\boldsymbol{A}$ 等价，误差一致。

仍用式（3.2.10）定义的欧拉角描述姿态误差，则根据文献［3］，QUEST 算法的定姿误差为

$$\boldsymbol{\Phi}=\boldsymbol{M}^{-1}\sum_{i=1}^{N}(\Delta\boldsymbol{W}_i\times\boldsymbol{W}_i) \tag{3.2.30}$$

式中：

$$\boldsymbol{M}=\sum_{i=1}^{N}(\boldsymbol{E}-\boldsymbol{W}_i\boldsymbol{W}_i^{\mathrm{T}})=\sum_{i=1}^{N}\boldsymbol{W}_i^{\times}\boldsymbol{W}_i^{\times\mathrm{T}}=N\boldsymbol{E}-\boldsymbol{Q}$$

下面推导 QUEST 算法定姿误差协方差阵。由式（3.2.5），有

$$\begin{aligned}E\{(\Delta\boldsymbol{W}_i\times\boldsymbol{W}_i)(\Delta\boldsymbol{W}_i\times\boldsymbol{W}_i)^{\mathrm{T}}\}&=\boldsymbol{W}_i^{\times}\boldsymbol{D}_i\boldsymbol{W}_i^{\times\mathrm{T}}\\&=\sigma_w^2\boldsymbol{W}_i^{\times}(\boldsymbol{E}-\boldsymbol{W}_i\boldsymbol{W}_i^{\mathrm{T}})(\boldsymbol{E}-\boldsymbol{Z}_S\boldsymbol{Z}_S^{\mathrm{T}})(\boldsymbol{E}-\boldsymbol{W}_i\boldsymbol{W}_i^{\mathrm{T}})\boldsymbol{W}_i^{\times\mathrm{T}}\\&=\sigma_w^2\boldsymbol{W}_i^{\times}(\boldsymbol{E}-\boldsymbol{Z}_S\boldsymbol{Z}_S^{\mathrm{T}})\boldsymbol{W}_i^{\times\mathrm{T}}=\sigma_w^2(\boldsymbol{W}_i^{\times}\boldsymbol{W}_i^{\times\mathrm{T}}-\boldsymbol{Z}_S^{\times}\boldsymbol{W}_i\boldsymbol{W}_i^{\mathrm{T}}\boldsymbol{Z}_S^{\times\mathrm{T}})\end{aligned}$$

对式（3.2.30）求方差，各星点独立，得到姿态误差的协方差阵为

$$\boldsymbol{D}_{QU} \equiv D(\boldsymbol{\Phi}) = \sigma_w^2(\boldsymbol{M}^{-1} - \boldsymbol{M}^{-1}\boldsymbol{Z}_S^{\times}\boldsymbol{Q}\boldsymbol{Z}_S^{\times\mathrm{T}}\boldsymbol{M}^{-1}) \tag{3.2.31}$$

3.2.3 两种方法的误差比较

为了进行定量比较，假设视场内 N 个恒星星图中心位置均匀分布在 $\boldsymbol{X}_S\boldsymbol{Y}_S$ 平面以 O_S 为圆心的圆上。高精度星敏感器视场很小，且选取星点已删除角距小的恒星对，星点数目较多（如 16 个以上），且在视场均匀分布。上述假设对光轴指向确定精度的分析是合理的，而对光轴转动角的分析不可能每帧都符合，但从统计意义看是有意义的。

设恒星视线与光轴 $\boldsymbol{Z}_S$ 的夹角为 ϑ，该角度的典型值取决于选取星点分布的半径设计（为参考起见，可取为视场角的 1/4）。

计算得到：

$$\boldsymbol{Q} = \frac{N}{2}\begin{bmatrix} \sin^2\vartheta & & \\ & \sin^2\vartheta & \\ & & 2\cos^2\vartheta \end{bmatrix},\quad \boldsymbol{M} = \frac{N}{2}\begin{bmatrix} 1+\cos^2\vartheta & & \\ & 1+\cos^2\vartheta & \\ & & 2\sin^2\vartheta \end{bmatrix}$$

则式（3.2.17）各矩阵计算结果为

$$\begin{aligned}
\boldsymbol{D}_{xx} &= \sigma_w^2\boldsymbol{Q}^{-1}\left[\boldsymbol{E} - (1+\cos^2\vartheta)\sin^2\vartheta \cdot \mathrm{diag}\left\{\frac{3}{4},\frac{1}{4},\frac{1}{2}\right\}\right] \approx \sigma_w^2\boldsymbol{Q}^{-1} \\
\boldsymbol{D}_{yy} &= \sigma_w^2\boldsymbol{Q}^{-1}\left[\boldsymbol{E} - (1+\cos^2\vartheta)\sin^2\vartheta \cdot \mathrm{diag}\left\{\frac{1}{4},\frac{3}{4},\frac{1}{2}\right\}\right] \approx \sigma_w^2\boldsymbol{Q}^{-1} \\
\boldsymbol{D}_{zz} &= \sigma_w^2\boldsymbol{Q}^{-1}\sin^2\vartheta\cos^2\vartheta \\
\boldsymbol{D}_{xy} &= -\sigma_w^2\boldsymbol{Q}^{-1} \cdot \frac{1}{4}(1+\cos^2\vartheta)\sin^2\vartheta\begin{bmatrix} 0 & 1 & 0 \\ 1 & 0 & 0 \\ 0 & 0 & 0 \end{bmatrix} \\
\boldsymbol{D}_{yz} &= -\sigma_w^2\boldsymbol{Q}^{-1} \cdot \cos^2\vartheta\begin{bmatrix} 0 & 0 & 0 \\ 0 & 0 & \frac{1}{2}\sin^2\vartheta \\ 0 & \cos^2\vartheta & 0 \end{bmatrix} \\
\boldsymbol{D}_{zx} &= -\sigma_w^2\boldsymbol{Q}^{-1} \cdot \cos^2\vartheta\begin{bmatrix} 0 & 0 & \frac{1}{2}\sin^2\vartheta \\ 0 & 0 & 0 \\ \cos^2\vartheta & 0 & 0 \end{bmatrix}
\end{aligned} \tag{3.2.32}$$

（1）最小二乘法（非正交化）

将式（3.2.32）代入式（3.2.20）矩阵各分量，得到

$$T_{11} = T_{22} = \frac{\sigma_w^2}{N}\cos^2\vartheta \approx \frac{\sigma_w^2}{N}$$

$$T_{33} = \frac{\sigma_w^2}{4N}(4\sin^{-2}\vartheta + 1 + \cos^2\vartheta) \approx \frac{\sigma_w^2}{N}\sin^{-2}\vartheta$$

$$T_{12}=T_{13}=T_{23}=0$$

则式（3.2.19）的结果为

$$\boldsymbol{D}_{LS,1}\approx\frac{\sigma_w^2}{N}\begin{bmatrix}1 & & \\ & 1 & \\ & & \sin^{-2}\vartheta\end{bmatrix}\tag{3.2.33}$$

（2）最小二乘法（正交化）

将式（3.2.32）代入式（3.2.25）矩阵各分量，得到

$$T_{11}=T_{22}=\frac{\sigma_w^2}{4N}(\cos^{-2}\vartheta+4\cos^2\vartheta)\approx\frac{5}{4N}\sigma_w^2$$

$$T_{33}=\frac{\sigma_w^2}{4N}(4\sin^{-2}\vartheta+1+\cos^2\vartheta)\approx\frac{\sigma_w^2}{N}\sin^{-2}\vartheta$$

$$T_{12}=T_{13}=T_{23}=0$$

则式（3.2.24）的结果为

$$\boldsymbol{D}_{LS,2}\approx\frac{\sigma_w^2}{N}\begin{bmatrix}\frac{5}{4} & & \\ & \frac{5}{4} & \\ & & \sin^{-2}\vartheta\end{bmatrix}\tag{3.2.34}$$

（3）QUEST 算法

计算式（3.2.31）的如下部分：

$$\boldsymbol{Z}_S^{\times}\boldsymbol{Q}\boldsymbol{Z}_S^{\times\mathrm{T}}=\frac{N}{2}\begin{bmatrix}\sin^2\vartheta & & \\ & \sin^2\vartheta & \\ & & 0\end{bmatrix}$$

代入式（3.2.31），得

$$\boldsymbol{D}_{QU}=\frac{\sigma_w^2}{N}\begin{bmatrix}\frac{4\cos^2\vartheta}{(1+\cos^2\vartheta)^2} & & \\ & \frac{4\cos^2\vartheta}{(1+\cos^2\vartheta)^2} & \\ & & \sin^{-2}\vartheta\end{bmatrix}$$

近似有

$$\boldsymbol{D}_{QU}\approx\frac{\sigma_w^2}{N}\begin{bmatrix}1 & & \\ & 1 & \\ & & \sin^{-2}\vartheta\end{bmatrix}\tag{3.2.35}$$

比较式（3.2.33）～式（3.2.35）及推导过程，有

1）绕光轴滚动角偏差 ϕ_3 远大于光轴指向偏差 ϕ_1、ϕ_2，均方差高一个量级以上（一般 ϑ 小于 5°）；如果选择星点分布保证必要的半径，光轴 1″的星敏感器，ϕ_3 仍可获得十角秒级精度。

2）最小二乘法（非正交化）可获得与 QUEST 算法一样的精度。

3）最小二乘法结果正交化后，光轴精度略有下降，定姿系统应采用非正交化算法。其主要原因是正交化前的最优选择使光轴误差等于 $\boldsymbol{p}_1$、$\boldsymbol{p}_2$ 第三个分量［式（3.2.15）给出］，而正交化后的光轴误差是 $\boldsymbol{p}_3$ 第一、二个分量与 $\boldsymbol{p}_1$、$\boldsymbol{p}_2$ 第三个分量的平均，后者方差及两者协方差与前者相当，导致光轴误差方差增加到约 1.25 倍。此外，因为相关性，所以两者的加权组合仍不及前者的精度。

（4）虽然滚动角新息 ϕ_3 既可由 $\boldsymbol{p}_1$ 的第二个分量获得，也可由 $\boldsymbol{p}_2$ 的第一个分量获得，两者近似独立且方差相同，所以应使用它们的平均，这样处理的方差是前面的一半。

3.2.4 定姿系统基于星敏感器的观测方程设计

设卫星本体坐标系 $O_BX_BY_BZ_B$ 相对惯性系的姿态四元数为 $\overline{\boldsymbol{Q}}=[\boldsymbol{Q}_v^{\mathrm{T}} \quad Q_0]^{\mathrm{T}}$，相应的姿态矩阵记为 $\boldsymbol{A}(\overline{\boldsymbol{Q}})$，角速度为 $\boldsymbol{\omega}=[\omega_x \quad \omega_y \quad \omega_z]^{\mathrm{T}}$，则姿态运动方程为

$$\frac{\mathrm{d}}{\mathrm{d}t}\overline{\boldsymbol{Q}}(t)=\frac{1}{2}\Omega(\boldsymbol{\omega})\overline{\boldsymbol{Q}}(t) \tag{3.2.36}$$

式中：

$$\Omega(\boldsymbol{\omega})=\begin{bmatrix}-\boldsymbol{\omega}^{\times} & \boldsymbol{\omega}\\ -\boldsymbol{\omega}^{\mathrm{T}} & 0\end{bmatrix}$$

卫星角速度 $\boldsymbol{\omega}$ 采用高精度陀螺或由卫星动力学方程测量与估计，估计值为 $\hat{\boldsymbol{\omega}}$，则姿态估计方程为

$$\frac{\mathrm{d}}{\mathrm{d}t}\hat{\overline{\boldsymbol{Q}}}(t)=\frac{1}{2}\Omega(\hat{\boldsymbol{\omega}})\hat{\overline{\boldsymbol{Q}}}(t) \tag{3.2.37}$$

利用上个采样周期的姿态估计，在采样周期 $[t-\Delta t,\ t]$ 利用式（3.2.37）获得姿态的预测值：

$$\hat{\overline{\boldsymbol{Q}}}(t)=\boldsymbol{\Theta}(t)\hat{\overline{\boldsymbol{Q}}}(t-\Delta t) \tag{3.2.38}$$

式中，$\boldsymbol{\Theta}(t)$ 近似有[4]

$$\boldsymbol{\Theta}(t)=\cos\left(\frac{\Delta\phi}{2}\right)\boldsymbol{E}+\frac{\sin\left(\dfrac{\Delta\phi}{2}\right)}{\Delta\phi}\Omega(\Delta\boldsymbol{\phi}),\quad \Delta\boldsymbol{\phi}=\int_{t-\Delta t}^{t}\hat{\boldsymbol{\omega}}(\tau)\mathrm{d}\tau,\quad \Delta\phi=|\Delta\boldsymbol{\phi}|$$

定义姿态估计误差：

$$\delta\overline{\boldsymbol{Q}}=\hat{\overline{\boldsymbol{Q}}}^{-1}\otimes\overline{\boldsymbol{Q}} \tag{3.2.39}$$

等价于

$$\boldsymbol{A}(\overline{\boldsymbol{Q}})=\boldsymbol{A}(\delta\overline{\boldsymbol{Q}})\boldsymbol{A}(\hat{\overline{\boldsymbol{Q}}}) \tag{3.2.40}$$

忽略高阶小量，$\delta\overline{\boldsymbol{Q}}=[\delta\boldsymbol{Q}_v^{\mathrm{T}} \quad 1]^{\mathrm{T}}$，则

$$\boldsymbol{A}(\delta\overline{\boldsymbol{Q}})=\boldsymbol{E}-2\delta\boldsymbol{Q}_v^{\times}$$

如果每个采样周期利用星敏感器估计出 $\delta\boldsymbol{Q}_v(t)$，则按下式修正式（3.2.38）给出的预测：

$$\hat{\hat{\boldsymbol{Q}}} = \hat{\boldsymbol{Q}} + \begin{bmatrix} \hat{Q}_0 \boldsymbol{E} + \hat{\boldsymbol{Q}}_v^{\times} \\ -\hat{\boldsymbol{Q}}_v^{\mathrm{T}} \end{bmatrix} \delta \boldsymbol{Q}_v \tag{3.2.41}$$

于是，滤波器状态取 $\delta\boldsymbol{Q}_v(t)$，对式（3.2.39）求导，并代入式（3.2.36）和式（3.2.37），应用四元数运算规则，得到滤波器状态方程为

$$\frac{\mathrm{d}}{\mathrm{d}t}\delta\boldsymbol{Q}_v = -\hat{\boldsymbol{\omega}}^{\times}\delta\boldsymbol{Q}_v - \frac{1}{2}(\hat{\boldsymbol{\omega}} - \boldsymbol{\omega}) \tag{3.2.42}$$

基于星敏感器的滤波器观测方程的设计，就是如何从星敏感器测量中获得 $\delta\boldsymbol{Q}_v$ 的信息，并且噪声尽量小。

设星敏感器测量系三轴在卫星本体系的方位分别为 $\boldsymbol{X}_{BS}$ 、$\boldsymbol{Y}_{BS}$ 、$\boldsymbol{Z}_{BS}$ ，则它们的转换矩阵为

$$\boldsymbol{A}_{BS} = [\boldsymbol{X}_{BS} \quad \boldsymbol{Y}_{BS} \quad \boldsymbol{Z}_{BS}]$$

不管使用最小二乘法（非正交化）还是 QUEST 算法，根据星敏感器测量输出，都可获得测量坐标系 $OX_SY_SZ_S$ 相对惯性系的矩阵：

$$\hat{\boldsymbol{A}} = \left[\hat{\boldsymbol{X}}_I \quad \hat{\boldsymbol{Y}}_I \quad \hat{\boldsymbol{Z}}_I\right]^{\mathrm{T}}$$

下面 4 种处理反映了 $\delta\boldsymbol{Q}_v$ 在星敏感器两个横轴分量的信息。第 1 个给出了推导过程：

$$\begin{aligned} m_{ZY} &\equiv -\boldsymbol{Z}_{BS}^{\mathrm{T}}\boldsymbol{A}(\hat{\hat{\boldsymbol{Q}}})\hat{\boldsymbol{Y}}_I = -\boldsymbol{Z}_{BS}^{\mathrm{T}}(\boldsymbol{E} - 2\delta\boldsymbol{Q}_v^{\times})\boldsymbol{A}(\bar{\boldsymbol{Q}})(\boldsymbol{Y}_I + \Delta\boldsymbol{Y}_I) \\ &= (-\boldsymbol{Z}_{BS}^{\mathrm{T}} - 2\delta\boldsymbol{Q}_v^{\mathrm{T}}\boldsymbol{Z}_{BS}^{\times})[\boldsymbol{Y}_{BS} + \boldsymbol{A}(\bar{\boldsymbol{Q}})\Delta\boldsymbol{Y}_I] = 2\boldsymbol{X}_{BS}^{\mathrm{T}}\delta\boldsymbol{Q}_v - \boldsymbol{Z}_I^{\mathrm{T}}\Delta\boldsymbol{Y}_I \\ &= 2\boldsymbol{X}_{BS}^{\mathrm{T}}\delta\boldsymbol{Q}_v - \boldsymbol{Z}_S^{\mathrm{T}}\Delta\boldsymbol{Y}_S \end{aligned} \tag{3.2.43a}$$

其他 3 个可类似推得：

$$m_{ZX} \equiv \boldsymbol{Z}_{BS}^{\mathrm{T}}\boldsymbol{A}(\hat{\hat{\boldsymbol{Q}}})\hat{\boldsymbol{X}}_I = 2\boldsymbol{Y}_{BS}^{\mathrm{T}}\delta\boldsymbol{Q}_v + \boldsymbol{Z}_S^{\mathrm{T}}\Delta\boldsymbol{X}_S \tag{3.2.43b}$$

$$m_{YZ} \equiv \boldsymbol{Y}_{BS}^{\mathrm{T}}\boldsymbol{A}(\hat{\hat{\boldsymbol{Q}}})\hat{\boldsymbol{Z}}_I = 2\boldsymbol{X}_{BS}^{\mathrm{T}}\delta\boldsymbol{Q}_v + \boldsymbol{Y}_S^{\mathrm{T}}\Delta\boldsymbol{Z}_S \tag{3.2.43c}$$

$$m_{XZ} \equiv -\boldsymbol{X}_{BS}^{\mathrm{T}}\boldsymbol{A}(\hat{\hat{\boldsymbol{Q}}})\hat{\boldsymbol{Z}}_I = 2\boldsymbol{Y}_{BS}^{\mathrm{T}}\delta\boldsymbol{Q}_v - \boldsymbol{X}_S^{\mathrm{T}}\Delta\boldsymbol{Z}_S \tag{3.2.43d}$$

根据 3.2.3 节的结论，无论最小二乘法（非正交化）还是 QUEST 算法，两种方法的 m_{ZY} 、m_{ZX} 精度相当，且最小二乘法 m_{ZY}、m_{ZX} 优于 m_{YZ} 、m_{XZ}（而 QUEST 算法两者相当），且由于两者相关，加权降低精度，因此只选择 m_{ZY} 、m_{ZX}［式（3.2.43a）和式（3.2.43b）］作为 $\delta\boldsymbol{Q}_v$ 前两个分量的观测。

下面两个处理反映了 $\delta\boldsymbol{Q}_v$ 在光轴分量的信息：

$$m_{YX} \equiv -\boldsymbol{Y}_{BS}^{\mathrm{T}}\boldsymbol{A}(\hat{\hat{\boldsymbol{Q}}})\hat{\boldsymbol{X}}_I = 2\boldsymbol{Z}_{BS}^{\mathrm{T}}\delta\boldsymbol{Q}_v - \boldsymbol{Y}_S^{\mathrm{T}}\Delta\boldsymbol{X}_S$$

$$m_{XY} \equiv \boldsymbol{X}_{BS}^{\mathrm{T}}\boldsymbol{A}(\hat{\hat{\boldsymbol{Q}}})\hat{\boldsymbol{Y}}_I = 2\boldsymbol{Z}_{BS}^{\mathrm{T}}\delta\boldsymbol{Q}_v + \boldsymbol{X}_S^{\mathrm{T}}\Delta\boldsymbol{Y}_S$$

根据 3.2.3 节的结论，这两个量近似不相关，方差相同，取其平均作为 $\delta\boldsymbol{Q}_v$ 光轴分量的观测。

为方便区分，重新安排符号：

$$
\begin{aligned}
&m_{\phi 1} \equiv -\boldsymbol{Z}_{BS}^{\mathrm{T}}\boldsymbol{A}(\hat{\boldsymbol{Q}})\hat{\boldsymbol{Y}}_I = 2\boldsymbol{X}_{BS}^{\mathrm{T}}\delta\boldsymbol{Q}_v + v_1, \quad v_1 = -\boldsymbol{Z}_S^{\mathrm{T}}\Delta\boldsymbol{Y}_S \\
&m_{\phi 2} \equiv \boldsymbol{Z}_{BS}^{\mathrm{T}}\boldsymbol{A}(\hat{\boldsymbol{Q}})\hat{\boldsymbol{X}}_I = 2\boldsymbol{Y}_{BS}^{\mathrm{T}}\delta\boldsymbol{Q}_v + v_2, \quad v_2 = \boldsymbol{Z}_S^{\mathrm{T}}\Delta\boldsymbol{X}_S \\
&m_{\phi 3} \equiv \frac{1}{2}[\boldsymbol{X}_{BS}^{\mathrm{T}}\boldsymbol{A}(\hat{\boldsymbol{Q}})\hat{\boldsymbol{Y}}_I - \boldsymbol{Y}_{BS}^{\mathrm{T}}\boldsymbol{A}(\hat{\boldsymbol{Q}})\hat{\boldsymbol{X}}_I] = 2\boldsymbol{Z}_{BS}^{\mathrm{T}}\delta\boldsymbol{Q}_v + v_3 \\
&v_3 = \frac{1}{2}(\boldsymbol{X}_S^{\mathrm{T}}\Delta\boldsymbol{Y}_S - \boldsymbol{Y}_S^{\mathrm{T}}\Delta\boldsymbol{X}_S)
\end{aligned}
\tag{3.2.44}
$$

上述观测方程的误差，根据 3.2.3 节式（3.2.33）或式（3.2.35），其方差近似为

$$
D([v_1 \quad v_2 \quad v_3]^{\mathrm{T}}) \approx \frac{\sigma_w^2}{N}\begin{bmatrix} 1 & & \\ & 1 & \\ & & \sin^{-2}\vartheta \end{bmatrix}
\tag{3.2.45}
$$

3.3　基于多星敏感器的观测方程与精度分析

式（3.2.45）显示，使用单个星敏感器确定卫星姿态，在光轴方向的旋转角精度有量级下降。因此，针对高精度需求，应至少有两个星敏感器参与定姿，且安装上尽量使两个光轴接近正交。

多个星敏感器的测量有两种方式：一种是先各自独立解算姿态，然后提供给系统使用，该情况的系统定姿称之为系统综合方法；另一种是在敏感器层面，先将多个星敏感器的星图融合为一张大图，再进行姿态解算，然后提供给系统使用，该情况的系统定姿称之为视场融合方法。本节对这两种方法进行比较研究。

在 3.1 节定义的基础上，两个星敏感器的相关符号增加下标 A、B 以区分。星敏感器 A、B 测量系在卫星本体系的方位，用安装矩阵表示：

$$
\boldsymbol{A}_{BS,A} = [\boldsymbol{X}_{BS,A} \quad \boldsymbol{Y}_{BS,A} \quad \boldsymbol{Z}_{BS,A}]
$$

$$
\boldsymbol{A}_{BS,B} = [\boldsymbol{X}_{BS,B} \quad \boldsymbol{Y}_{BS,B} \quad \boldsymbol{Z}_{BS,B}]
$$

设两个星敏感器的光轴夹角为 2α 。一旦光轴相对关系确定，横轴具体方位不影响误差性质，不失一般性，设卫星本体系 $O_BX_BY_BZ_B$ 的 Z_B 轴在两个星敏感器光轴的中线，两个星敏感器测量系 X 轴与本体系 X_B 轴平行，如图 3-2 所示，则

$$
\begin{aligned}
\boldsymbol{A}_{BS,A} = [\boldsymbol{X}_{BS,A} \quad \boldsymbol{Y}_{BS,A} \quad \boldsymbol{Z}_{BS,A}] = \begin{bmatrix} 1 & 0 & 0 \\ 0 & \cos\alpha & -\sin\alpha \\ 0 & \sin\alpha & \cos\alpha \end{bmatrix} \\
\boldsymbol{A}_{BS,B} = [\boldsymbol{X}_{BS,B} \quad \boldsymbol{Y}_{BS,B} \quad \boldsymbol{Z}_{BS,B}] = \begin{bmatrix} 1 & 0 & 0 \\ 0 & \cos\alpha & \sin\alpha \\ 0 & -\sin\alpha & \cos\alpha \end{bmatrix}
\end{aligned}
\tag{3.3.1}
$$

3.3.1　两个星敏感器系统综合的观测方程与精度

观测方程（3.2.44）已经提取了星敏感器 A 、B 的全部信息。虽然理论上 $m_{\phi 3}$ 的加入

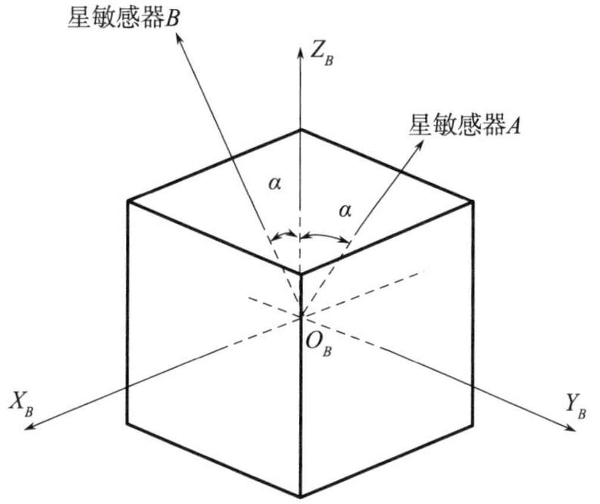

图 3-2　两个星敏感器的安装关系

对最终定姿精度有贡献，但是在保证两星敏感器光轴适当夹角的前提下，该贡献十分微弱，可作为小量略去。因此，系统综合方法可以只考虑 $m_{\phi1,A}$ 、$m_{\phi2,A}$ 、$m_{\phi1,B}$ 、$m_{\phi2,B}$ 等 4 个观测量，分别为

$$
\begin{aligned}
m_{\phi1,A} &= 2\boldsymbol{X}_{BS}^{\mathrm{T}}\delta\boldsymbol{Q}_v + v_{1,A}, \quad v_{1,A} = -\boldsymbol{Z}_{S,A}^{\mathrm{T}}\Delta\boldsymbol{Y}_{S,A} \\
m_{\phi2,A} &= 2\boldsymbol{Y}_{BS}^{\mathrm{T}}\delta\boldsymbol{Q}_v + v_{2,A}, \quad v_{2,A} = \boldsymbol{Z}_{S,A}^{\mathrm{T}}\Delta\boldsymbol{X}_{S,A} \\
m_{\phi1,B} &= 2\boldsymbol{X}_{BS}^{\mathrm{T}}\delta\boldsymbol{Q}_v + v_{1,B}, \quad v_{1,B} = -\boldsymbol{Z}_{S,B}^{\mathrm{T}}\Delta\boldsymbol{Y}_{S,B} \\
m_{\phi2,B} &= 2\boldsymbol{Y}_{BS}^{\mathrm{T}}\delta\boldsymbol{Q}_v + v_{2,B}, \quad v_{2,B} = \boldsymbol{Z}_{S,B}^{\mathrm{T}}\Delta\boldsymbol{X}_{S,B}
\end{aligned}
\tag{3.3.2}
$$

记观测误差向量

$$\boldsymbol{v} = [v_{1,A} \quad v_{2,A} \quad v_{1,B} \quad v_{2,B}]^{\mathrm{T}}$$

则观测向量

$$\boldsymbol{m} \equiv [m_{\phi1,A} \quad m_{\phi2,A} \quad m_{\phi1,B} \quad m_{\phi2,B}]^{\mathrm{T}} = 2\boldsymbol{B}\delta\boldsymbol{Q}_v + \boldsymbol{v} \tag{3.3.3}$$

式中，观测矩阵

$$\boldsymbol{B} = [\boldsymbol{X}_{BS,A} \quad \boldsymbol{Y}_{BS,A} \quad \boldsymbol{X}_{BS,B} \quad \boldsymbol{Y}_{BS,B}]^{\mathrm{T}}$$

由于两星敏感器测量独立，利用式（3.2.45），观测误差的方差为

$$D(\boldsymbol{v}) = \mathrm{diag}\left\{\frac{\sigma_{w,A}^2}{N_A}, \frac{\sigma_{w,A}^2}{N_A}, \frac{\sigma_{w,B}^2}{N_B}, \frac{\sigma_{w,B}^2}{N_B}\right\} \tag{3.3.4}$$

姿态确定系统可以直接利用式（3.3.3）的观测方程设计滤波器。

为了后文比较分析，对式（3.3.3）做如下变换：

$$
\begin{aligned}
\overline{\boldsymbol{m}} &= (\boldsymbol{B}^{\mathrm{T}}\boldsymbol{B})^{-1}\boldsymbol{B}^{\mathrm{T}}\boldsymbol{m} \\
\overline{\boldsymbol{v}} &= (\boldsymbol{B}^{\mathrm{T}}\boldsymbol{B})^{-1}\boldsymbol{B}^{\mathrm{T}}\boldsymbol{v}
\end{aligned}
\tag{3.3.5}
$$

则

$$\overline{\boldsymbol{m}} = 2\delta\boldsymbol{Q}_v + \overline{\boldsymbol{v}} \tag{3.3.6}$$

式中，$\overline{\boldsymbol{v}}$ 为观测方程的姿态（欧拉角）误差。

其方差基本上衡量了综合方法的精度，特别是两个星敏感器精度一致时，最小二乘处理后得到的式（3.3.5），可与式（3.3.3）相当。

$$D(\bar{\boldsymbol{v}})=(\boldsymbol{C}_A+\boldsymbol{C}_B)^{-1}\left(\frac{1}{N_A}\sigma_{w,A}^2\boldsymbol{C}_A+\frac{1}{N_B}\sigma_{w,B}^2\boldsymbol{C}_B\right)(\boldsymbol{C}_A+\boldsymbol{C}_B)^{-1} \tag{3.3.7}$$

式中：

$$\boldsymbol{C}_A=\boldsymbol{E}-\boldsymbol{Z}_{BS,A}\boldsymbol{Z}_{BS,A}^{\mathrm{T}},\quad \boldsymbol{C}_B=\boldsymbol{E}-\boldsymbol{Z}_{BS,B}\boldsymbol{Z}_{BS,B}^{\mathrm{T}}$$

记星敏感器光轴误差方差为

$$d_A\equiv\frac{1}{N_A}\sigma_{w,A}^2,\quad d_B\equiv\frac{1}{N_B}\sigma_{w,B}^2$$

将式（3.3.1）代入式（3.3.7），得到

$$D(\bar{\boldsymbol{v}})=\begin{bmatrix}\frac{1}{4}(d_A+d_B) & & \\ & \frac{1}{4}(d_A+d_B)\cos^{-2}\alpha & \frac{1}{2}(d_A-d_B)\sin^{-1}2\alpha \\ & \frac{1}{2}(d_A-d_B)\sin^{-1}2\alpha & \frac{1}{4}(d_A+d_B)\sin^{-2}\alpha\end{bmatrix} \tag{3.3.8}$$

该矩阵的特征值为

$$\begin{aligned}\lambda_1&=\frac{1}{4}(d_A+d_B)\\ \lambda_2&=\frac{(d_A+d_B)-\sqrt{(d_A+d_B)^2-4d_Ad_B\sin^2 2\alpha}}{2\sin^2 2\alpha}\\ \lambda_3&=\frac{(d_A+d_B)+\sqrt{(d_A+d_B)^2-4d_Ad_B\sin^2 2\alpha}}{2\sin^2 2\alpha}\end{aligned} \tag{3.3.9}$$

它们对应的特征向量方向在卫星本体系分别如下。

① X_B：两光轴平面的法线；

② $[0\quad -\cos\beta\quad \sin\beta]^{\mathrm{T}}$：在两光轴平面内，与两光轴中线夹角为 $\pi/2-\beta$；

③ $[0\quad \sin\beta\quad \cos\beta]^{\mathrm{T}}$：在两光轴平面内，与两光轴中线夹角为 β。

其中：

$$\beta=\frac{1}{2}\tan^{-1}\left[\frac{2(d_A-d_B)}{d_A+d_B}\tan\alpha\right] \tag{3.3.10}$$

由此可知：

1）两光轴平面的法线绕其转动角定姿精度最高，优于任一星敏感器精度。如果两星敏感器精度一致，则该方向定姿误差是星敏感器误差的 0.707 倍。

2）其他两个误差不相关的方向垂直，位于两光轴平面，转角误差大的方向与两光轴中线夹角由式（3.3.10）确定。如果夹角为 90°，则两个误差方差分别等于两个星敏感器的误差方差；如果两星敏感器精度一致，这两个误差分别是 X_B 轴转角误差的 $\sin^{-1}\alpha$、$\cos^{-1}\alpha$ 倍；当夹角降为 60°时，最大误差是最小误差的 2 倍。

3.3.2 两个星敏感器视场融合的观测方程与精度

当两个星敏感器视场融合时，QUEST 算法的定姿误差［式（3.2.30）］需要包括两

个星敏感器的数据。

视场融合后的测量系必须统一，不失一般性，取 3.3 节开头定义的卫星本体系 $O_BX_BY_BZ_B$ ，这样视场融合后解算的姿态误差就直接代表卫星定姿系统观测误差。而各个星敏感器的变量 $\boldsymbol{W}_i$ 、$\Delta\boldsymbol{W}_i$ 、$\boldsymbol{W}$ 、$\boldsymbol{Q}$ 、$\boldsymbol{M}$ 等仍在自己的测量系表示，并增加下标 A 、B 区分，应用式（3.3.1）定义的转换矩阵，可转换到视场融合后的测量系。

两个星敏感器的视场融合的输出，相当于一个等效星敏感器输出，系统继承式（3.2.44）给出的观测方程。仍用欧拉角描述视场融合后的姿态误差，依据 QUEST 算法原理，定姿误差公式修改为

$$\boldsymbol{\Phi}=\boldsymbol{M}^{-1}\left[\boldsymbol{A}_{BS,A}\sum_{i=1}^{N_A}(\Delta\boldsymbol{W}_{i,A}\times\boldsymbol{W}_{i,A})+\boldsymbol{A}_{BS,B}\sum_{i=1}^{N_B}(\Delta\boldsymbol{W}_{i,B}\times\boldsymbol{W}_{i,B})\right] \tag{3.3.11}$$

式中：

$$\boldsymbol{M}=\boldsymbol{A}_{BS,A}\boldsymbol{M}_A\boldsymbol{A}_{BS,A}^{\mathrm{T}}+\boldsymbol{A}_{BS,B}\boldsymbol{M}_B\boldsymbol{A}_{BS,B}^{\mathrm{T}} \tag{3.3.12}$$

参照式（3.2.31）的推导，各星点独立，得到姿态误差的协方差阵为

$$\begin{aligned}\boldsymbol{D}_{QU}=&\sigma_{w,A}^2\boldsymbol{M}^{-1}\boldsymbol{A}_{BS,A}(\boldsymbol{M}_A-\boldsymbol{Z}_{S,A}^{\times}\boldsymbol{Q}_A\boldsymbol{Z}_{S,A}^{\times\mathrm{T}})\boldsymbol{A}_{BS,A}^{\mathrm{T}}\boldsymbol{M}^{-1}\\&+\sigma_{w,B}^2\boldsymbol{M}^{-1}\boldsymbol{A}_{BS,B}(\boldsymbol{M}_B-\boldsymbol{Z}_{S,B}^{\times}\boldsymbol{Q}_B\boldsymbol{Z}_{S,B}^{\times\mathrm{T}})\boldsymbol{A}_{BS,B}^{\mathrm{T}}\boldsymbol{M}^{-1}\end{aligned} \tag{3.3.13}$$

设两个星敏感器根据式（3.2.31）在各自测量系误差方差分别为 $\boldsymbol{D}_{QU,A}$ 、$\boldsymbol{D}_{QU,B}$ ，则式（3.3.13）可用它们表示为

$$\boldsymbol{D}_{QU}=\boldsymbol{M}^{-1}\boldsymbol{A}_{BS,A}\boldsymbol{M}_A\boldsymbol{D}_{QU,A}\boldsymbol{M}_A\boldsymbol{A}_{BS,A}^{\mathrm{T}}\boldsymbol{M}^{-1}+\boldsymbol{M}^{-1}\boldsymbol{A}_{BS,B}\boldsymbol{M}_B\boldsymbol{D}_{QU,B}\boldsymbol{M}_B\boldsymbol{A}_{BS,B}^{\mathrm{T}}\boldsymbol{M}^{-1} \tag{3.3.14}$$

仍假设各星敏感器视场内恒星星图中心位置均匀分布，星敏感器 A 的 N_A 个恒星视线与光轴的夹角为 θ_A ，星敏感器 B 的 N_B 个恒星视线与光轴的夹角为 θ_B ，则有

$$\begin{aligned}\boldsymbol{M}_A&=\frac{N_A}{2}\begin{bmatrix}1+\cos^2\theta_A&&\\&1+\cos^2\theta_A&\\&&2\sin^2\theta_A\end{bmatrix}\\\boldsymbol{M}_B&=\frac{N_B}{2}\begin{bmatrix}1+\cos^2\theta_B&&\\&1+\cos^2\theta_B&\\&&2\sin^2\theta_B\end{bmatrix}\end{aligned} \tag{3.3.15}$$

由式（3.2.35）：

$$\boldsymbol{D}_{QU,A}=d_A\mathrm{diag}\{1,1,\sin^{-2}\theta_A\},\quad \boldsymbol{D}_{QU,B}=d_B\mathrm{diag}\{1,1,\sin^{-2}\theta_B\} \tag{3.3.16}$$

将式（3.3.1）和式（3.3.15）代入式（3.3.12），并忽略矩阵同一元素中参与加减的小量项，有

$$\boldsymbol{M}=(N_A+N_B)\begin{bmatrix}1&&\\&\cos^2\alpha&\frac{N_A-N_B}{2(N_A+N_B)}\sin2\alpha\\&\frac{N_A-N_B}{2(N_A+N_B)}\sin2\alpha&\sin^2\alpha\end{bmatrix}$$

则

$$\boldsymbol{M}^{-1}=(N_A+N_B)^{-1}\begin{bmatrix}1 & & \\ & \dfrac{(N_A+N_B)^2}{4N_AN_B}\cos^{-2}\alpha & \dfrac{N_B^2-N_A^2}{2N_AN_B}\sin^{-1}2\alpha \\ & \dfrac{N_B^2-N_A^2}{2N_AN_B}\sin^{-1}2\alpha & \dfrac{(N_A+N_B)^2}{4N_AN_B}\sin^{-2}\alpha\end{bmatrix} \tag{3.3.17}$$

将式（3.3.15）～式（3.3.17）代入式（3.3.14），忽略矩阵同一元素中参与加减的小量项，有

$$\boldsymbol{D}_{QU}=\begin{bmatrix}\dfrac{N_A^2d_A+N_B^2d_B}{(N_A+N_B)^2} & & \\ & \dfrac{1}{4}(d_A+d_B)\cos^{-2}\alpha & \dfrac{1}{2}(d_A-d_B)\sin^{-1}2\alpha \\ & \dfrac{1}{2}(d_A-d_B)\sin^{-1}2\alpha & \dfrac{1}{4}(d_A+d_B)\sin^{-2}\alpha\end{bmatrix} \tag{3.3.18}$$

对两个星敏感器系统综合、视场融合方法的误差进行比较，对比式（3.3.8）与式（3.3.18），不难获得如下结论。

（1）两光轴平面内各方向转角精度

由于两个矩阵的 Y、Z 分量完全相同，且与 X 分量不相关，因此两种方法在两光轴平面内任一方向的转动角确定精度一致。

（2）两光轴平面垂直方向的转角精度

1）如果两个星敏感器提取星点数一样（$N_A=N_B$），则两个方法相当。对于同一颗卫星，当前这是比较普遍的情况，一般两个星敏感器技术状态相同，随着探测器灵敏度提高，感知恒星数目很多，且要满足较高的姿态更新频率，星图提取与识别软件都会设置一个参与定姿的星点个数上限。

2）如果两个星敏感器精度不一致，精度低而星点数更多，则系统综合方法略有优势；相反，则视场融合方法略有优势。如果两个星敏感器星点提取精度一致（$\sigma_{w,A}^2=\sigma_{w,B}^2$），而 $N_A\neq N_B$，则视场融合方法略有优势。

比较普遍的情况是两种方法精度接近，都可以使用，而系统综合方法更灵活，对软件和硬件配置的复杂性更低。

如果两个星敏感器误差性质不确定，上述分析给出了它们的差异，可以有针对性地选用。如果掌握了比较确切的误差统计量，系统综合方法可以对观测量加权；而视场融合方法在代价函数针对两个星敏感器施加不同权值，以减小低精度星敏感器的影响，因此两者的差异仍然较小。加权处理的原理比较简单，这里不再赘述。

3.4 由陀螺测量角速度的姿态确定方法

3.4.1 姿态确定过程

3.2.4 节描述了利用运动学预估姿态及其增量估计的过程，这都需要利用卫星惯性角

速度。陀螺是测量惯性角速度的重要手段，但会引入新的误差。为了获得高精度角速度测量值，定姿系统需要在 3.2.4 节的基础上扩维，估计并处理因陀螺测量而额外引入的误差。

(1) 陀螺测量模型

陀螺的测量误差主要考虑常值漂移和随机噪声。设参与定姿的陀螺个数为 N，第 i 个陀螺测量轴在本体系方位为 $\boldsymbol{c}_i$，其输出为

$$\omega_{gi}(t)=\boldsymbol{c}_i^{\mathrm{T}}\boldsymbol{\omega}(t)+b_i+n_{gi}(t)$$

式中，b_i 为常值漂移。n_{gi} 为陀螺测量噪声，假设为零均值高斯白噪声，有

$$E\{\boldsymbol{n}_{gi}(t)\boldsymbol{n}_{gi}(\tau)\}=\sigma_g^2\delta(t-\tau)$$

噪声均方差 σ_g 的量纲为 rad/ $\sqrt{s}$ 。

定义陀螺组的安装矩阵、分配矩阵分别为

$$\boldsymbol{C}_g=[\boldsymbol{c}_1,\boldsymbol{c}_2,\cdots,\boldsymbol{c}_N],\quad \boldsymbol{D}_g=(\boldsymbol{C}_g\boldsymbol{C}_g^{\mathrm{T}})^{-1}\boldsymbol{C}_g$$

将各陀螺测量等效换算到卫星本体系，获得测量模型为

$$\boldsymbol{\omega}_g(t)=\boldsymbol{\omega}(t)+\boldsymbol{b}+\boldsymbol{n}_g(t)\tag{3.4.1}$$

式中，$\boldsymbol{\omega}_g$ 、$\boldsymbol{b}$ 、$\boldsymbol{n}_g$ 分别为等效到本体系三轴的测量输出、常值漂移、测量噪声，其表达式为

$$\boldsymbol{\omega}_g(t)=\boldsymbol{D}_g\ [\omega_{g1}(t),\cdots,\omega_{gN}(t)]^{\mathrm{T}}$$
$$\boldsymbol{b}=\boldsymbol{D}_g\ [b_1,\cdots,b_N]^{\mathrm{T}}$$
$$\boldsymbol{n}_g(t)=\boldsymbol{D}_g\ [n_{g1}(t),\cdots,n_{gN}(t)]^{\mathrm{T}}$$

有

$$E\{\boldsymbol{n}_{gi}(t)\boldsymbol{n}_{gi}^{\mathrm{T}}(\tau)\}=\sigma_g^2\delta(t-\tau)(\boldsymbol{C}_g\boldsymbol{C}_g^{\mathrm{T}})^{-1}\tag{3.4.2}$$

(2) 姿态预估

在姿态确定系统中增加对常值漂移 $\boldsymbol{b}$ 的估计，记其估计值为 $\hat{\boldsymbol{b}}$ 。

根据陀螺测量获得角速度估计：

$$\hat{\boldsymbol{\omega}}(s)=\boldsymbol{\omega}_g(s)-\hat{\boldsymbol{b}},\quad s\in[t-T,t]\tag{3.4.3}$$

依据式 (3.2.38)，在采样周期 $[t-T,t]$ 获得姿态的预测值：

$$\hat{\overline{\boldsymbol{Q}}}(t)=\boldsymbol{\Theta}(t)\hat{\overline{\boldsymbol{Q}}}(t-T)\tag{3.4.4}$$

(3) 滤波器状态方程与观测方程

定义滤波器状态：

$$\begin{aligned}\boldsymbol{\delta}\overline{\boldsymbol{Q}}&=\hat{\overline{\boldsymbol{Q}}}^{-1}\otimes\overline{\boldsymbol{Q}}\\ \Delta\boldsymbol{b}&=\hat{\boldsymbol{b}}-\boldsymbol{b}\end{aligned}\tag{3.4.5}$$

求导，将角速度误差模型代入式 (3.2.42)，得到

$$\begin{aligned}\frac{\mathrm{d}}{\mathrm{d}t}\delta\boldsymbol{Q}_v&=-\hat{\boldsymbol{\omega}}^{\times}\delta\boldsymbol{Q}_v+\frac{1}{2}\Delta\boldsymbol{b}-\frac{1}{2}\boldsymbol{n}_g\\ \frac{\mathrm{d}}{\mathrm{d}t}\Delta\boldsymbol{b}&=\boldsymbol{n}_b\end{aligned}\tag{3.4.6}$$

式中，$\boldsymbol{n}_b$ 为陀螺漂移率的零均值高斯白噪声，满足

$$E\{\boldsymbol{n}_b(t)\boldsymbol{n}_b^{\mathrm{T}}(\tau)\}=\mathrm{diag}\{\sigma_{b,x}^2,\sigma_{b,y}^2,\sigma_{b,z}^2\}\delta(t-\tau) \tag{3.4.7}$$

可以利用漂移率波动，以及滤波器稳定后估计值 $\hat{\boldsymbol{b}}$ 的波动速度的统计来描述 $\boldsymbol{n}_b$ 的性质。

根据星敏感器状态，选用 3.3.2 节或 3.3.1 节提供的观测量。这里不妨采用 3.3.1 节的观测量。如果采用式（3.3.5）定义的观测量，观测方程为

$$\overline{\boldsymbol{m}}=2\delta\boldsymbol{Q}_v+\overline{\boldsymbol{v}} \tag{3.4.8}$$

观测误差方差见式（3.3.8）。

（4）滤波计算

记状态

$$\Delta\boldsymbol{X}=\begin{bmatrix}\boldsymbol{\delta Q}_v\\ \Delta\boldsymbol{b}\end{bmatrix}$$

在采样周期 $[t-T，t]$ 将式（3.4.6）和式（3.4.8）的状态方程和观测方程离散化：

$$\begin{cases}\Delta\boldsymbol{X}_k=\boldsymbol{\Phi}_{k,k-1}\Delta\boldsymbol{X}_{k-1}+\boldsymbol{W}_{k-1}\\ \overline{\boldsymbol{m}}_k=\boldsymbol{H}_k\Delta\boldsymbol{X}_k+\overline{\boldsymbol{v}}_k\end{cases} \tag{3.4.9}$$

其中，状态转移矩阵、观测矩阵分别为

$$\boldsymbol{\Phi}_{k,k-1}=\begin{bmatrix}\boldsymbol{E}-\hat{\boldsymbol{\omega}}^{\times}T & \frac{1}{2}\boldsymbol{E}T\\ 0 & \boldsymbol{E}\end{bmatrix}，\quad \boldsymbol{H}_k=[2\boldsymbol{E}\quad 0]$$

系统噪声向量 $\boldsymbol{W}_{k-1}$ 及其方差 $\boldsymbol{Q}_{k-1}$ 可由积分式（3.4.6）代入式（3.4.2）和式（3.4.7）获得。式（3.3.8）给出了观测噪声向量方差 $\boldsymbol{R}_k$ 。

如果采用卡尔曼滤波原理[5]，则按如下公式计算当前步的预报值方差、滤波增益和估计方差：

$$\begin{gathered}\boldsymbol{P}_{k,k-1}=\boldsymbol{\Phi}_{k,k-1}\boldsymbol{P}_{k-1}\boldsymbol{\Phi}_{k,k-1}^{\mathrm{T}}+\boldsymbol{Q}_{k-1}\\ \boldsymbol{K}_k=\boldsymbol{P}_{k,k-1}\boldsymbol{H}_k^{\mathrm{T}}\ [\boldsymbol{H}_k\boldsymbol{P}_{k,k-1}\boldsymbol{H}_k^{\mathrm{T}}+\boldsymbol{R}_k]^{-1}\\ \boldsymbol{P}_k=(\boldsymbol{E}-\boldsymbol{K}_k\boldsymbol{H}_k)\boldsymbol{P}_{k,k-1}(\boldsymbol{E}-\boldsymbol{K}_k\boldsymbol{H}_k)^{\mathrm{T}}+\boldsymbol{K}_k\boldsymbol{R}_k\boldsymbol{K}_k^{\mathrm{T}}\end{gathered} \tag{3.4.10}$$

于是获得估计状态的修正新息

$$\Delta\boldsymbol{X}_k=\begin{bmatrix}\boldsymbol{\delta Q}_v(k)\\ \Delta\boldsymbol{b}(k)\end{bmatrix}=\boldsymbol{K}_k\overline{\boldsymbol{m}}_k$$

在下列情况下，姿态确定系统可以采用常值的滤波增益，从而在轨不需要递推计算式（3.4.10），避免参数、误差变化带来鲁棒性问题或性能恶化问题。

1）如果卫星维持稳定的姿态，惯性角速度将控制在一个固定值附近，则式（3.4.6）和式（3.4.9）的状态矩阵、观测矩阵和误差方差矩阵均近似为常值矩阵，式（3.4.10）应收敛到稳态的常值阵。

2）如果角速度相对较小，采样周期较快，$\boldsymbol{\omega}T$ 的模远小于 1，式（3.4.9）的状态矩阵近似常数。

上述情况涵盖了绝大多数应用。此时状态转移矩阵近似为常值，$\boldsymbol{\Phi}_{k,\ k-1} \approx \boldsymbol{\Phi}$，采用常值增益 $\boldsymbol{K}$，应确保 $(\boldsymbol{E}-\boldsymbol{KH})\boldsymbol{\Phi}$ 的特征值在单位圆内，以保证系统收敛。同时，可以根据系统动态性能需求配置特征值。卡尔曼滤波器的常增益可通过求解式（3.4.10）的稳态值获得。

（5）预估状态的修正

用滤波器得到的修正量对预估的姿态四元数和陀螺漂移进行修正：

$$\hat{\hat{\boldsymbol{Q}}} = \hat{\boldsymbol{Q}} + \begin{bmatrix} \hat{Q}_0\boldsymbol{E} + \hat{\boldsymbol{Q}}_v^{\times} \\ -\hat{\boldsymbol{Q}}_v^{\mathrm{T}} \end{bmatrix} \delta\boldsymbol{Q}_v(k) \tag{3.4.11}$$

$$\hat{\boldsymbol{b}} = \hat{\boldsymbol{b}} + \Delta\boldsymbol{b}(k)$$

并对四元数 $\hat{\hat{\boldsymbol{Q}}}$ 进行归一化处理。

3.4.2　陀螺组合的安装冗余度研究

为了保证姿态系统长期稳定运行、陀螺的快速故障检测与重构，装星的陀螺都会冗余配置，单头个数 $N \geqslant 4$；如果要利用陀螺本身的冗余测量检测故障，则要求 $N \geqslant 5$，有些卫星甚至装星 9 个或以上陀螺头部。由式（3.4.2）易见，陀螺组合在本体系三轴测量噪声的方差与安装相关。

本节研究陀螺误差传递与安装的关系，可作为选择安装方向和选用陀螺参与定姿的参考或依据。

引入矩阵

$$\boldsymbol{Q}_N \equiv \boldsymbol{C}_g\boldsymbol{C}_g^{\mathrm{T}}$$

式中，下标 N 为被选用参与定姿的陀螺个数。

存在酉相似变换，使得

$$\boldsymbol{Q}_N = \boldsymbol{U}^{\mathrm{T}}\boldsymbol{\Lambda}\boldsymbol{U},\quad \boldsymbol{\Lambda} = \mathrm{diag}\{\lambda_1, \lambda_2, \lambda_3\},\quad \boldsymbol{U}^{\mathrm{T}} = [\boldsymbol{e}_1 \quad \boldsymbol{e}_2 \quad \boldsymbol{e}_3] \tag{3.4.12}$$

式中，$\boldsymbol{U}^{\mathrm{T}}$ 为酉阵，3 个列为单位正交向量。

因此，陀螺组合的误差方差为

$$E\{\boldsymbol{n}_g(t)\boldsymbol{n}_g^{\mathrm{T}}(\tau)\} = \sigma_g^2\boldsymbol{U}^{\mathrm{T}}\boldsymbol{\Lambda}^{-1}\boldsymbol{U}\delta(t-\tau) = \sigma_g^2\delta(t-\tau)\sum_{i=1}^{3}\lambda_i^{-1}\boldsymbol{e}_i\boldsymbol{e}_i^{\mathrm{T}} \tag{3.4.13}$$

定义 λ_i 为陀螺组合在 $\boldsymbol{e}_i$ 方向的冗余度。冗余度越大，其对应方向的误差越小。在任意指定的方向 $\boldsymbol{e}$，陀螺组合的误差方差为

$$E\{\boldsymbol{e}^{\mathrm{T}}\boldsymbol{n}_g(t)\boldsymbol{n}_g^{\mathrm{T}}(\tau)\boldsymbol{e}\} = \lambda^{-1}\sigma_g^2\delta(t-\tau)$$

$$\lambda^{-1} = \sum_{i=1}^{3}\lambda_i^{-1}(\boldsymbol{e}^{\mathrm{T}}\boldsymbol{e}_i)^2 \tag{3.4.14}$$

称 λ 为陀螺组合在 $\boldsymbol{e}$ 方向的冗余度。易证，任一方向的冗余度均介于 $\boldsymbol{e}_i$ 三方向冗余度之间，即

$$\min_i\{\lambda_i\} \leqslant \lambda \leqslant \max_i\{\lambda_i\}$$

借助式（3.4.12）～式（3.4.14）给出的冗余度及组合误差计算公式，可以规定如下陀螺安装与选用原则，从而迭代优化陀螺个数和安装。

1）在最小冗余度方向也必须保证定姿要求的陀螺组合误差精度。

2）三正交方向的冗余度尽量接近，以保证尽量均匀分布的精度。

3）发生陀螺故障，剩余陀螺组合仍尽可能满足 1）和 2）的要求。

下面针对常见情况，展开进一步讨论。

（1）含有正交构型的陀螺组合的冗余度

对于高精度遥感卫星，安装多组正交构型（每组 3 个陀螺头正交）的陀螺组合或者正交构型与斜装组合都比较常见，如三组正交、六个正十二面体（相当于两组正交）、三个头部正交＋两斜装、三个头部正交＋一斜装等。

由式（3.4.12），一组正交构型的任意方向冗余度为 1，k 组正交构型的任意方向冗余度为 k 。

讨论 k 组正交构型＋N_1 个头部斜装的组合，即 $N=3k+N_1$。那么 $\boldsymbol{Q}_N$ 的特征向量是由 N_1 个斜装陀螺决定的，设这些斜装陀螺在 $\boldsymbol{Q}_N$ 中的构成为

$$\boldsymbol{Q}_{N_1}=\sum_{i=1}^{N_1}\boldsymbol{c}_i\boldsymbol{c}_i^{\mathrm{T}}$$

其酉相似变换为

$$\boldsymbol{Q}_{N_1}=\boldsymbol{U}'^{\mathrm{T}}\boldsymbol{\Lambda}'\boldsymbol{U}',\quad \boldsymbol{\Lambda}'=\mathrm{diag}\{\lambda'_1,\lambda'_2,\lambda'_3\},\quad \boldsymbol{U}'^{T}=[\boldsymbol{e}'_1\quad \boldsymbol{e}'_2\quad \boldsymbol{e}'_3] \tag{3.4.15}$$

那么

$$\begin{gathered}\boldsymbol{Q}_N=k\boldsymbol{E}+\boldsymbol{Q}_{N_1}=\boldsymbol{U}'^{\mathrm{T}}\boldsymbol{\Lambda}\boldsymbol{U}'\\ \boldsymbol{\Lambda}=k\boldsymbol{E}+\boldsymbol{\Lambda}'=\mathrm{diag}\{k+\lambda'_1,k+\lambda'_2,k+\lambda'_3\}\end{gathered} \tag{3.4.16}$$

例 3.1　k 组正交构型＋1 个头部斜装的组合。

组合在斜装陀螺方向的冗余度为 $k+1$，其他两个垂直方向为 k 。

例 3.2　k 组正交构型＋2 个头部斜装的组合。

设两个斜装陀螺的夹角为 α ，组合在两斜装陀螺中线方向的冗余度为 $k+1+\cos\alpha$ ，在两个斜装陀螺平面内中线垂直方向的冗余度为 $k+1-\cos\alpha$ ，与它们正交的第三个方向冗余度为 k 。

例 3.3　6S 金字塔构型。

6 个陀螺绕 X 轴对称安装，与 X 轴夹角相同，并在 YZ 平面投影等间隔。这是一种比较常用的组合。

1）6 个全部选用，相当于 2 组正交构型，各方向冗余度为 2。

2）只有 5 个可用，是例 3.2 中 $k=1$、$\alpha=\pi/2$ 的特殊情况，3 个特征方向的冗余度分别为 2、2、1。

3）4 个可用的情况，几何上可区分为以下 3 种构型。

第 1 种，有 3 个正交，YZ 面投影呈“Ψ”型，是例 3.1 中 $k=1$ 的情况，3 个特征方向的冗余度分别为 2、1、1。

第 2 种，YZ 面投影对称，呈“X”型。在 YZ 面，两相邻陀螺投影的中线冗余度最大，为 2；而 YZ 面垂直该中线的方向冗余度最小，为 2/3；在对称轴 X 方向冗余度为 4/3。

第 3 种，YZ 面投影偏向一边，呈“K”型，特征方向的冗余度分别为 2、5/3、1/3。此种构型最大、最小冗余度相差 6 倍，极不均匀，尽量避免。

4）3 个可用的情况，只有 3 个正交情况，冗余度分布均匀，各方向均为 1。其他构型极不均匀，应予避免。

（2）单个陀螺的误差传递

在组合中，第 j 号陀螺（安装方向为 $\boldsymbol{c}_j$）的噪声 n_{gj} 传递到本体系的结果为 $\boldsymbol{Q}_N^{-1}\boldsymbol{c}_j n_{gj}$，传递系数向量与大小可以用上述冗余度及特征方向描述：

$$\boldsymbol{Q}_N^{-1}\boldsymbol{c}_j = \sum_{i=1}^{3}\lambda_i^{-1}(\boldsymbol{c}_i^{\mathrm{T}}\boldsymbol{e}_i)\boldsymbol{e}_i,\quad |\boldsymbol{Q}_N^{-1}\boldsymbol{c}_j| = \sqrt{\sum_{i=1}^{3}\lambda_i^{-2}\ (\boldsymbol{c}_j^{\mathrm{T}}\boldsymbol{e}_i)^2} \tag{3.4.17}$$

这是从全部构型的角度查看单个陀螺的误差影响。

有时也需要根据已有构型，查看新加入陀螺的误差影响。设已有陀螺为 N，冗余度与特征方向由式（3.4.13）定义。新增第 $N+1$ 号陀螺，安装向量为 $\boldsymbol{c}_{N+1}$，则

$$\boldsymbol{Q}_{N+1} = \boldsymbol{Q}_N + \boldsymbol{c}_{N+1}\boldsymbol{c}_{N+1}^{\mathrm{T}}$$

利用矩阵反演公式，可获得第 $N+1$ 号陀螺的误差传递系数向量：

$$\boldsymbol{Q}_{N+1}^{-1}\boldsymbol{c}_{N+1} = \frac{\boldsymbol{Q}_N^{-1}\boldsymbol{c}_{N+1}}{1+\boldsymbol{c}_{N+1}^{\mathrm{T}}\boldsymbol{Q}_N^{-1}\boldsymbol{c}_{N+1}} = \frac{1}{1+\lambda^{-1}}\sum_{i=1}^{3}\lambda_i^{-1}(\boldsymbol{c}_{N+1}^{\mathrm{T}}\boldsymbol{e}_i)\boldsymbol{e}_i \tag{3.4.18}$$

式中，λ 为原 N 个陀螺组合在 $\boldsymbol{c}_{N+1}$ 方向的冗余度。

$$\lambda^{-1} = \sum_{i=1}^{3}\lambda_i^{-1}\ (\boldsymbol{c}_{N+1}^{\mathrm{T}}\boldsymbol{e}_i)^2$$

3.4.3　系统的动态特性和稳态精度分析

为了获得更清晰的结论，本节对系统做如下处理。

首先，不失一般性，将 3.3.1 节式（3.3.9）对应的特征向量方向作为本体系，这只是一个坐标变换，不影响分析结论。这样，星敏感器在三轴的姿态测量误差不再相关。

其次，讨论定姿系统带宽远大于卫星角速度的情况，这也是合理的，否则定姿系统会跟不上姿态变化而失去意义。这样，在本节主题的时间尺度上，姿态运动学可以在标称姿态附近线性化，三轴解耦。

最后，讨论陀螺组冗余度在各个方向比较均匀的情况。这样，陀螺组在三轴的测量误差近似不相关。

于是，三轴姿态确定系统解耦，可以只讨论单轴情况。

取该轴姿态 θ 和陀螺组投影到该轴的等效漂移 b 作为状态，取由式（3.3.5）定义的星敏感器观测量 $\overline{\boldsymbol{m}}$ 在该轴的投影 θ_m 作为观测。记状态

$$\boldsymbol{x} = \begin{bmatrix}\theta \\ b\end{bmatrix}$$

则状态方程和观测方程为

$$\dot{\boldsymbol{x}} = \boldsymbol{A}\boldsymbol{x} + \begin{bmatrix} \omega_m \\ 0 \end{bmatrix} + \boldsymbol{n}, \quad \boldsymbol{A} = \begin{bmatrix} 0 & -1 \\ 0 & 0 \end{bmatrix}, \quad \boldsymbol{n} = \begin{bmatrix} n_1 \\ n_2 \end{bmatrix} \tag{3.4.19}$$
$$\theta_m = \boldsymbol{H}\boldsymbol{x} + n_3, \quad \boldsymbol{H} = [1 \quad 0]$$

式中，ω_m 为陀螺组在该轴的已知测量；n_1 为角速度测量误差；n_3 为星敏感器测量连续化后的等效误差，本小节后文将分别讨论它们是白噪声和缓变误差的情况；n_2 为漂移率的白噪声。

如果设计常数滤波增益为

$$\boldsymbol{L} = [p \quad -q]^{\mathrm{T}} \tag{3.4.20}$$

则滤波器方程为

$$\dot{\hat{\boldsymbol{x}}} = \boldsymbol{A}\hat{\boldsymbol{x}} + \begin{bmatrix} \omega_m \\ 0 \end{bmatrix} + \boldsymbol{L}(\theta_m - \boldsymbol{H}\hat{\boldsymbol{x}}) \tag{3.4.21}$$

离散方程的增益等效于式（3.4.20）乘以离散周期。

定义滤波误差为

$$\tilde{\boldsymbol{x}} = \hat{\boldsymbol{x}} - \boldsymbol{x}$$

有

$$\dot{\tilde{\boldsymbol{x}}} = (\boldsymbol{A} - \boldsymbol{L}\boldsymbol{H})\tilde{\boldsymbol{x}} + \boldsymbol{L}n_3 - \boldsymbol{n} \tag{3.4.22}$$

则系统的动态特性由式（3.4.22）的特征多项式

$$s^2 + ps + q \tag{3.4.23}$$

决定。为了保证系统收敛，必须满足

$$p > 0, \quad q > 0$$

用固有频率 ω_n 和阻尼系数 ξ 表示系统的动态参数，则有

$$\omega_n = \sqrt{q}, \quad \xi = \frac{p}{2\sqrt{q}} \tag{3.4.24}$$

式（3.4.22）的稳态误差在频域表示为

$$\begin{aligned} \tilde{\theta}(s) &= \frac{(ps + q)n_3(s) - sn_1(s) + n_2(s)}{s^2 + ps + q} \\ \tilde{b}(s) &= \frac{-qsn_3(s) - qn_1(s) - (s + p)n_2(s)}{s^2 + ps + q} \end{aligned} \tag{3.4.25}$$

需要说明的是，陀螺常漂 b 的估计误差也是需要适当控制的，因为其影响了角速度的估计精度，从而可能影响到控制系统的性能。

（1）输入误差是随机噪声的情况

根据 3.4.1 节给出的系统，可以得到所选单轴方向陀螺噪声、漂移率噪声的方差，分别为

$$E\{n_1(t)n_1(\tau)\} = d_g\delta(t - \tau), \quad E\{n_2(t)n_2(\tau)\} = d_b\delta(t - \tau)$$

记

$$\boldsymbol{Q} = \mathrm{diag}\{d_g, d_b\}$$

而实际的星敏感器观测量 $\overline{\boldsymbol{m}}$ 在该轴的投影 θ_m，其误差方差 d_s 是由式（3.3.9）定义中的

一个，根据所选的坐标轴而定。由于在连续系统讨论问题，而星敏感器的测量是离散的，因此设采样周期为 T，需要将星敏感器测量与误差连续化（连续化误差在区间 T 的均值就是实际测量的误差）。设连续化后误差方差为

$$E\{n_3(t)n_3(\tau)\}=R\delta(t-\tau)$$

则

$$d_s=D\left\{\frac{1}{T}\int_0^T n_3(t)\mathrm{d}t\right\}=\frac{R}{T} \tag{3.4.26}$$
$$R=d_sT$$

根据随机系统输入/输出谱密度关系[6]，并代入各输入误差方差值，可推出稳态误差的谱密度为

$$\varphi_\theta(\omega)=\frac{(4\xi^2\omega_n^2d_sT+d_g)\omega^2+(\omega_n^4d_sT+d_b)}{\omega^4+2(2\xi^2-1)\omega_n^2\omega^2+\omega_n^4}$$
$$\varphi_b(\omega)=\frac{(\omega_n^4d_sT+d_b)\omega^2+(\omega_n^2d_g+4\xi^2d_b)\omega_n^2}{\omega^4+2(2\xi^2-1)\omega_n^2\omega^2+\omega_n^4} \tag{3.4.27}$$

进一步利用 Parseval 定理计算估计误差方差值。这里选取典型值 $\xi=1/\sqrt{2}$，给出方差值的解析表达。先计算出如下两个积分值：

$$\int_0^\infty\frac{1}{x^4+1}\mathrm{d}x=\int_0^\infty\frac{x^2}{x^4+1}\mathrm{d}x=\frac{\sqrt{2}}{4}\pi$$

由之可推导出式（3.4.25）的方差：

$$E\{\tilde{\theta}^2\}=\frac{1}{2\pi}\int_{-\infty}^{\infty}\varphi_\theta(\omega)\mathrm{d}\omega=\frac{\sqrt{2}}{4}\left(3\omega_nd_sT+\frac{d_g}{\omega_n}+\frac{d_b}{\omega_n^3}\right)$$
$$E\{\tilde{b}^2\}=\frac{1}{2\pi}\int_{-\infty}^{\infty}\varphi_b(\omega)\mathrm{d}\omega=\frac{\sqrt{2}}{4}\left(\omega_n^3d_sT+\omega_nd_g+3\frac{d_b}{\omega_n}\right) \tag{3.4.28}$$

式（3.4.28）揭示了定姿系统误差与测量噪声、滤波器带宽的关系，从中可以看出：

1）同样的星敏感器测量精度，输出频率越高（采样周期越小），越有利于提高定姿系统精度。

2）减小滤波器带宽，有利于减弱星敏感器噪声的影响、陀螺噪声对常漂估计的影响，但会放大陀螺噪声对姿态精度的作用，需折中考虑。

3）提高滤波器带宽，有利于减小陀螺漂移率的噪声的影响。

（2）常增益卡尔曼滤波器的带宽与误差

设连续系统［式（3.4.19）］的卡尔曼滤波器稳态方差阵为

$$\boldsymbol{P}=\begin{bmatrix}p_\theta & p'\\ p' & p_b\end{bmatrix} \tag{3.4.29}$$

则满足方程[7]

$$\boldsymbol{AP}+\boldsymbol{PA}^{\mathrm{T}}+\boldsymbol{Q}-\frac{\boldsymbol{PH}^{\mathrm{T}}\boldsymbol{HP}}{R}=0$$

代入参数，得

$$p_\theta = \sqrt{d_s d_g T + 2\sqrt{(d_s T)^3 d_b}}$$
$$p_b = \sqrt{d_g d_b + 2\sqrt{d_s d_b T}} \tag{3.4.30}$$
$$p' = -\sqrt{d_s d_b T}$$

增益阵为

$$L = \frac{\boldsymbol{PH}^{\mathrm{T}}}{R} = \left[\sqrt{\frac{d_g}{d_s T} + 2\sqrt{\frac{d_b}{d_s T}}} \quad -\sqrt{\frac{d_b}{d_s T}}\right]^{\mathrm{T}} \tag{3.4.31}$$

系统的带宽为

$$\omega_n = \left(\frac{d_b}{d_s T}\right)^{\frac{1}{4}} \tag{3.4.32}$$

这意味着最优的带宽应与星敏感器误差成反比，而与陀螺漂移率成正比。

增益与带宽都依赖几种输入误差方差的比例关系。由于误差在定量上存在不确定性，特别是 d_b 不确定性很大、如何选择依赖设计师经验，导致卡尔曼滤波器增益与带宽有较大的不确定性，实际上很难保证最优性，甚至存在鲁棒性问题。此外，滤波带宽和增益的选择还需要考虑测量敏感器的动态性质、慢变误差的影响，如果敏感器响应较慢，则太大的带宽没有意义。因此，在实际工程中，首先依据敏感器特性与测试情况分析误差范围和需要系统实现的动态范围，再参考式（3.4.28）评估系统误差的范围与指标满足情况，综合选取滤波器带宽与增益参数。最后，可以与卡尔曼滤波器比较，评估与理论最优的差距及参数是否还有修正余地。

（3）常值误差的影响分析

陀螺常值误差已经通过漂移估计，不需要进一步考虑。这里主要考察星敏感器测量的常值偏差、漂移的常值变化速率的影响。

对式（3.4.25）使用终值定理[8]，星敏感器的常值偏差肯定是一比一地带给了姿态估计值，但对常漂估计没有影响。

设陀螺漂移率 $n_2(t)=\dot{b}$，则由式（3.4.25）有

$$\tilde{\theta}(\infty) = \frac{\dot{b}}{\omega_n^2}, \quad \tilde{b}(\infty) = \frac{-2\xi\dot{b}}{\omega_n} \tag{3.4.33}$$

尽管陀螺漂移线性变化，但滤波器并不恶化，不过会产生静差，且大带宽有利于减小静差。

（4）星敏感器时变误差的影响分析

对于地球卫星，星敏感器时变误差呈现周期性，可以表示为三角函数的组合，一般包括与轨道周期相关的基频与倍频项，以及星敏感器在空间转过一个视场角为周期的相关项。利用线性原理，不失一般性，讨论一个频率的情况。假设

$$n_3(t) = \theta_s \cos(\omega_s t) \tag{3.4.34}$$

经推导，式（3.4.25）的稳态解为

$$\begin{aligned}\tilde{\theta}(t) &= K_{\theta} \cdot \theta_s \cos(\omega_s t + \varphi_1) \\ \tilde{b}(t) &= K_b \cdot \theta_s \cos(\omega_s t + \varphi_2)\end{aligned} \tag{3.4.35}$$

式中，放大因子为

$$K_{\theta} = \frac{\sqrt{4\xi^2 + \left(\dfrac{\omega_n}{\omega_s}\right)^2}}{\sqrt{4\xi^2 + \left(\dfrac{\omega_s}{\omega_n} - \dfrac{\omega_n}{\omega_s}\right)^2}}, \quad K_b = \frac{\omega_n}{\sqrt{4\xi^2 + \left(\dfrac{\omega_s}{\omega_n} - \dfrac{\omega_n}{\omega_s}\right)^2}} \tag{3.4.36}$$

可见，时变误差的放大因子与系统带宽密切相关。根据误差频率与系统带宽的相对关系，分以下 3 种情况讨论。

1) $\omega_s \ll \omega_n$（极缓慢变化的误差）：

$$K_{\theta} \approx 1, \quad K_b \approx \omega_s$$

对姿态的误差接近常值偏差的影响，但漂移估计也受到少量影响。

2) $\omega_s \gg \omega_n$（较快变化的误差）：

$$K_{\theta} \approx 0, \quad K_b \approx 0$$

反映了滤波器具有低通特性，对较快变化的误差起到高阻作用。

3) $\omega_s = k\omega_n$，$k \sim 1$：

$$K_{\theta} = \frac{\sqrt{4\xi^2 k^2 + 1}}{\sqrt{4\xi^2 k^2 + (k^2 - 1)^2}} > 1$$

$$K_b = \frac{\omega_n}{\sqrt{4\xi^2 + (k - k^{-1})^2}}$$

姿态误差有一定的放大，而漂移估计误差的放大系数远大于前两种情况。对于 $k = 1$ 的特例，有

$$K_{\theta} = \sqrt{1 + \left(\frac{1}{2\xi}\right)^2}, \quad K_b = \frac{\omega_n}{2\xi}$$

综上所述，如果星敏感器在某个频率的误差比较突出，则在设计系统带宽时应尽量避开该频率；且如果条件许可，应尽量压低带宽。

3.4.4　低频采样高频信号的误差分析

动量轮高速旋转、喷气脉冲控制都可能激发卫星支撑结构的高频振动（频率为几十至几千 Hz），从而产生高频的角位移和线位移。控制系统不希望这些高频信号进入闭环，要么采用低带宽的测量部件，要么将采集到的高频信息通过滤波手段加以处理。

但是，依据不同的测量原理，某些陀螺和加速度计的带宽很高，能够敏感到这些高频信号，而受限于通信资源、计算时间，控制系统的采样频率十分有限，从而违背信号采样的香农定理。本小节以陀螺为例，分析低频采样的误差性质。

设陀螺头敏感到的周期角信号为

$$\theta(t) = A\sin(2\pi f_p t) \tag{3.4.37}$$

式中，A 为信号幅值；f_p 为信号频率。

其对应的角速度为

$$\dot{\theta}(t)=2\pi f_p A\cos(2\pi f_p t) \tag{3.4.38}$$

记采样频率为 f_q，对应的采样周期为 $T_q=1/f_q$。定义取余频率 f_r，满足

$$f_p=df_q+f_r,\quad 0\leqslant f_r<f_q \tag{3.4.39}$$

式中，$d\geqslant 0$ 为整数，$d=0$ 代表采样频率快于原始信号的情况。

通常采样信号的角度增量，也有少量应用采样角速度信号，下面分情况讨论。

(1) 采样角度增量的情况

第 n 个采样周期的采样值为

$$\Delta\theta_m(n)=\theta(t_0+nT_q)-\theta(t_0+nT_q-T_q) \tag{3.4.40}$$

式中，t_0 为初始时刻。

不难推出：

$$\Delta\theta_m(n)=2A\sin\left(\frac{f_r}{f_q}\pi\right)\cdot\cos\left(2\pi f_r nT_q+\varphi_0\right) \tag{3.4.41}$$

式中：

$$\varphi_0=\pi f_p(2t_0-T_q)$$

只需要考虑 $f_r\leqslant 0.5f_q$ 的情况。事实上，当 $f_r>0.5f_q$ 时，将 f_q-f_r 赋给 f_r，则式（3.4.41）仅 φ_0 前取负号，除了初始相位的符号需要区分外，其他不影响。

由此可得第 n 个采样周期的平均角速度为

$$\dot{\theta}_m(n)=2Af_q\sin\left(\frac{f_r}{f_q}\pi\right)\cdot\cos\left(2\pi f_r nT_q\pm\varphi_0\right) \tag{3.4.42}$$

由于 $f_r\leqslant 0.5f_q$，根据香农定理，$\dot{\theta}_m(n)$ 与其累计，其近似能还原的连续周期信号为（取 $t_0=0$）

$$\hat{\dot{\theta}}(t)=2Af_q\sin\left(\frac{f_r}{f_q}\pi\right)\cdot\cos\left(2\pi f_r t\pm\frac{f_r}{f_q}\pi\right) \tag{3.4.43a}$$

$$\hat{\theta}(t)=A\left[\sin\left(\frac{f_r}{f_q}\pi\right)\Big/\left(\frac{f_r}{f_q}\pi\right)\right]\sin\left(2\pi f_r t\pm\frac{f_r}{f_q}\pi\right) \tag{3.4.43b}$$

它们与原始信号式（3.4.37）和式（3.4.38）比较，有：

1）采样后的信号，频率为取余频率 f_r。当 $f_q>f_p$，$f_r=f_p$ 时，仍为原信号频率；否则，$f_r\leqslant 0.5f_q$，甚至 f_r 为极低的频率，在姿态控制带宽内。

2）角速度幅度与原信号的比例为

$$k_{\dot{\theta}}=\sin\left(\frac{f_r}{f_q}\pi\right)\Big/\left(\frac{f_p}{f_q}\pi\right) \tag{3.4.44}$$

如果采样频率远低于原信号（$f_q\ll f_p$），则对于角速度，积分平均的效果明显：

$$k_{\dot{\theta}}\sim\frac{f_r}{f_p}\approx 0$$

当 f_q 逐渐增大接近 f_p 时，$k_{\dot{\theta}}$ 取决于 f_r 的大小，范围为

$$0 \leqslant k_{\dot{\theta}} \leqslant \frac{f_q}{\pi f_p}$$

而当 $f_q = f_p$ 时，$k_{\dot{\theta}} = 0$。

如果采样频率远大于原信号（$f_q \gg f_p$），则

$$k_{\dot{\theta}} \sim 1$$

当 f_q 逐渐减小接近 f_p 时，$k_{\dot{\theta}}$ 逐渐减小。

3）角度幅度与原信号的比例为

$$k_\theta = \sin\left(\frac{f_r}{f_q}\pi\right) \Big/ \left(\frac{f_r}{f_q}\pi\right) \tag{3.4.45}$$

如果 $f_q < f_p$，则 k_θ 随 f_r（$0 \leqslant f_r \leqslant 0.5 f_q$）的增加而递减，范围为

$$\frac{2}{\pi} \leqslant k_\theta \leqslant 1$$

如果 $f_q \gg f_p$，则

$$k_\theta \sim 1$$

当 f_q 逐渐减小接近 f_p 时，k_θ 逐渐减小。

以上分析表明，低频采集高频信号可能错误地采集到极低频率信号，不能进行滤波处理，从而造成姿态确定误差和控制误差。该误差信号的角速度幅度相比原信号有衰减，但是角度幅度与原信号相差无几。

出现低频采集高频信号的情况时，应分析误差信号的幅度是否超出系统分配的指标范围，如果可能超出，则需要在测量部件端采取必要的措施，包括：

1）选用低带宽部件，截止频率应远高于控制系统带宽，但低于系统采样频率。

2）或者测量部件带减震垫安装。

3）或者测量部件内部高频采集信号，并增加低频滤波功能，滤波频率低于系统采样频率。

（2）采样角速度的情况

第 n 个采样周期的采样值为

$$\dot{\theta}_m(n) = \dot{\theta}(t_0 + nT_q) = 2\pi f_p A\cos(2\pi f_r t + \varphi_1) \tag{3.4.46}$$

式中：

$$\varphi_1 = 2\pi f_p t_0$$

在采样频率 $f_q < f_p$ 时，采样信号的角速度幅值与原信号一样，而频率 f_r 可能极低，采样信号的角度幅值可以被大幅增加。

这种情况只在采样频率高的情况下使用，如果出现低频采样高频的情况，应避免使用。

3.5　由动力学预估角速度的姿态确定方法

3.3 节给出的方法非常依赖陀螺可靠的、连续的测量，其优势是对星敏感器测量的连

续性要求不太高，即使星敏感器测量时有中断，但只要维持一定间隔的输出，就不影响系统稳定性。

发展本节方法的背景，是星敏感器技术长足进步，能获得稳定、可靠、不间断的姿态测量。其主要表现在以下几个方面。

1）在控制力矩模型比较准确的情况下，基于动力学模型方法获得的角速度精度和姿态精度已经达到了高精度陀螺参与定姿相当的精度，某些型号甚至只装备低成本低精度的陀螺用于安全模式，其他情况（主任务工作模式、轨道控制模式等）只依赖基于动力学模型的定姿方法。

2）基于陀螺的方法容易受到陀螺测量异常的影响，严重时导致系统任务中断，因此即使采用高精度陀螺定姿，也可同时使用基于动力学模型方法。两者实时比较，可监视陀螺状态与星敏感器状态，为快速发现和处理测量部件异常提供手段。

3）基于动力学模型方法可以实现未知力矩的估计，姿态控制律可以加以利用实现对该力矩的前馈补偿，从而提高控制系统的响应速度和精度，并改善姿态角速度、角加速度功率谱密度。

3.5.1 动力学方程各组成项的估计

参见式（2.4.6），系统动力学方程可以表示为

$$\dot{\boldsymbol{\omega}} = \boldsymbol{f}(\boldsymbol{\omega},\Theta) + \boldsymbol{a}_d - \boldsymbol{I}_S^{-1}(\dot{\boldsymbol{H}}_w + \omega^{\times}\boldsymbol{H}_w) + \boldsymbol{I}_S^{-1}\Big(\sum_{j\in B}\boldsymbol{r}_{bj}\times\boldsymbol{F}_{bj} + \sum_{i}\boldsymbol{R}_i^{\mathrm{T}}T_{Ai}\Big) + \boldsymbol{a}_n \tag{3.5.1}$$

式（3.5.1）右边前4项表示已建模且通过测量可以直接估计的部分，最后1项表示未建模以及无测量不能直接估计的部分。

下面对各项的处理进行简要描述，更具体的方法参见第4章。

（1）$\boldsymbol{a}_d$

外干扰力矩主要是环境力矩，包括重力梯度力矩、太阳光压力矩、大气气动力矩和剩磁力矩，具体计算公式参见文献[9]。对地或惯性定向卫星中，这些项呈现周期特性。

1）重力梯度力矩的计算精度，主要取决于对地姿态精度和惯量参数，准确度高。

2）太阳光压力矩对于对称构型卫星较小，而对于非对称卫星不可忽略，特别是大型太阳能电池帆板和天线占主要部分。其计算精度主要取决于表面的反射与吸收系数的不确定性，目前水平可达到10%以内。

3）大气气动力矩仅低轨卫星需要考虑，主要不确定性来自大气密度参数。模型里除轨道参数外，还考虑太阳活动、地球磁暴等因素，可获得一定精度的计算结果。

4）剩磁力矩由地磁场强度和星上剩磁确定，不管是模型计算还是用磁强计测量，都能获得较好的地磁场强度。其主要不确定性是星上剩磁，但呈现轨道周期特性。

$\boldsymbol{a}_d$ 的可计算部分记为 $\hat{\boldsymbol{a}}_d$，偏差的低频部分归入待处理的未知误差 $\boldsymbol{a}_n$ 中，较高频部分归入动力学建模误差。

(2) $\dot{\boldsymbol{H}}_w+\boldsymbol{\omega}^{\times}\boldsymbol{H}_w$

这是动量轮组对卫星的作用力矩。轮组角动量 $\boldsymbol{H}_w$ 有实时测量，$\boldsymbol{\omega}^{\times}\boldsymbol{H}_w$ 可通过计算得到。而实时估计 $\dot{\boldsymbol{H}}_w$ 的主要原理是依据轮子角动量测量，估计缓变的摩擦力矩，则它与系统施加的电磁力矩确定了 $\dot{\boldsymbol{H}}_w$ 的值。

(3) 质心与惯量参数计算

星上根据各组件运动参数和推进剂消耗，实时计算卫星质心，以提高推力器力臂的确定精度。根据新的质心位置，重新计算卫星惯量参数。

根据各组件运动参数，实时计算卫星质心变化与惯量矩阵变化。

(4) $\boldsymbol{f}(\boldsymbol{\omega},\ \Theta)$

$\boldsymbol{f}(\boldsymbol{\omega},\ \Theta)$ 对系统受到的陀螺力矩、子体作用在系统的力矩的可估计部分进行了建模，估计值为 $\hat{\boldsymbol{f}}(\hat{\boldsymbol{\omega}},\ \hat{\Theta})$。其中涉及卫星质量参数的估算，目前地面测试与有限元建模的结果准确度一般很高。

参量 Θ 是可测量或可估计的子体角速度、角加速度、质心变化与惯量变化、振动模态状态参数。

子体相对姿态与速度一般有直接的测量，结合运动模型、驱动力矩可以估计一定带宽内的角速度、角加速度。

质心变化与惯量变化带来的力矩，利用计算得到的惯量矩阵变化量，代入动力学方程 (2.4.6) 的相关项并适当处理，可以获得该项力矩的估算。

以上估计的随机误差和较高频误差归入动力学方程的未建模误差，低频误差归入未知误差 $\boldsymbol{a}_n$ 中。

(5) $\sum_{j\in B}\boldsymbol{r}_{bj}\times\boldsymbol{F}_{bj}+\sum_i\boldsymbol{R}_i^{\mathrm{T}}\boldsymbol{T}_{Ai}$

该项包括中心体推力器产生的力矩和子体所受外力相对质心的力矩。作用力臂根据质心变化的计算结果获得，推力由执行机构驱动模型和参数获得。

推力器产生的力矩，其不确定性主要在于推力的模型精度。首先，结合地面热标参数，建立包含推进剂管路压力、温度在内的冲量模型，从而获得每个脉冲较准确的平均推力；其次，使用时要避免太小的脉冲宽度，减小控制阀的动态、推进剂燃烧或流动不稳定影响。

(6) $\boldsymbol{a}_n$

根据上面分析，未知误差 $\boldsymbol{a}_n$ 基本表现为常值或低频周期规律。如果周期单一、已知，如角频率为 $\boldsymbol{\omega}_a$，则可以建模为

$$\ddot{a}_{n,i}+\omega_{a,i}^2 a_{n,i}=0,\quad i=x,y,z$$

但一般情况下周期未知且多样，考虑到定姿系统只能估计自身带宽内的信号，并且两者频率要拉开一定距离，可以将待估计误差当作常数：

$$\dot{\boldsymbol{a}}_n=0 \tag{3.5.2}$$

由于定姿系统带宽相对大，因此估计器能跟上待估误差项的实际变化。

环境干扰力矩十分缓慢，其频率会远低于定姿系统带宽。而对姿态起主要作用的挠性振动都是低阶的。如果闭环控制器需要通过姿态反馈对其主动镇定，则应设计较大的定姿系统带宽，涵盖干扰的频率；如果闭环控制采用频率隔离方法，则定姿系统没有必要估计挠性振动的影响，也可与之频率隔离。

3.5.2 姿态确定过程

（1）姿态预估

姿态确定系统对卫星相对惯性系的姿态四元数 $\overline{Q}$ 、角速度 $\boldsymbol{\omega}$ 和未知加速度 $\boldsymbol{a}_n$ 进行估计，估计值分别记为 $\hat{\overline{Q}}$ 、$\hat{\boldsymbol{\omega}}$ 、$\hat{\boldsymbol{a}}_n$ 。

$\hat{\boldsymbol{\omega}}$ 的微分方程为

$$\dot{\hat{\boldsymbol{\omega}}}=\boldsymbol{a}_c+\hat{\boldsymbol{a}}_n$$
$$\boldsymbol{a}_c\equiv\hat{\boldsymbol{f}}+\hat{\boldsymbol{a}}_d-\hat{\boldsymbol{I}}_S^{-1}(\dot{\hat{\boldsymbol{H}}}_w+\hat{\boldsymbol{\omega}}^{\times}\hat{\boldsymbol{H}}_w)+\hat{\boldsymbol{I}}_S^{-1}\Big(\sum_{j\in B}\hat{\boldsymbol{r}}_{bj}\times\hat{\boldsymbol{F}}_{bj}+\sum_{i}\boldsymbol{R}_i^{\mathrm{T}}\hat{\boldsymbol{T}}_{Ai}\Big)\tag{3.5.3}$$

在采样周期 $[t-T，t]$ 获得的预测值为

$$\hat{\boldsymbol{\omega}}(t)=\hat{\boldsymbol{\omega}}(t-T)+\int_{t-T}^{T}\boldsymbol{a}_c(\tau)\mathrm{d}\tau+\hat{\boldsymbol{a}}_n(t-T)\cdot T\tag{3.5.4}$$

依据式（3.2.38），姿态的预测值为

$$\hat{\overline{Q}}(t)=\boldsymbol{\Theta}(t)\hat{\overline{Q}}(t-\Delta t)\tag{3.5.5}$$

（2）滤波器状态方程与观测方程

定义滤波器状态为

$$\begin{aligned}\delta\overline{Q}&=\hat{\overline{Q}}^{-1}\otimes\overline{Q}\\\Delta\boldsymbol{\omega}&=\hat{\boldsymbol{\omega}}-\boldsymbol{\omega}\\\Delta\boldsymbol{a}_n&=\hat{\boldsymbol{a}}_n-\boldsymbol{a}_n\end{aligned}\tag{3.5.6}$$

求导，得到

$$\begin{aligned}\delta\dot{\boldsymbol{Q}}_v&=-\hat{\boldsymbol{\omega}}^{\times}\delta\boldsymbol{Q}_v-\frac{1}{2}\Delta\boldsymbol{\omega}+\boldsymbol{n}_q\\\Delta\dot{\boldsymbol{\omega}}&=\Delta\boldsymbol{a}_n+\boldsymbol{n}_{\omega}\\\Delta\dot{\boldsymbol{a}}_n&=\boldsymbol{n}_a\end{aligned}\tag{3.5.7}$$

式中，$\boldsymbol{n}_q$ 为人为设置的零均值高斯白噪声，以保证卡尔曼滤波器的稳定，数值可以较小，设

$$E\{\boldsymbol{n}_q(t)\boldsymbol{n}_q^{\mathrm{T}}(\tau)\}=\sigma_q^2\boldsymbol{E}\delta(t-\tau)\tag{3.5.8}$$

$\boldsymbol{n}_{\omega}$ 为动力学方程各项采用估计值后的残余白噪声和较高频分量（而低频项已经归入 $\boldsymbol{a}_n$）。该误差可能相对较大，如果只考虑随机误差情况，则设

$$E\{\boldsymbol{n}_{\omega}(t)\boldsymbol{n}_{\omega}^{\mathrm{T}}(\tau)\}=\mathrm{diag}\{\sigma_{\omega,x}^2,\sigma_{\omega,y}^2,\sigma_{\omega,z}^2\}\delta(t-\tau)\tag{3.5.9}$$

$\boldsymbol{n}_a$ 为滤波器稳定后 $\boldsymbol{a}_n$ 的估计值 $\hat{\boldsymbol{a}}_n$ 的波动速度的描述，大小与具体对象有关。如果只考虑

随机误差情况，则设

$$E\{\boldsymbol{n}_a(t)\boldsymbol{n}_a^{\mathrm{T}}(\tau)\}=\mathrm{diag}\{\sigma_{a,x}^2,\sigma_{a,y}^2,\sigma_{a,z}^2\}\delta(t-\tau) \tag{3.5.10}$$

选用 3.3.1 节提供的星敏感器观测量，观测方程为

$$\overline{\boldsymbol{m}}=2\delta\boldsymbol{Q}_v+\overline{\boldsymbol{v}} \tag{3.5.11}$$

观测误差方差见式（3.3.8）。

（3）滤波计算

记状态

$$\Delta\boldsymbol{X}=\begin{bmatrix}\delta\boldsymbol{Q}_v\\ \Delta\boldsymbol{\omega}\\ \Delta\boldsymbol{a}_n\end{bmatrix}$$

在采样周期 $[t-T,\ t]$ 内，将式（3.5.7）和式（3.5.11）的状态方程和观测方程离散化：

$$\begin{cases}\Delta\boldsymbol{X}_k=\boldsymbol{\Phi}_{k,k-1}\Delta\boldsymbol{X}_{k-1}+\boldsymbol{W}_{k-1}\\ \overline{\boldsymbol{m}}_k=\boldsymbol{H}_k\Delta\boldsymbol{X}_k+\overline{\boldsymbol{v}}_k\end{cases} \tag{3.5.12}$$

其中，状态转移矩阵、观测矩阵为

$$\boldsymbol{\Phi}_{k,k-1}=\begin{bmatrix}\boldsymbol{E}-\hat{\boldsymbol{\omega}}^{\times}T & -\dfrac{1}{2}T\boldsymbol{E} & 0\\ 0 & \boldsymbol{E} & T\boldsymbol{E}\\ 0 & 0 & \boldsymbol{E}\end{bmatrix},\quad \boldsymbol{H}_k=[2\boldsymbol{E}\quad 0\quad 0]$$

系统噪声向量 $\boldsymbol{W}_{k-1}$ 及其方差 $\boldsymbol{Q}_{k-1}$ 可由积分式（3.5.7）、并代入式（3.5.8）～式（3.5.10）获得。式（3.3.8）给出了观测噪声向量方差 $\boldsymbol{R}_k$ 。

如果采用卡尔曼滤波，则当前步的预报值方差、滤波增益、估计方差计算公式为

$$\begin{gathered}\boldsymbol{P}_{k,k-1}=\boldsymbol{\Phi}_{k,k-1}\boldsymbol{P}_{k-1}\boldsymbol{\Phi}_{k,k-1}^{\mathrm{T}}+\boldsymbol{Q}_{k-1}\\ \boldsymbol{K}_k=\boldsymbol{P}_{k,k-1}\boldsymbol{H}_k^{\mathrm{T}}\ [\boldsymbol{H}_k\boldsymbol{P}_{k,k-1}\boldsymbol{H}_k^{\mathrm{T}}+\boldsymbol{R}_k]^{-1}\\ \boldsymbol{P}_k=(\boldsymbol{E}-\boldsymbol{K}_k\boldsymbol{H}_k)\boldsymbol{P}_{k,k-1}(\boldsymbol{E}-\boldsymbol{K}_k\boldsymbol{H}_k)^{\mathrm{T}}+\boldsymbol{K}_k\boldsymbol{R}_k\boldsymbol{K}_k^{\mathrm{T}}\end{gathered} \tag{3.5.13}$$

于是获得估计状态的修正新息：

$$\Delta\boldsymbol{X}_k=\begin{bmatrix}\delta\boldsymbol{Q}_v(k)\\ \Delta\boldsymbol{\omega}(k)\\ \Delta\boldsymbol{a}_n(k)\end{bmatrix}=\boldsymbol{K}_k\overline{\boldsymbol{m}}_k$$

同 3.4.1 节的说明，绝大多数应用中，姿态确定系统可以采用常值的滤波增益。此时状态转移矩阵近似为常值，$\boldsymbol{\Phi}_{k,\ k-1}\approx\boldsymbol{\Phi}$ ，采用常值增益 $\boldsymbol{K}$ ，应确保 $(\boldsymbol{E}-\boldsymbol{K}\boldsymbol{H})\boldsymbol{\Phi}$ 的特征值在单位圆内，以保证系统收敛。同时，可以根据系统动态性能需求配置特征值。

（4）预估状态的修正

用滤波器得到的修正量对预估的姿态四元数、角速度等进行修正：

$$
\begin{aligned}
\hat{\bar{\boldsymbol{Q}}} &= \hat{\bar{\boldsymbol{Q}}} + \begin{bmatrix} \hat{Q}_0 \boldsymbol{E} + \hat{\boldsymbol{Q}}_v^X \\ -\hat{\boldsymbol{Q}}_v^{\mathrm{T}} \end{bmatrix} \delta \boldsymbol{Q}_v(k) \\
\hat{\boldsymbol{\omega}} &= \hat{\boldsymbol{\omega}} + \Delta\boldsymbol{\omega}(k) \\
\hat{\boldsymbol{a}}_n &= \hat{\boldsymbol{a}}_n + \Delta\boldsymbol{a}_n(k)
\end{aligned}
\tag{3.5.14}
$$

并对四元数 $\hat{\bar{\boldsymbol{Q}}}$ 进行归一化处理。

3.5.3 系统的动态特性和稳态精度分析

同 3.4.3 节类似处理，将三轴姿态确定系统解耦，只讨论单轴情况。

取该轴姿态 θ 、角速度 ω 和未知加速度 a_n 作为状态，取星敏感器观测量 $\overline{\boldsymbol{m}}$［定义见式（3.3.5）］在该轴的投影 θ_m 作为观测。记状态

$$
\boldsymbol{x} = \begin{bmatrix} \theta \\ \omega \\ a_n \end{bmatrix}
$$

则状态方程和观测方程为

$$
\begin{aligned}
\dot{\boldsymbol{x}} = \boldsymbol{A}\boldsymbol{x} + \begin{bmatrix} 0 \\ a_c \\ 0 \end{bmatrix} + \boldsymbol{n}, \quad \boldsymbol{A} = \begin{bmatrix} 0 & 1 & 0 \\ 0 & 0 & 1 \\ 0 & 0 & 0 \end{bmatrix}, \quad \boldsymbol{n} = \begin{bmatrix} n_1 \\ n_2 \\ n_3 \end{bmatrix} \\
\theta_m = \boldsymbol{H}\boldsymbol{x} + n_4, \quad \boldsymbol{H} = [1 \quad 0 \quad 0]
\end{aligned}
\tag{3.5.15}
$$

式中，a_c 为该轴动力学方程中的已知角加速度；n_1 为姿态运动学中引入的虚拟白噪声；n_2 为动力学方程 a_c 项的残余噪声和其他误差的较高频分量，可建模为白噪声；n_3 为人为引入的白噪声；n_4 为星敏感器测量连续化后的等效误差，既含白噪声，也有缓变误差。

如果设计常数滤波增益为

$$
\boldsymbol{L} = [a \quad b \quad c]^{\mathrm{T}} \tag{3.5.16}
$$

则滤波器方程为

$$
\dot{\hat{\boldsymbol{x}}} = \boldsymbol{A}\hat{\boldsymbol{x}} + \begin{bmatrix} 0 \\ a_c \\ 0 \end{bmatrix} + \boldsymbol{L}(\theta_m - \boldsymbol{H}\hat{\boldsymbol{x}}) \tag{3.5.17}
$$

离散方程的增益等效于式（3.5.16）乘以离散周期。

定义滤波误差为

$$
\tilde{\boldsymbol{x}} = \hat{\boldsymbol{x}} - \boldsymbol{x}
$$

有

$$
\dot{\tilde{\boldsymbol{x}}} = (\boldsymbol{A} - \boldsymbol{L}\boldsymbol{H})\tilde{\boldsymbol{x}} + \boldsymbol{L}n_4 - \boldsymbol{n} \tag{3.5.18}
$$

则系统的动态特性由式（3.5.18）的特征多项式

$$
s^3 + as^2 + bs + c \tag{3.5.19}
$$

决定。为了保证系统稳定，必须满足

$$\begin{cases} a > 0, b > 0, c > 0 \\ c = \gamma ab \end{cases} \tag{3.5.20}$$

理论上系数 $\gamma < 1$ 即可，但是为了保证系统的鲁棒性，应满足 $\gamma \leqslant 0.2$。

该滤波器的动态性能等价于双积分对象的 PID 控制系统的动态性能。式（3.5.15）的系统矩阵实际表征了一个双积分环节，而式（3.5.17）引入了输出反馈控制，闭环系统就相当于双积分对象的 PID 控制，控制参数 a 、b 、c 分别代表控制律的比例、微分与积分系数。它们的设计需要在动态性能、稳定性和稳态性能三者间综合考虑，折中选择。

式（3.5.18）的稳态误差在频域表示如下：

$$\begin{aligned} \tilde{\theta}(s) &= \frac{(as^2 + bs + c)n_4(s) - s^2 n_1(s) - sn_2(s) - n_3(s)}{s^3 + as^2 + bs + c} \\ \tilde{\omega}(s) &= \frac{s(bs + c)n_4(s) + (bs + c)n_1(s) - s(s + a)n_2(s) - (s + a)n_3(s)}{s^3 + as^2 + bs + c} \\ \tilde{\alpha}_n(s) &= \frac{cs^2 n_4(s) + csn_1(s) + cn_2(s) - (s^2 + as + b)n_3(s)}{s^3 + as^2 + bs + c} \end{aligned} \tag{3.5.21}$$

用固有频率 ω_n 和阻尼系数 ξ 表示系统的动态参数，有

$$\begin{cases} a = 2\xi\omega_n \\ b = \omega_n^2 \\ c = 2\gamma\xi\omega_n^3 \end{cases} \tag{3.5.22}$$

如果采用常增益卡尔曼滤波器，给定状态方程和观测方程误差方差阵 $\boldsymbol{Q}$ 、$\boldsymbol{R}$ ，则可以利用如下公式得到估计状态误差方差和修正增益阵：

$$\boldsymbol{AP} + \boldsymbol{PA}^{\mathrm{T}} + \boldsymbol{Q} - \frac{\boldsymbol{PH}^{\mathrm{T}}\boldsymbol{HP}}{R} = 0, \quad \boldsymbol{L} = \frac{\boldsymbol{PH}^{\mathrm{T}}}{R}$$

它们都严重依赖虚拟噪声 n_1、n_3 的选择，因此可能不能反映真实情况，可仅作为设计参考而非依据。此外，对低频误差的处理并不方便。

实际设计可忽略 n_1、n_3，则式（3.5.21）变为

$$\begin{aligned} \tilde{\theta}(s) &= \frac{(as^2 + bs + c)n_4(s) - sn_2(s)}{s^3 + as^2 + bs + c} \\ \tilde{\omega}(s) &= \frac{s(bs + c)n_4(s) - s(s + a)n_2(s)}{s^3 + as^2 + bs + c} \\ \tilde{\alpha}_n(s) &= \frac{cs^2 n_4(s) + cn_2(s)}{s^3 + as^2 + bs + c} \end{aligned} \tag{3.5.23}$$

利用式（3.5.23）同样可以获得白噪声输入下的输出方差公式，不过计算比较复杂；也可绘制相对各输入的频率特性曲线，在频域获得输入、输出的定量关系。这里不再讨论。

下面采用近似方法，分频段给出设计参数与输出误差的定性描述，结果比较直观。设

计参数 a 、b 、c 带有不同量纲，本不能比较大小。但采用标准单位，根据工程经验，它们的数值一般有 $a > b > c$ ，并取 $\xi > 0.5$。

（1）输出误差对星敏感器误差的响应

根据式（3.5.23）给出的各输出与输入 n_4 的频率响应函数，可分频段简化幅频特性，反映增益的大小，结果如表 3－1 所示。

表 3－1　星敏感器误差输入的近似响应

频段/输出	$\tilde{\theta}$	$\tilde{\omega}$	$\tilde{a}_n$
$\omega \sim 0$	1	0	0
$\omega \in \left(2\gamma\xi\omega_n, \frac{\omega_n}{2\xi}\right)$	1	$2\gamma\xi\omega_n$	0
$\omega \in \left(\frac{\omega_n}{2\xi}, 2\xi\omega_n\right)$	1	$\frac{\omega_n}{2\xi}$	$\gamma\omega_n^2$
$\omega > 2\xi\omega_n$	0	0	0

由表 3－1 可见：

1）星敏感器在滤波器带宽外的高频误差响应很小。

2）压低滤波器带宽有利于减小星敏感器误差影响。

3）星敏感器在滤波器带宽内的误差成分对姿态确定精度的影响几乎没有衰减。

4）角速度、低频加速度估计对带宽附近的误差成分相对比较敏感，但低频加速度的幅度很小。

（2）输出误差对动力学建模误差的响应

由于较低频误差已由 a_n 建模，因此低频段应不考虑输入 n_2。根据式（3.5.23）给出的各输出与 n_2 的频率响应函数，分频段简化幅频特性，结果如表 3－2 所示。

表 3－2　动力学建模误差输入的近似响应

频段\输出	$\tilde{\theta}$	$\tilde{\omega}$	$\tilde{a}_n$
$\omega \sim 0$	0	0	0
$\omega \in \left(2\gamma\xi\omega_n, \frac{\omega_n}{2\xi}\right)$	$\frac{1}{\omega_n^2}$	$\frac{2\xi}{\omega_n}$	0
$\omega \in \left(\frac{\omega_n}{2\xi}, 2\xi\omega_n\right)$	0	$\frac{1}{2\xi\omega_n}$	0
$\omega > 2\xi\omega_n$	0	0	0

由表 3－2 可见：

1）动力学的中、高频误差不影响低频加速度的估计。

2）动力学在滤波器带宽外的高频误差响应很小。

3）提高滤波器带宽有利于减小动力学误差影响。

4）在小于带宽的一定频带内的输入，姿态和角速度确定精度均受到一定影响，但由于 a_n 对该频带输入有一定估计，因此总的影响不大。

5）角速度估计对带宽附近的误差成分比较敏感。

3.6 多星敏感器之间的基准统一

3.3 节研究的多星敏感器的系统综合或视场融合都需要依赖同一个基准，它们的测量系相对本体系坐标已知、准确且稳定不变。而实际情况是，由于多个星敏感器受热情况不一样、安装结构有静态与动态的相对形变、观察天区不一样，因此呈现不一样的变化规律，从而使组合定姿结果的误差出现比较复杂的形态与规律，不便于进一步标定与使用。利用多个星敏感器的测量，可以标定其他星敏感器相对某一个星敏感器的慢变误差，修正后，再应用 3.3 节给出的方法，就可以克服上述问题。

星敏感器的测量误差除了随机噪声部分，还有与视场空间变化与热环境变化相关的低频误差。3.4 节和 3.5 节的精度分析结果表明，组合滤波方法对随机噪声有非常明显的效果，但姿态确定精度受低频误差的影响非常显著。此外，利用星敏感器确定卫星本体系的姿态，还需要使用星敏感器测量系相对本体系的安装矩阵。但该矩阵存在校准误差，而且入轨后随着结构应力释放、温度交变而发生缓慢变化，从而导致定姿基准不稳定。为满足全天时需求，必须对这两方面的误差进行实时估计和校准，才能维持定姿系统长期稳定的基准。

首先建立包含这两项误差的星敏感器观测方程。

3.2.4 节设计的单个星敏感器的观测方程（3.2.44），其误差项除了已给出的随机误差外，其定义也能处理星敏感器自身的低频误差。因此，不妨将这两个误差分别列出，仍用 $\boldsymbol{v}=[v_1\quad v_2\quad v_3]^{\mathrm{T}}$ 表示随机误差，而用 $\boldsymbol{\Phi}=[\phi_1\quad \phi_2\quad \phi_3]^{\mathrm{T}}$ 表示低频误差，则式（3.2.44）可改写为

$$
\begin{aligned}
m_{\phi1} &\equiv -\boldsymbol{Z}_{BS}^{\mathrm{T}}\boldsymbol{A}(\hat{\boldsymbol{Q}})\hat{\boldsymbol{Y}}_I = 2\boldsymbol{X}_{BS}^{\mathrm{T}}\delta\boldsymbol{Q}_v-\phi_1+v_1\\
m_{\phi2} &\equiv \boldsymbol{Z}_{BS}^{\mathrm{T}}\boldsymbol{A}(\hat{\boldsymbol{Q}})\hat{\boldsymbol{X}}_I = 2\boldsymbol{Y}_{BS}^{\mathrm{T}}\delta\boldsymbol{Q}_v-\phi_2+v_2\\
m_{\phi3} &\equiv \frac{1}{2}[\boldsymbol{X}_{BS}^{\mathrm{T}}\boldsymbol{A}(\hat{\boldsymbol{Q}})\hat{\boldsymbol{Y}}_I-\boldsymbol{Y}_{BS}^{\mathrm{T}}\boldsymbol{A}(\hat{\boldsymbol{Q}})\hat{\boldsymbol{X}}_I]=2\boldsymbol{Z}_{BS}^{\mathrm{T}}\delta\boldsymbol{Q}_v-\phi_3+v_3
\end{aligned}
\tag{3.6.1}
$$

且

$$
D([v_1\quad v_2\quad v_3]^{\mathrm{T}})\approx\frac{\sigma_w^2}{N}\begin{bmatrix}1&&\\&1&\\&&\sin^{-2}\vartheta\end{bmatrix}
$$

式（3.6.1）中用到了星敏感器测量系 S 在卫星本体系 B 的安装矩阵：

$$
\boldsymbol{A}_{BS}=[\boldsymbol{X}_{BS}\quad \boldsymbol{Y}_{BS}\quad \boldsymbol{Z}_{BS}]
$$

这是理想值，实际上在本体系只能给出 S 的测量或估计 $\hat{S}$，其偏差用欧拉角

$$
\boldsymbol{\Psi}=[\psi_1\quad \psi_2\quad \psi_3]^{\mathrm{T}}
$$

表示。因此：

$$\boldsymbol{A}_{\hat{S}S}=\boldsymbol{E}-\boldsymbol{\Psi}^{\times},\quad \boldsymbol{A}_{B\hat{S}}\equiv[\boldsymbol{X}_{B\hat{S}}\quad \boldsymbol{Y}_{B\hat{S}}\quad \boldsymbol{Z}_{B\hat{S}}]=\boldsymbol{A}_{BS}(\boldsymbol{E}+\boldsymbol{\Psi}^{\times})\tag{3.6.2}$$

式（3.6.1）中涉及的坐标系 S 用 $\hat{S}$ 替代，则观测方程的误差项会增加一项：

$$\begin{aligned}
m_{\phi1}&\equiv-\boldsymbol{Z}_{B\hat{S}}^{\mathrm{T}}\boldsymbol{A}(\hat{\hat{\boldsymbol{Q}}})\hat{\boldsymbol{Y}}_I=2\boldsymbol{X}_{BS}^{\mathrm{T}}\delta\boldsymbol{Q}_v+\psi_1-\phi_1+v_1\\
m_{\phi2}&\equiv\boldsymbol{Z}_{B\hat{S}}^{\mathrm{T}}\boldsymbol{A}(\hat{\hat{\boldsymbol{Q}}})\hat{\boldsymbol{X}}_I=2\boldsymbol{Y}_{BS}^{\mathrm{T}}\delta\boldsymbol{Q}_v+\psi_2-\phi_2+v_2\\
m_{\phi3}&\equiv\frac{1}{2}[\boldsymbol{X}_{B\hat{S}}^{\mathrm{T}}\boldsymbol{A}(\hat{\hat{\boldsymbol{Q}}})\hat{\boldsymbol{Y}}_I-\boldsymbol{Y}_{B\hat{S}}^{\mathrm{T}}\boldsymbol{A}(\hat{\hat{\boldsymbol{Q}}})\hat{\boldsymbol{X}}_I]=2\boldsymbol{Z}_{BS}^{\mathrm{T}}\delta\boldsymbol{Q}_v+\psi_3-\phi_3+v_3
\end{aligned}\tag{3.6.3}$$

下面讨论星敏感器基准统一问题，以两个星敏感器为例。

为了区分，在本节，被标定的星敏感器的测量系仍用 S 标识，有关变量带下标 S，星敏感器 S 的安装误差、测量的低频误差、随机误差分别为 $\boldsymbol{\Psi}_S$、$\boldsymbol{\Phi}_S$、$\boldsymbol{v}_S$。而作为基准的星敏感器采用 T 作为标识，安装误差、测量的低频误差、随机误差分别为 $\boldsymbol{\Psi}_T$、$\boldsymbol{\Phi}_T$、$\boldsymbol{v}_T$。

（1）观测方程

采用形如式（3.6.3）的观测方程，由基准星敏感器 T 提供惯性姿态矩阵，则 $\boldsymbol{A}(\hat{\hat{\boldsymbol{Q}}})$ 修改为 $\hat{\boldsymbol{A}}_{TI}$，由测量获得；$\boldsymbol{A}_{B\hat{S}}$ 修改为 $\boldsymbol{A}_{\hat{T}\hat{S}}$，由两个星敏感器的安装矩阵获得。姿态误差 $2\delta\boldsymbol{Q}_v=\boldsymbol{\Phi}_T-\boldsymbol{v}_T$，是基准星敏感器测量误差。

$$\hat{\boldsymbol{A}}_{TI}=\left[\hat{\boldsymbol{X}}_{TI}\quad \hat{\boldsymbol{Y}}_{TI}\quad \hat{\boldsymbol{Z}}_{TI}\right]^{\mathrm{T}}$$

$$\boldsymbol{A}_{\hat{T}\hat{S}}\equiv\boldsymbol{A}_{\hat{T}B}\boldsymbol{A}_{\hat{S}B}^{\mathrm{T}}=\boldsymbol{A}_{\hat{T}T}\boldsymbol{A}_{TS}\boldsymbol{A}_{S\hat{S}}=(\boldsymbol{E}-\boldsymbol{\Psi}_T^{\times})\boldsymbol{A}_{TS}(\boldsymbol{E}+\boldsymbol{\Psi}_S^{\times})=\boldsymbol{A}_{TS}[\boldsymbol{E}+(\boldsymbol{\Psi}_S-\boldsymbol{A}_{ST}\boldsymbol{\Psi}_T)^{\times}]$$

则式（3.6.3）中的 $\boldsymbol{\Psi}$ 应由 $\boldsymbol{\Psi}_S-\boldsymbol{A}_{ST}\boldsymbol{\Psi}_T$ 替代。

于是，获得星敏感器 S 相对 T 的偏差测量：

$$\boldsymbol{m}_{ST}\equiv\begin{bmatrix}-\boldsymbol{Z}_{\hat{T}\hat{S}}^{\mathrm{T}}\hat{\boldsymbol{A}}_{TI}\hat{\boldsymbol{Y}}_{IS}\\ \boldsymbol{Z}_{\hat{T}\hat{S}}^{\mathrm{T}}\hat{\boldsymbol{A}}_{TI}\hat{\boldsymbol{X}}_{IS}\\ \frac{1}{2}[\boldsymbol{X}_{\hat{T}\hat{S}}^{\mathrm{T}}\hat{\boldsymbol{A}}_{TI}\hat{\boldsymbol{Y}}_{IS}-\boldsymbol{Y}_{\hat{T}\hat{S}}^{\mathrm{T}}\hat{\boldsymbol{A}}_{TI}\hat{\boldsymbol{X}}_{IS}]\end{bmatrix}=(\boldsymbol{\Psi}_S-\boldsymbol{\Phi}_S)-\boldsymbol{A}_{ST}(\boldsymbol{\Psi}_T-\boldsymbol{\Phi}_T)+(\boldsymbol{v}_S-\boldsymbol{A}_{ST}\boldsymbol{v}_T)\tag{3.6.4}$$

显然，观测方程是将两个星敏感器的三类误差换算到 S 系相减。其中，随机项

$$\boldsymbol{v}_{ST}\equiv\boldsymbol{v}_S-\boldsymbol{A}_{ST}\boldsymbol{v}_T$$

的方差为

$$D(\boldsymbol{v}_{ST})\approx\frac{\sigma_{W,S}^2}{N_S}\begin{bmatrix}1&&\\&1&\\&&\sin^{-2}\theta_S\end{bmatrix}+\frac{\sigma_{W,T}^2}{N_T}\boldsymbol{A}_{ST}\begin{bmatrix}1&&\\&1&\\&&\sin^{-2}\theta_T\end{bmatrix}\boldsymbol{A}_{TS}$$

如果两个星敏感器精度一致，则有

$$D(\boldsymbol{v}_{ST})\approx\frac{\sigma_W^2}{N}[2\boldsymbol{E}+\sin^{-2}\theta(\boldsymbol{Z}_{ST}\boldsymbol{Z}_{ST}^{\mathrm{T}}+\mathrm{diag}\{0,0,1\})]$$

（2）估计

取状态

$$\boldsymbol{\Psi}_{ST}=(\boldsymbol{\Psi}_S-\boldsymbol{\Phi}_S)-\boldsymbol{A}_{ST}(\boldsymbol{\Psi}_T-\boldsymbol{\Phi}_T) \tag{3.6.5}$$

建模为

$$\dot{\boldsymbol{\Psi}}_{ST}=\boldsymbol{n}_{\Psi} \tag{3.6.6}$$

速率 $\boldsymbol{n}_{\Psi}$ 未知，当作建模误差，由于缓变性质，其值较小。

设计状态观测器为

$$\dot{\hat{\boldsymbol{\Psi}}}_{ST}=\boldsymbol{K}(\boldsymbol{m}_{ST}-\hat{\boldsymbol{\Psi}}_{ST}),\quad \boldsymbol{K}=\mathrm{diag}\{k_1,k_2,k_3\} \tag{3.6.7}$$

定义估计误差 $\widetilde{\boldsymbol{\Psi}}_{ST}=\hat{\boldsymbol{\Psi}}_{ST}-\boldsymbol{\Psi}_{ST}$ ，则估计误差方程为

$$\dot{\widetilde{\boldsymbol{\Psi}}}_{ST}=-\boldsymbol{K}\widetilde{\boldsymbol{\Psi}}_{ST}+\boldsymbol{K}\boldsymbol{v}_{ST}-\boldsymbol{n}_{\Psi}$$

第 i 个分量的稳态误差为

$$\widetilde{\Psi}_{ST,i}=\frac{k_i}{s+k_i}v_{ST,i}-\frac{1}{s+k_i}n_{\Psi,i} \tag{3.6.8}$$

由连续系统等效性，随机误差方差由星敏感器测量方差与采样周期决定。记

$$E\{v_{ST,i}(t)v_{ST,i}(\tau)\}=\sigma_{ST}^2T\delta(t-\tau)$$

则可推出随机误差输出：

$$\sqrt{E\{\widetilde{\Psi}_{ST,i}^2\}}=\sqrt{\frac{k_iT}{2}}\sigma_{ST} \tag{3.6.9}$$

而建模误差的输出近似为

$$\widetilde{\Psi}_{ST,i}\approx\frac{n_{\Psi,i}}{k_i},\quad \text{当 } k_i>n_{\Psi,i} \text{ 的频率时} \tag{3.6.10}$$

显然，增益对两种误差的影响性质不同，需要折中选取。

例 3.4　对于角秒级精度星敏感器，由于两个星敏感器非平行安装，σ_{ST} 包括绕光轴转动角误差，较大，$\sigma_{ST}=10''$ ；而慢变速率较小，$n_{\Psi}=0.001''/\mathrm{s}$ ，频率小于 0.002 Hz ；星敏感器输出频率 10 Hz 。因此增益可以选得小一点，如取 $k_i=0.005$ Hz ，随机误差输出的均方差为 $0.16''$，建模误差影响为 $0.2''$，可以获得较好的精度。

（3）定姿系统观测方程修正

利用估计值 $\hat{\boldsymbol{\Psi}}_{ST}$ 修正星敏感器 S 的安装矩阵 $\boldsymbol{A}_{B\hat{S}}$ ：

$$\hat{\boldsymbol{A}}_{B\hat{S}}\equiv\boldsymbol{A}_{B\hat{S}}(\boldsymbol{E}-\hat{\boldsymbol{\Psi}}_{ST}^{\times})=\boldsymbol{A}_{BS}[\boldsymbol{E}+(\boldsymbol{\Psi}_S-\hat{\boldsymbol{\Psi}}_{ST})^{\times}] \tag{3.6.11}$$

应用修正后的安装矩阵计算星敏感器 S 的观测方程（3.6.3），并重写星敏感器 T 的观测方程，得到

$$\begin{aligned}\boldsymbol{m}_S&=2\boldsymbol{A}_{SB}\delta\boldsymbol{Q}_v+(\boldsymbol{\Psi}_S-\hat{\boldsymbol{\Psi}}_{ST})-\boldsymbol{\Phi}_S+\boldsymbol{v}_S\\&=2\boldsymbol{A}_{SB}\delta\boldsymbol{Q}_v+\boldsymbol{A}_{ST}(\boldsymbol{\Psi}_T-\boldsymbol{\Phi}_T)-\widetilde{\boldsymbol{\Psi}}_{ST}+\boldsymbol{v}_S\\\boldsymbol{m}_T&=2\boldsymbol{A}_{TB}\delta\boldsymbol{Q}_v+(\boldsymbol{\Psi}_T-\boldsymbol{\Phi}_T)+\boldsymbol{v}_T\end{aligned} \tag{3.6.12}$$

两者的安装误差和慢变误差得到了统一，等价地将观测方程换算到一个坐标系：

$$\begin{aligned} \boldsymbol{A}_{BS}\boldsymbol{m}_S &= 2\delta\boldsymbol{Q}_v + \boldsymbol{A}_{BT}(\boldsymbol{\Psi}_T - \boldsymbol{\Phi}_T) - \boldsymbol{A}_{BS}\hat{\boldsymbol{\Psi}}_{ST} + \boldsymbol{A}_{BS}\boldsymbol{v}_S \\ \boldsymbol{A}_{BT}\boldsymbol{m}_T &= 2\delta\boldsymbol{Q}_v + \boldsymbol{A}_{BT}(\boldsymbol{\Psi}_T - \boldsymbol{\Phi}_T) + \boldsymbol{A}_{BT}\boldsymbol{v}_T \end{aligned} \tag{3.6.13}$$

该观测方程清晰地反映了对本体系姿态增量的测量、两个星敏感器统一的低频误差和安装误差及各自的随机误差。

3.7 多星敏感器相对成像载荷的基准统一与稳定维持

对于高精度遥感卫星而言，卫星姿态确定、姿态控制都是为成像载荷指向定位、指向稳定服务的。观测方程（3.6.13）建立的基准是卫星本体系，定姿系统必须将该基准统一并长期维持到有效载荷的光学系统上，这是卫星全天时工作的基础。

本节提出将有效载荷成像的焦平面作为参考建立整星的姿态基准坐标系，并提供一种星敏感器和有效载荷的姿态基准偏差估计与修正方法，进一步讨论姿态基准偏差的可检测与可观性。

式（3.6.13）依赖的卫星本体系就定义在有效载荷的成像焦平面为参考的基准坐标系上（或者存在平移与已知的转动）。

3.7.1 有效载荷的测量模型

因观测目的、成像机理或技术途径不同，既有全部组件相对卫星固定安装的遥感载荷，也有采用摆镜等活动部件进行扫描成像以扩大观测范围的遥感载荷。从姿态基准标定角度来说，摆镜扫描成像有效载荷更加复杂，存在扫描测角误差、摆镜随温度变形的误差。这里讨论存在二维摆镜扫描的情况，一维扫描、各组件固定是其简化情况。

用于基准偏差估计与标定的观测目标可以是已知的地标控制点，如果有效载荷还具有恒星敏感功能，也可能是识别与提取的恒星。测量时，已知它们在惯性系的指向。

以有效载荷成像的相机焦平面为参考建立整星固连的姿态基准坐标系 B，记为 $Q_BX_BY_BZ_B$，卫星本体系与之平行。

设载荷光路入口在 $+Z_B$ 面。二维摆镜构型因载荷部件布局不同而有不同的组合，这里讨论一种有代表性的二维摆镜构型，如图 3－3 所示。焦平面法线指向 $-\boldsymbol{X}_B$，入射光依次通过 X 镜和 Z 镜（以转轴所在坐标轴命名），两次反射进入有效载荷成像系统视场。X 镜固连坐标系记为 $X_{ns}Y_{ns}Z_{ns}$，$\boldsymbol{Z}_{ns}$ 为 X 镜法线，$\boldsymbol{X}_{ns}$ 为转轴，标称情况下平行 $\boldsymbol{X}_B$，α 为 X 镜绕 $\boldsymbol{X}_{ns}$ 轴旋转的角度；Z 镜固连坐标系记为 $X_{ew}Y_{ew}Z_{ew}$，$\boldsymbol{Y}_{ew}$ 为 Z 镜法线，$\boldsymbol{Z}_{ew}$ 为转轴，标称情况下平行 $\boldsymbol{Z}_B$，β 为 Z 镜绕 $\boldsymbol{Z}_{ew}$ 轴旋转的角度。将使 $\boldsymbol{Z}_B$ 方向入射光经两次反射从 $\boldsymbol{X}_B$ 进入相机视场时的两摆镜的位置定义为零转角，转角 α、β 由测角机构测量，并且 $|\alpha| < \pi/4$、$|\beta| < \pi/4$。

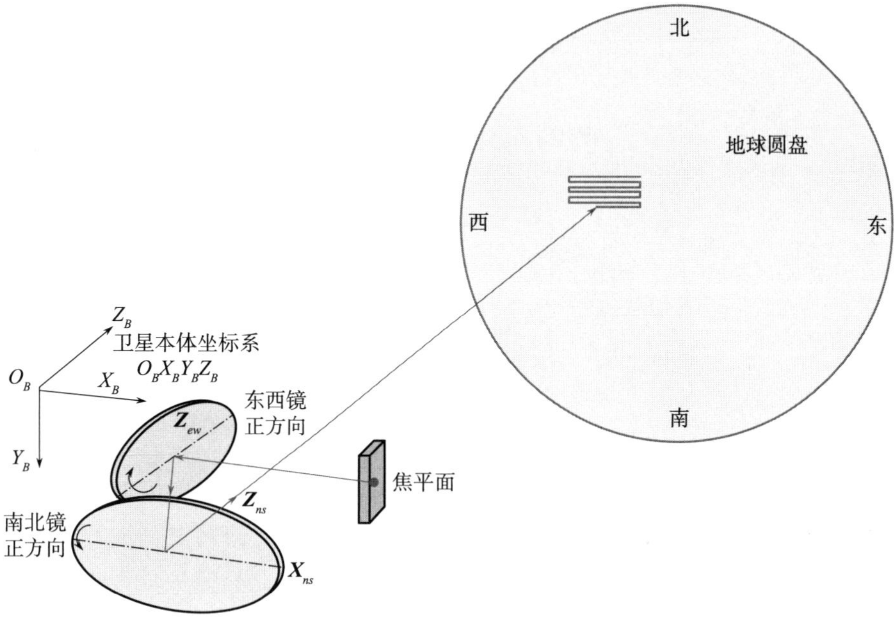

图 3-3　二维摆镜构型

X 镜、Z 镜固连坐标系相对本体系 B 的转换矩阵为

$$\boldsymbol{A}_{ns,B}=\begin{bmatrix}1 & 0 & 0\\ 0 & \sin\bar{\alpha} & -\cos\bar{\alpha}\\ 0 & \cos\bar{\alpha} & \sin\bar{\alpha}\end{bmatrix},\quad \boldsymbol{A}_{ew,B}=\begin{bmatrix}\sin\bar{\beta} & -\cos\bar{\beta} & 0\\ \cos\bar{\beta} & \sin\bar{\beta} & 0\\ 0 & 0 & 1\end{bmatrix}$$

式中，$\bar{\alpha}\equiv\alpha+\alpha_0$ 为 X 镜法线 $\boldsymbol{Z}_{ns}$ 与 $\boldsymbol{Y}_B$ 的夹角；$\bar{\beta}\equiv\beta+\beta_0$ 为 Z 镜法线 $\boldsymbol{Y}_{ew}$ 与 $\boldsymbol{X}_B$ 的夹角；常值 $\alpha_0=3\pi/4$、$\beta_0=\pi/4$。

设反射镜的入射光 $\boldsymbol{i}$ 、反射光 $\boldsymbol{o}$ 、法线 $\boldsymbol{n}$ 的方向均定义为从镜面指向镜外，则三者关系为

$$\boldsymbol{o}=-\boldsymbol{i}+2(\boldsymbol{i}\cdot\boldsymbol{n})\boldsymbol{n} \tag{3.7.1}$$

观测目标中心的入射光单位矢量 $\boldsymbol{S}_{in}$ 的方向定义为卫星指向光源；经两次反射进入相机焦平面的矢量 $\boldsymbol{S}_{\text{out},1}$ ，其方向定义为从焦平面指向 Z 镜。利用式（3.7.1），可得其本体系表示：

$$\boldsymbol{S}_{\text{out},1}=\boldsymbol{A}_{ew,B}^{\mathrm{T}}\begin{bmatrix}-1 & & \\ & 1 & \\ & & -1\end{bmatrix}\boldsymbol{A}_{ew,B}\boldsymbol{A}_{ns,B}^{\mathrm{T}}\begin{bmatrix}-1 & & \\ & -1 & \\ & & 1\end{bmatrix}\boldsymbol{A}_{ns,B}\boldsymbol{S}_{\text{in}} \tag{3.7.2}$$

再对求得的矢量进行固定变换，结果记为 $\boldsymbol{S}_{\text{out}}$ ，使得在两摆镜摆角为零时，其与 $\boldsymbol{S}_{\text{in}}$ 平行。所需变换矩阵为式（3.7.2）右端矩阵在两摆角为零时的逆：

$$\boldsymbol{S}_{\text{out}}=\begin{bmatrix}0 & -1 & 0\\ 0 & 0 & 1\\ -1 & 0 & 0\end{bmatrix}\boldsymbol{S}_{\text{out},1}$$

则不计有效载荷误差和变形时，推导出入射光矢量的定位公式：

$$\boldsymbol{S}_{\text{in}} = \boldsymbol{W}^{\mathrm{T}}(\alpha,\beta)\boldsymbol{S}_{\text{out}} \tag{3.7.3}$$

式中：

$$\boldsymbol{W}(\alpha,\beta) = \boldsymbol{W}_y(\beta)\boldsymbol{W}_x(\alpha)$$

$$\boldsymbol{W}_x(\alpha) = \begin{bmatrix} 1 & 0 & 0 \\ 0 & \cos(2\alpha) & \sin(2\alpha) \\ 0 & -\sin(2\alpha) & \cos(2\alpha) \end{bmatrix}$$

$$\boldsymbol{W}_y(\beta) = \begin{bmatrix} \cos(2\beta) & 0 & \sin(2\beta) \\ 0 & 1 & 0 \\ -\sin(2\beta) & 0 & \cos(2\beta) \end{bmatrix}$$

考虑有效载荷的反射镜变形和各种测量误差，分析如下。

1）反射镜的变形：可以用反射镜变形后的坐标系相对未变形坐标系的3个姿态角表示，但实际上绕转动轴的变形角度作用结果与测角误差一样，可将其归到测角误差，而绕反射镜法线的变形角度作用结果不改变反射光线的方向，因此只需独立考虑转轴朝向法线方向的变形角度即可。用 ϕ_{ns} 表示 X 镜的变形，用 ϕ_{ew} 表示 Z 镜的变形，变形 ϕ_{ns} 、ϕ_{ew} 具有慢变特性。

2）测角误差。测量模型为

$$\hat{\alpha} = \alpha + \alpha_{\Delta} + n_{\alpha},\quad \hat{\beta} = \beta + \beta_{\Delta} + n_{\beta}$$

式中，α 、β 为实际转角；$\hat{\alpha}$ 、$\hat{\beta}$ 为测量值；α_{Δ} 、β_{Δ} 为慢变误差；n_{α} 、n_{β} 为随机误差。

3）相机对反射光视线矢量的测量误差主要是星点识别误差。测量值 $\boldsymbol{S}_m$ 与理论值 $\boldsymbol{S}_{\text{out}}$ 的关系式为

$$\boldsymbol{S}_m = \boldsymbol{S}_{\text{out}} + \Delta\boldsymbol{R}$$

式中，$\Delta\boldsymbol{R}$ 主要为随机误差。

理想情况（测角误差、变形均已知）下，在式（3.7.2）用到的反射镜转换矩阵中加入反射镜变形的影响，则可获得入射光矢量的理论定位公式：

$$\boldsymbol{S}_{\text{out}} = \hat{\boldsymbol{W}}(\alpha,\beta)\boldsymbol{S}_{\text{in}} \tag{3.7.4}$$

式中：

$$\hat{\boldsymbol{W}}(\alpha,\beta) = \boldsymbol{W}(\alpha,\beta) + 2\phi_{ns}\boldsymbol{W}_{\Delta1}(\alpha,\beta) + 2\phi_{ew}\boldsymbol{W}_{\Delta2}(\alpha,\beta)$$

$$W_{\Delta1}(\alpha,\beta) = \begin{bmatrix} -\cos\bar{\alpha}\sin(2\beta) & -\cos\bar{\alpha}\cos(2\beta) & -\sin\bar{\alpha}\cos(2\beta) \\ -\sin\bar{\alpha} & 0 & 0 \\ -\cos\bar{\alpha}\cos(2\beta) & \cos\bar{\alpha}\sin(2\beta) & \sin\bar{\alpha}\sin(2\beta) \end{bmatrix}$$

$$W_{\Delta2}(\alpha,\beta) = \begin{bmatrix} 0 & \cos(2\alpha)\sin\bar{\beta} & \sin(2\alpha)\sin\bar{\beta} \\ -\cos\bar{\beta} & \sin(2\alpha)\sin\bar{\beta} & -\cos(2\alpha)\sin\bar{\beta} \\ 0 & \cos(2\alpha)\cos\bar{\beta} & \sin(2\alpha)\cos\bar{\beta} \end{bmatrix}$$

测量误差、变形未知时的入射光矢量的定位公式为

$$\hat{\boldsymbol{S}}_{\text{in}} = \boldsymbol{W}^{\mathrm{T}}(\hat{\alpha}, \hat{\beta})\boldsymbol{S}_m \tag{3.7.5}$$

由式（3.7.4）和式（3.7.5），得到定位误差模型：

$$\hat{\boldsymbol{S}}_{\text{in}} = \boldsymbol{S}_{\text{in}} + \boldsymbol{S}_{\Delta} + \boldsymbol{n}_S \tag{3.7.6}$$

式中，$\boldsymbol{S}_{\Delta}$ 为慢变误差；$\boldsymbol{n}_S$ 为随机误差，具体为

$$\boldsymbol{S}_{\Delta} = 2\boldsymbol{S}_{\text{in}}^{\times}\boldsymbol{D}(\alpha, \beta)\begin{pmatrix} \alpha_{\Delta} \\ \phi_{ns} \\ \beta_{\Delta} \\ \phi_{ew} \end{pmatrix}$$

$$\boldsymbol{n}_S = \boldsymbol{W}^{\mathrm{T}}(\alpha, \beta)\Delta\boldsymbol{R} - \boldsymbol{S}_{\text{in}}^{\times}\begin{pmatrix} 2n_{\alpha} \\ -2\cos(2\alpha)n_{\beta} \\ -2\sin(2\alpha)n_{\beta} \end{pmatrix}$$

$$\boldsymbol{D}(\alpha, \beta) = \begin{bmatrix} -1 & 0 & 0 & -\sin\bar{\beta} \\ 0 & \sin\bar{\alpha} & \cos(2\alpha) & -\sin(2\alpha)\cos\bar{\beta} \\ 0 & -\cos\bar{\alpha} & \sin(2\alpha) & \cos(2\alpha)\cos\bar{\beta} \end{bmatrix}$$

可见定位误差不仅与测量误差、变形有关，还与转角大小有关。

3.7.2　基准偏差的观测方程、求解与修正

设姿态基准坐标系 B 当前相对惯性系的姿态为 $\boldsymbol{A}_{BI}$ 。星敏感器按照 3.6 节进行内部基准标定与修正，采用 3.6 节的定义。

星敏感器 S 、T 的测量用矩阵表示，测量模型为

$$\begin{aligned} \hat{\boldsymbol{A}}_{SI} &= (\boldsymbol{E} - \boldsymbol{\Phi}_S^{\times} + \boldsymbol{v}_S^{\times})\boldsymbol{A}_{SB}\boldsymbol{A}_{BI} \\ \hat{\boldsymbol{A}}_{TI} &= (\boldsymbol{E} - \boldsymbol{\Phi}_T^{\times} + \boldsymbol{v}_T^{\times})\boldsymbol{A}_{TB}\boldsymbol{A}_{BI} \end{aligned} \tag{3.7.7}$$

统一基准后两个星敏感器的安装矩阵模型为

$$\begin{aligned} \hat{\boldsymbol{A}}_{\hat{S}B} &= [\boldsymbol{E} - (\boldsymbol{\Psi}_S - \hat{\boldsymbol{\Psi}}_{ST})^{\times}]\boldsymbol{A}_{SB} \\ \boldsymbol{A}_{\hat{T}B} &= (\boldsymbol{E} - \boldsymbol{\Psi}_T^{\times})\boldsymbol{A}_{TB} \end{aligned} \tag{3.7.8}$$

式中：

$$\hat{\boldsymbol{\Psi}}_{ST} = \boldsymbol{\Psi}_{ST} + \widetilde{\boldsymbol{\Psi}}_{ST} = (\boldsymbol{\Psi}_S - \boldsymbol{\Phi}_S) - \boldsymbol{A}_{ST}(\boldsymbol{\Psi}_T - \boldsymbol{\Phi}_T) + \widetilde{\boldsymbol{\Psi}}_{ST}$$

设当前在惯性系的用于标定的已知观测目标单位矢量表示为 $\boldsymbol{S}_I$ ，根据有效载荷对其定位为 $\hat{S}_{\text{in}}$（在 B 坐标系表示），其模型由式（3.7.6）描述。它们均为已知量。

（1）观测方程

设计如下观测向量：

$$\begin{aligned} \boldsymbol{m}_{SP} &\equiv \hat{\boldsymbol{S}}_{\text{in}} - \hat{\boldsymbol{A}}_{B\hat{S}}\hat{\boldsymbol{A}}_{SI}\boldsymbol{S}_I \\ \boldsymbol{m}_{TP} &\equiv \hat{\boldsymbol{S}}_{\text{in}} - \hat{\boldsymbol{A}}_{B\hat{T}}\hat{\boldsymbol{A}}_{TI}\boldsymbol{S}_I \end{aligned} \tag{3.7.9}$$

记待处理的有效载荷基准偏差向量、星敏感器基准偏差向量为

$$\boldsymbol{\Gamma}_P = (\alpha_\Delta \quad \phi_{ns} \quad \beta_\Delta \quad \phi_{ew})^{\mathrm{T}}, \quad \boldsymbol{\Gamma}_T = \boldsymbol{A}_{BT}(\boldsymbol{\Psi}_T - \boldsymbol{\Phi}_T)$$

将式（3.7.6）～式（3.7.8）代入式（3.7.9），得到观测模型为

$$\boldsymbol{m}_{SP} = \boldsymbol{S}_{\mathrm{in}}^{\times}\boldsymbol{\Gamma}_T + \boldsymbol{S}_\Delta - \boldsymbol{S}_{\mathrm{in}}^{\times}\boldsymbol{A}_{BS}\widetilde{\boldsymbol{\Psi}}_{ST} + \boldsymbol{S}_{\mathrm{in}}^{\times}\boldsymbol{A}_{BS}\boldsymbol{v}_S + \boldsymbol{n}_S$$

$$\boldsymbol{m}_{TP} = \boldsymbol{S}_{\mathrm{in}}^{\times}\boldsymbol{\Gamma}_T + \boldsymbol{S}_\Delta + \boldsymbol{S}_{\mathrm{in}}^{\times}\boldsymbol{A}_{BT}\boldsymbol{v}_T + \boldsymbol{n}_S$$

可以根据两个星敏感器测量噪声方差对式（3.7.9）的两个向量加权。记加权矩阵为 $\boldsymbol{M}_S$ 、$\boldsymbol{M}_T$ ，满足

$$\boldsymbol{M}_S + \boldsymbol{M}_T = \boldsymbol{E}$$

加权后的观测向量与观测方程为

$$\boldsymbol{m} \equiv \boldsymbol{M}_S\boldsymbol{m}_{SP} + \boldsymbol{M}_T\boldsymbol{m}_{TP} = \boldsymbol{S}_{\mathrm{in}}^{\times}\boldsymbol{\Gamma}_T + 2\boldsymbol{S}_{\mathrm{in}}^{\times}\boldsymbol{D}(\alpha,\beta)\boldsymbol{\Gamma}_P + \boldsymbol{v}_{ST} + \boldsymbol{n}_S \tag{3.7.10a}$$

式中：

$$\boldsymbol{v}_{ST} = -\boldsymbol{M}_S\boldsymbol{S}_{\mathrm{in}}^{\times}\boldsymbol{A}_{BS}\widetilde{\boldsymbol{\Psi}}_{ST} + \boldsymbol{M}_S\boldsymbol{S}_{\mathrm{in}}^{\times}\boldsymbol{A}_{BS}\boldsymbol{v}_S + \boldsymbol{M}_T S_{\mathrm{in}}^{\times}\boldsymbol{A}_{BT}\boldsymbol{v}_T$$

根据式（3.7.10a），$\boldsymbol{\Gamma}_T$ 的第一个分量 $\boldsymbol{\Gamma}_T(1)$ 与 $\boldsymbol{\Gamma}_P$ 的第一个分量 α_Δ 的观测系数向量的时间函数都是线性相关的，可以将它们合成一项，则式（3.7.10a）也可表示为

$$\boldsymbol{m} = \boldsymbol{C}\boldsymbol{X} + \boldsymbol{v}_{ST} + \boldsymbol{n}_S \tag{3.7.10b}$$

式中：

$$\boldsymbol{X} = \begin{bmatrix} \boldsymbol{\Gamma}'_T \\ \boldsymbol{\Gamma}'_P \end{bmatrix}, \quad \boldsymbol{\Gamma}'_T = \begin{bmatrix} \boldsymbol{\Gamma}_T(1) - 2\alpha_\Delta \\ \boldsymbol{\Gamma}_T(2) \\ \boldsymbol{\Gamma}_T(3) \end{bmatrix}, \quad \boldsymbol{\Gamma}'_P = [\phi_{ns} \quad \beta_\Delta \quad \phi_{ew}]^{\mathrm{T}}$$

$$\boldsymbol{C} = [\boldsymbol{S}_{\mathrm{in}}^{\times} \quad 2\boldsymbol{S}_{\mathrm{in}}^{\times}\boldsymbol{D}_1(\alpha,\beta)]$$

$$\boldsymbol{D}_1(\alpha,\beta) = \begin{bmatrix} 0 & 0 & -\sin\bar{\beta} \\ \sin\bar{\alpha} & \cos(2\alpha) & -\sin(2\alpha)\cos\bar{\beta} \\ -\cos\bar{\alpha} & \sin(2\alpha) & \cos(2\alpha)\cos\bar{\beta} \end{bmatrix}$$

可见，对于第一片反射镜转轴方向的基准偏差与星敏感器在该轴的基准偏差，观测方程本身是不能分辨的，只能观测它们之差。而有效载荷其他基准偏差的观测系数向量已经与两个摆镜转角相关，从而具备分辨的可能。

（2）可观性分析

从式（3.7.10b）可以看出，每次测量，$\boldsymbol{\Gamma}'_P$ 、$\boldsymbol{\Gamma}'_T$ 的观测量在 $\boldsymbol{S}_{\mathrm{in}}$ 方向分量均为0，因此需要有两个以上在惯性系不同方位的已知观测目标，这是基本前提。

对于在载荷视场内的每一个目标 $\boldsymbol{S}_{\mathrm{in}}$ ，可以选择不同的摆角 α 、β ，使之成像在焦平面不同的方位。考虑到高精度相机焦平面视角很小，可以固定 $\boldsymbol{S}_{\mathrm{out}} = [0 \quad 0 \quad 1]^{\mathrm{T}}$ ，则由式（3.7.3），摆角 α 、β 与 $\boldsymbol{S}_{\mathrm{in}}$ 的关系为

$$\boldsymbol{S}_{\mathrm{in}} = [-\sin(2\beta) \quad -\cos(2\beta)\sin(2\alpha) \quad \cos(2\beta)\cos(2\alpha)]^{\mathrm{T}}$$

基准误差 $\boldsymbol{\Gamma}'_P$ 、$\boldsymbol{\Gamma}'_T$ 都是慢变量，考察它们近似为常值的可观性。可以建模为

$$\dot{\boldsymbol{X}} = \boldsymbol{0}$$

$$\boldsymbol{m} = \boldsymbol{C}\boldsymbol{X} + \boldsymbol{v}_{ST} + \boldsymbol{n}_S$$

记观测方程系数矩阵为

$$\boldsymbol{C}=[\boldsymbol{c}_x \quad \boldsymbol{c}_y \quad \boldsymbol{c}_z \quad \boldsymbol{c}_{ns} \quad \boldsymbol{c}_\beta \quad \boldsymbol{c}_{ew}]$$

则

$$\boldsymbol{c}_x=\begin{bmatrix}0\\ \cos(2\alpha)\cos(2\beta)\\ \sin(2\alpha)\cos(2\beta)\end{bmatrix},\quad \boldsymbol{c}_y=\begin{bmatrix}-\cos(2\alpha)\cos(2\beta)\\ 0\\ -\sin(2\beta)\end{bmatrix},\quad \boldsymbol{c}_z=\begin{bmatrix}-\sin(2\alpha)\cos(2\beta)\\ \sin(2\beta)\\ 0\end{bmatrix}$$

$$\boldsymbol{c}_{ns}=2\begin{bmatrix}\cos\bar{\alpha}\cos(2\beta)\\ -\cos\bar{\alpha}\sin(2\beta)\\ -\sin\bar{\alpha}\sin(2\beta)\end{bmatrix},\quad \boldsymbol{c}_\beta=2\begin{bmatrix}\cos(2\beta)\\ -\sin(2\alpha)\sin(2\beta)\\ \cos(2\alpha)\sin(2\beta)\end{bmatrix}$$

$$\boldsymbol{c}_{ew}=2\begin{bmatrix}0\\ -\cos(2\alpha)\cos\bar{\beta}\\ -\sin(2\alpha)\cos\bar{\beta}\end{bmatrix}$$

任意时刻，矩阵 $\boldsymbol{C}$ 的秩为 2，因此至少需要 3 个目标点的观测数据，才有可能解算 6 个基准偏差。不妨设三点观测对应的摆角分别为 (α_1, β_1)、(α_2, β_2)、(α_3, β_3)，经分析，3 个目标点分布满足一定条件，三点测量可观。下面给出其必要条件和一个条件比较宽松的充分条件：

1）三点测量可观的必要条件：α_1、α_2、α_3 互不相等。

2）三点测量可观的一个充分条件：满足上述必要条件，且行列式

$$\begin{vmatrix}\cos(2\alpha_1) & \sin(2\alpha_1)\tan(2\beta_1) & \tan(2\beta_1)\\ \cos(2\alpha_2) & \sin(2\alpha_2)\tan(2\beta_2) & \tan(2\beta_2)\\ \cos(2\alpha_3) & \sin(2\alpha_3)\tan(2\beta_3) & \tan(2\beta_3)\end{vmatrix}\neq 0$$

当然，当 α、β 只能限制在较小的范围时：① $\boldsymbol{c}_z$ 的模较小，即星敏感器绕有效载荷等效光轴（Z 轴）的基准偏差可观度相对较弱；②三点观测获得的观测系数矩阵的奇异值比较小。解算结果受随机噪声的影响较大，实际应用中，需要积累尽量多的观测数据以减弱该影响。

此外，$\boldsymbol{\Gamma}_T(1)$ 与 α_Δ 的常值成分与同频分量不能分离，可考虑如下措施。

1）如果已知 $\boldsymbol{\Gamma}_T(1)$ 与 α_Δ 的大小有明显差异，则利用解算出的 $\boldsymbol{\Gamma}'_T(1)$ 只修正两者较大者，从而修正后系统基准偏差的大小由较小者决定。例如，当 $\boldsymbol{\Gamma}_T(1)$ 较大时，修正公式可为 $\hat{\boldsymbol{\Gamma}}_T(1)=\boldsymbol{\Gamma}'_T(1)$，$\hat{\alpha}_\Delta=0$；而当 α_Δ 较大时，修正公式为 $\hat{\boldsymbol{\Gamma}}_T(1)=0$，$\hat{\alpha}_\Delta=-\boldsymbol{\Gamma}'_T(1)/2$。

2）如果已知 $\boldsymbol{\Gamma}_T(1)$ 与 α_Δ 存在不同频率分量，则对解算出的 $\boldsymbol{\Gamma}'_T(1)$ 进行频谱分解，从而将它们分离出来，并分别对 $\boldsymbol{\Gamma}_T(1)$ 与 α_Δ 进行相应的修正。

3）针对有效载荷的 4 个偏差，设计上应特别加强 α_Δ 的控制，包括该摆镜转轴支撑结构与光学系统结构一体设计，或引入新的对准偏差测量、转角测量系统的偏差校准与稳定控制等。

（3）基准偏差的最小二乘解

在误差范围内，某个轨道相位区间基准偏差可处理为常值，且积累了 $N(N\geqslant 3)$ 个测

量数据，满足可观测条件。根据式（3.7.10b），利用最小二乘法确定基准偏差估计值 $\hat{\boldsymbol{X}}$ 。令

$$\boldsymbol{Y}=\begin{bmatrix}\boldsymbol{m}(1)\\ \vdots \\ \boldsymbol{m}(N)\end{bmatrix},\quad \boldsymbol{F}=\begin{bmatrix}\boldsymbol{C}(1)\\ \vdots \\ \boldsymbol{C}(N)\end{bmatrix},\quad \boldsymbol{V}=\begin{bmatrix}\boldsymbol{v}_{ST}(1)+\boldsymbol{n}_S(1)\\ \vdots \\ \boldsymbol{v}_{ST}(N)+\boldsymbol{n}_S(N)\end{bmatrix}$$

则式（3.7.10b）可变换为

$$\boldsymbol{Y}=\boldsymbol{F}\boldsymbol{X}+\boldsymbol{V} \tag{3.7.11}$$

基准偏差的估计值为

$$\hat{\boldsymbol{X}}=(\boldsymbol{F}^{\mathrm{T}}\boldsymbol{F})^{-1}\boldsymbol{F}^{\mathrm{T}}\boldsymbol{Y} \tag{3.7.12}$$

估计误差为

$$\Delta\boldsymbol{X}=(\boldsymbol{F}^{\mathrm{T}}\boldsymbol{F})^{-1}\boldsymbol{F}^{\mathrm{T}}\boldsymbol{V} \tag{3.7.13}$$

误差是随机噪声，可通过增加测量数据降低其影响。

（4）星敏感器与有效载荷测量的修正公式

主要修正过程如下：

1）首先，由式（3.7.12）获得基准偏差估计值 $\hat{\boldsymbol{X}}$ ，即得到 $\hat{\boldsymbol{\Gamma}}'_P$ 、$\hat{\boldsymbol{\Gamma}}'_T$ ；然后，根据（2）中介绍的措施获得 $\boldsymbol{\Gamma}_T(1)$ 与 α_Δ 的估计 $\hat{\boldsymbol{\Gamma}}_T(1)$ 与 $\hat{\alpha}_\Delta$ ，即得到有效载荷基准偏差向量 $\boldsymbol{\Gamma}_P$ 、星敏感器基准偏差向量 $\boldsymbol{\Gamma}_T$ 的估计 $\hat{\boldsymbol{\Gamma}}_P$ 、$\hat{\boldsymbol{\Gamma}}_T$ ；

2）滤波，以减小测量噪声影响；

$$\begin{aligned}\boldsymbol{\Gamma}_{P,m}(n+1)&=(\boldsymbol{E}-\boldsymbol{K}_P)\boldsymbol{\Gamma}_{P,m}(n)+\boldsymbol{K}_P\hat{\boldsymbol{\Gamma}}_P\\ \boldsymbol{\Gamma}_{T,m}(n+1)&=(\boldsymbol{E}-\boldsymbol{K}_T)\boldsymbol{\Gamma}_{T,m}(n)+\boldsymbol{K}_T\hat{\boldsymbol{\Gamma}}_T\end{aligned} \tag{3.7.14}$$

式中，$\boldsymbol{\Gamma}_{P,m}$ 、$\boldsymbol{\Gamma}_{T,m}$ 分别为基准偏差向量的滤波值；$\boldsymbol{K}_P$ 、$\boldsymbol{K}_T$ 为滤波器增益，可根据测量数据的质量、分布、多少实时调节。

3）星敏感器基准偏差修正

可以将基准偏差 $\boldsymbol{\Gamma}_{T,m}$ 修正到两个星敏感器的观测方程中，也可以修正到它们的安装矩阵中，两者等价，这里讨论后者。已知星敏感器 T 的安装矩阵为 $\boldsymbol{A}_{B\hat{T}}$ ；而星敏感器 S 的安装矩阵经过 3.5 节基准统一后，为 $\hat{\boldsymbol{A}}_{B\hat{S}}$ 。进一步修正为

$$\begin{aligned}\boldsymbol{A}_{B\hat{T},m}&=\boldsymbol{A}_{B\hat{T}}(\boldsymbol{E}-\boldsymbol{A}_{B\hat{T}}^{\mathrm{T}}\boldsymbol{\Gamma}_{T,m}^{\times}\boldsymbol{A}_{B\hat{T}})\\ \hat{\boldsymbol{A}}_{B\hat{S},m}&=\hat{\boldsymbol{A}}_{B\hat{S}}(\boldsymbol{E}-\hat{\boldsymbol{A}}_{B\hat{S}}^{\mathrm{T}}\boldsymbol{\Gamma}_{T,m}^{\times}\hat{\boldsymbol{A}}_{B\hat{S}})\end{aligned} \tag{3.7.15}$$

最终，对于有效载荷的图像数据，利用基准偏差 α_Δ 、β_Δ 、ϕ_{ns} 、ϕ_{ew} 的估计值 $\hat{\alpha}_\Delta$ 、$\hat{\beta}_\Delta$ 、$\hat{\phi}_{ns}$ 、$\hat{\phi}_{ew}$ 修正入射光矢量，以实现高精度图像定位。其过程如下：

1）按估计出的 $\hat{\alpha}_\Delta$ 、$\hat{\beta}_\Delta$ 修正摆镜转角测量值 $\hat{\alpha}$ 、$\hat{\beta}$：

$$\check{\alpha}=\hat{\alpha}-\hat{\alpha}_\Delta,\quad \check{\beta}=\hat{\beta}-\hat{\beta}_\Delta \tag{3.7.16}$$

2）修正式（3.7.4）中定义的转换矩阵 $\hat{\boldsymbol{W}}(\breve{\alpha},\breve{\beta})$：

$$\hat{\boldsymbol{W}}(\breve{\alpha},\breve{\beta})=\boldsymbol{W}(\breve{\alpha},\breve{\beta})+2\hat{\phi}_{ns}\boldsymbol{W}_{\Delta 1}(\breve{\alpha},\breve{\beta})+2\hat{\phi}_{ew}\boldsymbol{W}_{\Delta 2}(\breve{\alpha},\breve{\beta}) \tag{3.7.17}$$

（3）根据相机对反射光视线矢量的测量数据 $\boldsymbol{S}_m$，按下式确定修正后的入射光矢量方位 $\breve{S}_{\text{in}}$：

$$\breve{\boldsymbol{S}}_{\text{in}}=\hat{\boldsymbol{W}}^{\mathrm{T}}(\breve{\alpha},\breve{\beta})\boldsymbol{S}_m \tag{3.7.18}$$

3.7.3　基准偏差的周期变化模型与辨识

本节讨论对象为对地观测卫星。

有效载荷图像的实时定位，是将其在本体系描述的测量，通过式（3.7.4）修正载荷基准偏差，再由修正过基准偏差的星敏感器的测量，换算到惯性系。

但是，有效载荷和星敏感器基准偏差是时变的，而时刻依赖地标数据修正基准偏差的路线既不现实，也与全天时需求相差甚远。地标数据不连续，并且观测到地标数据的时段较少。

幸运的是，对地观测卫星的基准偏差呈现较强的周期性，从而为建立基准偏差周期变化模型，进而实现实时定位提供了可能。

（1）基准偏差周期变化模型

基准偏差的规律主要表现为如下 3 个方面。

1）常值偏差。

这是偏差的最大部分，可达几个角分以上。不管地面标定如何精确，上天后结构应力释放等因素必然造成安装结构静变形。

2）随温度交变部分。

这是基准偏差的第二大部分。太阳光与卫星轨道的关系决定了对地卫星受光照呈现周期性规律，而星上热控系统保证星体结构温度动态平衡，以一定的滞后相位跟随光照周期变化而变化，从而导致星敏感器与有效载荷的安装结构、光学系统支撑结构周期性热变形。

该变形表现为两个时间尺度的变化。

①近似轨道周期的基频分量及其倍频分量，可以建模为以太阳矢量在轨道面投影为起点的轨道幅角为变量的傅里叶级数。对于地球静止轨道卫星，实际基频为太阳日周期（24 h），比轨道周期（23 h 56 min）略慢，但误差积累缓慢，可以归结到下面讨论的慢尺度的变化。

②年周期的太阳视运动与轨道进动导致卫星受照极缓慢的变化（近似季节性变化，因轨道进动速率不同而不同）。

因此，7 个基准偏差均可建模为如下级数：

$$f(t,u)=a_0(t)+\sum_{i=1}^{n}a_i(t)\cos[i\cdot u+\varphi_i(t)] \tag{3.7.19}$$

式（3.7.19）中采用快慢两个时间尺度作为自变量，其中 u 为轨道幅角，而 t 为慢时间尺度，单位可以为轨道周期或天。各分量幅度 a_i 、相位 φ_i 在快变周期内保持不变，但随慢时间尺度缓慢变化。

3）星敏感器的空间变化部分。

进入视场的导航星分布随空间变化，且像平面各像素存在差异，从而导致定姿呈现星敏感器惯性指向周期变化。一方面，随着星敏感器探测器分辨率提高，可用导航星多，并作高精度运动补偿；另一方面，星敏感器地面标定技术进步明显，实现了对探测器各像素的误差标定与补偿，因此该部分误差已经成为次要部分。

对地卫星的惯性空间变化可描述为随轨道周期变化及随轨道进动变化两部分，因此该部分的模型仍可采用两时间尺度描述，也归到式（3.7.19）中。

（2）基准偏差周期模型的辨识与应用

可采用如下过程实现对模型［式（3.7.19）］的辨识。

1）根据允许的误差指标、基准变化原理与先验知识，在慢时间尺度上初步划分不同的时间区间 $\Xi_k(k=1,2,\cdots)$，在各时间区间内可将 a_i 、φ_i 处理为常值。

2）依据允许的误差指标，将轨道（幅角范围 $[0,2\pi]$）按照轨道幅角初步划分不同的角度区间 $\Omega_j(j=1,2,\cdots)$，在各区间认为基准偏差不变，即

$$f(t,u)\approx \text{const},\quad 当\ t\in\Xi_k,u\in\Omega_j$$

3）收集基准偏差不变区间 $(t\in\Xi_k,\ u\in\Omega_j)$ 的定标数据，按照3.7.2节给出的方法，解算出该区间的基准偏差向量估计 $\hat{\boldsymbol{\Gamma}}_P(j)$ 、$\hat{\boldsymbol{\Gamma}}_T(j)$ 。

4）固定时间区间 Ξ_k ，其内不同角度区间 $\Omega_j(j=1,2,\cdots)$ 的基准偏差向量估计 $\hat{\boldsymbol{\Gamma}}_P(j)$ 、$\hat{\boldsymbol{\Gamma}}_T(j)$ 组成序列，进行频谱分析，获得时间区间 Ξ_k 内的基准偏差傅里叶级数。

5）对于不同的时间区间 $\Xi_k(k=1,2,\cdots)$，重复上述过程，从而获得式（3.7.19）中系数的初步估计。

6）在解算过程中，如果发现相邻的角度区间 Ω_j 的基准偏差结果相差较大，影响到系统指标，则进一步加密角度区间 Ω_j 的划分；反之，相邻基准偏差相差很小，则可加宽 Ω_j 的划分。同理，如果发现相邻的时间区间 Ξ_k 的 a_i 、φ_i 变化较大，则进一步加密 Ξ_k 的划分；反之，则可加宽 Ξ_k 的划分。

随着定标数据的增加，重复上述过程，可获得更准确的结果。

星上按照式（3.7.19）实时计算 $\hat{\boldsymbol{\Gamma}}_P$ 、$\hat{\boldsymbol{\Gamma}}_T$ ，并代入3.7.2节（4）的修正流程中。综上，星上姿态确定系统即获得了长期稳定的姿态基准，并能根据新增数据进行修正。

本章小结

本章提出多基准统一的姿态确定方法，主要工作与结果如下。

1）建立星敏感器测量模型，基于该模型提出基于星敏感器的观测方程。比较了星敏感器定姿的最小二乘法和 QUEST 算法，精度基本相当，但最小二乘法的结果无需正交化。

2）研究了多个星敏感器的系统综合方法和视场融合方法，建立了多星敏感器系统的观测方程。比较结果表明，两者精度基本相当。

3）给出冗余陀螺组误差传递与安装的关系，可作为选择陀螺安装方向和选用陀螺参与定姿的参考或依据；分析了基于陀螺测量角速度的姿态确定系统的动态特性和稳态精度，可为滤波器参数设计提供依据。

4）提出一种基于动力学预估角速度的姿态确定方法，分析了动态特性和稳态精度，为滤波器参数设计提供依据，并获得了可用于提高控制品质所需的未知干扰力矩的估计。该系统应成为采用星敏感器定姿的卫星的标准配置，即使星上安装有高精度陀螺，该系统仍能起到补充、监视作用。

5）提出姿态系统多基准统一与稳定维持方法。首先，实现了多星敏感器之间的基准统一；其次，建立了星敏感器系统与有效载荷基准偏差的观测方程，获得其修正公式；最后，建立了基准偏差的多时间尺度周期变化模型，给出了辨识方法，其结果为星上姿态确定系统提供了长期稳定的姿态基准。

上述结果是多基准统一的姿态确定系统的有机组成，其应用顺序如下。

1）通过实时估计，实现多星敏感器之间的基准统一。

2）利用基准偏差的周期变化模型，实时修正星敏感器安装矩阵和有效载荷观测矢量实时定位参数。

3）将修正后的星敏感器安装矩阵应用到姿态确定系统的观测量计算与实时滤波中。

参 考 文 献

[1] 袁利，王苗苗，武延鹏，等．空间星光测量技术研究发展综述[J]. 航空学报，2020，41(8)：7-18，2.

[2] 刘一武，陈义庆．星敏感器测量模型及其在卫星姿态确定系统中的应用[J]. 宇航学报，2003，24(2)：162-167.

[3] SHUSTER M D, Oh S D. Three-axis attitude determination from vector observations[J]. J. Guidance and Control，1981，4(1)，70-77.

[4] LEFFERTS E J，MARKLEY F L，SHUSTER M D. Kalman filtering for spacecraft attitude estimation[J]. J. Guidance，1982，5(5)：417-429.

[5] 秦永元，张洪钺，汪叔华．卡尔曼滤波与组合导航原理[M]. 西安：西北工业大学出版社，1998.

[6] 郭尚来．随机控制[M]. 北京：清华大学出版社，1999.

[7] CHUI C K，CHEN G. Kalman filtering with real-time applications[M]. 4 Edition. Berlin：Springer，2009.

[8] 胡寿松．自动控制原理[M]. 4版．北京：科学出版社，2001.

[9] 屠善澄．卫星姿态动力学与控制(1)[M]. 北京：宇航出版社，1999.

第4章　多体柔性卫星的姿态、角动量与轨道的自主协同控制方法

多体柔性卫星全天时的高精度姿态控制面临刚柔动力学耦合、多体运动耦合、角动量卸载和小冲量轨道控制的大干扰力矩等问题。本章主要针对这些问题提供一种解决方案，内容包括子体转动与振动的控制方法、卫星姿态的复合控制方法和系统角动量的自主控制方法等。针对轨道的具体控制策略则在第5章单独叙述。

4.1　概述

全天时的高精度控制技术是长期自主地维持卫星高精度观测业务正常运行所需要的关键技术，可以充分发挥卫星效用。就控制方法而言，该技术主要面临两方面的技术难题。

1）控制需求主要包括三个方面：中心体姿态高精度稳定控制及多个柔性子体高精度相对指向或目标跟踪，保障观测业务需要的轨道精细调整与维持，用于姿态控制的动量轮组构型切换、角动量管理与卸载（特别是静止轨道卫星问题突出）等。现有的设计思路基本上是三者分开设计，分模式或分阶段运行，这是不满足全天时需求的。

如何尽可能自主完成卫星角动量管理、线动量管理和卫星姿态高精度控制，以及三者之间的协同，进而改变现有的维持业务所需的轨道调整、动量轮构型切换、静止轨道卫星角动量喷气卸载等动作需要地面站干预、中断遥感观测业务的状况，是需要解决的问题。

2）针对多体运动及它们与柔性振动耦合的复杂控制问题，如何保证高精度稳定控制一直是航天控制的难点，特别是怎样克服柔性振动的影响是问题的关键。如果采用频带隔离、被动阻尼的方式，则系统稳定的时间很长，取决于被激励的振动模态的弱阻尼，并且时不时激发的小幅振动可能影响高精度指标；如果采用主动阻尼的方式，则需要明确选择哪些模态进行主动控制才有预期效果，敏感器、执行机构如何配置等，这些都是开放的问题。

本章内容安排如下。

1）利用第2章建立的子体模型特性，提出一种新颖的控制结构，实现子体转动与振动解耦的高效控制（4.2节）。这不仅可以大幅提升柔性子体转动的动态性能，而且留给系统质心转动的柔性耦合只是弱耦合，解决了刚柔耦合问题。

2）针对系统动力学各项干扰力矩设计前馈控制律，利用估计姿态及角速度与预期之差设计反馈控制律，形成采用前馈与反馈相结合的复合控制方法（4.3节）。

影响姿态控制的干扰力矩包括外干扰力矩、各子体运动作用在系统的力矩、轨道控制

所需推力产生的力矩、角动量卸载所需推力矩、作为执行机构的动量轮组的干扰力矩等。对这些力矩利用可以获得的动力学模型、姿态测量、子体转角测量、驱动机构转速测量等实时计算、滤波与估计，并形成前馈控制律，及时、迅速地在控制器中得到补偿，提供控制系统响应速度和精度。

而补偿偏差与控制偏差通过反馈控制律得到抑制，保障闭环系统的稳定性和鲁棒性能。

3）阐述动量轮组的角动量管理与卸载，以及其与姿态控制协同的方法（4.4 节）。

角动量管理是卫星姿态控制不可分割的重要内容。系统姿态控制力矩是由动量轮组共同合成提供的，需要满足以下约束：①参与控制的任一动量轮都不能饱和，一旦饱和将失去控制能力，而由于外部干扰力矩的存在，这是可能发生的；②不希望动量轮转速过零，因为过零会导致控制死区，不利于姿态控制精度，且很低的转速导致电机轴承润滑不良，可能影响动量轮使用寿命；③全天时的需求下，应星上自主实现角动量管理，即使发生 FDIR 切换动量轮构型也能适应，确保高精度姿态控制不中断。

说明：

在讨论具体内容前，首先明确下述观点，以作为各部分运动控制设计的共同前提。第 2 章动力学模型特性分析过程中，将子体模态坐标 $\boldsymbol{\eta}^i$ 分解为转动模态坐标 $\boldsymbol{\varsigma}$ 和正交补模态坐标 $\boldsymbol{\zeta}$ ，经过分析，有以下结论。

1）由于 $\boldsymbol{\varsigma}$ 与转动强耦合，存在代数约束方程，易受激发，因此考虑转动控制时应将 $\boldsymbol{\varsigma}$ 与转动姿态绑定、综合处理。

2）而 $\boldsymbol{\zeta}$ 与转动方程完全解耦，与 $\boldsymbol{\varsigma}$ 弱耦合，受转动控制激发的程度很低，可以不采取主动控制。如果有条件实施主动控制，可以只针对 $\boldsymbol{\zeta}$ 进行独立的模态控制。

3）在系统姿态控制律、子体动力学控制律的设计中，对于动力学相关项的估计，尽量保留 $\boldsymbol{\varsigma}$ 及其速率（随子体机动变化）；而 $\boldsymbol{\zeta}$ 及其速率根据需要既可以保留，也可以忽略。

4.2 子体转动与振动的控制结构及控制方法

对于一般的三自由度转动，已知子体 A_i 转动控制需要跟踪或保持的目标姿态四元数（F_{Ai} 系相对 F_B 系）与目标角速度分别为 $\overline{\boldsymbol{Q}}_{i,c}$ 与 $\boldsymbol{\omega}_{i,c}$ ，它们满足形如式（3.2.36）的姿态运动方程，考虑目标姿态匀速变化或固定的情况，即 $\boldsymbol{\omega}_{i,c}$ 为常向量。

子体 A_i 实际的姿态四元数与角速度分别为 $\overline{\boldsymbol{Q}}_i$ 、$\boldsymbol{\omega}_i$ 。转动控制的目的就是

$$\overline{\boldsymbol{Q}}_i(t) \rightarrow \overline{\boldsymbol{Q}}_{i,c}, \quad \boldsymbol{\omega}_i(t) \rightarrow \boldsymbol{\omega}_{i,c} \tag{4.2.1}$$

并满足一定的动态要求。同时，振动衰减，即

$$\boldsymbol{\eta}^i \rightarrow \boldsymbol{0}, \quad \dot{\boldsymbol{\eta}}^i \rightarrow \boldsymbol{0} \tag{4.2.2}$$

子体低于三自由度转动的情况，本质上是三自由度转动的特殊情况。如果子体为一自由度转动，则 $\boldsymbol{\omega}_i$ 、$\boldsymbol{\omega}_{i,c}$ 退化为标量，姿态 $\overline{\boldsymbol{Q}}_i$ 、$\overline{\boldsymbol{Q}}_{i,c}$ 被单轴转角 θ_i 、$\theta_{i,c}$ 替代，姿态运动方程退化为 $\dot{\theta}_i=\omega_i$ ，$\dot{\theta}_{i,c}=\omega_{i,c}$ ，与在子体坐标系 F_{Ai} 中固定住欧拉转轴的姿态四元数描

述等效；如果子体为两自由度转动，则 $\boldsymbol{\omega}_i$ 、$\boldsymbol{\omega}_{i,c}$ 退化为二维向量，姿态 $\overline{\boldsymbol{Q}}_i$ 、$\overline{\boldsymbol{Q}}_{i,c}$ 被二维欧拉转角替代，满足两自由度欧拉角运动方程，与在子体坐标系 F_{Ai} 中将欧拉转轴限定在一个平面上的姿态四元数描述等效。

本节只讨论三自由度转动情况。由于 2.5 节已经统一了 3 种自由度转动的动力学方程和模态分解公式，因此三自由度情况的结论容易推广到一、二自由度情况。

（1）动力学

依据 4.1 节提出的观念，子体控制依据的动力学分成如下两部分。

1）子体转动综合控制的动力学。

子体转动动力学［式（2.6.16）］与约束方程［式（2.6.19）］绑定，称之为子体转动综合控制方程组。将 $\boldsymbol{\varsigma}$ 转换为角度量纲变量，令

$$\boldsymbol{\theta}_{\varsigma}=\boldsymbol{I}_{Oi}^{-0.5}\,\boldsymbol{\varsigma} \tag{4.2.3}$$

则综合控制方程组可表示为

$$\boldsymbol{I}_{Oi}(\dot{\boldsymbol{\omega}}_i+\ddot{\boldsymbol{\theta}}_{\varsigma})=\boldsymbol{T}_{ai}+\sum_{k}^{nq}\boldsymbol{\rho}_k\times\boldsymbol{f}_k+\boldsymbol{T}_{E1}+\boldsymbol{T}_{E2} \tag{4.2.4a}$$

$$-\boldsymbol{C}_D\dot{\boldsymbol{\theta}}_{\varsigma}-\boldsymbol{K}_D\boldsymbol{\theta}_{\varsigma}=\boldsymbol{T}_{ai}+\boldsymbol{T}_{E1}+\boldsymbol{T}_{E3} \tag{4.2.4b}$$

式中：

$$\boldsymbol{C}_D=\boldsymbol{B}_R^i\boldsymbol{D}\boldsymbol{B}_R^{i\mathrm{T}},\quad \boldsymbol{K}_D=\boldsymbol{B}_R^i\boldsymbol{\Lambda}^2\boldsymbol{B}_R^{i\mathrm{T}}$$

$$\boldsymbol{T}_{E1}=-(\boldsymbol{\omega}_i+\boldsymbol{R}_i\omega)\times\boldsymbol{H}_i-\boldsymbol{W}_R(\dot{\boldsymbol{c}},\boldsymbol{\omega},\boldsymbol{\omega}_i)$$

$$\boldsymbol{T}_{E2}=-\boldsymbol{J}_i^{\mathrm{T}}\boldsymbol{R}_i\dot{\boldsymbol{\omega}}+\boldsymbol{m}_{Ai}\boldsymbol{\rho}_{Ai}^{\times}\boldsymbol{R}_i(\ddot{\boldsymbol{c}}-\dot{\boldsymbol{v}}_O-\boldsymbol{\omega}^{\times}\boldsymbol{v}_O)$$

$$\boldsymbol{T}_{E3}=\boldsymbol{B}_R^i\boldsymbol{D}\boldsymbol{S}^{\mathrm{T}}\dot{\boldsymbol{\zeta}}+\boldsymbol{B}_R^i\boldsymbol{\Lambda}^2\boldsymbol{S}^{\mathrm{T}}\boldsymbol{\zeta}$$

2）子体的正交补模态方程为

$$\begin{aligned}&\ddot{\boldsymbol{\zeta}}+(\boldsymbol{S}\boldsymbol{D}\boldsymbol{S}^{\mathrm{T}})\dot{\boldsymbol{\zeta}}+(\boldsymbol{S}\boldsymbol{\Lambda}^2\boldsymbol{S}^{\mathrm{T}})\boldsymbol{\zeta}\\&=\boldsymbol{S}\boldsymbol{\Phi}^{\mathrm{T}}\boldsymbol{f}-(\boldsymbol{S}\boldsymbol{D}\boldsymbol{B}_R^{i\mathrm{T}}\dot{\boldsymbol{\theta}}_{\varsigma}+\boldsymbol{S}\boldsymbol{\Lambda}^2\boldsymbol{B}_R^{i\mathrm{T}}\boldsymbol{\theta}_{\varsigma})\\&\quad-\boldsymbol{S}\boldsymbol{B}_R^{i\mathrm{T}}\boldsymbol{R}_i(\dot{\boldsymbol{v}}_O+\boldsymbol{\omega}^{\times}\boldsymbol{v}_O-\ddot{\boldsymbol{c}}+\boldsymbol{O}_i^{\times\mathrm{T}}\dot{\boldsymbol{\omega}})\end{aligned} \tag{4.2.5}$$

（2）控制器设计所依赖模型的合理简化

综合控制方程组的两个公式均含有 $\boldsymbol{T}_{E1}$ ，这是二阶非线性项，控制器设计可采用以下两种方式处理：①依据系统状态测量，可以获得其高精度的计算值 $\hat{\boldsymbol{T}}_{E1}$ ，在控制力矩 $\boldsymbol{T}_{ai}$ 中加上前馈补偿值 $-\hat{\boldsymbol{T}}_{E1}$ ；②控制律忽略其影响。

对于 $\boldsymbol{T}_{E2}$ ，控制器设计可以不考虑其影响；① $\dot{\boldsymbol{\omega}}$ 项，由于控制目标是中心体姿态高精度稳定，$\dot{\boldsymbol{\omega}}$ 很小，因此可以将其忽略［当然，也可以利用式（3.5.1）的各项估计值计算得到，再在控制律中补偿］；② $\dot{\boldsymbol{v}}_O+\boldsymbol{\omega}^{\times}\boldsymbol{v}_O$ 项，根据式（2.3.3），系统质心平动不受振动、转动直接影响，而受卫星所受合外力影响，只有在变轨时有变化，而对于本章讨论的轨道精细调整与维持的小速度增量影响甚小；③ $\ddot{\boldsymbol{c}}$ 项，由式（2.3.4）可知，该项由所有子体综合影响而成，控制律不加考虑可减小交叉耦合，其次，式（2.3.4）中子体 A_i 影响质心变化的相关项为

$$\frac{m_{Ai}}{m_S}(m_{Ai}\boldsymbol{\rho}_{Ai}^{\times T}\boldsymbol{\rho}_{Ai}^{\times})(\dot{\boldsymbol{\omega}}_i+\ddot{\boldsymbol{\theta}}_\varsigma)$$

由于子体质量 m_{Ai} 只是整星质量 m_S 的一小部分，而 $m_{Ai}\boldsymbol{\rho}_{Ai}^{\times T}\boldsymbol{\rho}_{Ai}^{\times}$ 只是惯量 $\boldsymbol{I}_{Oi}$ 的一小部分，因此只要控制参数有一定鲁棒性，那么仅考虑 $\boldsymbol{I}_{Oi}(\dot{\boldsymbol{\omega}}_i+\ddot{\boldsymbol{\theta}}_\varsigma)$ 即可。

(3) 新的控制结构

根据式 (4.2.4)，控制器设计面临如下选择。

1) 反馈状态是选择 $\boldsymbol{\omega}_i$ 与其对应姿态 $\overline{\boldsymbol{Q}}_i$ ，还是 $\boldsymbol{\omega}_i+\dot{\boldsymbol{\theta}}_\varsigma$ 与其对应姿态？为了便于区分，我们称前者为狭义转动状态，后者为广义转动状态。定义广义转动角速度为

$$\dot{\boldsymbol{\Theta}}^i\equiv\boldsymbol{\omega}_i+\dot{\boldsymbol{\theta}}_\varsigma$$

式中，$\boldsymbol{\Theta}^i$ 为子体 A_i 的广义转动角。

2) 铰链力矩 $\boldsymbol{T}_{ai}$ 、子体布局力阵的力矩 $\sum_k^{nq}\boldsymbol{\rho}_k\times\boldsymbol{f}_k$ 均为控制量，如何选择？

子体转动控制传统上采用狭义转动状态作为反馈状态，如果需要考虑振动模态的主动控制，是将 $\boldsymbol{\eta}^i$ 作为整体考虑控制律，实际上忽视了转动与振动的约束。

利用已经建立的模态分解、转动综合控制方程组，本节提出了子体转动与振动控制的新型结构，其主要特性如下。

1) 以广义转动状态为反馈，设计转动控制律，能够显著提高子体转动的控制能力和控制性能。

2) 将正交补模态分离出来，其与广义转动状态的耦合很弱。如果考虑主动控制措施，则按照对转动方程无耦合的原则配置敏感器与执行机构，对其独立地设计控制器，实现了真正解耦。

下面从 5 个方面加以论证。

4.2.1 狭义转动状态反馈的子体转动控制

依据综合控制方程组 (4.2.4)，控制目标为

$$\boldsymbol{\omega}_i\to\boldsymbol{\omega}_{i,c},\quad \overline{\boldsymbol{Q}}_i\to\overline{\boldsymbol{Q}}_{i,c},\quad \dot{\boldsymbol{\theta}}_\varsigma\to\boldsymbol{0},\quad \boldsymbol{\theta}_\varsigma\to\boldsymbol{0}$$

控制量选择 $\boldsymbol{T}_{ai}$ ，而令 $\sum_k^{nq}\boldsymbol{\rho}_k\times\boldsymbol{f}_k=\boldsymbol{0}$。

对方程组 (4.2.4) 进行适当的简化，两个公式的共同项 $\boldsymbol{T}_{E1}$ 可测量与计算，在 $\boldsymbol{T}_{ai}$ 中设计前馈项抵消，忽略不影响结果。忽略平动影响与质心变化，假设系统角速度控制稳定 ($\dot{\boldsymbol{\omega}}\approx\boldsymbol{0}$)，则忽略 $\boldsymbol{T}_{E2}$ 。简化的综合控制方程组为

$$\begin{aligned}\boldsymbol{I}_{Oi}(\dot{\boldsymbol{\omega}}_i+\ddot{\boldsymbol{\theta}}_\varsigma)&=\boldsymbol{T}_{ai}\\-\boldsymbol{C}_D\dot{\boldsymbol{\theta}}_\varsigma-\boldsymbol{K}_D\boldsymbol{\theta}_\varsigma&=\boldsymbol{T}_{ai}+\boldsymbol{T}_{E3}\end{aligned}\tag{4.2.6}$$

令控制误差

$$\delta\boldsymbol{\omega}=\boldsymbol{\omega}_i-\boldsymbol{\omega}_{i,c}$$

$$\delta\overline{\boldsymbol{Q}}=\overline{\boldsymbol{Q}}_{i,c}^{-1}\otimes\overline{\boldsymbol{Q}}_i$$

它们满足形如式（3.2.36）的姿态运动方程。误差四元数 $\delta\overline{\boldsymbol{Q}}$ 的矢量部分记为 $\boldsymbol{Q}_v$ ，标量部分记为 q_0，在使用前，四元数已进行规范化处理，使得 q_0 非负。

设计 PD 控制律：

$$\boldsymbol{T}_{ai} = -k_d\delta\boldsymbol{\omega} - 2k_p\boldsymbol{Q}_v \tag{4.2.7}$$

（1）稳定性分析

构造类能量函数：

$$V = \frac{1}{2}(\delta\boldsymbol{\omega} + \dot{\boldsymbol{\theta}}_\varsigma)^{\mathrm{T}}\boldsymbol{I}_{Oi}(\delta\boldsymbol{\omega} + \dot{\boldsymbol{\theta}}_\varsigma) + \frac{1}{2}\dot{\boldsymbol{\zeta}}^{\mathrm{T}}\dot{\boldsymbol{\zeta}} + \frac{1}{2}\boldsymbol{\eta}^{i\mathrm{T}}\boldsymbol{\Lambda}^2\boldsymbol{\eta}^i + V_Q \tag{4.2.8}$$

其中：

$$V_Q = 2k_p[(1-q_0)^2 + \boldsymbol{Q}_v^{\mathrm{T}}\boldsymbol{Q}_v]$$

式（4.2.8）的物理意义如下。

1）等号右边第 3 项是振动势能，第 4 项 V_Q 是闭环系统中姿态偏差的势能，这两项与通常认识一致。

2）等号右边第 1 项和第 2 项是子体运动的类动能（$\boldsymbol{\omega}_i$ 被 $\delta\boldsymbol{\omega}$ 替代，不是真正的动能，可以理解为偏离平衡态的类动能），但与通常认识的形式是不一样的。通常认为，振动动能为 $\dot{\boldsymbol{\eta}}^{i\mathrm{T}}\dot{\boldsymbol{\eta}}^i/2$ ，而转动类动能为 $\delta\boldsymbol{\omega}^{\mathrm{T}}\boldsymbol{I}_{Oi}\delta\boldsymbol{\omega}/2$，由于未认识到自由度冗余，因此导致了这个错误的理解，也为获得正确的控制器设计设置了障碍。正确的描述应该如式（4.2.8），保留去耦的正交补模态的振动动能 $\frac{1}{2}\dot{\boldsymbol{\zeta}}^{\mathrm{T}}\dot{\boldsymbol{\zeta}}$ ，而三维坐标模态 $\boldsymbol{\varsigma}$ 的动能需要融合到转动动能中，可以理解为其是转动的一部分。下面的推导将证明，依据这种表达设计控制器十分便利，这也反映了第 2 章揭示的动力学模型特性的意义之一。

对式（4.2.8）求导数：

$$\dot{V} = (\delta\boldsymbol{\omega} + \dot{\boldsymbol{\theta}}_\varsigma)^{\mathrm{T}}\boldsymbol{T}_{ai} + \dot{\boldsymbol{\zeta}}^{\mathrm{T}}\ddot{\boldsymbol{\zeta}} + \dot{\boldsymbol{\eta}}^{i\mathrm{T}}\boldsymbol{\Lambda}^2\boldsymbol{\eta}^i + \dot{V}_Q$$

下面分析控制量的作用机理，以理解控制作用如何导致能量衰减、系统稳定。$\dot{V}$ 包含控制量的项包括 $\delta\boldsymbol{\omega}^{\mathrm{T}}\boldsymbol{T}_{ai}$ 和 $\dot{\boldsymbol{\theta}}_\varsigma^{\mathrm{T}}\boldsymbol{T}_{ai}$ ，这是控制功率的两个部分。

1）$\delta\boldsymbol{\omega}^{\mathrm{T}}\boldsymbol{T}_{ai}$ ：代入控制律（4.2.7）后，其中微分项获得使能量衰减的负定项 $-k_d\delta\boldsymbol{\omega}^{\mathrm{T}}\delta\boldsymbol{\omega}$ ，而比例项产生的控制功率 $-2k_p\delta\boldsymbol{\omega}^{\mathrm{T}}\boldsymbol{Q}_v$ 恰好抵消了姿态偏差的势能 V_Q 的变化。事实上，由运动学方程得

$$\dot{V}_Q = 2k_p\delta\boldsymbol{\omega}^{\mathrm{T}}\boldsymbol{Q}_v$$

2）$\dot{\boldsymbol{\theta}}_\varsigma^{\mathrm{T}}\boldsymbol{T}_{ai}$ ：代入约束方程后，与振动势能变化、正交补模态的振动动能变化的共同作用，同样获得使能量衰减的负定项。有

$$\begin{aligned}\dot{V} &= -k_d\delta\boldsymbol{\omega}^{\mathrm{T}}\delta\boldsymbol{\omega} + \dot{\boldsymbol{\theta}}_\varsigma^{\mathrm{T}}(-\boldsymbol{C}_D\dot{\boldsymbol{\theta}}_\varsigma - \boldsymbol{K}_D\boldsymbol{\theta}_\varsigma - \boldsymbol{T}_{E3}) + \dot{\boldsymbol{\zeta}}^{\mathrm{T}}\ddot{\boldsymbol{\zeta}} + \dot{\boldsymbol{\eta}}^{i\mathrm{T}}\boldsymbol{\Lambda}^2\boldsymbol{\eta}^i \\ &= -k_d\delta\boldsymbol{\omega}^{\mathrm{T}}\delta\boldsymbol{\omega} - \dot{\boldsymbol{\theta}}_\varsigma^{\mathrm{T}}\boldsymbol{B}_R^i(\boldsymbol{D}\dot{\boldsymbol{\eta}}^i + \boldsymbol{\Lambda}^2\boldsymbol{\eta}^i) - \dot{\zeta}^{\mathrm{T}}\boldsymbol{S}(\boldsymbol{D}\dot{\eta}^i + \boldsymbol{\Lambda}^2\boldsymbol{\eta}^i) + \dot{\boldsymbol{\eta}}^{i\mathrm{T}}\boldsymbol{\Lambda}^2\boldsymbol{\eta}^i \\ &= -k_d\delta\boldsymbol{\omega}^{\mathrm{T}}\delta\boldsymbol{\omega} - \dot{\boldsymbol{\eta}}^{i\mathrm{T}}\boldsymbol{D}\dot{\boldsymbol{\eta}}^i\end{aligned} \tag{4.2.9}$$

由于 V 有下界，$\dot{V}$ 负定且一致连续，因此由 Barbalet 引理和最大不变集原理[1]，导出

$$\dot{V} \to 0 \Rightarrow \delta\boldsymbol{\omega} \to 0,\quad \dot{\boldsymbol{\eta}}^{i} \to 0 \Rightarrow \boldsymbol{T}_{ai} \to 0,\quad \boldsymbol{\eta}^{i} \to 0$$

从稳定性方面实现了控制目标。

由于 $\boldsymbol{T}_{E3}$ 是 $\boldsymbol{\zeta}$ 对 $\boldsymbol{\varsigma}$ 的弱耦合，如果忽略，则式（4.2.8）的 V 及导数简化为

$$V = \frac{1}{2}(\delta\boldsymbol{\omega} + \dot{\boldsymbol{\theta}}_{\varsigma})^{\mathrm{T}}\boldsymbol{I}_{Oi}(\delta\boldsymbol{\omega} + \dot{\boldsymbol{\theta}}_{\varsigma}) + \frac{1}{2}k_{d}\boldsymbol{\theta}_{\varsigma}^{\mathrm{T}}\boldsymbol{\theta}_{\varsigma} + V_{Q}$$

$$\dot{V} = -k_{d}\delta\boldsymbol{\omega}^{\mathrm{T}}\delta\boldsymbol{\omega} - \dot{\boldsymbol{\theta}}_{\varsigma}^{\mathrm{T}}\boldsymbol{C}_{D}\dot{\boldsymbol{\theta}}_{\varsigma} \tag{4.2.10}$$

稳定性结论为

$$\delta\boldsymbol{\omega} \to \boldsymbol{0},\quad \dot{\boldsymbol{\theta}}_{\varsigma} \to \boldsymbol{0},\quad \boldsymbol{\theta}_{\varsigma} \to \boldsymbol{0}$$

（2）收敛速度估计

从式（4.2.9）可以看出，系统状态的收敛速度取决于控制律微分项系数和模态阻尼阵。一般中、大型柔性结构的阻尼比很低（低阶模态可能小于 0.005），且与转动耦合严重的都是低频模态，因此上述控制系统的收敛速度取决于低频模态的自然阻尼，很慢，控制律（4.2.7）对此无能为力，设计上只能尽量避免激发低频模态振动。

由于 $\delta\boldsymbol{\omega}$、$\dot{\boldsymbol{\theta}}_{\varsigma}$ 耦合严重，因此比较式（4.2.10）中两项衰减系数的比例。取控制器参数

$$k_{p} = \omega_{c}^{2}\left|\boldsymbol{I}_{Oi}\right|,\quad k_{d} = 2\xi_{c}\omega_{c}\left|\boldsymbol{I}_{Oi}\right|$$

而记耦合严重低频模态振动的阻尼比与自然频率分别为 ξ、ω_{n}。一般 ξ_{c} 取 0.7 左右，比 ξ 大两个量级以上；而考虑到既要避开振动频率，又要保证一定的动态性能，ω_{c} 一般取为 ω_{n} 的 0.1～0.2。因此

$$\left|\boldsymbol{C}_{D}\right| = \left|\boldsymbol{B}_{R}^{i}\boldsymbol{D}\boldsymbol{B}_{R}^{i\mathrm{T}}\right| \sim 2\xi\omega_{n}\left|\boldsymbol{I}_{Oi}\right|,\qquad \frac{\left|\boldsymbol{C}_{D}\right|}{k_{d}} \sim \frac{\xi\omega_{n}}{\xi_{c}\omega_{c}} \ll 1$$

振动的衰减系数小得多，可见：

1）控制系统的收敛速度受制于低频模态的缓慢阻尼。

2）为避开振动频率，主动控制增益应足够小，动态能力受限严重。

这是采用狭义转动状态反馈控制律的缺点之一。

（3）测量噪声与执行机构误差的影响

子体转动角与角速度的测量敏感器包括测量噪声、量化噪声、非线性度等误差，通过控制律出现在 $\boldsymbol{T}_{ai}$ 中；而执行机构误差包括动静摩擦力矩、调节偏差，且可能表现为非线性与死区等，直接出现在 $\boldsymbol{T}_{ai}$ 中。$\boldsymbol{\theta}_{\varsigma}$ 通过约束方程对这些输入误差的响应为

$$\boldsymbol{\theta}_{\varsigma}(t) = \exp(-\boldsymbol{C}_{D}^{-1}\boldsymbol{K}_{D}t)\boldsymbol{\theta}_{\varsigma}(0) - \int_{0}^{t}\exp\left[-\boldsymbol{C}_{D}^{-1}\boldsymbol{K}_{D}(t-\tau)\right]\boldsymbol{C}_{D}^{-1}\boldsymbol{T}_{ai}(\tau)\mathrm{d}\tau$$

由于模态阻尼特别小，因此

$$\left|\boldsymbol{C}_{D}^{-1}\boldsymbol{K}_{D}\right| \sim \frac{\boldsymbol{\omega}_{n}}{2\xi}$$

特别大，$\boldsymbol{\theta}_{\varsigma}$ 对输入误差的响应十分迅速。当输入误差发生跳变时，$\dot{\boldsymbol{\theta}}_{\varsigma}$、$\ddot{\boldsymbol{\theta}}_{\varsigma}$ 会极大地放大输

入跳变的影响；再由动力学方程（4.2.6），$\boldsymbol{\omega}_i$ 、$\dot{\boldsymbol{\omega}}_i$ 的响应也会极大地放大输入跳变的影响。虽然 $\dot{\boldsymbol{\omega}}_i+\ddot{\boldsymbol{\theta}}_\varsigma$ 与 $\boldsymbol{\omega}_i+\dot{\boldsymbol{\theta}}_\zeta$（或 $\ddot{\Theta}^i$ 与 $\dot{\Theta}^i$）的响应并没有放大效应。

因此，采用 $\boldsymbol{\omega}_i$ 作为反馈状态，当输入 $\boldsymbol{T}_{ai}$ 发生跳变时，$\boldsymbol{\omega}_i$ 的响应会极大地放大跳变影响，从而通过闭环控制使 $\boldsymbol{T}_{ai}$ 发生更大的跳变，进一步恶化，从而引起系统波动。这是本小节控制律的另一个缺点。只有减小 k_d 以缩小波动影响，但会影响其快速性。

以上分析预示将 $\dot{\boldsymbol{\Theta}}^i$ 等描述的广义转动状态作为反馈，可能是一个更优秀的选择。

4.2.2　广义转动状态反馈的子体转动控制

（1）PD 控制律与稳定性、收敛速度

姿态控制误差较小的情况下，有

$$\dot{\boldsymbol{Q}}_v=\frac{1}{2}\delta\boldsymbol{\omega} \tag{4.2.11}$$

也可以定义 $\delta\boldsymbol{\omega}$ 的积分为姿态误差，以确保式（4.2.11）严格成立。这里不妨假设式（4.2.11）成立。

以广义转动状态作为反馈，有

$$\delta\dot{\boldsymbol{\Theta}}^i=\delta\boldsymbol{\omega}+\dot{\boldsymbol{\theta}}_\varsigma$$
$$\delta\boldsymbol{\Theta}^i=2\boldsymbol{Q}_v+\boldsymbol{\theta}_\varsigma$$

设计 PD 控制律：

$$\boldsymbol{T}_{ai}=-k_d\,\delta\dot{\boldsymbol{\Theta}}^i-k_p\delta\boldsymbol{\Theta}^i \tag{4.2.12}$$

控制器参数：

$$k_p=\omega_c^2\left|\boldsymbol{I}_{Oi}\right|,\quad k_d=2\xi_c\omega_c\left|\boldsymbol{I}_{Oi}\right|$$

构造李雅普诺夫（Lyapunov）函数：

$$V=\frac{1}{2}\delta\dot{\boldsymbol{\Theta}}^{i\,\mathrm{T}}\boldsymbol{I}_{Oi}\,\delta\dot{\boldsymbol{\Theta}}^i+\frac{1}{2}\,\delta\boldsymbol{\Theta}^{i\,\mathrm{T}}k_p\delta\boldsymbol{\Theta}^i \tag{4.2.13}$$

求导，并代入式（4.2.6）、式（4.2.11）和式（4.2.12），得

$$\dot{V}=-\delta\dot{\boldsymbol{\Theta}}^{i\,\mathrm{T}}k_d\,\delta\dot{\boldsymbol{\Theta}}^i$$

根据稳定性理论：

$$\delta\dot{\boldsymbol{\Theta}}^i\rightarrow 0,\quad \delta\boldsymbol{\Theta}^i\rightarrow 0$$

并且近似按控制律参数相关的指数函数 $\exp(-\xi_c\omega_c t)$ 收敛，可设计性、可达的动态性能远优于狭义转动状态反馈控制律。

控制力矩 $\boldsymbol{T}_{ai}$ 也按上述速度趋于 0。忽略 $\boldsymbol{\zeta}$ 对 $\boldsymbol{\varsigma}$ 的弱耦合，则约束方程为

$$-\boldsymbol{C}_D\dot{\boldsymbol{\theta}}_\varsigma-\boldsymbol{K}_D\boldsymbol{\theta}_\varsigma=\boldsymbol{T}_{ai}$$

由于 $\left|\boldsymbol{C}_D^{-1}\boldsymbol{K}_D\right|$ 特别大，$\boldsymbol{\theta}_\varsigma$ 近似按上述速度趋于 0，因此 $\boldsymbol{Q}_v$ 、$\delta\boldsymbol{\omega}$ 、$\dot{\boldsymbol{\theta}}_\varsigma$ 也均按设计的速率收敛。

此外，即使误差因素引起 $\boldsymbol{T}_{ai}$ 跳变，虽然 $\delta\boldsymbol{\omega}$ 、$\dot{\boldsymbol{\theta}}_\varsigma$ 分别放大，但引入闭环控制的 $\boldsymbol{\omega}_i+\dot{\boldsymbol{\theta}}_\varsigma$

或 $\dot{\boldsymbol{\Theta}}^i$ 及其积分并没有放大，因此 $\boldsymbol{T}_{ai}$ 不会进一步恶化。

（2）反馈与补偿控制

工程应用时，可以将式（4.2.12）给出的 PD 控制律改造为 PID 控制律，并增加对驱动机构摩擦力矩 $\boldsymbol{T}_d$ 、控制过程影响相对较大的非线性项 $\boldsymbol{T}_{E1}$ 的补偿。控制律修正为

$$\boldsymbol{T}_{ai} = -k_d \dot{\boldsymbol{\Theta}}^i - k_p \delta \boldsymbol{\Theta}^i - k_i \int \delta \boldsymbol{\Theta}^i \mathrm{d}t - \hat{\boldsymbol{T}}_d - \hat{\boldsymbol{T}}_{E1} \tag{4.2.14}$$

式（4.2.14）中，$\hat{\boldsymbol{T}}_{E1}$ 利用可测状态计算获得，而 $\hat{\boldsymbol{T}}_d$ 将由下文讨论的估计器得到。

4.2.3 广义转动状态的测量与估计

狭义转动状态 $\boldsymbol{\omega}_i$ 、$\overline{\boldsymbol{Q}}_i$ 的测量手段很多，一般由施加给子体铰链力矩的驱动机构的测速、测角装置完成测量，或获得其中一个量的测量，再通过运动学估算出另一个量等，在广义转动状态反馈控制律中，比例项只用到广义转动角的误差

$$\delta \boldsymbol{\Theta}^i = 2\boldsymbol{Q}_v + \boldsymbol{\theta}_\varsigma$$

其中，$\boldsymbol{Q}_v$ 是由测量的姿态与目标姿态的偏差确定的，而微分项

$$\delta \dot{\boldsymbol{\Theta}}^i = \delta \boldsymbol{\omega} + \dot{\boldsymbol{\theta}}_\varsigma$$

式中，$\delta \boldsymbol{\omega}$ 是由测量的转动速度与目标速度偏差确定。

反馈控制需要的测量，只有 $\boldsymbol{\theta}_\varsigma$ 与 $\dot{\boldsymbol{\theta}}_\varsigma$ 还未确定，下面讨论它们的获取方法。

（1）基于模态测量的方法

模态测量机理与手段很多，不是本书主题。下面主要讨论尽量减少应变敏感器配置的方法。

理论上首先需要获得模态坐标与其速率的测量，再利用

$$\boldsymbol{\theta}_\varsigma = \boldsymbol{I}_{Oi}^{-0.5} \boldsymbol{\varsigma} = \boldsymbol{I}_{Oi}^{-1} \boldsymbol{B}_R^i \boldsymbol{\eta}^i$$

变换获得 $\boldsymbol{\theta}_\varsigma$ 与 $\dot{\boldsymbol{\theta}}_\varsigma$。

但是，希望获取全部模态测量是不现实的，也不需要。尽量优化敏感器配置的事项如下。

1）按照耦合程度、模态频率的大小选择需要测量的模态。

各模态与转动的耦合为

$$\boldsymbol{B}_R^i \boldsymbol{\eta}^i = \sum_j \boldsymbol{B}_R^i(j) \eta^i(j)$$

式中，标号 j 为第 j 阶模态。

首先，应选择 $\boldsymbol{B}_R^i(j)$ 系数比较大的模态。

其次，只保留其中频率比较低的模态，超出控制系统动态性能对应的截止频率以上的模态可以不考虑。

实际上，$\boldsymbol{B}_R^i(j)$ 系数比较大的模态也集中在较低频模态，第 j 阶模态耦合系数

$$\boldsymbol{B}_R^i(j) = [m_1 \boldsymbol{\rho}_1^\times, \quad \cdots \quad , m_{nq} \boldsymbol{\rho}_{nq}^\times] \boldsymbol{\varphi}_j$$

模态阶次越高，其振型 $\boldsymbol{\varphi}_j$ 随空间变化的正负起伏越多。上式是它们与矢径叉乘后的累加，

正负抵消比较多。

2）依据所选模态的振型方向，在子体坐标系按方向分类。

振型方向一般分布在空间 3 个正交方向，如平板结构的模态振型主要有平面外弯曲、平面内弯曲和绕对称轴扭曲，当然也不排除复杂、异形结构更多振动方向。

3）根据分类的振型方向，在子体根部按各方向布置应变类敏感器测量根部应变，或利用接触式测角装置或非接触式光学装置实时测量这些方向振动引起的在根部附近的角度变化。

在子体靠近铰链点的根部附近测量各阶模态振动产生的应变，均具有较高的灵敏度。

例 4.1　文献［2］描述的实验装置——长 1.3 m、宽 7.9 cm、厚 2 mm 的悬臂环氧树脂梁如图 4－1 所示，采用压电片测量应变。设某个压电片沿梁长方向的起止坐标分别为 x_1、x_2，则测量值正比于梁振动的应变在区间［x_1，x_2］的积分。若是第 j 阶模态振动所致，则有（该例只考虑一维振动，对应变量写为标量）

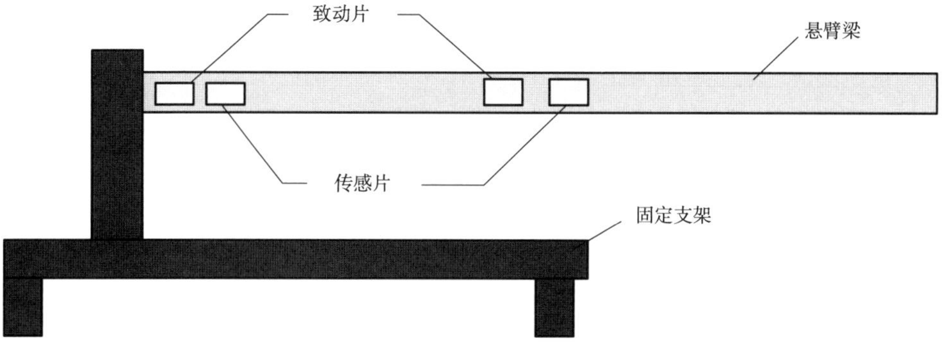

图 4－1　悬臂环氧树脂梁振动测量与控制装置

$$\int_{x_1}^{x_2} \varepsilon \, \mathrm{d}x \propto \left[\frac{\partial \varphi_j}{\partial x}(x_2) - \frac{\partial \varphi_j}{\partial x}(x_1)\right]\eta_j$$

称

$$B_j(x_1) \equiv \frac{\partial \varphi_j}{\partial x}(x_2) - \frac{\partial \varphi_j}{\partial x}(x_1)$$

为第 j 阶模态的模态影响系数。图 4－2 分别给出了前三阶模态的振型函数，以及其模态影响系数与位置的关系，均在根部附近有明显的大小。

4）信号处理。

这里仅作原理性描述。设某个方向的测量换算为根部附近位置 $\boldsymbol{\rho}$ 的变形 $\boldsymbol{u}(\boldsymbol{\rho}, t)$ 与其速率 $\dot{\boldsymbol{u}}(\boldsymbol{\rho}, t)$。根据式（2.2.7），有

$$\boldsymbol{u}(\boldsymbol{\rho}, t) = \boldsymbol{N}_{Ai}\boldsymbol{\Phi}\boldsymbol{\eta}^i = \boldsymbol{N}_{Ai}(\boldsymbol{\rho})\sum_j \boldsymbol{\varphi}_j \eta^i(j)$$

$$\dot{\boldsymbol{u}}(\boldsymbol{\rho}, t) = \boldsymbol{N}_{Ai}(\boldsymbol{\rho})\sum_j \boldsymbol{\varphi}_j \dot{\eta}^i(j)$$

如果该方向有多个选定模态起作用，利用频谱分析，获得各模态对应的 $\boldsymbol{u}_j(\boldsymbol{\rho}, t)$ 与其速率 $\dot{\boldsymbol{u}}_j(\boldsymbol{\rho}, t)$，则

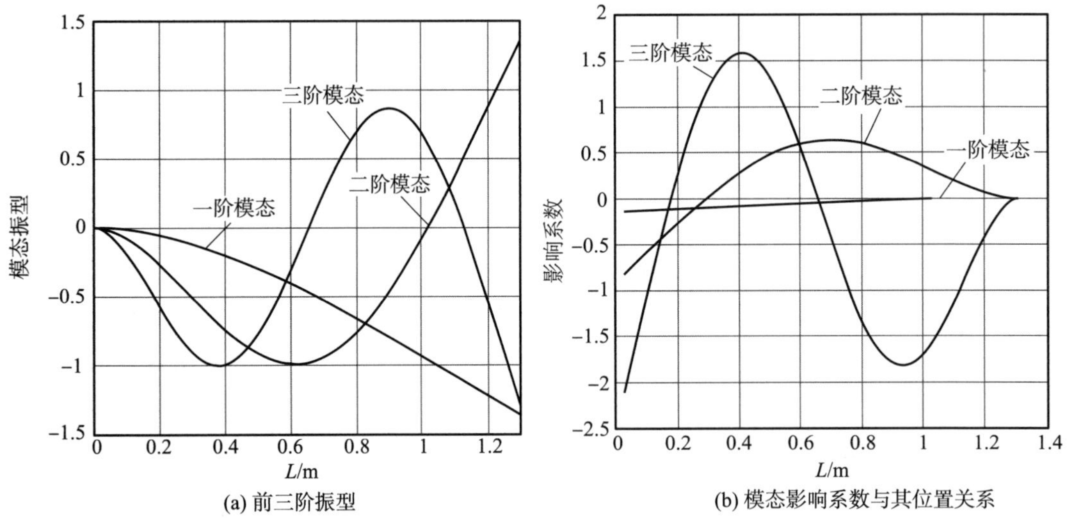

图 4－2　悬臂环氧树脂梁的前三阶振型、模态影响系数与其位置关系

$$\boldsymbol{u}_j(\boldsymbol{\rho},t)=\boldsymbol{N}_{Ai}(\boldsymbol{\rho})\boldsymbol{\varphi}_j\eta^i(j),\quad \dot{\boldsymbol{u}}_j(\boldsymbol{\rho},t)=\boldsymbol{N}_{Ai}(\boldsymbol{\rho})\boldsymbol{\varphi}_j\dot{\eta}^i(j)$$

利用上式求得相关的模态坐标与速率。再将各方向的结果代入下式：

$$\boldsymbol{\theta}_\varsigma=\boldsymbol{I}_{Oi}^{-1}\sum_j\boldsymbol{B}_R^i(j)\eta^i(j),\quad \dot{\boldsymbol{\theta}}_\varsigma=\boldsymbol{I}_{Oi}^{-1}\sum_j\boldsymbol{B}_R^i(j)\dot{\eta}^i(j)$$

即为所得。

(2) 基于输入力矩模型的方法

利用综合控制方程（4.2.4）的约束方程，忽略弱耦合的模态正交补坐标 $\boldsymbol{\zeta}$ 的影响，则

$$\boldsymbol{C}_D\dot{\boldsymbol{\theta}}_\varsigma+\boldsymbol{K}_D\boldsymbol{\theta}_\varsigma=-\boldsymbol{T}_{ai}-\boldsymbol{T}_{E1}\tag{4.2.15}$$

如果式（4.2.15）左边系数阵、右边项已知，则可以估计 $\boldsymbol{\theta}_\varsigma$和 $\dot{\boldsymbol{\theta}}_\varsigma$。

对式（4.2.15）右边项中 $\boldsymbol{T}_{E1}$ 的估计 $\hat{\boldsymbol{T}}_{E1}$ 可由计算得到。而 $\boldsymbol{T}_{ai}$ 的估计则取决于驱动机构的力矩模型，一般形如

$$\boldsymbol{T}_{ai}=k_{TV}\boldsymbol{V}+\boldsymbol{T}_d$$

式中，$\boldsymbol{V}$ 为控制电压；k_{TV} 为力矩-电压系数，一般很稳定，由地面标定获得；$\boldsymbol{T}_d$ 为摩擦力矩，也可以通过地面试验标定，有状态测量的情况下可以对摩擦力矩 $\boldsymbol{T}_d$ 设计估计器。

式（4.2.15）左边系数阵中，$\boldsymbol{K}_D$ 是比较准确的。但是，计算 $\boldsymbol{C}_D$ 需要的阻尼比参数往往是不确知的，但可以肯定其非常小。因此，在控制系统关心的频带内，采用下式估计是足够准确的：

$$\hat{\boldsymbol{\theta}}_\varsigma=-\boldsymbol{K}_D^{-1}(\hat{\boldsymbol{T}}_{ai}+\hat{\boldsymbol{T}}_{E1})\tag{4.2.16}$$

再对采样周期获得的 $\hat{\boldsymbol{\theta}}_\varsigma$进行差分后低通滤波，获得速度估计 $\hat{\dot{\boldsymbol{\theta}}}_\varsigma$。

本方法成本低，工程中易实现。

(3) 基于输入力矩模型和模态测量的综合方法

如果模态测量具备工程条件，则可以将上述两个方法结合起来。

1) 将摩擦力矩 $\boldsymbol{T}_d$ 作为估计器的扩展状态，由方法 2 对 $\hat{\boldsymbol{\theta}}_\varsigma$、$\hat{\dot{\boldsymbol{\theta}}}_\varsigma$进行预估。

2) 用方法 1 获得的测量修正预估值和 $\hat{\boldsymbol{T}}_d$ 。即使相关的耦合模态测量不全面，也仅修正了预估值中已测量模态耦合的部分，不会影响其他部分的预估。

估计器的具体设计思路与 3.5 节类似，不再赘述。

(4) 广义转动角加速度估计

子体 A_i 的广义转动角加速度 $\ddot{\boldsymbol{\Theta}}^i$ 将出现在系统转动方程中，为了进一步改善系统性能，系统姿态确定（3.5 节）和复合控制（4.3 节）均需要其估计值。

利用驱动模型和摩擦力矩估计：

$$\hat{\boldsymbol{T}}_{ai} = k_{TV}\boldsymbol{V} + \hat{\boldsymbol{T}}_d$$

由式（4.2.4），$\ddot{\boldsymbol{\Theta}}^i$ 的估计为

$$\hat{\ddot{\boldsymbol{\Theta}}}^i = \boldsymbol{I}_{Oi}^{-1}\hat{\boldsymbol{T}}_{ai} + \boldsymbol{I}_{Oi}^{-1}\hat{\boldsymbol{T}}_{E1} + \boldsymbol{I}_{Oi}^{-1}\hat{\boldsymbol{T}}_{E2} \tag{4.2.17}$$

式（4.2.17）中，$\hat{\boldsymbol{T}}_{E2}$ 与质心变化相关，其估计参见 4.3.2 节相关内容。

4.2.4 选用子体上的力阵控制转动的比较分析

前文选用了 $\boldsymbol{T}_{ai}$ 作为子体转动的控制量，简便且不与正交补模态发生直接耦合。本小节令 $\boldsymbol{T}_{ai}=0$，选用 $\sum_k^{nq}\boldsymbol{\rho}_k \times \boldsymbol{f}_k$ 为控制量，进行比较分析。

忽略平动、$\boldsymbol{\omega}$ 、质心变化与二次小量的影响，则综合控制方程组（4.2.6）为

$$\begin{aligned}\boldsymbol{I}_{Oi}\ddot{\boldsymbol{\Theta}}^i &= \sum_k^{nq}\boldsymbol{\rho}_k \times \boldsymbol{f}_k \\ &- \boldsymbol{C}_D\dot{\boldsymbol{\theta}}_\varsigma - \boldsymbol{K}_D\boldsymbol{\theta}_\varsigma = \boldsymbol{T}_{E3}\end{aligned} \tag{4.2.18}$$

而正交补模态方程为

$$\ddot{\boldsymbol{\zeta}} + (\boldsymbol{SDS}^{\mathrm{T}})\dot{\boldsymbol{\zeta}} + (\boldsymbol{S\Lambda}^2\boldsymbol{S}^{\mathrm{T}})\boldsymbol{\zeta} = \boldsymbol{S\Phi}^{\mathrm{T}}\boldsymbol{f} - (\boldsymbol{SDB}_R^{i\mathrm{T}}\dot{\boldsymbol{\theta}}_\varsigma + \boldsymbol{S\Lambda}^2\boldsymbol{B}_R^{i\mathrm{T}}\boldsymbol{\theta}_\varsigma) \tag{4.2.19}$$

设转动控制需要的力矩为 $\boldsymbol{u}_D$ ，这里讨论如何在子体上设计力阵 $\boldsymbol{f}$ ，使其不直接耦合到正交补模态方程中，即

$$\sum_k^{nq}\boldsymbol{\rho}_k \times \boldsymbol{f}_k = \boldsymbol{B}_R^i\boldsymbol{\Phi}^{\mathrm{T}}\boldsymbol{f} = \boldsymbol{u}_D, \quad \boldsymbol{S\Phi}^{\mathrm{T}}\boldsymbol{f} = 0 \tag{4.2.20}$$

显然力阵 $\boldsymbol{f}$ 的最小二乘解

$$\boldsymbol{\Phi}^{\mathrm{T}}\boldsymbol{f} = \boldsymbol{B}_R^{i\mathrm{T}}\boldsymbol{I}_{Oi}^{-1}\boldsymbol{u}_D = \begin{bmatrix} \vdots \\ m_k\boldsymbol{\rho}_k^{\times\mathrm{T}}\boldsymbol{I}_{Oi}^{-1}\boldsymbol{u}_D \\ \vdots \end{bmatrix} \tag{4.2.21}$$

满足要求。再考虑到 $\boldsymbol{u}_D$ 的任意性，除了差一个常系数外，力阵 $\boldsymbol{f}$ 也必须具有这样的形式。

由式（4.2.21），对于任意 k，只有 $\boldsymbol{\rho}_k // \boldsymbol{I}_{Oi}^{-1}\boldsymbol{u}_D$，相应位置才不需要分配值 $\boldsymbol{\Phi}^{\mathrm{T}}\boldsymbol{f}(k)$，否则必然需要。由于 $\boldsymbol{I}_{Oi}^{-1}\boldsymbol{u}_D$ 的方向具有任意性，因此必然需要大量分布的执行机构的配置才有可能，这在工程上基本不可行。

进一步减少配置，只能采取近似的方法。这里给出一个思路，具体如下。

1）仅针对执行机构布局进行分析，合并小单元成大单元，减少节点数目，从而减少可配置的单元数。

2）近似优化。针对新的单元划分和节点，限制非零的 $\boldsymbol{f}_k$ 最多为 n 项（n 远小于节点数），即只有 n 节点配置产生力的执行机构，按如下指标寻优它们的分布：

$$\min_{f_k}\sum_{i=1}^{3}\left|\boldsymbol{\Phi}^{\mathrm{T}}\boldsymbol{f}-\boldsymbol{B}_R^{i\mathrm{T}}\boldsymbol{e}_i\right|$$

式中，$\boldsymbol{e}_i(i=1,2,3)$ 为 3 个正交方向。

由式（4.2.21），优化的配置必然在质量矩 $m_k\boldsymbol{\rho}_k$ 较小的单元，以保证转动控制耦合到 $\boldsymbol{\zeta}$ 的力小。

考虑到选用 $\sum_{k}^{n_q}\boldsymbol{\rho}_k\times\boldsymbol{f}_k$ 为子体转动控制量，配置多，代价大，且很难避开对正交补模态的耦合，因此应优先选用 $\boldsymbol{T}_{ai}$。

4.2.5 正交补模态的解耦控制

正交补模态与子体转动弱耦合，而中心体稳定控制时其影响也可不考虑。但是，当某些子体有很高的面形要求，或中心体变速机动且要求极高精度的快速稳定时，在姿态稳定过程中就需要考虑对正交补模态中影响比较大的进行选择性控制。

本小节讨论如果对正交补模态实施主动控制，需要如何配置敏感器与执行机构，以实现解耦控制。

忽略平动影响与质心变化，以及与 $\boldsymbol{\varsigma}$ 的弱耦合，假设系统角速度控制稳定（$\dot{\boldsymbol{\omega}}\approx\mathbf{0}$），则正交补模态方程（4.2.5）简化为

$$\ddot{\boldsymbol{\zeta}}+(\boldsymbol{SDS}^{\mathrm{T}})\dot{\boldsymbol{\zeta}}+(\boldsymbol{S\Lambda}^2\boldsymbol{S}^{\mathrm{T}})\boldsymbol{\zeta}=\boldsymbol{S\Phi}^{\mathrm{T}}\boldsymbol{f} \tag{4.2.22}$$

（1）敏感器与执行机构的配置原则

考虑采用敏感应变、应力的方式测量模态与速率，则力阵 $\boldsymbol{f}$ 配置位置的模态影响系数与在该处配置敏感器的敏感模态变化的系数是相同的，敏感器或执行机构的配置问题是同一个问题。为了实现解耦控制，分布配置的敏感器应检测不到广义转动状态，同时分布配置的执行机构产生的力阵 $\boldsymbol{f}$ 对转动方程的作用为 0。根据转动方程（4.2.4），即要求

$$\sum_{k}^{n_q}\boldsymbol{\rho}_k\times\boldsymbol{f}_k=0 \tag{4.2.23}$$

由式（2.6.9）

$$\boldsymbol{S}=\boldsymbol{U\Phi},\quad[\boldsymbol{\rho}_1^{\times},\cdots,\boldsymbol{\rho}_{n_q}^{\times}]\boldsymbol{U}^{\mathrm{T}}=\mathbf{0}$$

可以得到式（4.2.23）的解空间为 $\boldsymbol{U}^{\mathrm{T}}$，即满足要求的任意力阵 $\boldsymbol{f}$ 是其列向量的线性组合：

$$\boldsymbol{f}=\boldsymbol{U}^{\mathrm{T}}\boldsymbol{a} \tag{4.2.24}$$

式中，$\boldsymbol{a}$ 为任选的 $3(n_q-1)$ 维列向量。

式（4.2.24）就是敏感器或执行机构的配置条件。根据控制需要，选择正交的 n 个向量 $\boldsymbol{a}_1$，…，$\boldsymbol{a}_n(n\leqslant 3(n_q-1))$ 设计配置。控制力就是它们的组合：

$$\boldsymbol{f}_c=\boldsymbol{U}^{\mathrm{T}}\sum_{j=0}^{n}\boldsymbol{a}_j u_j \tag{4.2.25}$$

式中，u_j 为依据控制律实时变化的控制量。

（2）控制律设计

将式（4.2.25）代入式（4.2.22），并应用式（2.6.9），右边等价于

$$\boldsymbol{S\Phi}^{\mathrm{T}}\boldsymbol{f}_c=\boldsymbol{U\Phi\Phi}^{\mathrm{T}}\boldsymbol{U}^{\mathrm{T}}\sum_{j=0}^{n}\boldsymbol{a}_j u_j=\sum_{j=0}^{n}\boldsymbol{a}_j u_j$$

可以对式（4.2.22）设计 PD 控制律或微分控制，以加快振动衰减。期望

$$\boldsymbol{S\Phi}^{\mathrm{T}}\boldsymbol{f}_c=-\boldsymbol{K}_D\dot{\boldsymbol{\zeta}}-\boldsymbol{K}_P\boldsymbol{\zeta} \tag{4.2.26}$$

当全维配置 $[n=3(n_q-1)]$ 时，则控制律为

$$\sum_{j=0}^{n}\boldsymbol{a}_j u_j=-\boldsymbol{K}_D\dot{\boldsymbol{\zeta}}-\boldsymbol{K}_P\boldsymbol{\zeta} \tag{4.2.27}$$

而当欠配置 $[n<3(n_q-1)]$ 时，进行如下优化：

$$\min_{u_j}\left\{\sum_{j=0}^{n}\boldsymbol{a}_j u_j+\boldsymbol{K}_D\dot{\boldsymbol{\zeta}}+\boldsymbol{K}_P\boldsymbol{\zeta}\right\} \tag{4.2.28}$$

控制律（4.2.26）是一般情况，其中包含全部正交补模态。工程上，只需要选择少部分正交补模态进行控制，则式（4.2.27）比较容易实现，右边非零项很少，则左边的配置数 n 也可以很少。

（3）举例：几种特殊的配置

1）形如

$$\boldsymbol{f}_k=[\boldsymbol{0}\cdots\bar{\boldsymbol{\rho}}_k^{\mathrm{T}}\cdots\boldsymbol{0}]^{\mathrm{T}},\quad k=1,\cdots,n_q \tag{4.2.29}$$

都是式（4.2.23）的解，该列向量第 $3k$ 位开始是节点矢径 $\boldsymbol{\rho}_k$ 的单位向量 $\bar{\boldsymbol{\rho}}_k$，其他位为 0。解空间 $\boldsymbol{U}^{\mathrm{T}}$ 有 $3(n_q-1)$ 线性无关的解向量，式（4.2.29）最多提供了 n_q 个解（一组平行的节点矢径，只能保留一个）。

该方式配置比较简单，力阵的布局方向为 $\bar{\boldsymbol{\rho}}_k$。

2）形如

$$\boldsymbol{f}_{ij}=[0\cdots\boldsymbol{\rho}_j^{\mathrm{T}}\cdots\boldsymbol{\rho}_i^{\mathrm{T}}\cdots 0]^{\mathrm{T}},\quad k=1,\cdots,n_q \tag{4.2.30}$$

都是式（4.2.23）的解，第 $3i$、$3j$ 位分别是节点矢径 $\boldsymbol{\rho}_j$、$\boldsymbol{\rho}_i$，其他位为 0。

该方式配对选择更灵活。不过，虽然该方式选择很多，但需要排除大部分线性相关解。

3）4 个矢径组合形成的解向量

选定 3 个不共面的 $\boldsymbol{\rho}_{i1}$、$\boldsymbol{\rho}_{i2}$、$\boldsymbol{\rho}_{i3}$，任取不与它们平行的第 4 个矢径 $\boldsymbol{\rho}_{i4}$，则有

$$\boldsymbol{\rho}_{i4}=b_1\boldsymbol{\rho}_{i1}+b_2\boldsymbol{\rho}_{i2}+b_3\boldsymbol{\rho}_{i3}$$

$$[\boldsymbol{\rho}_{i1}^{\times} \quad \boldsymbol{\rho}_{i2}^{\times} \quad \boldsymbol{\rho}_{i3}^{\times} \quad \boldsymbol{\rho}_{i4}^{\times}]\begin{bmatrix} b_1\boldsymbol{E}_3 \\ b_2\boldsymbol{E}_3 \\ b_3\boldsymbol{E}_3 \\ -\boldsymbol{E}_3 \end{bmatrix} = \boldsymbol{0}$$

因此，存在如下形式的 3 个解向量：

$$[\cdots b_1 \cdots b_2 \cdots b_3 \cdots -1 \cdots]^{\mathrm{T}} \tag{4.2.31}$$

其中，标注参数所在位分别为 $3i_1-j$、$3i_2-j$、$3i_3-j$、$3i_4-j(j=0, 1, 2)$，标注外的其他位为 0。

4.3 卫星姿态的复合控制方法

4.3.1 控制模型与复合控制律

（1）控制目标

卫星中心体需要维持对地或对惯性系指向，目标姿态四元数（F_B 系相对惯性系）与目标角速度分别为 $\overline{\boldsymbol{Q}}_c$ 、$\boldsymbol{\omega}_c$($\boldsymbol{\omega}_c$ 为常向量)，它们满足形如式（3.2.36）的姿态运动方程。

卫星的姿态与角速度 $\overline{\boldsymbol{Q}}$ 、$\boldsymbol{\omega}$ 由第 3 章所述方法确定。

控制目标为

$$\boldsymbol{\omega} \rightarrow \boldsymbol{\omega}_c, \quad \overline{\boldsymbol{Q}}(t) \rightarrow \overline{\boldsymbol{Q}}_c$$

令控制误差为

$$\delta\boldsymbol{\omega} = \boldsymbol{\omega} - \boldsymbol{\omega}_c, \quad \delta\overline{\boldsymbol{Q}} = \overline{\boldsymbol{Q}}_c^{-1} \otimes \overline{\boldsymbol{Q}}$$

它们满足形如式（3.2.36）的姿态运动方程。误差四元数 $\delta\overline{\boldsymbol{Q}}$ 的矢量部分记为$\boldsymbol{Q}_v$，标量部分记为 q_0。在使用前，四元数已进行规范化处理，使得标量部分非负（这里误差变量采用了与 4.2 节一样的符号，读者应注意根据上下文区分）。因此，控制目标为

$$\delta\boldsymbol{\omega} \rightarrow \boldsymbol{0}, \quad \boldsymbol{Q}_v \rightarrow \boldsymbol{0}$$

（2）控制模型

利用子体转动模态坐标和正交补模态坐标的分解、模态恒等式，则系统转动方程（2.4.6）中系统角动量与子体转动振动相关的部分可写成

$$\sum_i \boldsymbol{R}_i^{\mathrm{T}}\boldsymbol{J}_i\boldsymbol{\omega}_i + \sum_i \boldsymbol{F}_S^i\dot{\boldsymbol{\eta}}^i = \sum_i \boldsymbol{R}_i^{\mathrm{T}}\boldsymbol{J}_i\dot{\boldsymbol{\Theta}}^i + \sum_i \boldsymbol{O}_i^{\times}\boldsymbol{R}_i^{\mathrm{T}}\boldsymbol{B}_T^i\boldsymbol{S}^{i\mathrm{T}}\boldsymbol{\zeta}^i$$

同时，在系统转动方程（2.4.6）右端包含子体模态控制主动力所产生的力矩项 $\sum_i \boldsymbol{R}_i^{\mathrm{T}}\boldsymbol{T}_{Ai}$，根据式（2.4.4）的定义，$\boldsymbol{T}_{Ai}$ 中的体力已去掉引力，面力已去掉气动力与光压力。因此，在讨论的控制对象中，只剩下正交补模态控制力的作用，即

$$\boldsymbol{T}_{Ai} = \sum_k^{nq} \boldsymbol{r}_k^{\times}\boldsymbol{f}_k = \boldsymbol{R}_i\boldsymbol{O}_i^{\times}\boldsymbol{R}_i^{\mathrm{T}}\sum_k^{nq}\boldsymbol{f}_k$$

上式用到了正交补模态控制力的约束［式（4.2.23）］。利用

$$\boldsymbol{B}_T^i\boldsymbol{S}^{i\mathrm{T}}\boldsymbol{S}^i\boldsymbol{\Phi}^i\boldsymbol{f}^i = \boldsymbol{B}_T^i(\boldsymbol{E} - \boldsymbol{T}^{i\mathrm{T}}\boldsymbol{T}^i)\boldsymbol{\Phi}^i\boldsymbol{f}^i = \boldsymbol{B}_T^i\boldsymbol{\Phi}^i\boldsymbol{f}^i = \sum_k^{nq}\boldsymbol{f}_k$$

和正交补模态控制方程（4.2.22），则式（2.4.6）中与子体振动、转动相关项可表示为

$$
\begin{aligned}
&-\sum_i \boldsymbol{R}_i^{\mathrm{T}}\boldsymbol{J}_i\dot{\boldsymbol{\omega}}_i-\sum_i \boldsymbol{F}_S^i\ddot{\boldsymbol{\eta}}^i+\sum_i \boldsymbol{R}_i^{\mathrm{T}}\boldsymbol{T}_{Ai}=-\sum_i \boldsymbol{R}_i^{\mathrm{T}}\boldsymbol{J}_i\ddot{\boldsymbol{\Theta}}^i-\sum_i \boldsymbol{O}_i^{\times}\boldsymbol{R}_i^{\mathrm{T}}\boldsymbol{B}_T^i\boldsymbol{S}^{i\mathrm{T}}\ddot{\boldsymbol{\zeta}}^i+\sum_i \boldsymbol{R}_i^{\mathrm{T}}\boldsymbol{T}_{Ai}\\
&\quad=-\sum_i \boldsymbol{R}_i^{\mathrm{T}}\boldsymbol{J}_i\ddot{\boldsymbol{\Theta}}^i+\sum_i \boldsymbol{O}_i^{\times}\boldsymbol{R}_i^{\mathrm{T}}\boldsymbol{B}_T^i\boldsymbol{S}^{i\mathrm{T}}\boldsymbol{S}^i(\boldsymbol{D}^i\boldsymbol{S}^{i\mathrm{T}}\dot{\boldsymbol{\zeta}}^i+\boldsymbol{\Lambda}^{i2}\boldsymbol{S}^{i\mathrm{T}}\boldsymbol{\zeta}^i)
\end{aligned}
\tag{4.3.1}
$$

系统转动方程（2.4.6）等价地表示为

$$
\begin{aligned}
\boldsymbol{I}_S\dot{\boldsymbol{\omega}}=&-\dot{\boldsymbol{H}}_w+\boldsymbol{T}_d+\sum_{j\in B}\boldsymbol{r}_{bj}\times\boldsymbol{F}_{bj}-\sum_i \boldsymbol{R}_i^{\mathrm{T}}\boldsymbol{J}_i\ddot{\boldsymbol{\Theta}}^i-\left[\dot{\boldsymbol{I}}_S\boldsymbol{\omega}+\sum_i \boldsymbol{R}_i^{\mathrm{T}}(\dot{\boldsymbol{J}}_i\boldsymbol{\omega}_i+\boldsymbol{\omega}_i^{\times}\boldsymbol{J}_i\boldsymbol{\omega}_i)\right]\\
&-\boldsymbol{\omega}\times\left(\boldsymbol{I}_S\boldsymbol{\omega}+\sum_i \boldsymbol{R}_i^{\mathrm{T}}\boldsymbol{J}_i\dot{\boldsymbol{\Theta}}^i+\boldsymbol{H}_w\right)+\sum_i \boldsymbol{O}_i^{\times}\boldsymbol{R}_i^{\mathrm{T}}\boldsymbol{B}_T^i\boldsymbol{S}^{i\mathrm{T}}\boldsymbol{S}^i(\boldsymbol{D}^i\boldsymbol{S}^{i\mathrm{T}}\dot{\boldsymbol{\zeta}}^i+\boldsymbol{\Lambda}^{i2}\boldsymbol{S}^{i\mathrm{T}}\boldsymbol{\zeta}^i)-\\
&\boldsymbol{\omega}\times\sum_i \boldsymbol{O}_i^{\times}\boldsymbol{R}_i^{\mathrm{T}}\boldsymbol{B}_T^i\boldsymbol{S}^{i\mathrm{T}}\dot{\boldsymbol{\zeta}}^i
\end{aligned}
\tag{4.3.2}
$$

式（4.3.1）表明，采用模态分解后，子体运动对卫星系统质心转动的影响主要是广义转动状态的影响，而基于下面的理由，正交补模态的影响在控制器设计中被忽略。

1）正交补模态与子体广义转动弱耦合，在卫星系统稳定控制任务中受激励小。

2）它与系统转动的耦合系数 $\boldsymbol{O}_i^{\times}\boldsymbol{R}_i^{\mathrm{T}}\boldsymbol{B}_T^i$ 只是分解前的 $\boldsymbol{F}_S^i$ 的一部分，特别是对于大型子体附件，只是一小部分。

3）子体上的主动力阵只为正交补模态控制使用，不影响子体转动，且在系统转动中，与正交补模态加速度共同作用结果仅为弱耦合模态状态的代数式。

于是，控制器设计所依赖的动力学模型由式（4.3.2）简化为

$$
\begin{aligned}
\boldsymbol{I}_S\dot{\boldsymbol{\omega}}=&-\dot{\boldsymbol{H}}_w+\boldsymbol{T}_d+\sum_{j\in B}\boldsymbol{r}_{bj}\times\boldsymbol{F}_{bj}-\sum_i \boldsymbol{R}_i^{\mathrm{T}}\boldsymbol{J}_i\ddot{\boldsymbol{\Theta}}^i-\left[\dot{\boldsymbol{I}}_S\boldsymbol{\omega}+\sum_i \boldsymbol{R}_i^{\mathrm{T}}(\dot{\boldsymbol{J}}_i\boldsymbol{\omega}_i+\boldsymbol{\omega}_i^{\times}\boldsymbol{J}_i\boldsymbol{\omega}_i)\right]\\
&-\boldsymbol{\omega}\times\left(\boldsymbol{I}_S\boldsymbol{\omega}+\sum_i \boldsymbol{R}_i^{\mathrm{T}}\boldsymbol{J}_i\dot{\boldsymbol{\Theta}}^i+\boldsymbol{H}_w\right)
\end{aligned}
\tag{4.3.3}
$$

为控制律设计方便，式（4.3.3）等号右边各项分类标记如下。

1）$-\dot{\boldsymbol{H}}_w\equiv\boldsymbol{T}_c-\boldsymbol{T}_{wd}$：其中 $\boldsymbol{T}_c$ 是待设计的姿态控制力矩；$\boldsymbol{T}_{wd}$ 是动量轮轮组的合成摩擦力矩，待估计。

2）$\boldsymbol{T}_F\equiv\sum_{j\in B}\boldsymbol{r}_{bj}\times\boldsymbol{F}_{bj}$：中心体上配置的推力器由于小冲量轨控或角动量卸载产生的力矩。

3）$\boldsymbol{T}_\Theta\equiv-\sum_i \boldsymbol{R}_i^{\mathrm{T}}\boldsymbol{J}_i\ddot{\boldsymbol{\Theta}}^i$：子体广义转动角加速度对系统的耦合力矩。

4）$\boldsymbol{T}_V\equiv-[\dot{\boldsymbol{I}}_S\boldsymbol{\omega}+\sum_i \boldsymbol{R}_i^{\mathrm{T}}(\dot{\boldsymbol{J}}_i\boldsymbol{\omega}_i+\boldsymbol{\omega}_i^{\times}\boldsymbol{J}_i\boldsymbol{\omega}_i)]$：主要是惯量变化引起的力矩。

5）$\boldsymbol{T}_\times\equiv-\boldsymbol{\omega}\times(\boldsymbol{I}_S\boldsymbol{\omega}+\sum_i \boldsymbol{R}_i^{\mathrm{T}}\boldsymbol{J}_i\dot{\boldsymbol{\Theta}}^i+\boldsymbol{H}_w)$：陀螺力矩。

因此，式（4.3.3）可表示为

$$
\boldsymbol{I}_S\dot{\boldsymbol{\omega}}=\boldsymbol{T}_c-\boldsymbol{T}_{wd}+\boldsymbol{T}_d+\boldsymbol{T}_F+\boldsymbol{T}_\Theta+\boldsymbol{T}_V+\boldsymbol{T}_\times
\tag{4.3.4}
$$

(3) 复合控制律

设式(4.3.4)的各项干扰力矩的估计值为 $\hat{\boldsymbol{T}}_{wd}$ 、$\hat{\boldsymbol{T}}_{d}$ 、$\hat{\boldsymbol{T}}_{F}$ 、$\hat{\boldsymbol{T}}_{\Theta}$ 、$\hat{\boldsymbol{T}}_{V}$ 、$\hat{\boldsymbol{T}}_{\times}$ ，则定姿系统预估方程(3.5.4)中用到的 $\boldsymbol{a}_c$ 为

$$\boldsymbol{a}_c = \hat{\boldsymbol{I}}_S^{-1}(\hat{\boldsymbol{T}}_c - \hat{\boldsymbol{T}}_{wd} + \hat{\boldsymbol{T}}_d + \hat{\boldsymbol{T}}_F + \hat{\boldsymbol{T}}_{\Theta} + \hat{\boldsymbol{T}}_V + \hat{\boldsymbol{T}}_{\times}) \tag{4.3.5}$$

这就细化了定姿方程中各种力矩计算或估计的来源，本节余下小节会讨论如何获取各项干扰力矩的估计值。

姿态控制采用反馈控制与干扰力矩前馈补偿相结合的控制律：

$$\begin{cases} \boldsymbol{T}_c = \boldsymbol{T}_{PID} - \hat{\boldsymbol{I}}_S\hat{\boldsymbol{a}}_n + \hat{\boldsymbol{T}}_{wd} - \hat{\boldsymbol{T}}_d - \hat{\boldsymbol{T}}_{Fc} - \hat{\boldsymbol{T}}_{\Theta} - \hat{\boldsymbol{T}}_V - \hat{\boldsymbol{T}}_{\times} \\ \boldsymbol{T}_{PID} = -\hat{\boldsymbol{I}}_S(2\boldsymbol{K}_p\boldsymbol{Q}_v + \boldsymbol{K}_d\delta\boldsymbol{\omega} + 2\boldsymbol{K}_I\int\boldsymbol{Q}_v\mathrm{d}t) \end{cases} \tag{4.3.6}$$

式中，$\boldsymbol{K}_p$ 、$\boldsymbol{K}_I$ 、$\boldsymbol{K}_d$ 为正定的 PID 增益矩阵，可以取对角阵实现三轴解耦，大小由动态性能要求、稳定性与稳定裕度确定。

例如，取

$$\begin{cases} \boldsymbol{K}_d = 2\xi_c\omega_c\boldsymbol{E} \\ \boldsymbol{K}_p = \omega_c^2\boldsymbol{E} \\ \boldsymbol{K}_I = 2\gamma\xi_c\omega_c^3\boldsymbol{E} \end{cases}$$

式中，ω_c 决定闭环反馈系统带宽；ξ_c 决定阻尼比；$\gamma < 0.2$ 确保稳定裕度。

控制律(4.3.6)中的 $\hat{\boldsymbol{a}}_n$ 是定姿算法对未知干扰角速度的估计，获得方法见 3.5 节。而对 $\hat{\boldsymbol{T}}_F$ 的补偿量采用了 $\hat{\boldsymbol{T}}_{Fc}$ ，这是因为当推力脉冲产生的瞬时力矩超出动量轮组的能力时，不能完全地实时补偿，需要匀化处理。

另外，必须指出，式(4.3.6)中的部分前馈补偿项不一定是必需的，可以依据实际情况选用。但是，作为定姿使用的式(4.3.5)，为了提高姿态估计精度，其中的各项力矩项都应尽量保留。

4.3.2～4.3.4 节将详细说明如何获取尚未交代计算方法的 $\hat{\boldsymbol{T}}_{wd}$ 、$\hat{\boldsymbol{T}}_F$(或 $\hat{\boldsymbol{T}}_{Fc}$)、$\hat{\boldsymbol{T}}_{\Theta}$ 、$\hat{\boldsymbol{T}}_V$ 、$\hat{\boldsymbol{T}}_{\times}$ 。

控制律(4.3.6)中的 $\boldsymbol{T}_{PID}$ 用于确保系统稳定，而其他的前馈补偿部分是改善控制动态性能、提高稳态精度的重要组成。

4.3.2 系统质心、惯量变化与相关力矩的实时计算

由于子体的相对运动造成系统质心变化，式(4.3.5)和式(4.3.6)中各项需要的关于质心的矢径、惯量矩阵及其变化均需要根据系统运动状态测量实时计算。下面公式采用的各变量的估计值，通过在变量上方加标记“^”来区分。

忽略各子体正交补模态的影响，则由质心实时位置与变化率的计算公式(2.3.1)，质心与变化率估计为

$$\hat{c} = \sum_i \frac{m_{Ai}}{m_S}(\boldsymbol{O}_{iB} + \hat{\boldsymbol{R}}_i^{\mathrm{T}}\boldsymbol{\rho}_{Ai} + \hat{\boldsymbol{R}}_i^{\mathrm{T}}\boldsymbol{\rho}_{Ai}^{\times\mathrm{T}}\hat{\boldsymbol{\theta}}_{\varsigma}^i)$$
$$\hat{\dot{c}} = \frac{1}{m_S}\sum_i \hat{\boldsymbol{R}}_i^{\mathrm{T}} m_{Ai}\boldsymbol{\rho}_{Ai}^{\times\mathrm{T}}\hat{\dot{\boldsymbol{\Theta}}}^i \tag{4.3.7}$$

根据新的质心位置，重新计算 $\hat{\boldsymbol{T}}_F$ 中所需的各推力相对质心的矢径，以及中心体 $\boldsymbol{O}_B$ 与子体 $\boldsymbol{O}_i$ 。

利用系统状态测量与质心变化估计，计算控制律需要的惯量矩阵 $\boldsymbol{I}_S$ 、$\boldsymbol{J}_i$ 与它们的变化，即由

$$\hat{\boldsymbol{I}}_{BO} = \boldsymbol{I}_B + m_B\hat{\boldsymbol{O}}_B^{\times}\hat{\boldsymbol{O}}_B^{\times\mathrm{T}}$$
$$\hat{\boldsymbol{I}}_O^i = m_{Ai}\hat{\boldsymbol{O}}_i^{\times\mathrm{T}}\hat{\boldsymbol{O}}_i^{\times} + m_{Ai}\,[\hat{\boldsymbol{O}}_i^{\times\mathrm{T}}\,(\hat{\boldsymbol{R}}_i^{\mathrm{T}}\boldsymbol{\rho}_{Ai})^{\times} + (\hat{\boldsymbol{R}}_i^{\mathrm{T}}\boldsymbol{\rho}_{Ai})^{\times\mathrm{T}}\hat{\boldsymbol{O}}_i^{\times}] + \hat{\boldsymbol{R}}_i^{\mathrm{T}}\boldsymbol{I}_{Oi}\hat{\boldsymbol{R}}_i$$
$$\hat{\boldsymbol{G}}_i = \int_{Ai}(\hat{\boldsymbol{R}}_i^{\mathrm{T}}\hat{\boldsymbol{\omega}}_i^{\times}\boldsymbol{\rho})^{\times\mathrm{T}}\bar{\boldsymbol{r}}^{\times}\,\mathrm{d}m$$

得到

$$\hat{\boldsymbol{J}}_i = \boldsymbol{I}_{Oi} + m_{Ai}\,(\hat{\boldsymbol{R}}_i\hat{\boldsymbol{O}}_i)^{\times\mathrm{T}}\boldsymbol{\rho}_{Ai}^{\times}$$
$$\hat{\boldsymbol{I}}_S = \hat{\boldsymbol{I}}_{BO} + \sum_i \hat{\boldsymbol{I}}_O^i$$
$$\hat{\dot{\boldsymbol{J}}}_i = -m_{Ai}\,(\hat{\boldsymbol{R}}_i\hat{\dot{c}} + \hat{\boldsymbol{\omega}}_i^{\times}\hat{\boldsymbol{R}}_i\hat{\boldsymbol{O}}_i)^{\times\mathrm{T}}\rho_{Ai}^{\times} \tag{4.3.8}$$
$$\hat{\dot{\boldsymbol{I}}}_S = \sum_i(\hat{\boldsymbol{G}}_i + \hat{\boldsymbol{G}}_i^{\mathrm{T}})$$

在 4.2.3 节中广义转动角加速度的估计，要用到 $\hat{\boldsymbol{T}}_{E2}$ ，这里给出其计算过程。

在质心方程（2.3.5）中忽略各子体正交补模态，记

$$\boldsymbol{a}_S \equiv \dot{\boldsymbol{v}}_O + \boldsymbol{\omega}^{\times}\boldsymbol{v}_O - \ddot{\boldsymbol{c}}$$

有

$$m_S\boldsymbol{a}_S = -\sum_i \hat{\boldsymbol{R}}_i^{\mathrm{T}} m_{Ai}\boldsymbol{\rho}_{Ai}^{\times\mathrm{T}}\hat{\ddot{\boldsymbol{\Theta}}}^i + \sum_{j\in B}\boldsymbol{F}_{bj} + \sum_i \boldsymbol{R}_i^{\mathrm{T}}\boldsymbol{F}_{Ai}^i \tag{4.3.9}$$

则 $\boldsymbol{a}_S$ 的估计为

$$\hat{\boldsymbol{a}}_S = \frac{1}{m_S}(-\sum_i \hat{\boldsymbol{R}}_i^{\mathrm{T}} m_{Ai}\boldsymbol{\rho}_{Ai}^{\times\mathrm{T}}\hat{\ddot{\boldsymbol{\Theta}}}^i + \sum_{j\in B}\hat{\boldsymbol{F}}_{bj} + \sum_i \hat{\boldsymbol{R}}_i^{\mathrm{T}}\hat{\boldsymbol{F}}_{Ai}^i) \tag{4.3.10}$$

在星上离散化计算中 $\hat{\ddot{\boldsymbol{\Theta}}}^i$ 取预估值。

子体 A_i 的 $\boldsymbol{T}_{E2}$ 的估计为

$$\hat{\boldsymbol{T}}_{E2}^i = -\hat{\boldsymbol{J}}_i^{\mathrm{T}}\hat{\boldsymbol{R}}_i\hat{\dot{\boldsymbol{\omega}}} - m_{Ai}\boldsymbol{\rho}_{Ai}^{\times}\hat{\boldsymbol{R}}_i\hat{\boldsymbol{a}}_S \tag{4.3.11}$$

式中，$\hat{\dot{\boldsymbol{\omega}}}$ 由定姿过程预估方程（3.5.3）提供。

由上述结果，力矩 $\hat{\boldsymbol{T}}_{\Theta}$ 、$\hat{\boldsymbol{T}}_V$ 、$\hat{\boldsymbol{T}}_{\times}$ 的计算如下：

$$\hat{\boldsymbol{T}}_{\Theta} = -\sum_{i}\hat{\boldsymbol{R}}_{i}^{\mathrm{T}}\hat{\boldsymbol{J}}_{i}\hat{\ddot{\boldsymbol{\Theta}}}^{i}$$
$$\hat{\boldsymbol{T}}_{V} = -\hat{\dot{\boldsymbol{I}}}_{S}\hat{\boldsymbol{\omega}} - \sum_{i}\hat{\boldsymbol{R}}_{i}^{\mathrm{T}}(\hat{\dot{\boldsymbol{J}}}_{i}\hat{\boldsymbol{\omega}}_{i} + \hat{\boldsymbol{\omega}}_{i}^{\times}\hat{\boldsymbol{J}}_{i}\hat{\boldsymbol{\omega}}_{i}) \tag{4.3.12}$$
$$\hat{\boldsymbol{T}}_{\times} = -\hat{\boldsymbol{\omega}} \times (\hat{\boldsymbol{I}}_{S}\hat{\boldsymbol{\omega}} + \sum_{i}\hat{\boldsymbol{R}}_{i}^{\mathrm{T}}\hat{\boldsymbol{J}}_{i}\hat{\dot{\boldsymbol{\Theta}}}^{i} + \hat{\boldsymbol{H}}_{w})$$

式中，轮组角动量 $\hat{H}_w$ 由各动量轮角动量测量合成得到。

4.3.3　动量轮组摩擦力矩的估计

设单个动量轮的角动量为 h ，输入指令力矩 T_{hc} ，摩擦力矩 T_{hf} ，则非饱和情况下，驱动方程为[3]

$$\dot{h}(t) = \left[\frac{1}{t_h s + 1}\right]T_{hc}(t) + T_{hf}(t) \tag{4.3.13}$$

式（4.3.13）中，等号右边中括号内为传递函数，其中 t_h 为动量轮机电时间常数，约 0.05 s或更小，其动态远快于卫星姿态控制系统，在本节问题的讨论中可忽略，则近似有

$$\dot{h}(t) \approx T_{hc}(t) + T_{hf}(t) \tag{4.3.14}$$

动量轮的摩擦力矩方向与转速相反，其绝对值含常值项，以及与转速成非线性的函数项（但以一次项为主）：

$$T_{hf}(t) = -\mathrm{sgn}(h)\,[T_{f0} + f(|h|)] \tag{4.3.15}$$

虽然摩擦力矩的模型是比较复杂的，但基于下面 3 点，可以实现实时估计。

1）避免动量轮过零。显然，动量轮转速在过零时引入典型的非线性，一方面摩擦力矩反向导致控制量突变；另一方面在转速过零时高稳定控制陷入死区，暂时失控，只有当姿态偏差大到一定程度时，指令力矩才足以克服反向摩擦，恢复控制。因此，需要避免各个动量轮过零，这是 4.4 节的任务之一。在该约束条件下，摩擦力矩不再突变。

2）姿控系统对动量轮的角动量容量有要求，转速范围比较大，在短时间内虽然 T_{hc} 随控制系统输出频繁波动，但 $|h|$ 变化不大，摩擦力矩 T_{hf} 没有大的变化，估计其短时间内的平均值足够使用。

3）只要动量轮转速不太低，无论哪种测速方法，测速频率和精度都是不低的[4]。而避免动量轮低速旋转，是 4.4 节的另一个任务。

为了获得信噪比较大的修正新息，T_{hf} 的估计周期 Δt 可以取得比姿态估计和控制周期大，这可以根据 $|h|$ 的变化量和测速精度确定。如果 $|h|$ 平均变化较慢，测速精度较差，则 Δt 可以取的大一些。

设动量轮测速装置提供的测量值为 h_m ，则其摩擦力矩的估计公式可设计为

$$\hat{T}_{hf}[(n+1)\Delta t)] = (1 - k\Delta t)\hat{T}_{hf}(n\Delta t) + k\left\{h_m[(n+1)\Delta t] - h_m(n\Delta t) - \int_{n\Delta t}^{(n+1)\Delta t} T_{hc}(\tau)\mathrm{d}\tau\right\} \tag{4.3.16}$$

其中，增益 k 决定了估计器时间常数（约为 $1/k$），它的选取应满足 $2k\Delta t \leqslant 1$。各轮

的指令力矩 T_{hc} 由 T_c 及零运动需求力矩根据轮组构型分配获得，具体在 4.4 节讨论。

将各工作动量轮的摩擦力矩按安装方位合成，即获得 $\boldsymbol{T}_{wd}$ 的估计。设第 j 个工作动量轮的转轴在卫星本体系的方位为 $\boldsymbol{c}_j$ ，则

$$\hat{\boldsymbol{T}}_{wd}(t)=\sum_j \boldsymbol{c}_j \hat{T}_{hf}^j(t) \tag{4.3.17}$$

4.3.4　推力器力矩的估计与动态补偿

如何减小或消除推力器由于轨控、角动量卸载等工作时所产生力矩对姿态的影响，是实现姿态与轨道、角动量的自主协调控制的关键。

（1）补偿策略

中心体上配置的推力器在小脉冲轨控或角动量卸载时产生力矩：

$$\boldsymbol{T}_F=\sum_{j\in B}\boldsymbol{r}_{bj}\times\boldsymbol{F}_{bj}$$

力臂的估计 $\hat{\boldsymbol{r}}_{bj}$ 根据式（4.3.7）给出的质心位置重新计算得到。而推力的估计 $\hat{\boldsymbol{F}}_{bj}$ 则依据推进系统在轨实时的流量或压力测量，并结合地面试验标定的推力模型获得；也可以根据轨道控制结果、卸载结果进行评估；如果星上安装有高精度加速度计，还可以直接测量推力大小。因此

$$\hat{\boldsymbol{T}}_F=\sum_{j\in B}\hat{\boldsymbol{r}}_{bj}\times\hat{\boldsymbol{F}}_{bj} \tag{4.3.18}$$

如果执行机构是电推进、冷气等小推力的推力器，力矩小于动量轮组可输出力矩，则控制律中 $\hat{\boldsymbol{T}}_{Fc}$ 直接取为

$$\hat{\boldsymbol{T}}_{Fc}=\hat{\boldsymbol{T}}_F \tag{4.3.19}$$

如果执行机构是推力大的化学推力器，产生的力矩大于动量轮组可输出力矩，则不能实时补偿干扰力矩。为了减少干扰力矩造成的姿态抖动，可以采用如下补偿策略。

1）在每个喷气脉冲工作时，利用动量轮组产生一个与该喷气脉冲角动量大小相等方向相反的角动量，根据角动量守恒原理，在一定时间间隔内，卫星本体的平均角动量将不会改变。

2）选择合适的补偿启动时间，使得卫星瞬时角动量波动最小。

大干扰力矩的补偿原理如图 4-3 所示。

产生 $\hat{\boldsymbol{T}}_{Fc}$ 的具体措施如下。

1）提前安排喷气脉冲，获知相关参数，包括起始时刻 t_0、脉冲宽度 t_p 、最大喷气脉冲干扰力矩大小 T_p 、喷气效率 η（小脉宽时推力降低），以及动量轮组补偿相关参数，包括最大输出力矩 T_c 、动态时间常数 t_d 。

2）计算最大力矩补偿时间 Δt_c ：

$$\Delta t_c=\frac{T_p\cdot t_p\cdot\eta}{T_c}-t_d \tag{4.3.20}$$

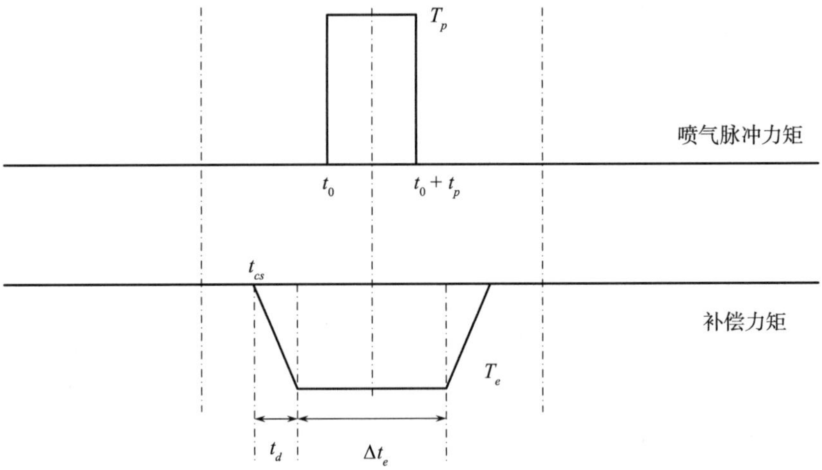

图 4-3　大干扰力矩的补偿原理

3）计算补偿控制的起始工作时刻 t_{cs}：

$$t_{cs}=t_0+\frac{t_p}{2}-\frac{\Delta t}{2}-t_d \tag{4.3.21}$$

（2）力矩补偿机构的方案要点

由于动量轮组具有较大的角动量容量的需求，惯量环会设计得比较大，因此力矩一般不能设计得太大，且动态时间常数很难进一步提高。在全天时的高精度需求下，也可以设计专门的力矩补偿机构来实现轨道与姿态控制的协同。特别是，某些遥感卫星采用摆动式有效载荷，摆镜运动的干扰力矩特别大，针对这类应用，更有必要采用高性能的力矩补偿机构，同时用于大的载荷干扰和喷气力矩实时高精度补偿。

力矩补偿机构由补偿控制器、力矩电动机、惯量环、驱动电路和测量装置 5 部分组成，如图 4-4 所示。

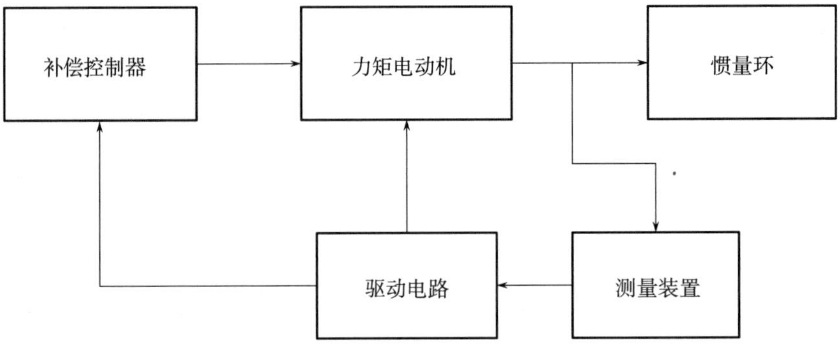

图 4-4　力矩补偿机构的组成

1）补偿控制器负责与上位机通信（也可以作为模块集成在上位机中），并产生相应的力矩或角动量指令。

2）力矩电动机负责输出相应的力矩，其转轴上安装惯量环，以增加转动部分的转动惯量。力矩电动机及惯量环的结构与卫星姿态控制用的动量轮类似。

3）驱动电路负责完成电源变换、功率放大、电动机驱动控制等功能。

4）测量装置用于电流、角速度等信号的测量。

力矩电动机按大力矩、高伺服刚度、低时间常数设计，以减小输出力矩的响应过程，提高输出力矩的精度。

为了避免电动机转速过零工作，力矩补偿机构仍具有较小的角动量范围，工作在偏置角动量。只有当积累的常值角动量达到一定程度后，再与卫星姿态控制动量轮组进行平缓的角动量交换，从而保证了力矩补偿机构工作在非饱和状态，同时角动量交换过程不影响姿态。

4.4　系统角动量的自主控制方法

作者在文献［5］报道了“风云四号”卫星的角动量管理策略，本节在进一步整理其方法的基础上，将其推广到更一般的情况。

4.4.1 节通过正交空间分解，将轮组角动量向量控制分成两个部分；4.4.2 节和 4.4.3 节分别阐述轮组角动量向量目标值在两个空间的自主设计和自动控制方法；4.4.4 节介绍轮组发生重构时如何实现角动量自主管理。

4.4.1　卫星角动量控制模型与控制结构

（1）三轴角动量的变化

忽略子体正交补模态的影响，则由系统动力学方程（4.3.3），系统角动量为

$$\boldsymbol{H}_{\Sigma}=\boldsymbol{H}_S+\boldsymbol{H}_W,\quad \boldsymbol{H}_S\equiv\boldsymbol{I}_S\boldsymbol{\omega}+\sum_i\boldsymbol{R}_i^{\mathrm{T}}\boldsymbol{J}_i\dot{\boldsymbol{\Theta}}^i \tag{4.4.1}$$

其中，卫星与子体转动角动量 $\boldsymbol{H}_S$ 的标称值主要由预期姿态决定，维持恒值或一定范围内波动，不会随时间线性增长。

外扰力矩 $\boldsymbol{T}_d(t)$ 是导致系统角动量积累的主要因素，包括太阳光压力矩、重力梯度力矩、气动力矩、剩磁力矩等，其产生机理和计算公式可参见文献［6］。记 $\boldsymbol{T}_d(t)$ 产生的角动量在卫星本体系表示为 $\boldsymbol{H}_D(t)$，则时间区间 $[t_0,\ t]$ 内积累的角动量在惯性系描述为

$$\Delta\boldsymbol{H}_{D,I}(t)\equiv\boldsymbol{A}^{\mathrm{T}}[\overline{\boldsymbol{Q}}(t)]\boldsymbol{H}_D(t)-\boldsymbol{A}^{\mathrm{T}}[\overline{\boldsymbol{Q}}(t_0)]\boldsymbol{H}_D(t_0)=\int_{t_0}^{t}\boldsymbol{A}^{\mathrm{T}}[\overline{\boldsymbol{Q}}(\tau)]\boldsymbol{T}_d(\tau)\mathrm{d}\tau \tag{4.4.2}$$

式中，$\boldsymbol{A}[\overline{\boldsymbol{Q}}(t)]$ 为 t 时刻卫星本体系相对惯性系的姿态矩阵。

对于对地定向或惯性定向卫星，将 $\boldsymbol{T}_d(t)$ 转换到惯性系，包含常值项、随轨道周期波动项及高次谐波项，则 $\Delta\boldsymbol{H}_{D,I}(t)$ 可描述为随时间线性增长项及周期波动项。

记

$$\Delta\boldsymbol{H}_{S,I}(t)\equiv\boldsymbol{A}^{\mathrm{T}}[\overline{\boldsymbol{Q}}(t)]\boldsymbol{H}_S(t)-\boldsymbol{A}^{\mathrm{T}}[\overline{\boldsymbol{Q}}(t_0)]\boldsymbol{H}_S(t_0)$$

$$\Delta\boldsymbol{H}_{w,I}(t)\equiv\boldsymbol{A}^{\mathrm{T}}[\overline{\boldsymbol{Q}}(t)]\boldsymbol{H}_w(t)-\boldsymbol{A}^{\mathrm{T}}[\overline{\boldsymbol{Q}}(t_0)]\boldsymbol{H}_w(t_0)$$

在无卸载的时间区间 $[t_0, t]$ 内，依据角动量守恒定理，忽略姿态角速度的二次非线性项，则有

$$\Delta \boldsymbol{H}_{w,I}(t)=\Delta \boldsymbol{H}_{D,I}(t)-\Delta \boldsymbol{H}_{S,I}(t) \tag{4.4.3}$$

由于在姿态控制作用下卫星转动角动量的变化 $\Delta \boldsymbol{H}_{S,I}$ 接近0或小范围波动，干扰力矩作用下系统积累的线性增长的角动量将转移到轮组系统，一旦超出轮组的容量范围，轮组将失去姿态控制能力，因此在此前还需要依靠其他手段减小系统角动量的积累量，这就称为系统角动量的卸载。

地球卫星的系统角动量卸载方式主要包括两种。

1）利用环境力矩进行卸载，最方便、最常用的就是磁力矩卸载。其他如主动产生可控的太阳光压力矩、气动力矩，需要专门改变迎流面、压心的装置；而利用重力梯度力矩则需要可控地改变卫星惯量分布的装置，结构复杂，代价大。除非极特殊的情况，这些方式一般不被采用。

系统动力学方程（4.3.3）没有专门给出卸载所需的磁力矩一项，其原理与剩磁力矩一样，都是星上磁矩与地磁场作用，可以归到外力矩 $\boldsymbol{T}_d(t)$ 中。卸载用磁力矩与剩磁力矩的区别是由磁棒等装置根据磁控制律主动施加所需的磁矩。

低轨卫星普遍采用磁力矩卸载。而静止轨道卫星较少采用，主要原因是静止轨道的地磁场强度太弱，如果采用，则需要使用产生大磁矩的磁棒，尺寸大，对卫星内部的磁感应比较严重。

磁卸载是连续实施的，虽然实时产生的磁力矩方向受限（垂直地磁场强度），但是在一定时间内其作用的角动量方向是受控的，幅度在磁棒能力范围内也是受控的。在磁控作用下，$\Delta \boldsymbol{H}_{D,I}(t)$ 可以分解为

$$\Delta \boldsymbol{H}_{D,I}(t)=\Delta \boldsymbol{H}'_{D,I}(t)+\Delta \boldsymbol{H}_{M,I}(t)$$

式中，$\Delta \boldsymbol{H}_{M,I}(t)$ 为主动施加的磁卸载量。

如果磁卸载能力足够，平均意义上可使 $\Delta \boldsymbol{H}_{w,I}(t)\sim 0$，这是一种相对简单的情况，也是后文讨论的一个特殊情况，这里不做深入讨论，磁卸载控制律的设计可以参见文献 [7]。

2）采用卫星携带的推进系统进行卸载。

不管是化学推进、电推进或者冷气推进，它们的推力矩有大有小，但一般情况下都远大于环境干扰力矩，因此它们用于卸载都是间歇式工作，即等动量轮组角动量积累一定的周期时间，再短时间集中卸载。近似认为集中卸载是一个脉冲，不会影响角动量管理的目标。

在推力器卸载作用下，区间 $[t_0, t]$ 的角动量变化为

$$\Delta \boldsymbol{H}_{w,I}(t)=\Delta \boldsymbol{H}_{D,I}(t)-\Delta \boldsymbol{H}_{S,I}(t)+\Delta \boldsymbol{H}_{T,I}(t)\cdot 1(t-t_0-T) \tag{4.4.4}$$

式中，$\Delta \boldsymbol{H}_{T,I}$ 为推力器脉冲卸载量（在惯性系表示）；T 为推力器脉冲卸载时刻距离 t_0 的时间。

在未配置磁卸载装置、磁卸载能力不够，或者磁卸载异常保护时，一般需要推力器卸载。

由于磁卸载量已归入 $\Delta \boldsymbol{H}_{D,I}(t)$ 中，可以从变化量 $\Delta \boldsymbol{H}_{w,I}$ 的大小中得到体现，因此后文不再单独提出，仅讨论推力器卸载的设计。

（2）轮组角动量向量的控制模型与控制目标

三轴角动量 $\boldsymbol{H}_w(t)$ 与其变化率是由参与工作的 N 个动量轮共同合成提供的。考虑控制备份、控制能力与角动量容量，工程上，动量轮组都是冗余配置的，即 $N>3$。设轮组的安装矩阵为

$$\boldsymbol{C}=[\boldsymbol{c}_1 \quad \boldsymbol{c}_2 \quad \cdots \quad \boldsymbol{c}_N]$$

式中，列向量 $\boldsymbol{c}_j$ 为第 j 号轮子的旋转轴在卫星本体系的方位。

各轮子绕自身旋转轴的角动量 h_j 构成轮组角动量向量 $\boldsymbol{h}$ ，即

$$\boldsymbol{h}=[h_1 \quad h_2 \quad \cdots \quad h_N]^{\mathrm{T}}$$

则有

$$\begin{aligned}\boldsymbol{H}_w(t)&=\boldsymbol{C}\boldsymbol{h}(t)\\ \dot{\boldsymbol{H}}_w(t)&=\boldsymbol{C}\dot{\boldsymbol{h}}(t)\end{aligned} \tag{4.4.5}$$

由式（4.3.14），非饱和情况下，轮组角动量向量 $\boldsymbol{h}$ 的控制方程为

$$\dot{\boldsymbol{h}}(t)=\boldsymbol{u}_c(t)+\boldsymbol{u}_f(t) \tag{4.4.6}$$

式中，$\boldsymbol{u}_f$ 为轮组的摩擦力矩向量；$\boldsymbol{u}_c$ 为轮组指令力矩向量，即

$$\begin{aligned}\boldsymbol{u}_c&=[T_{hc,1} \quad T_{hc,2} \quad \cdots \quad T_{hc,N}]^{\mathrm{T}}\\ \boldsymbol{u}_f&=[T_{hf,1} \quad T_{hf,2} \quad \cdots \quad T_{hf,N}]^{\mathrm{T}}\end{aligned}$$

各轮子按照 4.3.3 节给出的方法估计摩擦力矩，可获得摩擦力矩向量的估计 $\hat{\boldsymbol{u}}_f$ 。其偏差定义为

$$\tilde{\boldsymbol{u}}_f=\hat{\boldsymbol{u}}_f-\boldsymbol{u}_f$$

对每个轮子补偿其摩擦力矩，即 $\boldsymbol{u}_c$ 分解为

$$\boldsymbol{u}_c(t)=\boldsymbol{u}_{c0}(t)-\hat{\boldsymbol{u}}_f(t)$$

则

$$\dot{\boldsymbol{h}}(t)=\boldsymbol{u}_{c0}(t)-\tilde{\boldsymbol{u}}_f(t) \tag{4.4.7}$$

式中，$\boldsymbol{u}_{c0}(t)$ 为待设计的轮组控制量。

将系统方程控制量 $\boldsymbol{T}_c$ 所补偿的动量轮组合成摩擦力矩也分离出来：

$$\boldsymbol{T}_c=\boldsymbol{T}_{c0}+\hat{\boldsymbol{T}}_{wd}$$

则系统控制律（4.3.6）等价于

$$\boldsymbol{T}_{c0}=\boldsymbol{T}_{PID}-\hat{\boldsymbol{I}}_S\hat{\boldsymbol{a}}_n-\hat{\boldsymbol{T}}_d-\hat{\boldsymbol{T}}_{Fc}-\hat{\boldsymbol{T}}_{\Theta}-\hat{\boldsymbol{T}}_V-\hat{\boldsymbol{T}}_{\times} \tag{4.4.8}$$

显然，系统控制量与轮组控制量满足如下关系：

$$\boldsymbol{C}\boldsymbol{u}_{c0}(t)=-\boldsymbol{T}_{c0}(t) \tag{4.4.9}$$

这是一个欠定方程组，一旦设计好 $\boldsymbol{T}_{c0}$ ，对应的轮组控制量 $\boldsymbol{u}_{c0}$ 有无穷解。

轮组角动量的控制目标是，设计 $\boldsymbol{u}_{c0}(t)$ 、$\Delta \boldsymbol{H}_{T,I}$ 与卸载周期 T ，满足：

1）方程（4.4.9）。

2）参与控制的任意动量轮角动量 h_j：

①不饱和，规定上界 $h_{\max}$，$|h_j| \leqslant h_{\max}$。

②转速不可太低（含不过零），即有下界 $h_{\min}$，$|h_j| \geqslant h_{\min}$。

（3）轮组角动量向量的控制结构

安装矩阵 $\boldsymbol{C}$ 是空间 $R^N \rightarrow R^3$ 的一个映射。记

$$\boldsymbol{D} = \boldsymbol{C}^{\mathrm{T}}(\boldsymbol{C}\boldsymbol{C}^{\mathrm{T}})^{-1}$$

称之为伪逆分配矩阵，则 $\boldsymbol{C}$ 是 $\boldsymbol{DC}$：$R^N \rightarrow R^3$ 的一一对应，而 $\boldsymbol{D}$ 是其逆。

称方阵

$$\boldsymbol{M} = \boldsymbol{E} - \boldsymbol{DC}$$

为零运动分配矩阵。$\boldsymbol{M}$ 是 $\boldsymbol{DC}$ 的正交补，满足

$$\boldsymbol{M} + \boldsymbol{DC} = \boldsymbol{E}, \quad \boldsymbol{M}^{\mathrm{T}}(\boldsymbol{DC}) = \boldsymbol{0}$$

$$(\boldsymbol{DC})^2 = \boldsymbol{DC}, \quad \boldsymbol{M}^2 = \boldsymbol{M}$$

下面称与 R^3 同胚的 $\boldsymbol{DC}(R^N)$ 为轮组系统的姿态运动空间，而对应的 $\boldsymbol{M}(R^N)$ 为轮组系统的零运动空间。

欠定方程组（4.4.9）的通解可表示为

$$\boldsymbol{u}_{c0} = -\boldsymbol{DT}_{c0} + \boldsymbol{Mu}_{\mathrm{null}} \tag{4.4.10}$$

等号右边两部分正交。其中第一项是式（4.4.9）的最小范数解，实现系统控制时，确保轮组角动量向量变化的范数最小，有利于减小动量轮转速波动；而第二项与姿态控制解耦，称为轮组系统的零运动控制项，该项在三轴的组合为 0，即 $\boldsymbol{CMu}_{\mathrm{null}} = 0$。

将式（4.4.10）代入式（4.4.7），并利用式（4.4.5），得到

$$\dot{\boldsymbol{h}} = \boldsymbol{D}\dot{\boldsymbol{H}}_w + M(\boldsymbol{u}_{\mathrm{null}} - \boldsymbol{M}\tilde{\boldsymbol{u}}_f) \tag{4.4.11}$$

轮组的角动量控制分成两个部分。

1）由姿态、外力矩、卸载引起的角动量变化［积分如式（4.4.4）］，由式（4.4.11）第一项分配到轮组系统，并依据该项设计外力矩卸载量，避免轮子角动量波动范围很大。

2）通过第二项在零运动空间设计零空间角动量向量偏置 $\boldsymbol{h}_{\mathrm{null}}$，并由轮组本身力矩维持，为避免低速与饱和提供控制。

由于将 $\boldsymbol{h}_{\mathrm{null}}$ 限定在零运动空间，因此有

$$\boldsymbol{h}_{\mathrm{null}} = \boldsymbol{Mh}_{\mathrm{null}}$$

为防止计算误差、安装阵误差导致该等式逐渐偏离，$\boldsymbol{h}_{\mathrm{null}}$ 用 $\boldsymbol{Mh}_{\mathrm{null}}$ 替代。

对式（4.4.11）积分，并代入式（4.4.4），则在时间区间 $[t_0, t]$ 内，预期的轮组角动量向量可以设计为

$$\boldsymbol{h}(t) = \boldsymbol{DH}_0 + \boldsymbol{DA}[\overline{\boldsymbol{Q}}(t)][\Delta\boldsymbol{H}_{D,I}(t) - \Delta\boldsymbol{H}_{S,I}(t) + \Delta\boldsymbol{H}_{T,I} \cdot 1(t - t_0 - T)] + \boldsymbol{Mh}_{\mathrm{null}} \tag{4.4.12}$$

式中，$\boldsymbol{DH}_0$ 为轮组系统角动量在姿态运动空间的预偏置量。

综上，角动量自主管理问题转化为 $\boldsymbol{H}_0$、$\boldsymbol{h}_{\mathrm{null}}$、$\Delta\boldsymbol{H}_{T,I}$ 与 T 的设计与自主控制问题。

将角动量管理问题分解为两个正交空间的设计与控制，保证了轮组完成姿态控制的同

时，按轮组角动量包容最大的优化方向卸载。

4.4.2　轮组角动量在姿态运动空间的卸载策略

（1）预偏置量 $\boldsymbol{H}_0$ 的设计

假设卸载周期 T 已确定，不失一般性，在时间区间 $[0, T]$ 讨论问题，则 T 为推力器卸载时刻。

根据姿态规划和轨道参数，预估到 T 时刻角动量总的变化为

$$\Delta \boldsymbol{H}_{w,I}(T)=\Delta \boldsymbol{H}_{D,I}(T)-\Delta \boldsymbol{H}_{S,I}(T) \tag{4.4.13}$$

则预偏置量 $\boldsymbol{H}_0$ 应设计为

$$\boldsymbol{H}_0=-\frac{1}{2}\boldsymbol{A}[\overline{\boldsymbol{Q}}(T)]\Delta \boldsymbol{H}_{w,I}(T) \tag{4.4.14}$$

卸载前轮组角动量向量在姿态运动空间的分量为

$$\boldsymbol{h}(t)=\boldsymbol{D}\left\{\boldsymbol{A}[\overline{\boldsymbol{Q}}(t)]\Delta \boldsymbol{H}_{w,I}(t)-\frac{1}{2}\boldsymbol{A}[\overline{\boldsymbol{Q}}(T)]\Delta \boldsymbol{H}_{w,I}(T)\right\} \tag{4.4.15}$$

这样能很大限度地减小 $\boldsymbol{h}(t)$ 的波动。

事实上，对地卫星的姿态矩阵呈轨道周期变化，$\boldsymbol{A}[\overline{\boldsymbol{Q}}(t)]\Delta \boldsymbol{H}_{w,I}(t)$ 的分量包含形如

$$at\cdot\sin(\omega_0 t+\varphi)$$

的波动。特别当 T 较大时，峰峰值接近 $2aT$；而采用式（4.4.14）的偏置后，波动的峰峰值近似 aT。

如果采用磁卸载且其能力足够，则可设预偏置量 $\boldsymbol{H}_0=\boldsymbol{0}$。

（2）推力器卸载时刻 T 和卸载量 $\Delta \boldsymbol{H}_{T,I}$ 的设计

对地卫星的姿态呈轨道周期变化，一般取 T 为轨道周期或其倍数，这与卫星小冲量轨控时机也是吻合的。事实上，静止轨道卫星的位保时机、低轨卫星的偏心率与面外参数的控制时机均与轨道相位相关，而低轨卫星高度控制可以选择时机，从而可利用轨控脉冲实现卸载。

此外，轮子角动量不饱和、避开低速的必要条件为：所选 T 使得

$$\left|\{\boldsymbol{D}\boldsymbol{A}[\overline{\boldsymbol{Q}}(T)]\Delta \boldsymbol{H}_{w,I}(T)\}_j\right|\leqslant \gamma_j(h_{\max}-h_{\min}) \tag{4.4.16}$$

式中，下标 j 为轮子标号；$\gamma_j<1$ 为余量因子，其选择与轮组构型有关，较差的情况下，某些轮子的 γ_j 可能很小。

理论的推力器卸载量为

$$\Delta \boldsymbol{H}_{T,I}=-\Delta \boldsymbol{H}_{w,I}(T) \tag{4.4.17}$$

这样，卸载后，理论上轮组系统角动量 $\boldsymbol{h}$ 在姿态运动空间的值回到了预偏置量 $\boldsymbol{D}\boldsymbol{H}_0$，可以开始新的卸载周期。

预偏置量 $\boldsymbol{H}_0$、卸载量 $\Delta \boldsymbol{H}_{T,I}$ 所依赖的 $\Delta \boldsymbol{H}_{w,I}(T)$ 是预估获得的，依赖干扰力矩模型。实际上其也可以由轮组角动量测量 $\hat{\boldsymbol{h}}$ 获得，即

$$\Delta \hat{\boldsymbol{H}}_{w,I}(T)=\boldsymbol{A}^{\mathrm{T}}[\hat{\boldsymbol{Q}}(T)]\boldsymbol{C}\hat{\boldsymbol{h}}(T)-\boldsymbol{A}^{\mathrm{T}}[\hat{\boldsymbol{Q}}(0)]\boldsymbol{C}\hat{\boldsymbol{h}}(0) \tag{4.4.18}$$

实际的卸载量的计算公式为

$$\Delta\hat{\boldsymbol{H}}_{T,I}=-\Delta\hat{\boldsymbol{H}}_{w,I}(T) \tag{4.4.19}$$

并可利用 $\Delta\hat{\boldsymbol{H}}_{w,I}(T)$ 与 $\Delta\boldsymbol{H}_{w,I}(T)$ 的差修正干扰力矩模型参数，由之修正 $\boldsymbol{H}_0$。

需要指出的是，由于轨道摄动的影响，小脉冲轨道控制的相位缓慢变化，因此上面讨论的卸载时刻并不能严格保持周期性。利用式（4.4.17）预测本周期卸载量，而根据轨控相位实施，保证惯性系卸载量等价即可。此外，平面内轨道控制需要几个脉冲，根据需要，可以使其卸载在一个脉冲内实现或分解到多个脉冲。

（3）推力器卸载量的实现

如果是采用可矢量调节的小推力的电推力器，则卸载可以连续控制，精度高。在轨控期间通过改变力臂输出可调节的力矩，轮组控制卫星姿态的同时，按照式（4.3.19）补偿电推力矩，直到 $\boldsymbol{C}\hat{\boldsymbol{h}}$ 接近与达到 $\boldsymbol{H}_0$，调节电推力矩至 0。

下面主要讨论大推力的脉冲控制方式。需要解决推力器力矩模型参数不准确、卸载偏差如何控制、兼顾小的姿态波动和适当的推进剂效率等问题。至于在推力器脉冲控制期间，轮组如何实现姿态控制与动量交换的方法，已在 4.3.4 节给出。

1）推力器脉冲宽度、个数、脉冲间隔设计。

在本体系描述的卸载量为 $\boldsymbol{A}[\overline{\boldsymbol{Q}}(T)]\Delta\hat{\boldsymbol{H}}_{T,I}$，设其三轴分量为 ΔH_x、ΔH_y、ΔH_z，推力器三轴力矩为 $\boldsymbol{T}_{thr}=[T_x,\ T_y,\ T_z]^{\mathrm{T}}$，则理论上所需的各轴脉冲个数为

$$P_j=\mathrm{INT}\left(\frac{\Delta H_j}{T_j t_{pj}}\right),\quad j=x,y,z \tag{4.4.20}$$

式中，t_{pj} 为脉冲宽度；INT() 为取整函数。

脉冲宽度 t_{pj} 应在推进剂效率与姿态波动两方面折中选择：太小，推进效率差，推进剂消耗大；太大，一个脉冲引起的姿态波动大。

依据 4.3.4 节图 4－3 描述的轮组对大力矩的补偿方法，脉冲间隔应大于轮组力矩补偿时间 Δt_c+2t_d，为轮组交换角动量留出足够时间。此外，为减小对子体柔性模态的激发，脉冲间隔大于基频模态的振动周期。

2）偏差修正与处理措施。

脉冲个数 P_j 带来的卸载偏差主要来源于推力矩的不确定性。设计大、小两个偏差阈值 $\delta h_{\max}$、$\delta h_{\min}$ 与相应的判断逻辑，来提高角动量管理系统的鲁棒性能。用 $\delta h_{\min}$ 衡量卸载偏差是否需要修正，用 $\delta h_{\max}$ 衡量卸载偏差是否可以接受及是否故障报警。

主要措施如下。

①姿轨控系统自主监视执行式（4.4.20）的过程，通过轮组角动量的测量，可以获得 j 轴（$j=x$，y，z）施加 $Q_j(Q_j<P_j)$ 个脉冲后的实际卸载量 ΔH_{Qj}。一旦

$$|\Delta H_{Qj}|\geqslant|\Delta H_j|+\delta h_{\min}$$

则该轴不再执行余下的脉冲，并且在下一个卸载周期将推力器力矩 T_j 修正为

$$\frac{P_j}{Q_j}T_j$$

这一条措施处理推力矩大于预知值的情况。

②如果①没有发生，三轴均执行了各自的 P_j 个脉冲，则通过轮组角动量的测量，计算各轴实际的卸载量 ΔH_{Pj} ，判断

a. 如果 $|\Delta H_{Pj} - \Delta H_j| \leqslant \delta h_{\min}$ ，则说明推力矩的不确定性影响小，卸载偏差可以接受，不做修正。

b. 如果 $\delta h_{\min} < |\Delta H_{Pj} - \Delta H_j| < \delta h_{\max}$ ，则说明推力矩的不确定性影响不能忽略，将推力器力矩 T_j 修正为

$$\frac{\Delta H_{Pj}}{\Delta H_j} T_j$$

并且本次卸载追加卸载量 $\Delta H_j - \Delta H_{Pj}$ ，将新的参量代入式（4.4.18），计算追加的卸载次数并实施。

c. 如果 $|\Delta H_{Pj} - \Delta H_j| \geqslant \delta h_{\max}$ ，则说明推力矩的不确定性远超预期，可能推进系统发生堵或漏的故障或者临时性意外。为防止故障扩散，本次卸载不应追加卸载次数，并应向姿轨控系统发出预警，以便 FDIR 尽快识别与处置。

4.4.3　轮组角动量在零运动空间的控制策略

（1）零运动空间偏置量 $\boldsymbol{h}_{\text{null}}$ 的设计

显然，$\boldsymbol{h}_{\text{null}}$ 是方程

$$\boldsymbol{Cx} = \boldsymbol{0} \tag{4.4.21}$$

的解，零运动空间的 $N-3$ 个单位正交基 $\{\boldsymbol{e}_j\}$ 也是该方程的解基，由轮组安装矩阵完全确定。$\boldsymbol{h}_{\text{null}}$ 是 $\{\boldsymbol{e}_j\}$ 的线性组合，由 $N-3$ 个参数确定，即有 $N-3$ 个自由度。$\boldsymbol{h}_{\text{null}}$ 可以表示为标量 b 和零运动空间单位向量 $\boldsymbol{e}$ 的乘积：

$$\boldsymbol{h}_{\text{null}} = b\boldsymbol{e} \tag{4.4.22}$$

轮组系统角动量向量的标称值在式（4.4.15）施加姿态运动空间偏置的基础上，再施加式（4.4.22）的偏置量，则其各分量在卸载周期 $[0, T]$ 内有如下形式：

$$h_j(t) = a_j \sin(\omega_0 t + \varphi_j) + (b\boldsymbol{e})_j \tag{4.4.23}$$

式中，$a_j \geqslant 0$ 为第 j 轮在卸载区间波动幅度。

不妨记 $e_j = (\boldsymbol{e})_j$ 。

角动量管理的约束就是保证

$$h_{\min} < |h_j(t)| < h_{\max}, \quad t \in [0, T] \tag{4.4.24}$$

前文设计卸载周期 T 时已保证 a_j 适当小，使得必有 $b\boldsymbol{e}$ 满足式（4.4.24），并留有一定的优化空间。

这里讨论如何优化设计 $b\boldsymbol{e}$ 。式（4.4.23）绝对值的上下界分别为

$$h_{j,\min} = |be_j| - a_j, \quad h_{j,\max} = |be_j| + a_j$$

它们必须满足式（4.4.24）的约束。此外，还希望各个轮子的转速不要太高，这有利于减小轮子高频振动，减小摩擦。可以对各个轮子的 $h_{j,\min}$ 进一步优化，寻优 $b\boldsymbol{e}$ 使它们尽量接近，并限制上限。最优问题为：满足式（4.4.24）的约束，且

$$\begin{cases} \min\limits_{b,e} \dfrac{\max\limits_j h_{j,\min}}{\min\limits_j h_{j,\min}} \\ \text{s. t.}\ \max\limits_j h_{j,\min} < h_0 \end{cases}$$

h_0 应根据具体构型进行调整，以保证上述问题有解。针对某些较差的构型，h_0 不得不取得较大。

对地卫星中，如果轮组绕俯仰轴等角度安装（如常见的棱锥构型），则各轮波动幅度 a_j 将近似相等，它们低速尽量接近就等价于寻找 $\boldsymbol{e}$ ，使各 $|e_j|$ 尽量接近。

（2）零运动控制律

将轮组角动量向量的控制方程（4.4.11）限制到零运动空间，有

$$\boldsymbol{M}\dot{\boldsymbol{h}} = \boldsymbol{M}(\boldsymbol{u}_{\text{null}} - \boldsymbol{M}\tilde{\boldsymbol{u}}_f) \tag{4.4.25}$$

控制目标为

$$\boldsymbol{Mh} \rightarrow \boldsymbol{Mh}_{\text{null}}$$

记控制误差

$$\tilde{\boldsymbol{h}} = \boldsymbol{Mh} - \boldsymbol{Mh}_{\text{null}} \equiv [\tilde{h}_1 \cdots \tilde{h}_N]^{\mathrm{T}}$$

其由轮组角动量测量和设定的偏置值得到。

如果零运动控制律采用比例控制：

$$\boldsymbol{u}_{\text{null}} = -\boldsymbol{K}\tilde{\boldsymbol{h}} \tag{4.4.26}$$

则可保证控制系统稳定，且有较好的精度。式中，$\boldsymbol{K}$ 为对称正定矩阵。

事实上，取 Lyapunov 函数：

$$V = \frac{1}{2}\tilde{\boldsymbol{h}}^{\mathrm{T}}\tilde{\boldsymbol{h}}$$

求导，并利用式（4.4.25）和式（4.4.26），得到

$$\dot{V} = -\tilde{\boldsymbol{h}}^{\mathrm{T}}\boldsymbol{K}\tilde{\boldsymbol{h}} - \tilde{\boldsymbol{h}}^{\mathrm{T}}\boldsymbol{M}\tilde{\boldsymbol{u}}_f \leqslant -\lambda\,|\tilde{\boldsymbol{h}}|^2 + |\tilde{\boldsymbol{h}}|\,|\boldsymbol{M}\tilde{\boldsymbol{u}}_f|$$

式中，λ 为 $\boldsymbol{K}$ 的最小特征值。

由之推论最大稳态误差小于 $\lambda^{-1}\max|\boldsymbol{M}\tilde{\boldsymbol{u}}_f|$ ，这是保守估算，考虑到摩擦力矩估计精度很高，实际稳态误差较小。如果摩擦力矩估计误差还含有缓变误差，则可以在式（4.4.26)的基础上进一步增加积分控制项予以消除，但实践表明必要性不大，这里不做更多讨论。

动量轮输出力矩有限，但却必须同时满足姿态控制和零运动控制需要，前者实时性和精度要求很高；而后者可以在卸载周期内缓慢调节，且精度要求没必要很高。因此，当两者冲突时，应优先满足姿态控制要求。将式（4.4.26）的 $\boldsymbol{K}$ 取为时变矩阵：

$$\boldsymbol{K} = k_s k_r \cdot \operatorname{diag}\{k_1, \cdots, k_N\} \tag{4.4.27}$$

式（4.4.27）中各参数的设计原则如下。

1）常增益 $k_i (i=1, \cdots, N)$：应适当大，确保当控制偏差 $\tilde{h}_i$ 超过一定界限时，控制力矩 $|k_i\tilde{h}_i|$ 必须达到一定的力矩 τ_{up} 。τ_{up} 应远大于动量轮的摩擦力矩估计的残余偏差及输

出力矩分辨率，但只能是动量轮最大输出力矩的小部分占比，给正常的姿态控制需求留出空间。

2）限幅因子 k_r：常增益 k_i 作用后通过矩阵 $\boldsymbol{M}$ 再分配到各动量轮：

$$\boldsymbol{M}[k_1\tilde{h}_1,\cdots,k_N\tilde{h}_N]$$

需防止大的分量影响到正常的姿态控制力矩分配。计算上式各分量绝对值的最大值 $\tau_{\max}$，若 $\tau_{\max}\leqslant\tau_{\mathrm{up}}$，则取 $k_r=1$；否则，取 $k_r=\tau_{\mathrm{up}}/\tau_{\max}$。

3）开关因子 k_s：在动态补偿推力器力矩或补偿子体大的转动力矩时，姿态控制力矩的需求很大，此时应限制零运动控制力矩。考虑到这样的时间段相对卸载周期而言很短，可以在这些时间段强制 $k_s=0$，而其他时间段取 $k_s=1$。

4.4.4　轮组故障与重构时的角动量自主管理

当 FDIR 模块识别轮组中某个轮子发生故障并执行重构时，以往的做法是通常需要将姿态控制机构切换到推力器，依赖大推力矩控制姿态和重建新构型轮组的初始角动量，卫星高精度运行模式被中断，只有当轮组角动量到位后，才切回姿态控制的轮控模式，该过程往往还需要地面支持。

上述处理方式与全天时的高精度目标不符，本小节讨论轮组构型重组时的自主角动量管理方法。

讨论一个轮子故障情况。利用估计的动量轮摩擦力矩，当其值大于某个阈值（尚不至于超出轮组的控制能力）时，可以认为该轮故障。这种方法可以比较快速地检测到故障。这里主要讨论通常的轴承磨损导致摩擦逐渐变大故障或掉电故障、速度检测故障，故障检测期间，故障轮导致的干扰仍在轮组控制范围内，姿态控制仍可以维持轮控模式。

设在卸载周期 [0，T] 内的 t_f 时刻（$0<t_f<T$），第 N 号轮发生故障，姿轨控系统快速重构轮组。重构措施可以是只保留原构型的非故障轮参与控制，也可以是开启一个合适的新动量轮，与非故障轮组合成新的构型，而故障轮断电或指令力矩清零，呈自由滑动状态。为便于分辨，参与控制的新构型轮组对应的向量变量、矩阵，在上文定义符号的基础上添加上标“′”。

（1）姿态运动空间卸载策略

根据角动量定理，区间 [0，T] 内，卫星同样的姿态路径与在同样的外干扰力矩作用下，所有运转的动量轮的合成角动量 $\boldsymbol{H}_w(t)$ 的大小、方向及其变化 $\dot{\boldsymbol{H}}_w(t)$ 与是否发生轮组重组无关，$\boldsymbol{H}_w(t)$ 在惯性系的变化仍然遵从式（4.4.3）。

在区间 [t_f，T] 内：

$$\boldsymbol{H}_w(t)=\boldsymbol{C}'\boldsymbol{h}'(t)+\boldsymbol{c}_N h_N(t)$$

$$\dot{\boldsymbol{H}}_w(t)=\boldsymbol{C}'\dot{\boldsymbol{h}}'(t)+\boldsymbol{c}_N\dot{h}_N(t)$$

$$\dot{h}_N(t)=-\operatorname{sgn}[h_N(t)]\,|T_{hf,N}(t)|$$

式中，符号函数

$$\operatorname{sgn}(x)=\begin{cases}1, x>0\\ 0, x=0\\ -1, x<0\end{cases}$$

其中，故障轮失去控制，其作用力矩变成系统的干扰，重构轮组的控制量 $\boldsymbol{C}'\dot{\boldsymbol{h}}'(t)$ 通过姿态反馈、干扰力矩估计值的补偿克服故障轮干扰，实现姿态控制需要的 $\dot{\boldsymbol{H}}_w(t)$ 。

重构轮组角动量在姿态运动空间的预偏置量 $\boldsymbol{H}_0$、卸载量 $\Delta\boldsymbol{H}_{T,I}$ 与卸载策略同 4.4.2 节完全相同。考察 $\boldsymbol{h}'(t)$ 在姿态运动空间的分量：

$$\boldsymbol{h}'(t)=\boldsymbol{D}'\boldsymbol{H}_w(t)-\boldsymbol{D}'\boldsymbol{c}_N h_N(t) \tag{4.4.28}$$

重构过程与 4.4.2 节所述方法的区别在于还包括吸收故障轮角动量的过程，当故障轮转速下滑至 0[$h_N(t)\rightarrow 0$] 时，两者没有区别。

（2）零运动空间卸载策略

考察 $\boldsymbol{h}'(t)$ 在零运动空间的分量方程：

$$\boldsymbol{M}'\dot{\boldsymbol{h}}'=\boldsymbol{M}'(\boldsymbol{u}'_{\text{null}}-\boldsymbol{M}'\widetilde{\boldsymbol{u}}'_f)$$

其与 4.4.3 节具有完全相同的形式。但是，在故障轮下滑过程，式（4.4.28）给出的姿态运动空间分量有所区别，如果完全按照 4.4.3 节设计零运动空间的偏置量，则在故障轮下滑过程中存在恶劣情况下个别动量轮偶尔饱和的可能。

为了避免出现饱和的情况，按如下措施选择零运动空间的偏置量。

1）忽略故障轮，即假设 $h_N(t)=0$，按照 4.4.3 节给出的方法，设计零运动空间偏置量 $\boldsymbol{h}'_{\text{null}}=b\boldsymbol{e}$ 。

2）评估故障轮转速下滑过程［$h_N(t)$ 的范围是已知的］

$$\boldsymbol{h}'(t)=\boldsymbol{D}'\boldsymbol{H}_w(t)-\boldsymbol{D}'\boldsymbol{c}_N h_N(t)+b\boldsymbol{e}$$

的分量是否会出现饱和。如果会，则取 $\boldsymbol{h}'_{\text{null}}=k_b b\boldsymbol{e}$ ，$0<k_b<1$，确保重构轮组无饱和。

3）根据 $\boldsymbol{H}_w(t)$ 的预估值，判断 $\boldsymbol{H}_w(t)-\boldsymbol{C}'\boldsymbol{h}'(t)$ 各分量是否已小于一定的阈值。若是，则说明故障轮转速已经比较小，恢复 $\boldsymbol{h}'_{\text{null}}=b\boldsymbol{e}$ ，偏置量设置过程结束。

零运动控制方法与 4.4.3 节完全相同。

需要指出的是，在故障轮转速下滑过程中，存在重构轮组部分轮子角动量一次性、短暂过零的可能，对姿态的影响是短暂的。

如果出现电动机堵转等极端故障，卫星角速度将发生较大变化，可以仍按上述方法重构轮组和偏置值，但是姿态的轮控模式已经不能维持，必须切换到推力器控制以尽快阻尼卫星角速度和保证姿态，同时重构轮组向设置的偏置转速进行控制。待姿态稳定后，姿态控制切换回轮控模式。

4.4.5 应用实例

以文献［5］介绍的“风云四号”卫星在轨角动量自主管理策略作为本节方法的应用实例。“风云四号”卫星为静止轨道卫星，外形如图 1-4 所示，单翼太阳能电池帆板绕卫星俯仰轴旋转，以跟踪太阳，采用六棱锥方式安装（图 4-5）的 6 个动量轮（最大角动量为 50 N·m·s，最大力矩为 0.1 N·m）作为高精度姿态控制的执行机构。太阳光压力矩大约每天在滚动-偏航平面积累角动量超过 30 N·m·s，每天必须卸载，卸载使用化学推进系统。而在轨自主实施角动量管理，可以降低地面操控成本，提高卫星控制系统的自主性和可靠性。

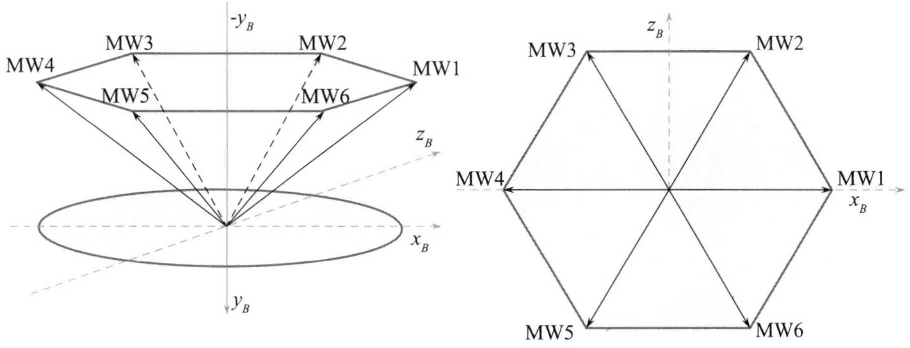

(a) 轮子安装的空间方位　　(b) 在*XZ*平面的投影

图 4-5　动量轮构型

（1）在姿态运动空间设置角动量预偏置的效果

以轮组构型 MW1、MW2、MW4、MW5 为例，角动量预偏置值设置与否的比较如图 4-6 和图 4-7 所示。一个轨道周期内，最大的轮子转速波动分别为 1 900 r/min 和 950 r/min，设计预偏置，明显减小了轮子转速波动范围，因而降低了对轮组系统角动量容量的需求。

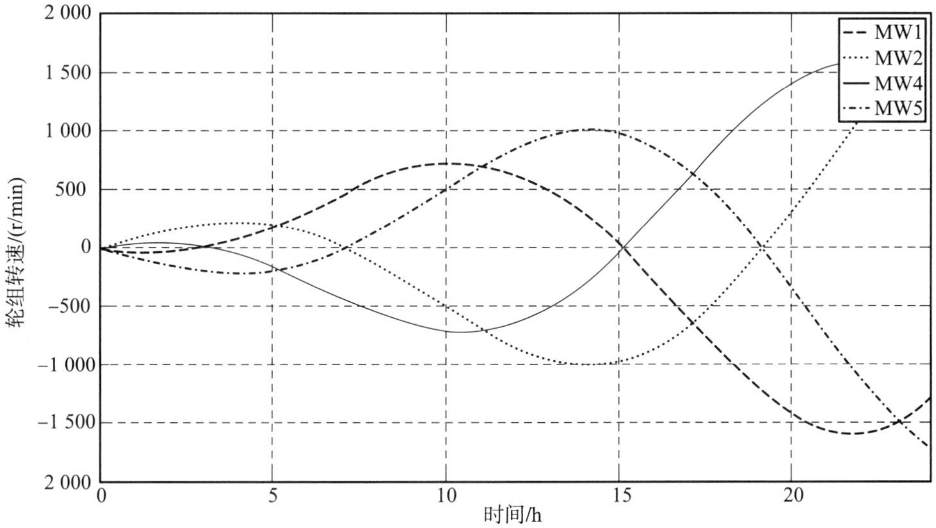

图 4-6　MW1、MW2、MW4、MW5 转速（无角动量偏置）

（2）零运动空间偏置量的优化

$N=4$ 的轮组构型，按照备选轮子方向在 XZ 平面的投影组合形状，可以分为 X 型、

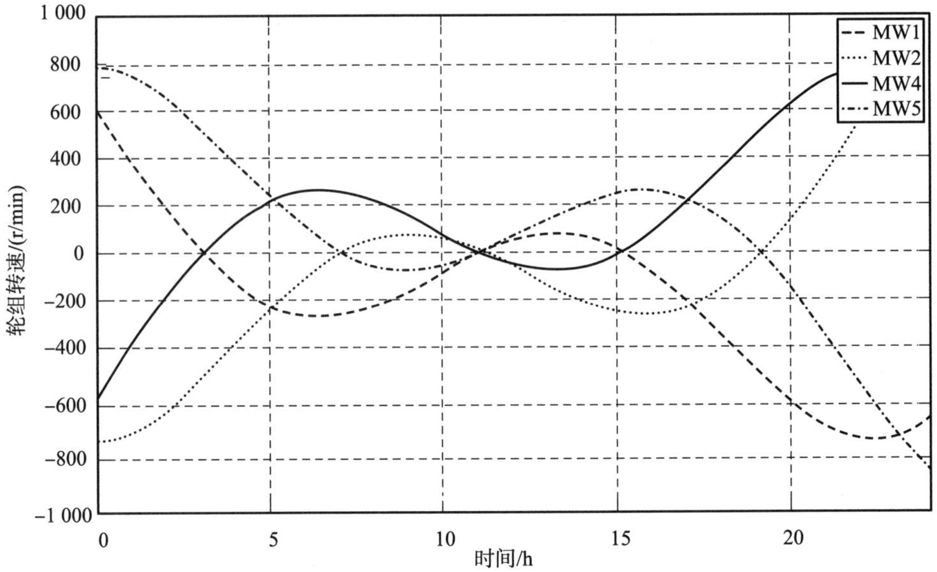

图 4-7　MW1、2、4、5 转速（角动量偏置）

K 型和 Ψ 型；$N=5$ 的轮组为一类构型，称为 5 型；$N=6$ 的轮组构型称为 6 型。按照 4.4.4 节的优化方法，获得各构型的 b 、$\boldsymbol{e}$ ，结果如表 4-1 所示。为了清晰地看出 $\boldsymbol{e}$ 分量的比例，将表 4-1 中各类型的 $\boldsymbol{e}$ 放大 k 倍，分量成整数。

表 4-1　各构型的零运动空间的最优偏置量

构型	构型	$k\boldsymbol{e}$	b/k /(N·m·s)
X 型	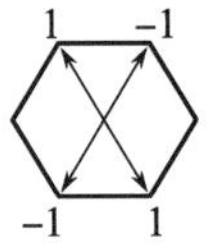	$[-1,1,-1,1]^T$	20.0
K 型	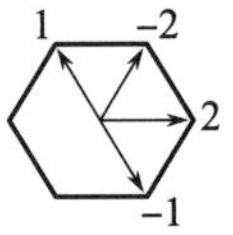	$[-1,2,-2,1]^T$	22.0
Ψ 型	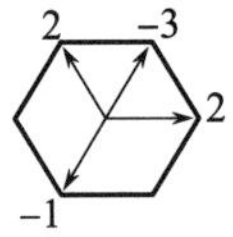	$[-1,2,-3,2]^T$	15.0
5 型	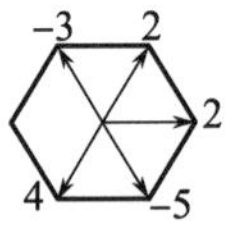	$[-3,2,2,-5,4]^T$	9.0
6 型	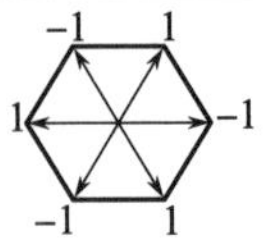	$[-1,1,-1,1]^T$	18.0

(3) 角动量自主管理的在轨效果

根据文献 [5] 的介绍，在轨一直采用 4 个轮子的 X 型（MW1、MW2、MW4、MW5），卸载周期为 24 h，姿态运动空间的预偏置量 $\boldsymbol{DH}_0=[7.7646, 0, 7.7646, 0]^{\mathrm{T}}$ N·m·s。而根据表 4-1 的优化结果，零运动空间的偏置值设计为 $[-20, 20, -20, 20]^{\mathrm{T}}$ N·m·s。

图 4-8 给出了一个轨道周期的 MW1、MW2、MW4、MW5 转速的在轨数据，转速不过零且低速不低于 1 000 r/min，高速不到 3 000 r/min，离轮子最大转速 4 600 r/min 尚有较大裕度，转速波动的峰峰值约 15.5 N·m·s。

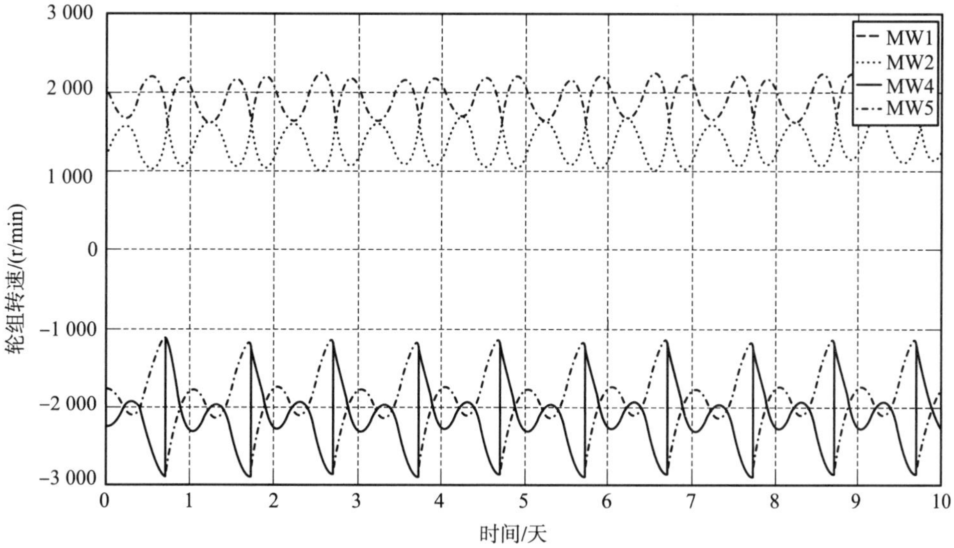

图 4-8　MW1、MW2、MW4、MW5 转速的在轨数据[5]

美国的静止轨道卫星 GOES-R 几乎与“风云四号”卫星同期入轨，构型类似，作为比较，这里也引用了 GOES-R 动量轮转速数据[8]，如图 4-9 所示，动量轮转速过零且在低转速处长期运行；另外，采用 6 个轮子参与控制，本来控制容量更大，有利于减小轮子转速波动范围，但实际情况是各轮波动的峰峰值约为 25 N·m·s。数据比较结果也可以反映本节方法的特点。

随着化学推进剂贮箱的压力变化与管路温度变化，推力器会产生 20%的波动，而在轨情况验证了自主卸载策略具有较好的自适应能力，无须地面标定。

(4) 轮组重构角动量自主管理的仿真

通过数学仿真检验当动量轮发生故障时，构型重组的角动量管理策略是否正确。设置卫星只有轮子 1、2、3、4、5 可供选择。首先卫星选择构型最好的轮组 1、2、4、5 作为控制机构，设置轮 1 在第 60 000 s 时摩擦力矩增大到 0.06 N·m，轮组转速的仿真曲线如图 4-10 所示。数据显示，不到 1 min 轮 1 就被剥夺控制权，并重构轮组 2、3、4、5 参与控制。新的轮组有一次性过零，但没有出现饱和，约 700 s 后新轮组角动量基本稳定。

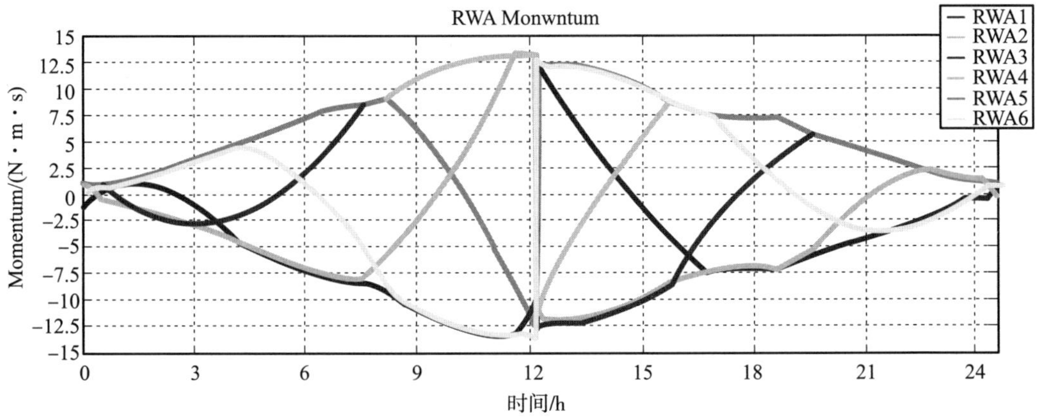

图 4－9　GOES－R 一个轨道周期量轮转速变化[9]

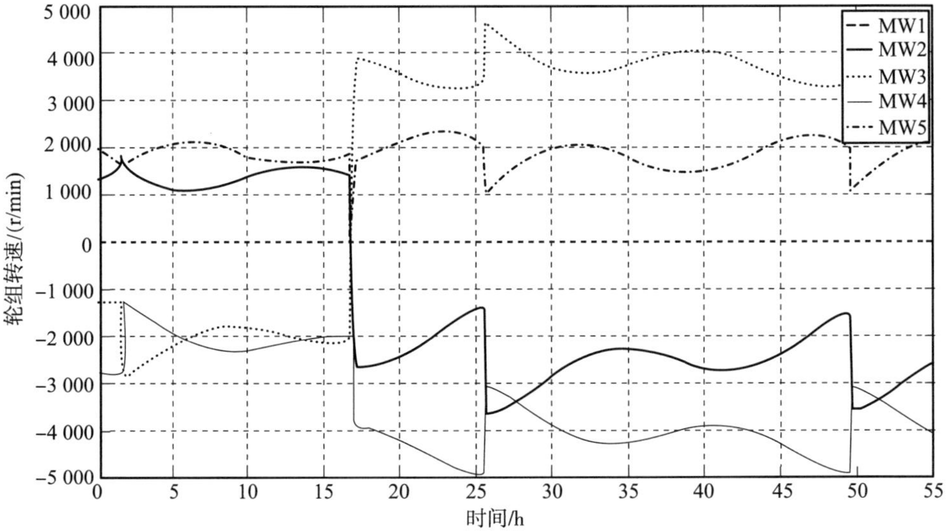

图 4－10　轮组故障与重构过程转速仿真曲线

4.5 卫星姿态动力学方程的仿真解算策略

4.5.1 通常的仿真解算方法的局限性

在整星姿态动力学仿真中，现在一般用 $\boldsymbol{\omega}_i$ 、$\boldsymbol{\eta}^i$ 、$\dot{\boldsymbol{\eta}}^i$ 描述子体 A_i 运动状态的微分方程，但是，下面将说明，这样的系统广义质量矩阵奇异。

整星姿态动力学的广义质量矩阵由卫星动力学中加速度（$\dot{\boldsymbol{\omega}}$ 、所有子体的 $\dot{\boldsymbol{\omega}}_i$ 、$\ddot{\boldsymbol{\eta}}^i$ ）所在项的质量矩阵构成。系统的加速度方程组由式（2.4.6）、式（2.5.7）、式（2.2.13）组成，如果将上述加速度项移动到等式左边，写成矩阵形式，则矩阵方程左边是如下的广

义质量矩阵乘以加速度向量的形式

$$\begin{bmatrix} \boldsymbol{I}_S & \boldsymbol{R}_1^{\mathrm{T}}\boldsymbol{J}_1 & \cdots & \boldsymbol{R}_m^{\mathrm{T}}\boldsymbol{J}_m & \boldsymbol{F}_S^1 & \cdots & \boldsymbol{F}_S^m \\ \boldsymbol{J}_1^{\mathrm{T}}\boldsymbol{R}_1 & \boldsymbol{I}_{O1} & & & \boldsymbol{B}_R^1 & & \\ \vdots & & \ddots & & & \ddots & \\ \boldsymbol{J}_m^{\mathrm{T}}\boldsymbol{R}_m & & & \boldsymbol{I}_{Om} & & & \boldsymbol{B}_R^m \\ \boldsymbol{F}_S^{1T} & \boldsymbol{B}_R^{1T} & & & \boldsymbol{E} & & \\ \vdots & & \ddots & & & \ddots & \\ \boldsymbol{F}_S^{mT} & & & \boldsymbol{B}_R^{mT} & & & \boldsymbol{E} \end{bmatrix} \begin{bmatrix} \dot{\boldsymbol{\omega}} \\ \dot{\boldsymbol{\omega}}_1 \\ \vdots \\ \dot{\boldsymbol{\omega}}_m \\ \ddot{\boldsymbol{\eta}}^1 \\ \vdots \\ \ddot{\boldsymbol{\eta}}^m \end{bmatrix} \tag{4.5.1}$$

式（4.5.1）描述的系统的广义质量矩阵是奇异的。可以证明，广义质量矩阵的行

$$[\boldsymbol{J}_i^{\mathrm{T}}\boldsymbol{R}_i \quad \boldsymbol{I}_{Oi} \quad \boldsymbol{B}_R^i] \tag{4.5.2}$$

和行

$$[\boldsymbol{F}_S^{i\mathrm{T}} \quad \boldsymbol{B}_R^{i\mathrm{T}} \quad \boldsymbol{E}] \tag{4.5.3}$$

线性相关，事实上，依据 2.6 节的论证，只需用 $\boldsymbol{B}_R^i$ 左乘式（4.5.3），就得到（4.5.2）。

模型数据符合模态恒等式（2.6.4）时，完全依据式（4.5.1）获得的系统状态方程是奇异的，仿真解算容易发散。通常办法可能包括：

1）人为改变耦合系数阵偏离模态恒等式，保证式（4.5.1）中的广义质量矩阵可逆。当然，这种办法忽视了子体转动与振动的约束关系，是不准确的，并且偏离较小的话，仍易导致广义质量矩阵病态。

2）忽略子体振动对子体转动的影响，其他耦合保留。

3）采用模态恒等式对每个积分步长的解算结果进行修正，但是存在修正方向与解算收敛的问题。

以上方法，也许可以较好地近似反映卫星整体的姿态动力学特性，但是不可能高精度地描述子体转动特性。

4.5.2　新的仿真解算策略

采用下面阐述的解算策略，可以完全解决奇异问题，保证数字仿真的可信度。

1）整星动力学的解算，采用非奇异的广义质量矩阵描述的方程。描述姿态运动的加速度为 $\dot{\boldsymbol{\omega}}$ 、与所有 m 个子体的 $\ddot{\boldsymbol{\Theta}}^i$ 、$\ddot{\boldsymbol{\zeta}}^i$ 。将 $\boldsymbol{\omega}$ 、所有子体的 $\dot{\boldsymbol{\Theta}}^i$ 、$\boldsymbol{\Theta}^i$ 、$\dot{\boldsymbol{\zeta}}^i$ 、$\boldsymbol{\zeta}^i$ 定义为系统状态。

加速度方程组由式（4.3.2）、式（4.2.4a）和式（4.2.5）组成，如果将上述加速度项移动到等式左边，则左边是如下广义质量矩阵乘以加速度向量的形式

$$\begin{bmatrix} \boldsymbol{I}_S & \boldsymbol{R}_1^{\mathrm{T}}\boldsymbol{J}_1 & \cdots & \boldsymbol{R}_m^{\mathrm{T}}\boldsymbol{J}_m & & & \\ \boldsymbol{J}_1^{\mathrm{T}}\boldsymbol{R}_1 & \boldsymbol{I}_{O1} & & & & \boldsymbol{0} & \\ \vdots & & \ddots & & & & \\ \boldsymbol{J}_m^{\mathrm{T}}\boldsymbol{R}_m & & & \boldsymbol{I}_{Om} & & & \\ & & & & \boldsymbol{E} & & \\ & \boldsymbol{0} & & & & \ddots & \\ & & & & & & \boldsymbol{E} \end{bmatrix} \begin{bmatrix} \dot{\boldsymbol{\omega}} \\ \ddot{\boldsymbol{\Theta}}^1 \\ \vdots \\ \ddot{\boldsymbol{\Theta}}^m \\ \ddot{\boldsymbol{\zeta}}^1 \\ \vdots \\ \ddot{\boldsymbol{\zeta}}^m \end{bmatrix} \tag{4.5.4}$$

该广义质量矩阵是非奇异的。证明如下：只需判断上述矩阵左上角由各惯量矩阵组成的子块矩阵非奇异即可。对该子块对称地施加一系列行列变换，可以将其化为对角阵：

$$\mathrm{diag}\{\boldsymbol{I}_\Delta,\quad \boldsymbol{I}_{O1},\quad \cdots,\quad \boldsymbol{I}_{Om}\}$$

其中，第一个矩阵

$$\boldsymbol{I}_\Delta \equiv \boldsymbol{I}_S - \sum_{i=1}^{m}\boldsymbol{R}_i^{\mathrm{T}}\boldsymbol{J}_i\boldsymbol{I}_{Oi}^{-1}\boldsymbol{J}_i^{\mathrm{T}}\boldsymbol{R}_i$$

是正定的，从而保证广义质量矩阵非奇异。事实上，利用 2.4 节各惯量矩阵的定义，可以得到

$$\boldsymbol{I}_\Delta = \boldsymbol{I}_{BO} + \sum_{i=1}^{m}(\boldsymbol{I}_O^i - \boldsymbol{R}_i^{\mathrm{T}}\boldsymbol{J}_i\boldsymbol{I}_{Oi}^{-1}\boldsymbol{J}_i^{\mathrm{T}}\boldsymbol{R}_i)$$

而和式内各项可化为

$$\boldsymbol{I}_O^i - \boldsymbol{R}_i^{\mathrm{T}}\boldsymbol{J}_i\boldsymbol{I}_{Oi}^{-1}\boldsymbol{J}_i^{\mathrm{T}}\boldsymbol{R}_i = m_{Ai}\boldsymbol{O}_i^{\times\mathrm{T}}(\boldsymbol{E} - m_{Ai}\boldsymbol{R}_i^{\mathrm{T}}\boldsymbol{\rho}_{Ai}^{\times}\boldsymbol{I}_{Oi}^{-1}\boldsymbol{\rho}_{Ai}^{\times\mathrm{T}}\boldsymbol{R}_i)\boldsymbol{O}_i^{\times}$$

该式是半正定的，因为

$$\boldsymbol{I}_{Oi} \equiv \int_{Ai}\boldsymbol{\rho}^{\times}\boldsymbol{\rho}^{\times\mathrm{T}}\mathrm{d}m = m_{Ai}\boldsymbol{\rho}_{Ai}^{\times}\boldsymbol{\rho}_{Ai}^{\times\mathrm{T}} + \boldsymbol{I}_{Ai}$$

式中，$\boldsymbol{I}_{Ai}$ 为子体 A_i 相对自身质心的惯量矩阵。

因此

$$\boldsymbol{E} - m_{Ai}\boldsymbol{R}_i^{\mathrm{T}}\boldsymbol{\rho}_{Ai}^{\times}\boldsymbol{I}_{Oi}^{-1}\boldsymbol{\rho}_{Ai}^{\times\mathrm{T}}\boldsymbol{R}_i > \boldsymbol{0}$$

加速度方程组右边可以由已知的系统状态、所有子体的 $\boldsymbol{\omega}_i$ 、$\boldsymbol{\theta}_\varsigma$、$\dot{\boldsymbol{\theta}}_\varsigma$、控制量、干扰力矩模型、质心方程和质心相对运动方程实时解算的质心状态参数实时计算。

2）由加速度方程组容易构造系统状态方程，该方程无病态问题。依据本积分步长开始时刻 t_0 的状态、相关的已知参数、本步长的控制量，采用通常的微分方程解算器，计算出本步长结束时刻 $t_1 = t_0 + \Delta_s$ 的 $\boldsymbol{\omega}$ 、所有子体的 $\dot{\boldsymbol{\Theta}}^i$ 、$\boldsymbol{\Theta}^i$ 、$\dot{\boldsymbol{\zeta}}^i$ 、$\boldsymbol{\zeta}^i$ 。

3）各子体运动满足约束方程（4.2.4b）：

$$-\boldsymbol{C}_D\dot{\boldsymbol{\theta}}_\varsigma - \boldsymbol{K}_D\boldsymbol{\theta}_\varsigma = \boldsymbol{u}_\varsigma$$

其中

$$\boldsymbol{u}_\varsigma \equiv \boldsymbol{T}_{ai} + \boldsymbol{T}_{E1} + \boldsymbol{T}_{E3}$$

由本积分步长开始时刻 t_0 的状态和本步长的控制量决定。

本步长结束时刻 t_1 的状态值 $\boldsymbol{\theta}_\varsigma$、$\dot{\boldsymbol{\theta}}_\varsigma$按如下公式解算：

$$\boldsymbol{\theta}_{\varsigma}(t_1)=\boldsymbol{K}_{\Delta}\boldsymbol{\theta}_{\varsigma}(t_0)-(\boldsymbol{E}-\boldsymbol{K}_{\Delta})\boldsymbol{K}_D^{-1}\boldsymbol{u}_{\varsigma}$$

$$\dot{\boldsymbol{\theta}}_{\varsigma}(t_1)=-\boldsymbol{C}_D^{-1}\boldsymbol{K}_D\boldsymbol{\theta}_{\varsigma}(t_1)-\boldsymbol{C}_D^{-1}\boldsymbol{u}_{\varsigma}=-\boldsymbol{C}_D^{-1}\boldsymbol{K}_D\boldsymbol{K}_{\Delta}[\boldsymbol{\theta}_{\varsigma}(t_0)-\boldsymbol{K}_D^{-1}\boldsymbol{u}_{\varsigma}]$$

其中

$$\boldsymbol{K}_{\Delta}\equiv\exp(-\boldsymbol{C}_D^{-1}\boldsymbol{K}_D\,\Delta_s)$$

4）由广义转动状态的定义计算出 t_1 时刻的 $\boldsymbol{\omega}_i$ 。

5）此时就获得了下一步积分所需的全部状态初值，再根据控制律、干扰力矩模型更新相关的输入项，开始新一步积分解算。

每个积分步长内，利用

$$\boldsymbol{\varsigma}=\boldsymbol{I}_{Oi}^{0.5}\boldsymbol{\theta}_{\varsigma}$$

$$\boldsymbol{\eta}^i=\boldsymbol{T}^{\mathrm{T}}\boldsymbol{\varsigma}+\boldsymbol{S}^{\mathrm{T}}\boldsymbol{\varsigma}$$

得到子体振动模态坐标 $\boldsymbol{\eta}^i$ 。

并可利用式（3.2.36）的姿态运动方程和动力学解算出的 $\boldsymbol{\omega}_i$ ，计算相应的姿态四元数 $\bar{\boldsymbol{Q}}_i$ 。

本章小结

本章讨论了多体柔性卫星姿态、系统角动量与轨道的自主协同控制方法，一方面实现了子体运动、卫星姿态、系统角动量的自主控制，另一方面解决了在角动量控制与卸载、小冲量轨道控制期间如何自主维持高精度姿态的问题。至于小冲量轨道控制的自主实现问题，将在第 5 章讨论。

本章主要结果如下。

1）提出一种新颖的子体运动控制结构，实现了子体转动与振动解耦的高效控制。采用广义转动状态反馈的子体控制，极大地提高了子体转动控制的可设计性、可达的动态性能和收敛速度；正交补模态与子体转动、卫星姿态运动弱耦合，一般无须控制；也介绍了其解耦控制的敏感器与执行机构配置及控制律设计原则。

2）卫星姿态控制采用前馈与反馈相结合的复合控制方法，有利于提高系统响应的快速性和控制精度。介绍了各种干扰力矩的估计方法，特别是讨论了针对推力器卸载力矩、轨控脉冲力矩的动态补偿方法，这是实现系统几个功能自主协同的关键。需要指出的是，干扰力矩的前馈补偿方法能够减小卫星姿态角加速度，从而减小角速度功率谱密度，这对引力测量卫星等追求质心稳定的应用来说，也具有重要参考价值。

3）提出一种角动量自主管理方法，具有沿轮组角动量包容最大的优化方向卸载、飞轮不过零不饱和、轮组重新构型时无须中断姿态轮控模式等优点，从而保证了角动量控制与姿态控制的协同。

4）提出的动力学仿真解算策略解决了柔性子体转动的卫星姿态动力学仿真常遇到的如何保证收敛的奇异问题，保证了数字仿真的可信度。

参考文献

[1] KHLIL H K. Nonlinear systems [M] 2nd Edition, Prentice Hall, Upper Saddle River, 1996.

[2] 刘一武. 具有密集模态的挠性空间结构的辨识与控制 [R]. 中国空间技术研究院博士后研究工作报告, 2000.

[3] 章仁为. 卫星轨道姿态动力学与控制 [M]. 北京: 北京航空航天大学出版社, 1998.

[4] 屠善澄. 卫星姿态动力学与控制 (4) [M]. 北京: 中国宇航出版社, 2006.

[5] LIU Y W, SI Z H, TANG L, et al. Angular momentum management strategy of the FengYun-4 meteorological satellite [J]. Acta Astronautica, 2018 (151): 22-31.

[6] 屠善澄. 卫星姿态动力学与控制 (1) [M]. 北京: 宇航出版社, 1999.

[7] FERGUSON J R, KRONCKEF G T. Dumping momentum magnetically on GPS satellites [J]. Journal of Guidance Control and Dynamics, 1981 (4), 1, 87-90.

[8] CHAPEL J, STANCLIFFE D, BEVACQUA T, et al. In-flight guidance, navigation, and control performance results for the goes-16 spacecraft [C]. GNC2017, 10th International ESA Conference on Guidance, Navigation & Control Systems, 2017: 1-25.

第5章　地球静止轨道卫星高精度的自主位置保持的预测控制策略

本章叙述优于0.01°的静止轨道卫星自主位置保持策略，主要内容包括卫星轨道的倾角与经度的高精度摄动模型、倾角的高精度预测控制和经度的高精度预测控制方法。

5.1　概述

地球卫星的轨道动力学与一般的控制方法已经研究并应用多年，技术成熟，有关经典内容可参见文献［1，2］。但是，从遥感卫星全天时的高精度需求的角度看，目前的轨道控制技术仍有待改进，问题主要在于如何实现高精度和全自主。

地球静止轨道卫星目前的位置保持精度一般不高于0.05°，而且依赖地面操控或者在轨程序执行地面上注的指令链。优于0.01°的静止轨道卫星自主位置保持策略的研究还比较少见，本章就该主题展开论述。

5.1.1　优于0.01°精度位置保持的必要性与可行性

提出优于0.01°的静止轨道卫星位置保持精度是有现实意义的。

（1）有利于提高图像定位与配准精度

地球静止轨道遥感卫星的主要优势，就是卫星图像具有高时间分辨率，能实现高频次的大范围覆盖，因而具备对较大范围的地表目标、云、导弹尾焰等进行精确的定位和追踪的可能，已经在气象、导弹预警等领域获得多代发展和深入应用；而且随着成像分辨率的进一步提高，其应用领域正变得越来越广阔。

由于光学口径尺寸与探测器规模的限制，高分辨率成像仪的瞬时视场相对较小，要完成大范围的覆盖，需要利用成像仪摆镜摆动实现扫描成像，或通过卫星姿态机动进行扫描成像，以获取大范围观测区域的遥感信息。利用卫星的姿态和轨道的实时确定信息对一个扫描周期获得的图像序列进行配准和定位，才可能获取一帧观测区域的空间连续、各像元相对位置正确匹配的图像。

静止卫星的重要特性是与地球近似保持静止状态，将卫星在标称的轨道位置所成的地球图像称为固定网格[3]。固定网格可以将仪器的分辨率匹配到地球表面上的空间尺度，并去除了轨道、姿态等时间参量的影响。在静止轨道对动目标进行连续观测时，也希望地球的固定目标在配准的图像中保持在相同的位置，才能更准确地跟踪和预报移动目标路径[4]。同时，固定网格也是一种高效的图像匹配技术，特别契合全天时需求。

但实际上卫星存在姿态运动和轨道运动，需要对这些运动进行适当的补偿，才能获得固定网格图像。

对于卫星姿态运动的补偿，如果忽略轨道运动影响，则在扫描过程中，可以利用第 3 章方法提供的成像载荷的姿态确定，通过修正成像载荷摆镜的转角指令（利用卫星机动扫描的，则通过不断调整卫星的指向），就可以将瞬时视场指向规划算法指定的固定网格的标称区域，获得固定网格图像。

而对于轨道运动，即使不考虑轨道确定误差，理论上也是不能完全被补偿的。由于球体成像存在像元分辨率随经纬度变化问题，一旦卫星偏离标称轨位，卫星图像总与固定网格存在一定的失配。文献［5］讨论了轨道运动的补偿原理和方法，通过成像仪摆镜运动补偿，将中心视轴指向固定网格的标称区域。该方法应用于“风云四号”卫星，卫星成像仪采用 32 元线列阵探测器，瞬时视场为 0.448 mrad，轨道倾角为 0.3°时，引起的成像仪南北方向边缘像元误差随主视轴对应的地表目标纬度变化的影响最大不超过 0.32 个像元，获得了很好的效果。不过，该文也指出，新型的长线阵探测器，如线列阵长度达到 1 024 元，瞬时视场达到 14.336 mrad，当轨道倾角为 0.3°时，引起的成像仪南北方向边缘像元误差随主视轴对应的地表目标纬度变化的影响最大可达到 11 个像元，这是不能接受的；而如果倾角保持在 0.01°以内，失配误差可降低至 0.38 个像元以内。

对于大面阵探测器，经度偏离标称值和倾角误差都会产生上述效应。

如果卫星位置保持精度较差，每天其地面轨迹近似呈 8 字形，则同一个地面固定目标的像元分辨率将会随时间变化，在不同帧图像里发生相对位移，不利于生成稳定的连续动图。即使采用地面重采样几何校正，也会损失辐射精度，降低生产效率。

（2）高精度位置保持的硬件条件已经具备

维持 0.01°以内的位置保持精度，意味着短周期的轨道摄动需要主动控制（日周期或更快的摄动除外），一方面推进剂消耗有所增加，另一方面位置保持的控制频次极大增加。对于采用化学推进的卫星将花费极大的代价，因此一般不予考虑。但现在，高精度位置保持的硬件条件已经具备，主要表现如下。

1）高比冲的电推进系统已经成熟，相对化学推进系统，轨道维持所需的推进剂成数倍甚至一个量级降低。

2）随着静止轨道 GNSS 的广泛应用，频繁控制所依赖的快速定轨已不是问题。特别是 $10^{-7}g$ 精度的轻小型化加速度计的成功研制与使用，可以实时地准确测量推进系统的控制量，其与 GNSS 结合的自主导航技术已经没有瓶颈。

此外，采用第 4 章所述的姿态、轨道自主协调控制技术，原有的轨控期间中断业务运行的问题也将不复存在。

5.1.2 本章内容安排

静止轨道的主要摄动因素包括地球非球形摄动、日月引力摄动与太阳光压力摄动。出于高精度需求，除了一般考虑的长周期摄动以外，还需要细致地考察中短周期影响。该内容在 5.2 节介绍。

此外，一般将太阳光压力建模视为大小为常值、平行太阳方向的矢量，认为只影响偏心率，而对倾角变化与半长轴变化的日平均影响为零[1,2]。但是，该假设是存在偏差的。5.3 节将针对全天时对地遥感卫星的实际情况，分析太阳光压力对倾角与半长轴变化的影响。

5.4 节介绍倾角的预测控制方程、初始状态确定和高精度控制策略。

5.5 节介绍经度的高精度控制方法，包括偏心率、平经度漂移率的预测控制方程、初始状态的确定、协调与解耦控制策略等。

说明：

1）对于中短周期的预测与控制问题，可以忽略地球、月球公转的偏心率，并简化与舍去部分小量。这些在高精度定轨公式中可以考虑。

2）某些公式参数给出了具体的值，如果省略单位，则默认取标准单位。

5.2　地球非球形与日月引力摄动分析

理想的静止轨道卫星相对地球不动，其标称位置为零纬度，平经度始终为设定的定点经度 λ_m 。设卫星标称位置的地心距为 A（约 42 164.2 km），该理想轨道对应的角速度等于地球自转速度，为

$$n_e = \sqrt{\frac{\mu}{A^3}}$$

大小约 6.3 rad/d，式中 μ 为地球引力常数；而对应的轨道周期

$$T = \frac{2\pi}{n_e}$$

为一个恒星日（0.998 17 d）。

采用瞬时平赤道地心坐标系（MEGSD）$O_E XYZ$ 描述静止轨道卫星运动[1]，其仅通过岁差矩阵由惯性坐标系转换得到，在惯性系绕黄道法线旋转（进动），进动角速度为

$$\boldsymbol{p} = (p_x, p_y, p_z)^{\mathrm{T}} = (0, 3.079, -7.086)^{\mathrm{T}} \times 10^{-12}\,\mathrm{rad/s} \tag{5.2.1}$$

MEGSD 的进动如图 5-1 所示，其中 X 轴指向春分，Z 轴为地球自转轴（消除转轴章动与极移后的平均方向）。

定义卫星的两维倾角矢量 $\boldsymbol{i}$，描述平面外轨道根数，以表示轨道平面的取向。其与倾角 i 和升交点赤经 Ω 两个经典轨道根数的关系为

$$\boldsymbol{i} = [i_x, i_y]^{\mathrm{T}}, \quad i_x = i\sin\Omega, \quad i_y = -i\cos\Omega$$

而平面内的 4 个经典轨道根数：半长轴 a、偏心率 e、近地点幅角 ω、真近点角 ν，用如下参数替代。

1）平经度漂移率 D：

$$D = -1.5(a - A_c)/A$$

与一般文献不同，上式中关于半长轴偏差的计算，用卫星轨道的实际同步半径 A_c 替

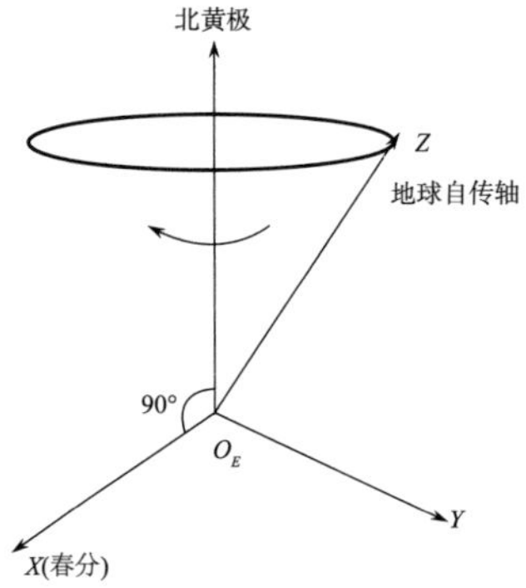

图 5 - 1　MEGSD 的进动

代标称值 A ，可对径向摄动进行补偿。

2）偏心率矢量 $\boldsymbol{e}$：

$$\boldsymbol{e}=[e_x,e_y]^{\mathrm{T}},\quad e_x=e\cos(\omega+\Omega),\quad e_y=e\sin(\omega+\Omega)$$

3）恒星时角 s：

$$s=\omega+\Omega+\nu$$

一阶近似情况下，s 与时间 t 等价，本章两者混用，不加区分。下文用 s_0 或 t_0 表示求日均值的积分起点。

讨论受控的静止轨道问题，在卫星标称位置线性化，精度是足够的。因此，分析倾角矢量的摄动与控制时，轨道平面内参数可以只取标称值；同样，分析 D 、$\boldsymbol{e}$ 的摄动和经度控制时，则可假设倾角 i 为零。

设卫星的位置和速度在 MEGSD 坐标系分别为 $\boldsymbol{r}=(x,\ y,\ z)^{\mathrm{T}}$ 和 $\boldsymbol{V}$ 。用 $\boldsymbol{e}_r$ 、$\boldsymbol{e}_t$ 、$\boldsymbol{e}_n$ 对应表示卫星当前时刻的径向、切向和法向，一阶近似情况下，有

$$\boldsymbol{e}_r=\begin{bmatrix}\cos s\\ \sin s\\ 0\end{bmatrix},\quad \boldsymbol{e}_t=\begin{bmatrix}-\sin s\\ \cos s\\ 0\end{bmatrix},\quad \boldsymbol{e}_n=\begin{bmatrix}i\\ 1\end{bmatrix}$$

后文在不引起误会的情况下，有时用 s、c 简记正弦 sin、余弦 cos。

此外，为了在日均摄动中考虑日、月运动的影响，需要频繁引用三角函数的乘积

$$f(ps)g(q\beta)$$

的日均值。式中，$f()$ 、$g()$ 为正弦或余弦函数；非零整数 p 、q 的绝对值不超过 3；β 为日、月的角运动，其速率 $\dot{\beta}\ll n_e$ 。可验证上述三角函数乘积的日均值近似为

$$\overline{f(ps)g(q\beta)}\approx\pm\frac{q\dot{\beta}}{pn_e}f_c(ps_0)g_c(q\bar{\beta})\tag{5.2.2}$$

变量加上画线，表示该变量的恒星日平均。式中，$f_c()$ 、$g_c()$ 分别对应 $f()$ 、$g()$ 的余函数，即正弦对应余弦，余弦对应正弦。当 $f()$ 、$g()$ 同为正弦或同为余弦时，± 号取－；否则取＋。$\bar{\beta}$ 为 β 在日周期的中间值或均值。

5.2.1　轨道根数摄动公式

地球静止轨道主要考虑地球引力势 J_2 带谐项与 J_{22} 田谐项摄动、日月引力摄动、太阳光压力摄动。卫星相对地球的加速度为

$$\frac{\mathrm{d}^2\boldsymbol{r}}{\mathrm{d}t^2}=-\frac{\mu}{r^3}\boldsymbol{r}-2\boldsymbol{p}\times\boldsymbol{V}+\boldsymbol{f}_\Sigma \tag{5.2.3}$$

式（5.2.3）中，等号右边第一项为中心引力加速度，第二项为 Coriolis 加速度，$\boldsymbol{f}_\Sigma$ 为各种摄动加速度之和：

$$\boldsymbol{f}_\Sigma=\boldsymbol{f}_2+\boldsymbol{f}_{22}+\boldsymbol{f}_S+\boldsymbol{f}_M+\boldsymbol{f}_R \tag{5.2.4}$$

式中，$\boldsymbol{f}_2$ 为 J_2 带谐项摄动；$\boldsymbol{f}_{22}$ 为 J_{22} 田谐项摄动；$\boldsymbol{f}_S$ 、$\boldsymbol{f}_M$ 分别为日月引力摄动；$\boldsymbol{f}_R$ 为光压力加速度。

（1）倾角矢量摄动公式

卫星轨道角动量为

$$\boldsymbol{r}\times\boldsymbol{V}=A^2n_e\boldsymbol{e}_n$$

两边求导并代入式（5.2.3）：

$$A^2n_e\frac{\mathrm{d}\boldsymbol{e}_n}{\mathrm{d}t}=-2\boldsymbol{r}\times(\boldsymbol{p}\times\boldsymbol{V})+\boldsymbol{r}\times\boldsymbol{f}_\Sigma$$

上式在一个轨道周期积分内积分，得到 $\boldsymbol{e}_n$ 在一个轨道周期 $\boldsymbol{T}$ 的平均漂移率：

$$\frac{\delta\boldsymbol{e}_n}{\delta t}=-\boldsymbol{p}\times\boldsymbol{e}_n+\frac{1}{An_e}\overline{\boldsymbol{e}_r\times\boldsymbol{f}_\Sigma} \tag{5.2.5}$$

该式投影到 XY 平面，就得到倾角矢量 $\boldsymbol{i}$ 的平均漂移率：

$$\frac{\delta\boldsymbol{i}}{\delta t}=-\boldsymbol{p}\times\boldsymbol{e}_n+\frac{1}{An_e}\overline{(\boldsymbol{f}_\Sigma\cdot\boldsymbol{e}_n)\boldsymbol{e}_r}\times\boldsymbol{e}_n \tag{5.2.6}$$

这里先给出地轴进动的影响：

$$\left(\frac{\delta\boldsymbol{i}}{\delta t}\right)_p=\begin{bmatrix}-p_y\\0\end{bmatrix}+p_z\begin{bmatrix}i_y\\-i_x\end{bmatrix}\approx\begin{bmatrix}-3.079\times10^{-12}\\0\end{bmatrix}-0.972\times10^{-7}n_e\begin{bmatrix}i_y\\-i_x\end{bmatrix} \tag{5.2.7}$$

地轴进动的影响较小，一方面造成轨道正进动，角频率约 0.012 8（°）/年；另一方面倾角在 $-X$ 方向细微增加，每年增加约 0.0056°。

（2）平经度漂移率及其变化率

平经度漂移率 D 及其变化率 $\dot{D}$ 都是卫星经度控制需要关注的变量。

首先需要确定卫星轨道的同步半径 A_c ，不妨设 $A_c=A+\Delta$ 。设卫星的赤经、赤纬分别为 α 、φ ，则式（5.2.3）在径向的运动方程为[2]

$$\ddot{r}-r\dot{\alpha}^2\cos^2\varphi-r\dot{\varphi}=-\frac{\mu}{r^2}+\boldsymbol{e}_r\cdot(\boldsymbol{f}_\Sigma-2\boldsymbol{p}\times\boldsymbol{V}) \tag{5.2.8}$$

忽略高阶项，得

$$\ddot{r}-rn_e^2=-\frac{\mu}{r^2}+\boldsymbol{f}_\Sigma\cdot\boldsymbol{e}_r+2rn_ep_z$$

在卫星标称位置 A_c 附近，上式等号右边为常值和轨道周期项，积分得

$$n_e^2=\frac{\mu}{A_c^3}-\frac{1}{A}\overline{\boldsymbol{f}_\Sigma\cdot\boldsymbol{e}_r}-2n_e p_z$$

可推得

$$\Delta=\frac{-1}{3n_e^2}(\overline{\boldsymbol{f}_\Sigma\cdot\boldsymbol{e}_r}+2An_e p_z) \tag{5.2.9}$$

则平经度漂移率为

$$D=-1.5\frac{a-A_c}{A}=-1.5\frac{a-A-\Delta}{A} \tag{5.2.10}$$

从短周期看，虽然 Δ 随日月运动缓慢变化，但相比 a 的变化是小量，因此

$$\dot{D}\approx\frac{-1.5}{A}\frac{\mathrm{d}a}{\mathrm{d}t}=\frac{-3}{An_e}\boldsymbol{f}_\Sigma\cdot\boldsymbol{e}_t \tag{5.2.11a}$$

但是，如果考察中长期摄动，也可考虑 Δ 的变化，式（5.2.9）的日均变化为

$$\frac{\delta D}{\delta t}=\frac{-3}{An_e}\overline{\boldsymbol{f}_\Sigma\cdot\boldsymbol{e}_t}+\frac{1.5}{A}\frac{\delta\Delta}{\delta t}=\frac{-3}{An_e}\left[\overline{\boldsymbol{f}_\Sigma\cdot\boldsymbol{e}_t}+\frac{1}{6n_e}\frac{\delta}{\delta t}(\overline{f_\Sigma\cdot e_r})\right] \tag{5.2.11b}$$

先给出地轴进动对 Δ 的影响，为

$$(\Delta)_p=\frac{-2p_z}{3n_e}A\approx 2.73\ \mathrm{m} \tag{5.2.12}$$

（3）偏心率矢量摄动公式

一般文献给出的偏心率摄动方程为[1,2]

$$\frac{\mathrm{d}\boldsymbol{e}}{\mathrm{d}t}=\frac{2}{An_e}(\boldsymbol{f}_\Sigma\cdot\boldsymbol{e}_t)\begin{bmatrix}\cos s\\ \sin s\end{bmatrix}+\frac{1}{An_e}(\boldsymbol{f}_\Sigma\cdot\boldsymbol{e}_r)\begin{bmatrix}\sin s\\ -\cos s\end{bmatrix} \tag{5.2.13}$$

但是，径向摄动与实际情况不符。

例如，仅考虑地球中心引力和 J_2 项摄动（径向大小为 f_{2r}），其他摄动设为 0，将卫星定点到同步半径 A_c 的赤道平面轨道，卫星只有切向速度 $A_c n_e$，那么依据动力学方程，卫星应该运行在圆轨道，$\boldsymbol{e}=\boldsymbol{0}$。不过，依据式（5.2.13），其解为

$$\boldsymbol{e}(t)=\boldsymbol{e}(t_0)-\frac{2f_{2r}}{An_e^2}[\boldsymbol{e}_r(t)-\boldsymbol{e}_r(t_0)]$$

这就导致矛盾。

根据推导过程，式（5.2.13）的径向摄动部分来源于 $\mathrm{d}a/\mathrm{d}t$ 的径向摄动，正比于 $\boldsymbol{f}_\Sigma\cdot\boldsymbol{e}_r$ 和 $\boldsymbol{V}\cdot\boldsymbol{e}_r$ 的乘积。由于式（5.2.13）摄动分析依据的 a、$\boldsymbol{e}$ 和 $\boldsymbol{V}$ 都是仅根据地球中心引力势 μ/r 定义的，这与径向摄动下实际的轨道根数不一致，主要导致 $\boldsymbol{V}\cdot\boldsymbol{e}_r$ 的偏差，从而引发上述矛盾。

在标称轨道附近，地球非球形、日月引力的径向加速度 f_r（也包含太阳光压力径向加速度的均值）可以表示为

$$f_r=-\frac{\mu_r}{r^2},\quad \mu_r\approx -A^2 f_r \tag{5.2.14}$$

将其等效地归入地球中心引力，则式（5.2.3）的中心引力加速度为

$$\frac{\mathrm{d}^2\boldsymbol{r}}{\mathrm{d}t^2}=-\frac{\mu+\mu_r}{r^3}\boldsymbol{r}$$

以引力常数 $\mu+\mu_r$ 定义轨道根数，更符合地球静止轨道卫星的实际。

在等效引力常数下，与地球自转同步角速度 n_e 对应的轨道半长轴为

$$A_c=\left(\frac{\mu+\mu_r}{n_e^2}\right)^{\frac{1}{3}}\approx A+\frac{\mu_r}{3A^2n_e^2}=A-\frac{f_r}{3n_e^2}$$

这与式（5.2.9）中径向摄动引起的 Δ 是一致的。

因而，偏心率摄动方程修正为

$$\frac{\mathrm{d}\boldsymbol{e}}{\mathrm{d}t}=\frac{2}{An_e}(\boldsymbol{f}_\Sigma\cdot\boldsymbol{e}_t)\begin{bmatrix}\cos s\\ \sin s\end{bmatrix}+\frac{1}{An_e}(\boldsymbol{f}_\Sigma\cdot\boldsymbol{e}_r-f_r)\begin{bmatrix}\sin s\\ -\cos s\end{bmatrix}\tag{5.2.15}$$

5.2.2　地球非球形摄动分析

地球静止轨道处，地球引力位的二阶摄动项为[2]

$$U_2=-\frac{\mu J_2R^2}{2r^3}\left(\frac{3z^2}{r^2}-1\right)+\frac{3\mu J_{22}R^2}{r^3}\cos2(\lambda-\lambda_{22})$$

式中，λ 为卫星经度；R 为地球的平均赤道半径；$\lambda_{22}=-14.5°$ 为赤道椭圆主轴经度。记

$$\bar{\lambda}=\lambda-\lambda_{22}$$

求 U_2 的梯度获得地形摄动加速度：

$$\boldsymbol{f}_2=-\frac{3\mu J_2R^2}{r^5}\left(z\boldsymbol{e}_z-\frac{5}{2}\frac{z^2}{r^2}\boldsymbol{r}+\frac{1}{2}\boldsymbol{r}\right)\tag{5.2.16}$$

$$\boldsymbol{f}_{22}=-\frac{\mu J_{22}R^2}{r^4}[9\cos2\bar{\lambda}\boldsymbol{e}_r+6\sin2\bar{\lambda}\boldsymbol{e}_t]\tag{5.2.17}$$

显然

$$\boldsymbol{f}_2\cdot\boldsymbol{e}_n=-\frac{3\mu J_2R^2z}{r^5},\quad \boldsymbol{f}_{22}\cdot\boldsymbol{e}_n=\boldsymbol{0}\tag{5.2.18a}$$

$$\boldsymbol{f}_2\cdot\boldsymbol{e}_r\approx-1.5n_e^2J_2R\left(\frac{R}{A}\right),\quad \boldsymbol{f}_{22}\cdot\boldsymbol{e}_r\approx-9n_e^2J_{22}R\left(\frac{R}{A}\right)\cos2\bar{\lambda}\tag{5.2.18b}$$

$$\boldsymbol{f}_2\cdot\boldsymbol{e}_t\approx\boldsymbol{0},\quad \boldsymbol{f}_{22}\cdot\boldsymbol{e}_t\approx-6n_e^2J_{22}R\left(\frac{R}{A}\right)\sin2\bar{\lambda}\tag{5.2.18c}$$

（1）对倾角的影响

根据式（5.2.6）和式(5.2.18*a*)，$\boldsymbol{f}_2$ 对倾角有一定影响。将

$$\frac{z}{r}=i\sin(s-\Omega)=-i_y\sin s-i_x\cos s$$

代入式（5.2.6），获得 $\boldsymbol{f}_2$ 对倾角矢量平均变化率的贡献为

$$\left(\frac{\delta\boldsymbol{i}}{\delta t}\right)_2=1.5n_eJ_2\left(\frac{R}{A}\right)^2\begin{bmatrix}i_y\\ -i_x\end{bmatrix}\approx3.72\times10^{-5}n_e\begin{bmatrix}i_y\\ -i_x\end{bmatrix}\tag{5.2.19}$$

造成轨道逆进动，角频率约 4.9（°）/年。

(2) 对平经度漂移率的影响

将式(5.2.18b)代入式(5.2.9),分别得到 $\boldsymbol{f}_2$、$\boldsymbol{f}_{22}$ 对 Δ 的贡献为

$$(\Delta)_2 \approx \frac{J_2 R^2}{2A} \tag{5.2.20}$$

$$(\Delta)_{22} \approx \frac{3J_{22}R^2}{A}\cos 2\bar{\lambda} \tag{5.2.21}$$

代入地球参数,$(\Delta)_2$ 约 522.3 m;而 $(\Delta)_{22}$ 与经度相关,最大约几米。

将式(5.2.18c)代入式(5.2.11),得到 $\boldsymbol{f}_{22}$ 对 $\dot{D}$ 的贡献为

$$(\dot{D})_{22} \approx \left(\frac{\delta D}{\delta t}\right)_{22} = 18 n_e J_{22}\left(\frac{R}{A}\right)^2 \sin 2\bar{\lambda} \tag{5.2.22}$$

式中,经度取日均值。

该项大小与定点经度相关,在定点位置附近,其影响是长期的、单方向的,是影响经度漂移的主要因素之一。

式(5.2.22)中,常数

$$18 n_e J_{22}\left(\frac{R}{A}\right)^2 \approx 4.67 \times 10^{-6}\ \mathrm{d}^{-1}$$

(3) 对偏心率的影响

根据修正过的偏心率摄动公式(5.2.15),径向摄动为0。而 $\boldsymbol{f}_{22}$ 在切向有极小量影响,将式(5.2.18c)代入式(5.2.15),得

$$\left(\frac{\mathrm{d}\boldsymbol{e}}{\mathrm{d}t}\right)_{22} = -12 n_e J_{22}\left(\frac{R}{A}\right)^2 \sin 2\bar{\lambda}\begin{bmatrix}\cos s\\ \sin s\end{bmatrix} \tag{5.2.23}$$

积分为

$$[\boldsymbol{e}(t) - \boldsymbol{e}(t_0)]_{22} = 12 J_{22}\left(\frac{R}{A}\right)^2 \sin 2\bar{\lambda} \cdot [\boldsymbol{e}_t(t) - \boldsymbol{e}_t(t_0)]$$

日周期偏心率最大波动小于 1.0×10^{-6}。但日均为0,即

$$\left(\frac{\delta \boldsymbol{e}}{\delta t}\right)_{22} = 0$$

5.2.3 月球引力摄动分析

日/月引力摄动加速度具有如下形式[1,2]

$$\mu_k\left(\frac{\boldsymbol{r}_k - \boldsymbol{r}}{|\boldsymbol{r}_k - \boldsymbol{r}|^3} - \frac{\boldsymbol{r}_k}{r_k^3}\right) \approx \frac{\mu_k r}{r_k^3}\left[3\left(\frac{\boldsymbol{r}_k}{r_k}\cdot \boldsymbol{e}_r\right)\frac{\boldsymbol{r}_k}{r_k} - \boldsymbol{e}_r\right]$$

式中,$\boldsymbol{r}_k$ 为地心指向日心/月心的矢径;μ_k 为日/月的引力常数。

先分析更为复杂的月球引力摄动,太阳引力摄动的结果可直接类比获得。

定义

$$n_m^2 \equiv \frac{\mu_m}{r_{me}^3} \approx 1.63 \times 10^{-5} n_e^2$$

月球矢量在MEGSD中的描述,由白道在赤道的倾角 i_m、升交点赤经 Ω_m、距离升

交点的轨道幅角 β_m 确定，如图 5-2 所示，即

$$\boldsymbol{M} \equiv \begin{bmatrix} M_x \\ M_y \\ M_z \end{bmatrix} = \begin{bmatrix} \cos\beta_m \cos\Omega_m - \sin\beta_m \sin\Omega_m \cos i_m \\ \cos\beta_m \sin\Omega_m + \sin\beta_m \cos\Omega_m \cos i_m \\ \sin\beta_m \sin i_m \end{bmatrix} \tag{5.2.24}$$

则

$$\boldsymbol{f}_M = r n_m^2 \left[3(\boldsymbol{M} \cdot \boldsymbol{e}_r)\boldsymbol{M} - \boldsymbol{e}_r \right] \tag{5.2.25}$$

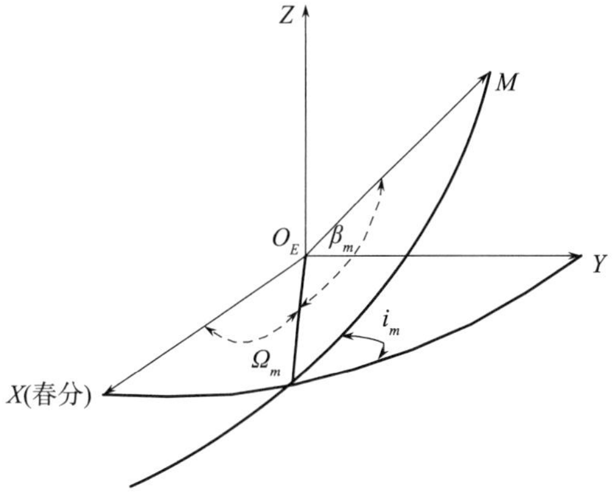

图 5-2　月球矢量在 MEGSD 中的方位

式 (5.2.24) 中的 i_m 、Ω_m 可由白道与黄道夹角 $i_{ms} = 5.15°$ 、白道在黄道升交点的黄经 Ω_{ms} 确定，它们的球面几何关系如图 5-3 所示。白道在空间进动（倾角矢量旋转方向朝南黄极），周期为 18.6 年，因此 Ω_{ms} 的范围为 $0° \sim 360°$ ，由历元确定，平均速率 $\dot{\Omega}_{ms} \approx -9.25 \times 10^{-4}$ rad/d 。由球面几何公式和天文常数 i_s 、i_{ms} ，得[2]

$$\begin{cases} \cos i_m = 0.9137 - 0.0357\cos\Omega_{ms} \\ \sin i_m \sin\Omega_m = 0.089\sin\Omega_{ms} \\ \sin i_m \cos\Omega_m = 0.396 + 0.082\cos\Omega_{ms} \end{cases} \tag{5.2.26}$$

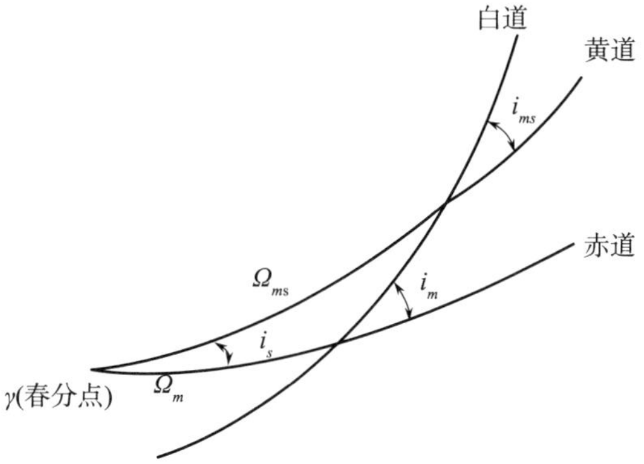

图 5-3　白道、黄道与赤道的球面几何关系

月球绕地球的轨道幅角 β_m 由月球轨道计算确定。平均速率 $\dot{\beta}_m \approx 0.23$ rad/d ，周期

27.3 d，长期精密定轨可考虑月球轨道偏心率 $e=0.0549$，精确计算月球轨道参数，短期预测与控制可忽略该偏心率。

(1) 对倾角的影响

显然

$$\boldsymbol{e}_r \times \boldsymbol{f}_M = 3n_m^2 A(\boldsymbol{M} \cdot \boldsymbol{e}_r)(\boldsymbol{e}_r \times \boldsymbol{M})$$

在一个轨道周期内，忽略 $\boldsymbol{M}$ 在惯性系运动。将上式代入式 (5.2.5) 中的积分式，推导可得

$$\frac{1}{An_e}\overline{\boldsymbol{e}_r \times \boldsymbol{f}_M} = \frac{1.5n_m^2}{n_e}(\boldsymbol{M} \cdot \boldsymbol{e}_n)(\boldsymbol{M} \times \boldsymbol{e}_n)$$

它们投影到 XY 平面，并代入月球矢量的分量，得到

$$\left(\frac{\delta i}{\delta t}\right)_M = \frac{1.5n_m^2}{n_e}\left\{\begin{bmatrix} M_y M_z \\ -M_x M_z \end{bmatrix} + M_x M_y \begin{bmatrix} i_x \\ -i_y \end{bmatrix} + \begin{bmatrix} (M_y^2 - M_z^2) i_y \\ -(M_x^2 - M_z^2) i_x \end{bmatrix}\right\} \tag{5.2.27}$$

式 (5.2.27) 是系数周期性时变的线性系统状态方程。考虑到受控条件下维持很小的倾角，等号右边各项较小，可以近似地独立分析各项影响，以明确预测控制需要考虑的主次要因素。对于高精度轨道确定问题，可以全部保留计算。

1) 分析等号右边第二项。

第二项的积分为

$$\begin{cases} i_x(t_1) = i_x(t_0) \cdot \exp\left\{2.445 \times 10^{-5} n_e \int_{t_0}^{t_1} M_x M_y \mathrm{d}t\right\} \\ i_y(t_1) = i_y(t_0) \cdot \exp\left\{-2.445 \times 10^{-5} n_e \int_{t_0}^{t_1} M_x M_y \mathrm{d}t\right\} \end{cases}$$

根据式 (5.2.24)，积分式

$$\int_{t_0}^{t_1} M_x M_y \mathrm{d}t$$

包含月周期变化项和白道进动周期项。月周期变化项最大为 $0.5/\dot{\beta}_m$，影响倾角的指数项最大的放大或缩小比例为

$$\exp\left\{2.445 \times 10^{-5} \frac{n_e}{2\dot{\beta}_m}\right\} \approx 1.00033$$

引起倾角不到 0.033% 的变化，可以不用考虑。而白道进动周期项相对大一些，最大为 $0.035/\dot{\Omega}_{ms}$，影响倾角的指数项最大的放大或缩小比例为

$$\exp\left\{2.445 \times 10^{-5} \frac{0.035n_e}{\dot{\Omega}_{ms}}\right\} \approx 1.00583$$

引起倾角不到 0.6% 的变化，且周期为 18.6 年，不影响短期预测与控制，可以不用考虑。

2) 分析等号右边第三项。

第三项的平均效果表现为进动项。参考 5.2.4 节太阳摄动的分析，考虑系数半月平均即足够精确，则

$$a \equiv \overline{M_y^2 - M_z^2} = \frac{1}{2}\left[1 - (1 + \mathrm{c}^2\Omega_m)\mathrm{s}^2 i_m\right]$$

$$b \equiv \overline{M_x^2 - M_z^2} = \frac{1}{2}[1-(1+s^2\Omega_m)s^2 i_m]$$

摄动方程第三项取为

$$\left(\frac{\delta \boldsymbol{i}}{\delta t}\right)_{M3} = 2.445 \times 10^{-5} n_e \begin{bmatrix} a i_y \\ -b i_x \end{bmatrix} \tag{5.2.28}$$

进动角频率

$$2.445 \times 10^{-5} n_e \sqrt{ab} \approx 4.41(°)/\mathrm{d}\sqrt{1-3s^2 i_m} \times 10^{-3} \approx \begin{cases} 1.35(°)/\text{年，最大} \\ 0.9(°)/\text{年，最小} \end{cases}$$

与 J_2 项比较，在一个量级。

3）分析等号右边第一项。

根据式（5.2.26），i_m 、Ω_m 都用 Ω_{ms} 表示并代入 M_yM_z 、M_xM_z ：

$$\begin{cases} M_yM_z = 0.044\ 5s2\beta_m s\Omega_{ms} + s^2\beta_m(0.362 + 0.060\ 8c\Omega_{ms} - 0.002\ 93c^2\Omega_{ms}) \\ M_xM_z = s2\beta_m(0.198 + 0.041c\Omega_{ms}) - s^2\beta_m(0.081\ 3s\Omega_{ms} - 0.001\ 6s2\Omega_{ms}) \end{cases}$$

可以发现它们的频率成分十分复杂，7 个交流分量的角频率分别为 $2\dot{\beta}_m$（周期半月）、$2\dot{\beta}_m \pm \dot{\Omega}_{ms}$（周期半月左右）、$2\dot{\beta}_m \pm 2\dot{\Omega}_{ms}$（周期半月左右）、$2\dot{\Omega}_{ms}$（周期 9.3 年）、$\dot{\Omega}_{ms}$（周期 18.6 年）。此外，$M_yM_z$ 还含有直流成分。

但考察日均变化，Ω_{ms} 变化的影响极其微小，可忽略。对第一项从 t_0 时刻到 t_1 的积分，记 β_m 首末时刻对应的值为 β_{m0} 、β_{m1} ，用 $\overline{\beta_m}$ 表示的 β_m 的日均值为

$$\overline{\beta_m} = \frac{\beta_{m1} + \beta_{m0}}{2}$$

则对于 M_yM_z 、M_xM_z 的日均值，只需将它们表达式中的 β_m 用 $\overline{\beta_m}$ 替代即可。代入式（5.2.27），得

$$\left(\frac{\delta \boldsymbol{i}}{\delta t}\right)_{M1} = 10^{-5} n_e \left\{ \begin{bmatrix} 0.44 + 0.074c\Omega_{ms} \\ 0.099\ 3s\Omega_{ms} \end{bmatrix} - \begin{bmatrix} 0.44c2\overline{\beta_m} \\ 0.484s2\overline{\beta_m} \end{bmatrix} - \begin{bmatrix} 0.0914c(2\overline{\beta_m} + \Omega_{ms}) \\ 0.10s(2\overline{\beta_m} + \Omega_{ms}) \end{bmatrix} \right\} \tag{5.2.29}$$

该项影响显著，最大变化约 $3.76 \times 10^{-3}(°)/\mathrm{d}$ 。

基于以上分析，在预测与控制的应用中，式（5.2.27）可以用式（5.2.28）和式（5.2.29）替代。

（2）对偏心率的影响

由于月球轨道幅角日均变动 13°以上，因此月球轨道周期项不可忽略。下面考虑月球引力切向摄动的短中周期项对偏心率的影响。

月球引力摄动加速度切向分量为

$$\begin{aligned} \boldsymbol{f}_M \cdot \boldsymbol{e}_t &= 3n_m^2 A(\boldsymbol{M} \cdot \boldsymbol{e}_r)(\boldsymbol{M} \cdot \boldsymbol{e}_t) = 1.5n_m^2 A[(M_y^2 - M_x^2)s2s + 2M_xM_y c2s] \\ &= 1.5n_m^2 A(1 - s^2\beta_m s^2 i_m)s(2s + \alpha_m) \end{aligned} \tag{5.2.30}$$

式中：

$$\alpha_m = \tan^{-1}[2M_x M_y/(M_y^2 - M_x^2)]$$

1）短周期项。

固定月球参数，将式（5.2.30）代入式（5.2.15），得

$$\left(\frac{\mathrm{d}\boldsymbol{e}}{\mathrm{d}t}\right)_{M1} = \frac{3n_m^2}{2n_e}(1 - \mathrm{s}^2\beta_m \mathrm{s}^2 i_m)\begin{bmatrix} \mathrm{s}(s+\alpha_m) + \mathrm{s}(3s+\alpha_m) \\ \mathrm{c}(s+\alpha_m) - \mathrm{c}(3s+\alpha_m) \end{bmatrix} \tag{5.2.31}$$

包括日周期项和1/3日周期项，两者波动幅度最大分别为 2.445×10^{-5} 和 0.815×10^{-5} 。

2）中周期项。

考虑月球矢量 $\boldsymbol{M}$ 中参数 β_m 变化，而 Ω_m 、i_m 不变。将式（5.2.30）代入式（5.2.15），并计算日平均变化率，设初始时刻 t_0 的卫星恒星时角和月球轨道幅角为 s_0、β_{m0} 。将月球轨道参数代入 $\boldsymbol{f}_M\cdot\boldsymbol{e}_t$ 中的 $M_y^2 - M_x^2$ 和 $2M_xM_y$ ，并只保留含 $2\beta_m$ 正余弦的项，其他项在式（5.2.15）的作用，日平均后为0。保留项为

$$M_y^2 - M_x^2 \sim -\frac{1}{2}(1+\mathrm{c}^2 i_m)\mathrm{c}2\Omega_m \mathrm{c}2\beta_m + \mathrm{c}i_m \mathrm{s}2\Omega_m \mathrm{s}2\beta_m$$

$$2M_xM_y \sim \frac{1}{2}(1+\mathrm{c}^2 i_m)\mathrm{s}2\Omega_m \mathrm{c}2\beta_m + \mathrm{c}i_m \mathrm{c}2\Omega_m \mathrm{s}2\beta_m$$

利用式（5.2.2），容易计算式（5.2.15）的日平均变化率

$$\left(\frac{\delta\boldsymbol{e}}{\delta t}\right)_{M2} = \frac{3n_m^2}{2n_e^2}\dot{\beta}_m\begin{bmatrix} k_{xs}\mathrm{s}2\overline{\beta_m} + k_{xc}\mathrm{c}2\overline{\beta_m} \\ k_{ys}\mathrm{s}2\overline{\beta_m} + k_{yc}\mathrm{c}2\overline{\beta_m} \end{bmatrix} \tag{5.2.32}$$

式中：

$$k_{xs} = -(1+\mathrm{c}^2 i_m)\left[\mathrm{c}(s_0 - 2\Omega_m) + \frac{1}{3}\mathrm{c}(3s_0 - 2\Omega_m)\right]$$

$$k_{xc} = 2\mathrm{c}i_m\left[\mathrm{s}(s_0 - 2\Omega_m) + \frac{1}{3}\mathrm{s}(3s_0 - 2\Omega_m)\right]$$

$$k_{ys} = (1+\mathrm{c}^2 i_m)\left[\mathrm{s}(s_0 - 2\Omega_m) - \frac{1}{3}\mathrm{s}(3s_0 - 2\Omega_m)\right]$$

$$k_{yc} = 2\mathrm{c}i_m\left[\mathrm{c}(s_0 - 2\Omega_m) - \frac{1}{3}\mathrm{c}(3s_0 - 2\Omega_m)\right]$$

由于日周期初值 s_0 不变（实际上可以相差 2π 的倍数，不影响结果），而 i_m 、Ω_m 变化十分缓慢，因此式（5.2.32）随 $2\overline{\beta_m}$ 的正弦变化呈半月周期变化。当然，其中参数 k_i 会缓慢变化，s_0 会积累误差，在导航方程中应不断更新。

不妨取 $s_0=0$、$\Omega_m=0$，则有

$$\left(\frac{\delta\boldsymbol{e}}{\delta t}\right)_{M2} = -\frac{2n_m^2}{n_e^2}\dot{\beta}_m\begin{bmatrix} (1+\mathrm{c}^2 i_m)\mathrm{s}2\overline{\beta_m} \\ -\mathrm{c}i_m \mathrm{c}2\overline{\beta_m} \end{bmatrix}$$

导致的偏心率最大变化为

$$|\delta e|_{\max} \sim \frac{4n_m^2}{n_e^2} \approx 6.5\times10^{-5}$$

将导致经度接近 $0.0075°$ 的变化，且该变化经历时间较短，约一星期，不容忽视。

(3) 对平经度漂移率的影响

1) 对 D 的影响。

月球引力摄动加速度在径向的分量为

$$\boldsymbol{f}_M \cdot \boldsymbol{e}_r = n_m^2 A\left[3(\boldsymbol{M} \cdot \boldsymbol{e}_r)^2 - 1\right] \tag{5.2.33}$$

代入式 (5.2.9)，得

$$(\Delta)_M = -\frac{n_m^2}{6n_e^2}(1 - 3\mathrm{s}^2 i_m \mathrm{s}^2 \beta_m)A \tag{5.2.34}$$

大小约为－155～－36 m。

2) $\dot{D}$ 摄动的短周期项。

若忽略月球运动，切向摄动式 (5.2.30) 呈半日周期，对 $\dot{D}$ 和卫星经度 λ 的日均影响为 0。分析影响经度半日波动的幅度 $\Delta\lambda$ ，将式 (5.2.30) 代入式 (5.2.11a)，得到

$$(\dot{D})_{M1} = -\frac{4.5n_m^2}{n_e}(1 - \mathrm{s}^2\beta_m \mathrm{s}^2 i_m)\mathrm{s}(2s + \alpha_m) \tag{5.2.35}$$

代入经度变化公式：

$$\ddot{\lambda} = n_e\dot{D} = -4.5n_m^2(1 - \mathrm{s}^2\beta_m \mathrm{s}^2 i_m)\mathrm{s}(2s + \alpha_m)$$

则

$$\Delta\lambda = \frac{4.5n_m^2}{4n_e^2}(1 - \mathrm{s}^2\beta_m \mathrm{s}^2 i_m)$$

最大的经度波动幅度约 $1.05 \times 10^{-3\circ}$ 。

3) $\dot{D}$ 摄动的中周期项。

利用上文估计偏心率中周期摄动分析的类似方法，可求得

$$\overline{\boldsymbol{f}_M \cdot \boldsymbol{e}_t} = 1.5n_m^2 \frac{\dot{\beta}_m}{n_e} A(k_{Ds}\mathrm{s}2\overline{\beta_m} + k_{Dc}\mathrm{c}2\overline{\beta_m}) \tag{5.2.36}$$

式中：

$$k_{Ds} = -0.5(1 + \mathrm{c}^2 i_m)\mathrm{c}(2s_0 - 2\Omega_m)$$

$$k_{Dc} = \mathrm{c}i_m \mathrm{s}(2s_0 - 2\Omega_m)$$

代入式 (5.2.11b)，得到切向力的中长期摄动为

$$\left(\frac{\delta D}{\delta t}\right)_{M2t} = \frac{-4.5n_m^2}{n_e^2}\dot{\beta}_m(k_{Ds}\mathrm{s}2\overline{\beta_m} + k_{Dc}\mathrm{c}2\overline{\beta_m}) \tag{5.2.37}$$

而 式(5.2.34) 的变化率为

$$\frac{\delta(\Delta)_M}{\delta t} = \frac{n_m^2}{2n_e^2}\dot{\beta}_m A\mathrm{s}^2 i_m \mathrm{s}2\overline{\beta_m}$$

代入式 (5.2.11b)，得到径向力的中长期摄动为

$$\left(\frac{\delta D}{\delta t}\right)_{M2r} = \frac{0.75n_m^2}{n_e^2}\dot{\beta}_m \mathrm{s}^2 i_m \mathrm{s}2\overline{\beta_m} \tag{5.2.38}$$

月球引力摄动导致的 D 最大变化约

$$|\delta D|_{\max} \sim \frac{4.5n_m^2}{n_e^2} \approx 7.5\times 10^{-5}$$

该变化经历时间较短，约一星期，不容忽视。

5.2.4 太阳引力摄动分析

定义

$$n_s^2 \equiv \frac{\mu_S}{r_{se}^3} \approx 0.75\times 10^{-5} n_e^2$$

太阳矢量在 MEGSD 中的描述由地球赤道的黄道倾角 $i_s=23.45°$ 和太阳视黄经 β_s 确定，可根据太阳星历实时计算，如图 5-4 所示，即

$$\boldsymbol{S} \equiv \begin{bmatrix} S_x \\ S_y \\ S_z \end{bmatrix} = \begin{bmatrix} \cos\beta_s \\ \sin\beta_s \cos i_s \\ \sin\beta_s \sin i_s \end{bmatrix} \tag{5.2.39}$$

则

$$\boldsymbol{f}_S = r n_s^2 [3(\boldsymbol{S}\cdot\boldsymbol{e}_r)\boldsymbol{S} - \boldsymbol{e}_r] \tag{5.2.40}$$

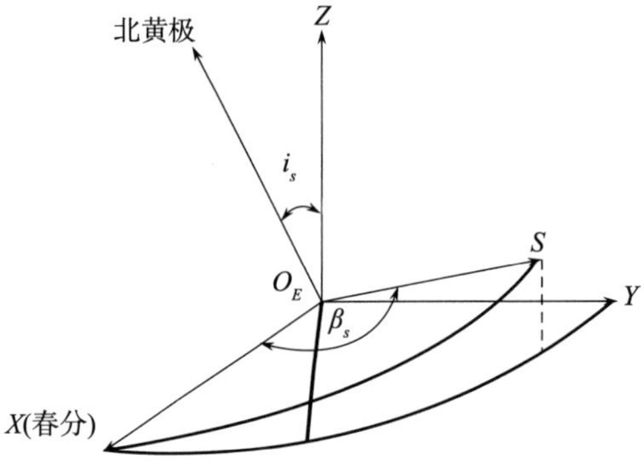

图 5-4 太阳矢量在 MEGSD 中的方位

（1）对倾角的影响

与月球引力摄动同理，太阳引力对倾角的摄动为

$$\left(\frac{\delta \boldsymbol{i}}{\delta t}\right)_S = \frac{1.5n_s^2}{n_e}\left\{\begin{bmatrix} S_y S_z \\ -S_x S_z \end{bmatrix} + S_x S_y \begin{bmatrix} i_x \\ -i_y \end{bmatrix} + \begin{bmatrix} (S_y^2 - S_z^2) i_y \\ -(S_x^2 - S_z^2) i_x \end{bmatrix}\right\} \tag{5.2.41a}$$

将 $i_s=23.45°$ 和 β_s 代入式（5.2.41a），得

$$\left(\frac{\delta \boldsymbol{i}}{\delta t}\right)_S = 10^{-5} n_e \left\{\begin{bmatrix} 0.410\,6 s^2\beta_s \\ -0.223\,9 s2\beta_s \end{bmatrix} + 0.516 s2\beta_s \begin{bmatrix} i_x \\ -i_y \end{bmatrix} + \begin{bmatrix} 0.768\,4 s^2\beta_s \cdot i_y \\ (1.303 c^2\beta_s - 0.1776)(-i_x) \end{bmatrix}\right\} \tag{5.2.41b}$$

类似月球引力摄动情况，可近似地独立分析式（5.2.41b）等号右边各项影响。

1）分析等号右边第二项。

该项系数平均为 0，预计影响很小。从 t_0 时刻到 t_1 时刻的积分为

$$\begin{cases} i_x(t_1)=i_x(t_0)\cdot\exp\left\{-0.516\times10^{-5}\dfrac{n_e}{2n_s}(\mathrm{c}2\beta_{s1}-\mathrm{c}2\beta_{s0})\right\} \\ i_y(t_1)=i_y(t_0)\cdot\exp\left\{0.516\times10^{-5}\dfrac{n_e}{2n_s}(\mathrm{c}2\beta_{s1}-\mathrm{c}2\beta_{s0})\right\} \end{cases}$$

式中，β_{s0}、β_{s1} 分别为首末时刻对应的太阳视黄经。

指数项最大的放大或缩小比例为

$$\exp\left\{0.516\times10^{-5}\frac{n_e}{n_s}\right\}\approx1.001\ 89$$

$$\exp\left\{-0.516\times10^{-5}\frac{n_e}{n_s}\right\}\approx0.998\ 16$$

引起倾角不到 0.189%的变化，可以不用考虑。

2）分析等号右边第三项。

第三项的平均效果表现为进动项，虽然某些时刻呈指数变化，但其累积很小，可不考虑。现分析如下。

首先，在短时间内固定太阳视黄经，则微分系统的特征值为

$$\lambda_{1,2}=\pm0.93\times10^{-5}n_e\mathrm{s}\beta_s\sqrt{0.158-1.158\mathrm{c}^2\beta_s} \tag{5.2.42}$$

最大值出现在 $\mathrm{s}^2\beta_s=1$，最大实根：

$$\lambda_{\max}=0.37\times10^{-5}n_e=0.008\ 4\ 年^{-1}$$

保守估计，一年维持正根的时间小于 0.24 年，最大发散系数小于

$$\exp\left\{\frac{0.008\ 4}{年}\times0.24\ 年\right\}=1.002$$

引起倾角变化小于 0.2%。

其次，第三项系数取半年平均即足够精确，即第三项取为

$$10^{-5}n_e\begin{bmatrix}0.384\ 2i_y\\0.473\ 9(-i_x)\end{bmatrix}$$

平均项造成的逆进动角频率为

$$\lambda_j=0.427\times10^{-5}n_e\approx0.55(°)/年$$

事实上，式（5.2.42）的最快角频率（虚根幅度最大）

$$\lambda_{j,\max}=0.432\times10^{-5}n_e\approx0.56(°)/年$$

也与平均值相差很小。

3）分析等号右边第一项。

右边第一项的影响显著，年平均摄动指向春分，大小为

$$0.205\ 3\times10^{-5}n_e\approx0.27(°)/年$$

而短期摄动大小和方向与太阳视黄经相关，最大摄动出现在 $\mathrm{s}^2\beta_s=1$ 处，约 1.7×10^{-3}(°)/d 。

4）总结。

基于以上分析，在预测与控制的应用中，式（5.2.41b）可简化为

$$\left(\frac{\delta \boldsymbol{i}}{\delta t}\right)_S = 10^{-5} n_e \left\{ \begin{bmatrix} 0.410\,6\mathrm{s}^2\beta_s \\ -0.223\,9\mathrm{s}2\beta_s \end{bmatrix} + \begin{bmatrix} 0.384\,2 i_y \\ 0.473\,9(-i_x) \end{bmatrix} \right\} \tag{5.2.43}$$

（2）对偏心率的影响

太阳引力摄动加速度在切向的分量为

$$\begin{aligned} \boldsymbol{f}_S \cdot \boldsymbol{e}_t &= 3n_s^2 A(\boldsymbol{S}\cdot\boldsymbol{e}_r)(\boldsymbol{S}\cdot\boldsymbol{e}_t) = 1.5 n_s^2 A\left[(S_y^2 - S_x^2)\mathrm{s}2s + 2S_x S_y \mathrm{c}2s\right] \\ &= 1.5 n_s^2 A(1-\mathrm{s}^2\beta_s \mathrm{s}^2 i_s)\mathrm{s}(2s+\alpha_s) \end{aligned} \tag{5.2.44}$$

式中：

$$\alpha_s = \tan^{-1}\left[2S_x S_y/(S_y^2 - S_x^2)\right]$$

1）短周期项。

固定太阳参数，将式（5.2.44）代入式（5.2.15），得

$$\left(\frac{\mathrm{d}\boldsymbol{e}}{\mathrm{d}t}\right)_{S1} = \frac{3n_s^2}{2n_e}(1-\mathrm{s}^2\beta_s\mathrm{s}^2 i_s)\begin{bmatrix} \mathrm{s}(s+\alpha_s)+\mathrm{s}(3s+\alpha_s) \\ \mathrm{c}(s+\alpha_s)-\mathrm{c}(3s+\alpha_s) \end{bmatrix} \tag{5.2.45}$$

式（5.2.45）的解包括日周期项和1/3日周期项，两者波动幅度最大分别为1.125×10^{-5}和0.375×10^{-5}。

2）中长周期项。

考虑β_s变化，变化速率为n_s，可以计算太阳引力切向摄动导致偏心率的日平均变化率。这里，直接利用月球引力摄动式（5.2.32）类比获得太阳引力对偏心率中长期的摄动。通过将式（5.2.32）中的n_m^2、$\dot{\beta}_m$、i_m、Ω_m、$\bar{\beta}_m$分别用n_s^2、n_s、i_s、0、β_s替代，得到

$$\left(\frac{\delta \boldsymbol{e}}{\delta t}\right)_{S2} = \frac{3n_s^3}{2n_e^2}\begin{bmatrix} k_{xs1}\mathrm{s}2\beta_s + k_{xc1}\mathrm{c}2\beta_s \\ k_{ys1}\mathrm{s}2\beta_s + k_{yc1}\mathrm{c}2\beta_s \end{bmatrix} \tag{5.2.46}$$

式中：

$$k_{xs1} = -(1+\mathrm{c}^2 i_s)\left(\mathrm{c}s_0 + \frac{1}{3}\mathrm{c}3s_0\right)$$

$$k_{xc1} = 2\mathrm{c}i_s\left(\mathrm{s}s_0 + \frac{1}{3}\mathrm{s}3s_0\right)$$

$$k_{ys1} = (1+\mathrm{c}^2 i_s)\left(\mathrm{s}s_0 - \frac{1}{3}\mathrm{s}3s_0\right)$$

$$k_{yc1} = 2\mathrm{c}i_s\left(\mathrm{c}s_0 - \frac{1}{3}\mathrm{c}3s_0\right)$$

导致的偏心率最大变化为

$$|\delta e|_{\max} \sim \frac{4n_s^2}{n_e^2} \approx 2.8\times10^{-5}$$

将导致经度接近0.003 2°的变化，不算小，但该变化经历时间较长，约一个季度，因此可视应用情况取舍。

（3）对平经度漂移率的影响

1）对 D 的影响。

太阳引力摄动加速度在径向分量为

$$\boldsymbol{f}_S \cdot \boldsymbol{e}_r = n_s^2 A\left[3(\boldsymbol{S} \cdot \boldsymbol{e}_r)^2 - 1\right] \tag{5.2.47}$$

将式（5.2.47）代入式（5.2.9），得

$$(\Delta)_S = -\frac{n_s^2}{6n_e^2}(1 - 3\mathrm{s}^2 i_s \mathrm{s}^2 \beta_s)A \tag{5.2.48}$$

大小约为－53～－28 m。

2）$\dot{D}$ 摄动的短周期项。

忽略太阳运动，切向摄动式（5.2.44）呈半日周期，对 $\dot{D}$ 和卫星经度 λ 的日均影响为 0。这里分析影响经度半日波动的幅度 $\Delta\lambda$ 。将式（5.2.44）代入式（5.2.11），得到

$$(\dot{D})_{S1} = -\frac{4.5n_s^2}{n_e}(1 - \mathrm{s}^2 \beta_s \mathrm{s}^2 i_s)\mathrm{s}(2s + \alpha_s) \tag{5.2.49}$$

代入经度变化公式：

$$\ddot{\lambda} = n_e \dot{D} = -4.5n_s^2(1 - \mathrm{s}^2 \beta_s \mathrm{s}^2 i_s)\sin(2s + \alpha_s)$$

则

$$\Delta\lambda = \frac{4.5n_s^2}{4n_e^2}(1 - \mathrm{s}^2 \beta_s \mathrm{s}^2 i_s)$$

在春秋分最大，经度波动幅度约 $0.48 \times 10^{-3\circ}$ 。

3）$\dot{D}$ 摄动的中周期项。

利用月球引力摄动类比，获得切向力的中长期摄动：

$$\left(\frac{\delta D}{\delta t}\right)_{S2t} = \frac{-4.5n_s^3}{n_e^2}(k_{Ds1}\mathrm{s}2\beta_s + k_{Dc1}\mathrm{c}2\beta_s) \tag{5.2.50}$$

式中：

$$k_{Ds1} = -0.5(1 + \mathrm{c}^2 i_s)\mathrm{c}\,2s_0$$
$$k_{Dc1} = \mathrm{c}i_s \mathrm{s}\,2s_0$$

径向力的中长期摄动为

$$\left(\frac{\delta D}{\delta t}\right)_{S2r} = \frac{0.75n_s^3}{n_e^2}\mathrm{s}^2 i_s \mathrm{s}2\beta_s \tag{5.2.51}$$

太阳引力摄动导致的 D 最大变化约

$$|\delta D|_{\max} \sim \frac{4.5n_s^2}{n_e^2} \approx 3.4 \times 10^{-5}$$

虽然不算小，但该变化经历时间相对较长，约一个季度，因此可依据需要取舍。

5.3　太阳辐射力摄动分析

通常只考虑太阳辐射力对偏心率的摄动影响，但是由于日蚀、卫星本体正反面光照系

数差异的客观存在，太阳辐射力对其他轨道根数也会造成影响，对于精细的轨道摄动分析与控制，应研究这些影响。

本节考虑日均摄动或更长周期摄动。

5.3.1 太阳辐射力、日蚀与卫星对象

（1）太阳辐射力

太阳辐射力是辐射粒子与卫星表面的动量交换所致，动量交换主要以吸收与反射两种形式进行。参照文献［6］，卫星表面微元 $\mathrm{d}A$ 受到的辐射力为

$$\mathrm{d}\boldsymbol{F}=-p\,\mathrm{c}\theta\cdot\mathrm{d}A\left[c\boldsymbol{S}+2(1-c)(1-r_d)\mathrm{c}\theta\cdot\boldsymbol{n}+(1-c)r_d\left(\frac{2}{\pi}\boldsymbol{n}+\boldsymbol{S}\right)\right],\quad \mathrm{c}\theta>0$$

对于地球卫星，地球处的太阳光压强 $p=4.65\times10^{-6}\ \mathrm{N/m^2}$，$\boldsymbol{S}$、$\boldsymbol{n}$ 分别为太阳方位矢量、受照表面外法线；θ 为它们的夹角，$\cos\theta=\boldsymbol{S}\cdot\boldsymbol{n}$。等号右边中括号内相加项的第一项表示吸收部分所致力，c 为表面吸收系数；其第二、三项分别表示镜面反射与漫反射部分所致力，r_d 是漫反射占反射的比例。记光照系数

$$c_1=c+(1-c)r_d$$

$$c_2=\frac{2}{\pi}(1-c)r_d$$

$$c_3=2(1-c)(1-r_d)$$

则

$$\mathrm{d}\boldsymbol{F}=-p\,\mathrm{c}\theta\cdot\mathrm{d}A\,[c_1\boldsymbol{S}+c_2\boldsymbol{n}+c_3\mathrm{c}\theta\boldsymbol{n}],\quad \mathrm{c}\theta>0 \tag{5.3.1}$$

设卫星质量为 m，受照面面积为 A_R，则其面质比为

$$\sigma=\frac{A_R}{m}$$

作用在该受照面的光压力所产生的加速度为

$$\boldsymbol{f}_R=-p\sigma\,\mathrm{c}\theta(c_1\boldsymbol{S}+c_2\boldsymbol{n}+c_3\mathrm{c}\theta\boldsymbol{n}) \tag{5.3.2}$$

轨道摄动方程式（5.2.3）和式（5.2.4）中的 $\boldsymbol{f}_R$ 应该是式（5.3.2）减去地球表面所受光压力加速度。但是，由于地球的面质比约为 $2\times10^{-11}\ \mathrm{m^2/kg}$，远远小于卫星面质比，因此忽略地球光压力。

（2）地球日蚀条件

设太阳矢量 $\boldsymbol{S}$ 在轨道平面的投影方向为 $\boldsymbol{e}_s$，则 $\boldsymbol{S}$ 与 $\boldsymbol{e}_s$ 的夹角 β 近似为

$$\beta=\sin^{-1}(\mathrm{s}\beta_s\,\mathrm{s}i_s) \tag{5.3.3}$$

则

$$\dot{\beta}=\frac{\mathrm{c}\beta_s\,\mathrm{s}i_s}{\sqrt{1-\mathrm{s}^2\beta_s\,\mathrm{s}^2 i_s}}n_s \tag{5.3.4}$$

在 $\mathrm{s}\beta_s=0$ 取极值，有

$$-\mathrm{s}i_s n_s\leqslant\dot{\beta}\leqslant\mathrm{s}i_s n_s \tag{5.3.5}$$

而 $\boldsymbol{S}$ 也可表示为

$$\boldsymbol{S} = \mathrm{c}\beta \boldsymbol{e}_s + \mathrm{s}\beta \boldsymbol{e}_n$$

从静止轨道卫星处看地球，地球的半张角为

$$\beta_e = 8.7^\circ$$

当太阳与卫星处于地球两边，且从卫星看，太阳处于半径为 β_e 的圆盘里时，则发生日蚀，如图 5－5 所示。以下推导将忽略太阳圆盘直径（约 0.5°），将太阳视为质点。

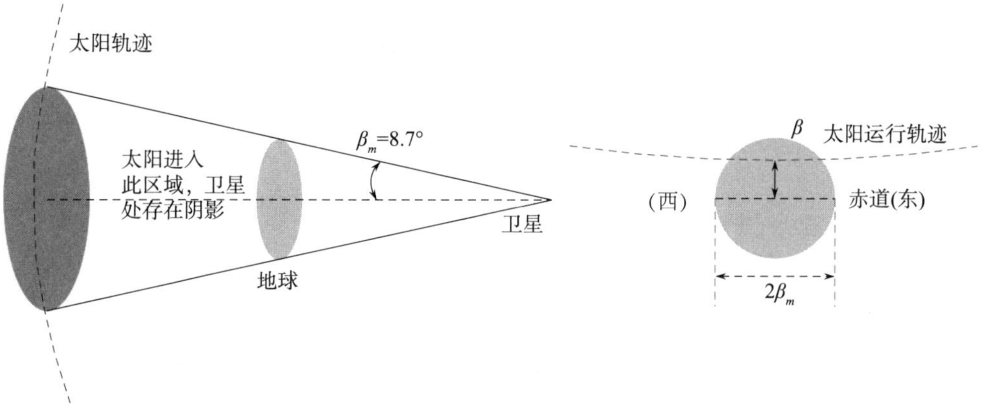

图 5－5　地球日蚀

记

$$\gamma = \beta / \beta_e$$

则当 $|\gamma| < 1$ 时，在卫星地方时子夜前后对称的一段时间（总长记为 t_s）内发生日蚀。

全年有两段时间会发生地球日蚀，一段是 γ 从－1 到＋1 的时段，由式（5.3.3）估算约 46 天，以春分为中心；另一段是 γ 从＋1 到－1 的时段，约 46 天，以秋分为中心。

t_s 可如下近似估算。当 $|\gamma| < 1$ 时，太阳视在图 5－5 所示的日蚀圆盘上的路径近似为

$$\alpha = 2\beta_e \sqrt{1-\gamma^2}$$

太阳视速度近似为 n_e，则

$$t_s = \frac{2\beta_e}{n_e}\sqrt{1-\gamma^2} = t_{s,\max}\sqrt{1-\gamma^2} \tag{5.3.6}$$

当 $\gamma = 0$（春、秋分）时最大，$t_{s,\max} \approx 69\ \mathrm{min}$。而

$$\frac{\mathrm{d}t_s}{\mathrm{d}\gamma} = -\frac{2\beta_e}{n_e}\frac{\gamma}{\sqrt{1-\gamma^2}}$$

t_s 随 $|\gamma|$ 增加迅速减小，特别是当 $|\gamma|$ 接近 1 时更为明显。

不管日蚀、非日蚀情况，为方便后文日均摄动的统一表示，用以下饱和函数重新定义 γ，对 γ 限幅：

$$\gamma = \mathrm{sat}\left(\frac{\beta}{\beta_e}, 1\right) \tag{5.3.7}$$

这样非日蚀情况时，$t_s = 0$。

考虑日蚀期间无光压力，式（5.3.2）修正为

$$\boldsymbol{f}_R = -p\sigma c\theta(c_1\boldsymbol{S} + c_2\boldsymbol{n} + c_3 c\theta\boldsymbol{n})\delta(\gamma, t) \tag{5.3.2a}$$

式中，$\delta(\gamma,\ t)$ 表示日蚀因子函数：当 $|\gamma| < 1$ 且 t 处于日蚀期间时，$\delta(\gamma,\ t)=0$；否则为 1。

这里也一并指出，由于在日蚀期间 $\boldsymbol{e}_s \cdot \boldsymbol{e}_t$ 近似为 0，分析中用到摄动加速度的切向分量时，无须考虑日蚀情况，下文不再一一交代。

(3) 卫星对象

这里考虑比较普遍的静止轨道卫星对象，卫星本体 $+Z$ 轴对地定向，而获取能源的太阳翼跟踪太阳。

如果卫星没有安装大型天线，则太阳翼的面质比相比本体其他面要大很多，是受摄分析的主要部分。如果卫星安装有大型天线，可将其光压面积等效地分解到星体各面，此时除太阳翼外，其他面的面积也较大，特别是伸展天线对地，卫星 $\pm Z$ 面、$\pm X$ 面的面质比很显著。

1) 太阳翼。

记面质比为 σ_f，对应式 (5.3.2) 中 3 个光照系数分别为 c_{1f}、c_{2f}、c_{3f}。由于一直跟踪太阳，因此其法线 $\boldsymbol{n}=\boldsymbol{e}_s$。

为了满足卫星能源需求，太阳翼的面积较大，面质比 σ_f 一般超过 0.02 $\mathrm{m^2/kg}$。

2) 卫星 $\pm Y$ 面。

在日周期内，卫星 $\pm Y$ 面只有一面受照，无须分析正反面差异。记面质比为 σ_Y，对应式 (5.3.2) 中 3 个光照系数分别为 c_{1Y}、c_{2Y}、c_{3Y}。在对地定向姿态下，其法线 $\boldsymbol{n}=\pm\boldsymbol{e}_n$，当 $\beta > 0$ 时取 $+$，否则取 $-$。

3) 卫星 $\pm Z$ 面。

在日周期内，卫星 $\pm Z$ 面交替受照，需分析正反面差异。记面质比为 σ_Z；$+Z$ 面对应式 (5.3.2) 中 3 个光照系数分别为 c_{1Z+}、c_{2Z+}、c_{3Z+}，其法线 $\boldsymbol{n}=-\boldsymbol{e}_r$；而 $-Z$ 面的为 c_{1Z-}、c_{2Z-}、c_{3Z-}，其法线 $\boldsymbol{n}=\boldsymbol{e}_r$。

一般来说，对地的 $+Z$ 面是载荷面，接收地面辐射的遥感信息，而背地的 $-Z$ 面隔热防热设计，两者的光照系数相差甚大。

4) 卫星 $\pm X$ 面。

在日周期内，卫星 $\pm X$ 面交替受照，需分析正反面差异。记面质比为 σ_X；$+X$ 面对应式 (5.3.2) 中 3 个光照系数分别为 c_{1X+}、c_{2X+}、c_{3X+}，其法线 $\boldsymbol{n}=\boldsymbol{e}_t$；而 $-X$ 面的为 c_{1X-}、c_{2X-}、c_{3X-}，其法线 $\boldsymbol{n}=-\boldsymbol{e}_t$。

实际工程中，$\pm X$ 面正反面光照系数的差别大小，主要取决于天线等载荷在两面的不对称布局情况。

为后文需要，定义方向矢量

$$\boldsymbol{e}_w = \boldsymbol{e}_s \times \boldsymbol{e}_n$$

其也在轨道面，滞后 $\boldsymbol{e}_s$。显然，$\boldsymbol{e}_w\boldsymbol{e}_s\boldsymbol{e}_n$ 构成正交坐标系。

设 $\boldsymbol{e}_s$ 对应的恒星时角为 s_s，有

$$\boldsymbol{e}_s=\begin{bmatrix}\mathrm{c}s_s\\ \mathrm{s}s_s\\ 0\end{bmatrix}=\begin{bmatrix}\mathrm{c}\beta_s/\mathrm{c}\beta\\ \mathrm{s}\beta_s\mathrm{c}i_s/\mathrm{c}\beta\\ 0\end{bmatrix}\tag{5.3.8}$$

易知

$$\dot{s}_s=\frac{\mathrm{c}i_s}{\mathrm{c}^2\beta}n_s$$

5.3.2　太阳翼日均摄动

由于 $\boldsymbol{n}=\boldsymbol{e}_s$，$\mathrm{c}\theta=\mathrm{c}\beta$，因此作用在太阳翼的光压力加速度为

$$\boldsymbol{f}_R=-p\sigma_f\left[c_{2f}\mathrm{c}\beta\boldsymbol{e}_s+(c_{1f}+c_{3f})\mathrm{c}^2\beta\boldsymbol{e}_s+c_{1f}\mathrm{s}\beta\mathrm{c}\beta\boldsymbol{e}_n\right]\delta(\gamma,t)\tag{5.3.9}$$

(1) 倾角摄动

倾角摄动式 (5.2.6) 中：

$$(\boldsymbol{f}_R\cdot\boldsymbol{e}_n)\boldsymbol{e}_r=-0.5\delta(\gamma,t)p\sigma_f c_{1f}\mathrm{s}2\beta\boldsymbol{e}_r$$

则近似有

$$\overline{(\boldsymbol{f}_R\cdot\boldsymbol{e}_n)\boldsymbol{e}_r}=-p\sigma_f c_{1f}\left\{\frac{\dot{\beta}}{n_e}\mathrm{c}2\beta\begin{bmatrix}\mathrm{s}s_0\\ -\mathrm{c}s_0\\ 0\end{bmatrix}+\frac{t_s}{2T}\mathrm{s}2\beta\boldsymbol{e}_s\right\}$$

代入式 (5.2.6)，得到

$$\left(\frac{\delta\boldsymbol{i}}{\delta t}\right)_{R,f}=\frac{1}{An_e}(f_{if1}\boldsymbol{e}_{r0}+f_{if2}\boldsymbol{e}_w)\tag{5.3.10}$$

式中，$\boldsymbol{e}_{r0}$ 为积分起点 s_0 对应的 $\boldsymbol{e}_r$。

$$f_{if1}=p\sigma_f c_{1f}\frac{\dot{\beta}}{n_e}\mathrm{c}2\beta$$

$$f_{if2}=-p\sigma_f c_{1f}\frac{t_s}{2T}\mathrm{s}2\beta$$

式 (5.3.10) 包含太阳季节变化影响和日蚀影响。根据式 (5.3.5)，太阳季节变化导致的影响的最大因子为

$$\max\left(\frac{\dot{\beta}}{n_e}\mathrm{c}2\beta\right)=\frac{\mathrm{s}i_s n_s}{n_e}\approx 1.09\times10^{-3}$$

而由式 (5.3.6)，近似当 $|\gamma|=1/\sqrt{2}$ 时，日蚀影响最大，最大因子约

$$\max\left(\frac{t_s}{2T}\mathrm{s}2\beta\right)\approx\frac{t_{s,\max}\beta_e}{2T}\approx 3.65\times10^{-3}$$

两者在一个量级，后者短期变化更大，但持续时间短。

太阳季节变化部分的累计影响为

$$\delta\boldsymbol{i}(t)=\frac{p\sigma_f c_{1f}}{2An_e^2}(\mathrm{s}2\beta_1-\mathrm{s}2\beta_0)\boldsymbol{e}_{r0}$$

呈半年周期变化，最大变化大小为

$$\frac{p\sigma_f c_{1f}}{An_e^2}\mathrm{s}2i_s$$

所需时间为一个季节。若取面质比 0.02 $\mathrm{m^2/kg}$，$c_{1f}=1$，则该值约为 $1.8\times10^{-5\circ}$。

考察以春分为中心日蚀段的影响，由于 β 范围小，因此近似认为 γ 匀速变化，则积分式（5.3.10）的日蚀部分，可得最大变化是春分前或后的 23 天的累积，最大变化值近似为

$$\delta i=\frac{p\sigma_f c_{1f}}{3An_e n_s \mathrm{s}i_s}\cdot\frac{t_{s,\max}\beta_e}{T}$$

若取面质比 0.02 $\mathrm{m^2/kg}$，$c_{1f}=1$，则大小约为 $5.5\times10^{-5\circ}$。但 46 天日蚀段合计影响为 0。以秋分为中心的日蚀段类似。

（2）平经度漂移率摄动

摄动加速度的径向分量为

$$\boldsymbol{f}_R\cdot\boldsymbol{e}_r=-p\sigma_f\left[c_{2f}\mathrm{c}\beta+(c_{1f}+c_{3f})\mathrm{c}^2\beta\right]\delta(\gamma,t)\boldsymbol{e}_s\cdot\boldsymbol{e}_r \tag{5.3.11}$$

则

$$\overline{\boldsymbol{f}_R\cdot\boldsymbol{e}_r}\approx f_{rf}\equiv p\sigma_f\left[c_{2f}+(c_{1f}+c_{3f})\mathrm{c}\beta\right]\left[\frac{n_s}{n_e}(\mathrm{c}i_s\ \mathrm{c}s_0\mathrm{c}\beta_s+\mathrm{s}s_0\mathrm{s}\beta_s)-\frac{t_s}{T}\mathrm{c}\beta\right] \tag{5.3.12}$$

日蚀的最大影响比太阳季节变化影响高一个量级。将式（5.3.12）代入（5.2.9），有

$$(\Delta)_{R,f}=\frac{-1}{3n_e^2}f_{rf} \tag{5.3.13}$$

若取面质比 0.02 $\mathrm{m^2/kg}$，光照系数取全漫反射，则 $(\Delta)_{R,f}$ 最大约为 0.04 m。

摄动加速度的切向分量为

$$\boldsymbol{f}_R\cdot\boldsymbol{e}_t=-p\sigma_f\left[c_{2f}\mathrm{c}\beta+(c_{1f}+c_{3f})\mathrm{c}^2\beta\right]\boldsymbol{e}_s\cdot\boldsymbol{e}_t \tag{5.3.14}$$

则

$$\overline{\boldsymbol{f}_R\cdot\boldsymbol{e}_t}\approx f_{tf}\equiv p\sigma_f\left[c_{2f}+(c_{1f}+c_{3f})\mathrm{c}\beta\right]\frac{n_s}{n_e}(\mathrm{c}s_0\mathrm{s}\beta_s-\mathrm{c}i_s\ \mathrm{s}s_0\mathrm{c}\beta_s) \tag{5.3.15}$$

从式（5.2.11b）可以看出，切向分量比径向摄动大得多，则

$$\left(\frac{\delta D}{\delta t}\right)_{R,f}=\frac{-3}{An_e}f_{tf} \tag{5.3.16}$$

近似呈年周期变化。

由于波动周期慢，因此短期积累效益明显，且其导致的位置经度按时间平方变化。

例 5.1 取面质比 0.02 $\mathrm{m^2/kg}$，光照系数取全漫反射，式（5.3.16）最大值约 $5.5\times10^{-8}\ \mathrm{d^{-1}}$，20 天导致位置经度变化约 $4\times10^{-3\circ}$。

当 $\beta=0$ 时，光照影响最大，此时光照系数为

$$c_{1f}+c_{2f}+c_{3f}$$

可以证明：①全镜面反射，其值为 2，最大；②全吸收，值为 1，最小；③全漫反射，值约为 1.64。

(3) 偏心率摄动

切向分量的日均作用为

$$\overline{(\boldsymbol{f}_R \cdot \boldsymbol{e}_t)\mathrm{cs}} \approx -0.5p\sigma_f\,[c_{2f}+(c_{1f}+c_{3f})\mathrm{c}\beta]\,\mathrm{c}\beta\mathrm{ss}_s \tag{5.3.17a}$$

$$\overline{(\boldsymbol{f}_R \cdot \boldsymbol{e}_t)\mathrm{ss}} \approx 0.5p\sigma_f\,[c_{2f}+(c_{1f}+c_{3f})\mathrm{c}\beta]\,\mathrm{c}\beta\mathrm{cs}_s \tag{5.3.17b}$$

径向加速度日均值 $\overline{\boldsymbol{f}_R \cdot \boldsymbol{e}_r}$ 在偏心率摄动的平均效果是极小量，但由式（5.3.11），径向加速度中日蚀会起一点作用，可以考虑，则

$$\overline{(\boldsymbol{f}_R \cdot \boldsymbol{e}_r)\mathrm{ss}} \approx -\left(0.5-\frac{t_s}{T}\right)p\sigma_f\,[c_{2f}+(c_{1f}+c_{3f})\mathrm{c}\beta]\,\mathrm{c}\beta\mathrm{ss}_s \tag{5.3.18a}$$

$$\overline{-(\boldsymbol{f}_R \cdot \boldsymbol{e}_r)\mathrm{cs}} \approx \left(0.5-\frac{t_s}{T}\right)p\sigma_f\,[c_{2f}+(c_{1f}+c_{3f})\mathrm{c}\beta]\,\mathrm{c}\beta\mathrm{cs}_s \tag{5.3.18b}$$

代入式（5.2.15），得

$$\left(\frac{\delta \boldsymbol{e}}{\delta t}\right)_{R,f} = \frac{1}{An_e}f_{ef}\begin{bmatrix}\mathrm{c}\left(s_s+\dfrac{\pi}{2}\right)\\ \mathrm{s}\left(s_s+\dfrac{\pi}{2}\right)\end{bmatrix} \tag{5.3.19}$$

偏心率变化率方向超前太阳方向 90°。式中：

$$f_{ef} = \left(1.5-\frac{t_s}{T}\right)p\sigma_f\,[c_{2f}+(c_{1f}+c_{3f})\mathrm{c}\beta]\,\mathrm{c}\beta$$

该项影响显著，波动周期长，短期积累效应明显。假设面质比为 0.02 $\mathrm{m^2/kg}$，若光照系数取全吸收，则偏心率变化率最大值约 $0.4\times10^{-5}\ \mathrm{d^{-1}}$。日蚀的影响不太突出，日蚀最长的那天，该值会降低约 5%，不过引入日蚀影响效果有利于提高估算精度。

5.3.3　卫星 ±Y 面日均摄动

由于 $\boldsymbol{n}=\pm\boldsymbol{e}_n$（当 $\beta>0$ 时取 +，否则取 −），$\mathrm{c}\theta=|\mathrm{s}\beta|$，作用在该面的光压力加速度为

$$\boldsymbol{f}_R = -p\sigma_Y|\mathrm{s}\beta|\,[c_{1Y}\mathrm{c}\beta\boldsymbol{e}_s+(c_{1Y}+c_{3Y})|\mathrm{s}\beta|\boldsymbol{n}+c_{2Y}\boldsymbol{n}]\,\delta(\gamma,t) \tag{5.3.20}$$

(1) 倾角摄动

显然

$$(\boldsymbol{f}_R \cdot \boldsymbol{e}_n)\boldsymbol{e}_r = -\delta(\gamma,t)p\sigma_Y\,[(c_{1Y}+c_{3Y})|\mathrm{s}\beta|\mathrm{s}\beta+c_{2Y}\mathrm{s}\beta]\,\boldsymbol{e}_r$$

则

$$\overline{(\boldsymbol{f}_R \cdot \boldsymbol{e}_n)\boldsymbol{e}_r} = -p\sigma_Y\left\{\frac{\dot{\beta}}{n_e}\mathrm{c}\beta\,[2(c_{1Y}+c_{3Y})|\mathrm{s}\beta|+c_{2Y}]\begin{bmatrix}\mathrm{ss}_0\\ -\mathrm{cs}_0\\ 0\end{bmatrix}+\frac{t_s}{T}\mathrm{s}\beta\,[(c_{1Y}+c_{3Y})|\mathrm{s}\beta|+c_{2Y}]\,\boldsymbol{e}_s\right\}$$

代入式（5.2.6），得到

$$\left(\frac{\delta \boldsymbol{i}}{\delta t}\right)_{R,Y} = \frac{1}{An_e}(f_{iY1}\boldsymbol{e}_{r0}+f_{iY2}\boldsymbol{e}_w) \tag{5.3.21}$$

式中：

$$f_{iY1} = p\sigma_Y \frac{\dot{\beta}}{n_e} c\beta [2(c_{1Y} + c_{3Y}) |s\beta| + c_{2Y}]$$

$$f_{iY2} = -p\sigma_Y \frac{t_s}{T} s\beta [(c_{1Y} + c_{3Y}) |s\beta| + c_{2Y}]$$

(2) 平经度漂移率摄动

摄动加速度的径向分量为

$$\boldsymbol{f}_R \cdot \boldsymbol{e}_r = -p\sigma_Y c_{1Y} |s\beta| c\beta\delta(\gamma, t) \boldsymbol{e}_s \cdot \boldsymbol{e}_r$$

则

$$\overline{\boldsymbol{f}_R \cdot \boldsymbol{e}_r} \approx f_{rY} \equiv p\sigma_Y c_{1Y} |s\beta| \left[\frac{n_s}{n_e}(ci_s\ cs_0 c\beta_s + ss_0 s\beta_s) - \frac{t_s}{T} c\beta\right]$$

代入式(5.2.9)，有

$$(\Delta)_{R,Y} = \frac{-1}{3n_e^2} f_{rY} \tag{5.3.22}$$

摄动加速度的切向分量为

$$\boldsymbol{f}_R \cdot \boldsymbol{e}_t = -p\sigma_Y c_{1Y} |s\beta| c\beta \boldsymbol{e}_s \cdot \boldsymbol{e}_t$$

其日均值为

$$\overline{\boldsymbol{f}_R \cdot \boldsymbol{e}_t} \approx f_{tY} \equiv p\sigma_Y c_{1Y} |s\beta| \frac{n_s}{n_e}(cs_0 s\beta_s - ci_s\ ss_0 c\beta_s)$$

则

$$\left(\frac{\delta D}{\delta t}\right)_{R,Y} = \frac{-3}{An_e} f_{tY} \tag{5.3.23}$$

(3) 偏心率摄动

切向分量的日均作用为

$$\overline{(\boldsymbol{f}_R \cdot \boldsymbol{e}_t) cs} \approx -0.5 p\sigma_Y c_{1Y} |s\beta| c\beta ss_s$$

$$\overline{(\boldsymbol{f}_R \cdot \boldsymbol{e}_t) ss} \approx 0.5 p\sigma_Y c_{1Y} |s\beta| c\beta cs_s$$

径向分量的日均作用为

$$\overline{(\boldsymbol{f}_R \cdot \boldsymbol{e}_r) ss} \approx -\left(0.5 - \frac{t_s}{T}\right) p\sigma_Y c_{1Y} |s\beta| c\beta ss_s$$

$$\overline{-(\boldsymbol{f}_R \cdot \boldsymbol{e}_r) cs} \approx \left(0.5 - \frac{t_s}{T}\right) p\sigma_Y c_{1Y} |s\beta| c\beta cs_s$$

代入式(5.2.15)，得

$$\left(\frac{\delta \boldsymbol{e}}{\delta t}\right)_{R,Y} = \frac{1}{An_e} f_{eY} \begin{bmatrix} c\left(s_s + \dfrac{\pi}{2}\right) \\ s\left(s_s + \dfrac{\pi}{2}\right) \end{bmatrix} \tag{5.3.24}$$

式中：

$$f_{eY} = \left(1.5 - \frac{t_s}{T}\right) p\sigma_Y c_{1Y} |s\beta| c\beta$$

$\pm Y$ 面的各项摄动分析结果在形式上基本上比太阳翼的情况多了因子 $s\beta$，这是因为太阳总是斜照在 $\pm Y$ 面，因此相同面质比下摄动更小。唯一的例外，是漫反射（光照系数 c_{2Y}）部分因太阳运动引起的倾角摄动与太阳翼情况类似，原因是太阳翼因太阳运动引起倾角摄动，起作用的是所受光压力在轨道法线的分量，两者相似。

5.3.4　卫星 $\pm Z$ 面日均摄动

在日周期内，卫星 $\pm Z$ 面交替受照。当 $\boldsymbol{e}_s \cdot \boldsymbol{e}_r > 0$ 时，$-Z$ 面受照，其法线 $\boldsymbol{n} = \boldsymbol{e}_r$，$\mathrm{c}\theta = \mathrm{c}\beta \boldsymbol{e}_s \cdot \boldsymbol{e}_r$，摄动加速度为

$$\boldsymbol{f}_{R-} = -p\sigma_Z \mathrm{c}\theta(c_{1Z-}\mathrm{c}\beta\boldsymbol{e}_s + c_{1Z-}\mathrm{s}\beta\boldsymbol{e}_n + c_{2Z-}\boldsymbol{e}_r + c_{3Z-}\mathrm{c}\theta\boldsymbol{e}_r) \tag{5.3.25a}$$

而当 $\boldsymbol{e}_s \cdot \boldsymbol{e}_r < 0$ 时，$+Z$ 面受照，其法线 $\boldsymbol{n} = -\boldsymbol{e}_r$，$\mathrm{c}\theta = -\mathrm{c}\beta\boldsymbol{e}_s \cdot \boldsymbol{e}_r$，摄动加速度为

$$\boldsymbol{f}_{R+} = -p\sigma_Z \mathrm{c}\theta(c_{1Z+}\mathrm{c}\beta\boldsymbol{e}_s + c_{1Z+}\mathrm{s}\beta\boldsymbol{e}_n - c_{2Z+}\boldsymbol{e}_r - c_{3Z+}\mathrm{c}\theta\boldsymbol{e}_r)\delta(\gamma, t) \tag{5.3.25b}$$

（1）倾角摄动

显然

$$(\boldsymbol{f}_{R-} \cdot \boldsymbol{e}_n)\boldsymbol{e}_r = -p\sigma_Z c_{1Z-}\mathrm{s}\beta\mathrm{c}\beta(\boldsymbol{e}_s \cdot \boldsymbol{e}_r)\boldsymbol{e}_r$$

$$(\boldsymbol{f}_{R+} \cdot \boldsymbol{e}_n)\boldsymbol{e}_r = p\sigma_Z c_{1Z+}\mathrm{s}\beta\mathrm{c}\beta(\boldsymbol{e}_s \cdot \boldsymbol{e}_r)\boldsymbol{e}_r\delta(\gamma, t)$$

则

$$\overline{(\boldsymbol{f}_R \cdot \boldsymbol{e}_n)\boldsymbol{e}_r} = \frac{1}{8}p\sigma_Z\left[\left(1 - \frac{4t_s}{T}\right)c_{1Z+} - c_{1Z-}\right]\mathrm{s}2\beta\boldsymbol{e}_s$$

代入式（5.2.6），得到

$$\left(\frac{\delta \boldsymbol{i}}{\delta t}\right)_{R,Z} = \frac{1}{An_e}f_{iZ}\boldsymbol{e}_w \tag{5.3.26}$$

式中：

$$f_{iZ} = \frac{1}{8}p\sigma_Z\left[\left(1 - \frac{4t_s}{T}\right)c_{1Z+} - c_{1Z-}\right]\mathrm{s}2\beta$$

倾角变化方向与太阳方向相差 90°，而大小以半年周期变化。

倾角摄动的主要因素是正反面光照系数差异。若正反面光照系数相差较大、面质比大，则该项影响显著。由于波动周期长，短期积累效应显著，因此该项不可忽视。

例 5.2　取面质比 0.02 m^2/kg，正反面光照系数相差 1.0，则倾角最大变化约为 $1.4 \times 10^{-5}(°)/\mathrm{d}$。

（2）平经度漂移率摄动

摄动加速度的径向分量为

$$\boldsymbol{f}_{R-} \cdot \boldsymbol{e}_r = -p\sigma_Z\left[(c_{1Z-} + c_{3Z-})\mathrm{c}^2\beta\,(\boldsymbol{e}_s \cdot \boldsymbol{e}_r)^2 + c_{2Z-}\mathrm{c}\beta\boldsymbol{e}_s \cdot \boldsymbol{e}_r\right]$$

$$\boldsymbol{f}_{R+} \cdot \boldsymbol{e}_r = p\sigma_Z\left[(c_{1Z+} + c_{3Z+})\mathrm{c}^2\beta\,(\boldsymbol{e}_s \cdot \boldsymbol{e}_r)^2 - c_{2Z+}\mathrm{c}\beta\boldsymbol{e}_s \cdot \boldsymbol{e}_r\right]\delta(\gamma, t)$$

则

$$\overline{\boldsymbol{f}_R \cdot \boldsymbol{e}_r} \approx f_{rZ} \equiv \frac{1}{4}p\sigma_Z\left[\left(1 - \frac{4t_s}{T}\right)(c_{1Z+} + c_{3Z+}) - (c_{1Z-} + c_{3Z-})\right]\mathrm{c}^2\beta - p\sigma_Z\frac{t_s}{T}c_{2Z+}\mathrm{c}\beta$$

代入式（5.2.9），有

$$(\Delta)_{R,Z}=\frac{-1}{3n_e^2}f_{rZ} \tag{5.3.27}$$

影响 $(\Delta)_{R,Z}$ 的主要因素是正反面光照系数差异。若取面质比 0.02 m^2/kg，正反面光照系数相差 1.0，则 $(\Delta)_{R,Z}$ 最大约为 1.5 m。

摄动加速度的切向分量为

$$\boldsymbol{f}_{R-}\cdot\boldsymbol{e}_t=-p\sigma_Z c_{1Z-}\mathrm{c}^2\beta(\boldsymbol{e}_s\cdot\boldsymbol{e}_r)(\boldsymbol{e}_s\cdot\boldsymbol{e}_t)$$

$$\boldsymbol{f}_{R+}\cdot\boldsymbol{e}_t=p\sigma_Z c_{1Z+}\mathrm{c}^2\beta(\boldsymbol{e}_s\cdot\boldsymbol{e}_r)(\boldsymbol{e}_s\cdot\boldsymbol{e}_t)$$

式中：

$$(\boldsymbol{e}_s\cdot\boldsymbol{e}_r)(\boldsymbol{e}_s\cdot\boldsymbol{e}_t)=-0.5\mathrm{s}2(s-s_s)$$

考虑太阳运动，切向分量日均值与积分起点及太阳的关系有关。当 $\boldsymbol{e}_s\cdot\boldsymbol{e}_{r0}>0$ 时，日均值主要由 $-Z$ 面光压力贡献；否则，来源于 $+Z$ 面。经计算，切向分量日均值为

$$\overline{\boldsymbol{f}_R\cdot\boldsymbol{e}_t}\approx f_{tZ}\equiv\begin{cases}-0.5p\sigma_Z c_{1Z-}\dfrac{n_s}{n_e}\mathrm{c}i_s\mathrm{s}2(s_0-s_s), & 若\ \boldsymbol{e}_s\cdot\boldsymbol{e}_{r0}>0\\ 0.5p\sigma_Z c_{1Z+}\dfrac{n_s}{n_e}\mathrm{c}i_s\mathrm{s}2(s_0-s_s), & 否则\end{cases} \tag{5.3.28}$$

则

$$\left(\frac{\delta D}{\delta t}\right)_{R,Z}=\frac{-3}{An_e}f_{tZ} \tag{5.3.29}$$

该项摄动呈半年周期，在面质比相同的条件下，幅度与太阳翼情况在一个量级。

(3) 偏心率摄动

切向分量的日均作用为

$$\overline{(\boldsymbol{f}_R\cdot\boldsymbol{e}_t)\mathrm{c}s}\approx-\frac{1}{3\pi}p\sigma_Z(c_{1Z+}+c_{1Z-})\mathrm{c}^2\beta\mathrm{s}s_s$$

$$\overline{(\boldsymbol{f}_R\cdot\boldsymbol{e}_t)\mathrm{s}s}\approx\frac{1}{3\pi}p\sigma_Z(c_{1Z+}+c_{1Z-})\mathrm{c}^2\beta\mathrm{c}s_s$$

径向分量的日均作用为

$$\overline{(\boldsymbol{f}_R\cdot\boldsymbol{e}_r)\mathrm{s}s}\approx-p\sigma_Z\left\{\left[\left(\frac{2}{3\pi}+\frac{t_s}{T}\right)(c_{1Z+}+c_{3Z+})+\frac{2}{3\pi}(c_{1Z-}+c_{3Z-})\right]\mathrm{c}^2\beta+\left[\left(\frac{1}{4}-\frac{t_s}{T}\right)c_{2Z+}+\frac{1}{4}c_{2Z-}\right]\mathrm{c}\beta\right\}\mathrm{s}s_s$$

$$\overline{-(\boldsymbol{f}_R\cdot\boldsymbol{e}_r)\mathrm{c}s}\approx p\sigma_Z\left\{\left[\left(\frac{2}{3\pi}-\frac{t_s}{T}\right)(c_{1Z+}+c_{3Z+})+\frac{2}{3\pi}(c_{1Z-}+c_{3Z-})\right]\mathrm{c}^2\beta+\left[\left(\frac{1}{4}-\frac{t_s}{T}\right)c_{2Z+}+\frac{1}{4}c_{2Z-}\right]\mathrm{c}\beta\right\}\mathrm{c}s_s$$

代入式 (5.2.15)，得到

$$\left(\frac{\delta\boldsymbol{e}}{\delta t}\right)_{R,Z}=\frac{1}{An_e}\begin{bmatrix}f_{exZ}\mathrm{c}\left(s_s+\dfrac{\pi}{2}\right)\\ f_{eyZ}\mathrm{s}\left(s_s+\dfrac{\pi}{2}\right)\end{bmatrix} \tag{5.3.30}$$

式中：

$$f_{exZ}=p\sigma_Z\left\{\left[\left(\frac{4}{3\pi}+\frac{t_s}{T}\right)c_{1Z+}+\left(\frac{2}{3\pi}+\frac{t_s}{T}\right)c_{3Z+}+\frac{4}{3\pi}c_{1Z-}+\frac{2}{3\pi}c_{3Z-}\right]c^2\beta+\left[\left(\frac{1}{4}-\frac{t_s}{T}\right)c_{2Z+}+\frac{1}{4}c_{2Z-}\right]c\beta\right\}$$

$$f_{eyZ}=p\sigma_Z\left\{\left[\left(\frac{4}{3\pi}-\frac{t_s}{T}\right)c_{1Z+}+\left(\frac{2}{3\pi}-\frac{t_s}{T}\right)c_{3Z+}+\frac{4}{3\pi}c_{1Z-}+\frac{2}{3\pi}c_{3Z-}\right]c^2\beta+\left[\left(\frac{1}{4}-\frac{t_s}{T}\right)c_{2Z+}+\frac{1}{4}c_{2Z-}\right]c\beta\right\}$$

如果忽略日蚀影响，则 $f_{exZ}=f_{eyZ}$ ，正反面的光照系数是均等作用的。日蚀的影响在两个分量中的作用略有差异。

5.3.5　卫星 $\pm X$ 面日均摄动

在日周期内，卫星 $\pm X$ 面交替受照。当 $\boldsymbol{e}_s\cdot\boldsymbol{e}_t>0$ 时，$+X$ 面受照，其法线 $\boldsymbol{n}=\boldsymbol{e}_t$ ，$c\theta=c\beta\boldsymbol{e}_s\cdot\boldsymbol{e}_t$ ，摄动加速度为

$$\boldsymbol{f}_{R+}=-p\sigma_X c\theta(c_{1X+}c\beta\boldsymbol{e}_s+c_{1X+}s\beta\boldsymbol{e}_n+c_{2X+}\boldsymbol{e}_t+c_{3X+}c\theta\boldsymbol{e}_t)\tag{5.3.31a}$$

而当 $\boldsymbol{e}_s\cdot\boldsymbol{e}_t<0$ 时，$-X$ 面受照，其法线 $\boldsymbol{n}=-\boldsymbol{e}_t$ ，$c\theta=-c\beta\boldsymbol{e}_s\cdot\boldsymbol{e}_t$ ，摄动加速度为

$$\boldsymbol{f}_{R-}=-p\sigma_X c\theta(c_{1X-}c\beta\boldsymbol{e}_s+c_{1X-}s\beta\boldsymbol{e}_n-c_{2X-}\boldsymbol{e}_t-c_{3X-}c\theta\boldsymbol{e}_t)\tag{5.3.31b}$$

（1）倾角摄动

显然

$$(\boldsymbol{f}_{R+}\cdot\boldsymbol{e}_n)\boldsymbol{e}_r=-p\sigma_X c_{1X+}s\beta c\beta(\boldsymbol{e}_s\cdot\boldsymbol{e}_t)\boldsymbol{e}_r$$

$$(\boldsymbol{f}_{R-}\cdot\boldsymbol{e}_n)\boldsymbol{e}_r=p\sigma_X c_{1X-}s\beta c\beta(\boldsymbol{e}_s\cdot\boldsymbol{e}_t)\boldsymbol{e}_r$$

则

$$\overline{(\boldsymbol{f}_R\cdot\boldsymbol{e}_n)\boldsymbol{e}_r}=\frac{1}{8}p\sigma_X(c_{1X-}-c_{1X+})s2\beta\boldsymbol{e}_w$$

代入式（5.2.6），得到

$$\left(\frac{\delta\boldsymbol{i}}{\delta t}\right)_{R,X}=\frac{1}{An_e}f_{iX}\boldsymbol{e}_s\tag{5.3.32}$$

式中：

$$f_{iX}=\frac{1}{8}p\sigma_X(c_{1X+}-c_{1X-})s2\beta$$

倾角摄动的主要因素是正反面光照系数差异，除了没有日蚀项外，形式与 $\pm Z$ 面完全相同。

（2）平经度漂移率摄动

摄动加速度的径向分量为

$$\boldsymbol{f}_{R+}\cdot\boldsymbol{e}_r=-p\sigma_X c_{1X+}c^2\beta(\boldsymbol{e}_s\cdot\boldsymbol{e}_r)(\boldsymbol{e}_s\cdot\boldsymbol{e}_t)$$

$$\boldsymbol{f}_{R-}\cdot\boldsymbol{e}_r=p\sigma_X c_{1X-}c^2\beta(\boldsymbol{e}_s\cdot\boldsymbol{e}_r)(\boldsymbol{e}_s\cdot\boldsymbol{e}_t)$$

类似式（5.3.28）的推导过程，径向分量日均值与积分起点及太阳的关系有关。当

$\boldsymbol{e}_s \cdot \boldsymbol{e}_{t0} > 0$ 时，日均值主要由 $+X$ 面光压力贡献；否则，来源于 $-X$ 面。

$$\overline{\boldsymbol{f}_R \cdot \boldsymbol{e}_r} \approx f_{rX} \equiv \begin{cases} -0.5p\sigma_X c_{1X+} \dfrac{n_s}{n_e} \mathrm{c}i_s \mathrm{s}2(s_0 - s_s), & \text{若 } \boldsymbol{e}_s \cdot \boldsymbol{e}_{t0} > 0 \\ 0.5p\sigma_X c_{1X-} \dfrac{n_s}{n_e} \mathrm{c}i_s \mathrm{s}2(s_0 - s_s), & \text{否则} \end{cases} \tag{5.3.33}$$

代入式（5.2.9），有

$$(\Delta)_{R,X} = \frac{-1}{3n_e^2} f_{rX} \tag{5.3.34}$$

该项呈半年周期变化，影响很小。在相同面质比下，该项的影响比太阳翼情形还要小。

摄动加速度的切向分量为

$$\boldsymbol{f}_{R+} \cdot \boldsymbol{e}_t = -p\sigma_X \left[(c_{1X+} + c_{3X+}) \mathrm{c}^2\beta \, (\boldsymbol{e}_s \cdot \boldsymbol{e}_t)^2 + c_{2X+} \mathrm{c}\beta \boldsymbol{e}_s \cdot \boldsymbol{e}_t \right]$$

$$\boldsymbol{f}_{R-} \cdot \boldsymbol{e}_t = p\sigma_X \left[(c_{1X-} + c_{3X-}) \mathrm{c}^2\beta \, (\boldsymbol{e}_s \cdot \boldsymbol{e}_t)^2 - c_{2X-} \mathrm{c}\beta \boldsymbol{e}_s \cdot \boldsymbol{e}_t \right]$$

得

$$\overline{\boldsymbol{f}_R \cdot \boldsymbol{e}_t} \approx f_{tX} \equiv \frac{1}{4} p\sigma_X \left[(c_{1X-} + c_{3X-}) - (c_{1X+} + c_{3X+}) \right] \mathrm{c}^2\beta \tag{5.3.35}$$

则

$$\left(\frac{\delta D}{\delta t} \right)_{R,X} = \frac{-3}{A n_e} f_{tX} \tag{5.3.36}$$

由于

$$\mathrm{c}^2\beta = (1 - 0.5\mathrm{s}^2 i_s) + 0.5\mathrm{s}^2 i_s \mathrm{c}2\beta_s$$

因此该项摄动的大部分为常值，小部分为半年周期项。

该项摄动的主要因素是正反面光照系数差异，长期积累效益显著，且其导致的位置经度按时间平方变化，不可忽视。

例 5.3 取面质比 $0.02\ \mathrm{m^2/kg}$，正反面光照系数相差 1.0，平经度漂移率摄动的最大值约 $2.0 \times 10^{-6}\ \mathrm{d^{-1}}$。

（3）偏心率摄动

切向分量的日均作用为

$$\overline{(\boldsymbol{f}_R \cdot \boldsymbol{e}_t)\mathrm{cs}} = -p\sigma_X \left[\frac{2}{3\pi} (c_{1X+} + c_{3X+} + c_{1X-} + c_{3X-}) \mathrm{c}^2\beta + \frac{1}{4} (c_{2X+} + c_{2X-}) \mathrm{c}\beta \right] \mathrm{ss}_s$$

$$\overline{(\boldsymbol{f}_R \cdot \boldsymbol{e}_t)\mathrm{ss}} = p\sigma_X \left[\frac{2}{3\pi} (c_{1X+} + c_{3X+} + c_{1X-} + c_{3X-}) \mathrm{c}^2\beta + \frac{1}{4} (c_{2X+} + c_{2X-}) \mathrm{c}\beta \right] \mathrm{cs}_s$$

径向分量的日均作用为

$$\overline{(\boldsymbol{f}_R \cdot \boldsymbol{e}_r)\mathrm{ss}} = -\frac{1}{3\pi} p\sigma_X (c_{1X+} + c_{1X-}) \mathrm{c}^2\beta \mathrm{ss}_s$$

$$\overline{-(\boldsymbol{f}_R \cdot \boldsymbol{e}_r)\mathrm{cs}} = \frac{1}{3\pi} p\sigma_X (c_{1X+} + c_{1X-}) \mathrm{c}^2\beta \mathrm{cs}_s$$

代入式（5.2.15），得到

$$\left(\frac{\delta \boldsymbol{e}}{\delta t}\right)_{R,X}=\frac{1}{An_e}f_{eX}\begin{bmatrix} \mathrm{c}\left(s_s+\dfrac{\pi}{2}\right) \\ \mathrm{s}\left(s_s+\dfrac{\pi}{2}\right) \end{bmatrix} \tag{5.3.37}$$

式中：

$$f_{eX}=p\sigma_X\left\{\left[\frac{5}{3\pi}(c_{1X+}+c_{1X-})+\frac{4}{3\pi}(c_{3X+}+c_{3X-})\right]\mathrm{c}^2\beta+\frac{1}{2}(c_{2X+}+c_{2X-})\mathrm{c}\beta\right\}$$

正反面的光照系数是均等作用的。在面质比相同、光照系数相同的假设下，$\pm X$ 面导致的偏心率摄动与 $\pm Z$ 面、太阳翼比较：

1）光照系数 c_1 项，$\pm X$ 面是 $\pm Z$ 面的 1.25 倍，但只是太阳翼的 0.71 倍。

2）光照系数 c_2 项，$\pm X$ 面是 $\pm Z$ 面的 2 倍，但只是太阳翼的 0.67 倍。

3）光照系数 c_3 项，$\pm X$ 面是 $\pm Z$ 面的 2 倍，但只是太阳翼的 0.57 倍。

5.4　倾角的高精度预测控制方法

倾角的高精度控制主要目标与约束如下。

1）利用高比冲的电推进系统实现高精度的倾角控制，最终倾角维持在 $i_{\max}\leqslant 0.01°$ 的圆内。

2）推进剂损耗尽量优化。

3）每天的控制能力应大于每天的摄动量，但同时控制量与控制时间受限。设第 k 个控制脉冲施加的速度增量为 ΔV_k，将控制量归一化处理为无量纲标量：

$$\eta_k\equiv\frac{\Delta V_k}{An_e}$$

则要求

$$\eta_{\min}\leqslant\eta_k\leqslant\eta_{\max}$$

上界限制 $\eta_{\max}$。倾角最大摄动约 5×10^{-3}(°)/d，控制需要的 ΔV_k 最大约每天 0.26 m/s，因此每天电推力器能够提供的控制能力应略大于该值，且满足点火时长约束。点火时长不宜太长（如限制在 2 h 内），一方面电推力器需要的功率较大，应保证电源系统功率分配平衡；另一方面，由于弧长效应，太长的点火时间导致点火效率降低。这样，对推力大小也有要求，太小的推力在约束时间内不能实现需要的速度增量。

例如，电推力器的推力不大，如推力为 0.08 N[7]，若卫星质量为 2 000 kg，则完成 0.26 m/s 速度增量的点火时间为 6 500 s，可满足 2 h 限制。

下界限制 $\eta_{\min}$。由于电推力器有一定的启动时间，点火时间太短，推进剂效率不高，因此点火时间一般应在 5 min 或以上。

4）南北位保的同时，可实时通过矢量调节机构改变所需要的推力矢量相对卫星质心的距离，从而兼顾轨道平面内的角动量卸载。

即使是单翼非对称卫星，角动量积累较大，南北位保的推力也远能满足卸载需求。例如，推力为 0.08 N，点火时间为 2 000 s，力臂为 0.25 m，则最大可卸载为 40 N · m · s。

角动量积累的另一个来源是电推力器在东西位保点火时产生的滚转力矩。例如，滚转力矩为 200 μN · m，同力矩方向点火时长为 30 min，则积累角动量为 0.36 N · m · s，与卸载能力比较是小量。

每次轨控，轨道平面内的角动量卸载量由 4.4 节给出的方法确定。对于偶尔位保需求较小的个别时间且必须较大量卸载，一方面加大力臂，另一方面在位保策略中可提前向摄动反方向偏置倾角。

由于电推力器工作时长的限制，倾角的控制周期选择 1 d 是适当的。虽然轨道周期为 1 个恒星日 T ，但是可以选择 1 个太阳日 T_c 作为控制周期，以适应地面站的作息习惯（地面站需要数据遥测、状态监视等）。

因此，星上每天可以选定一个固定的星下点地方时 t_0，自主完成如下工作。

1）依据 $[t_0 - T_c,\ t_0]$ 的瞬时轨道数据，计算 t_0 时刻的倾角 $\boldsymbol{i}_0$（滤去日周期摄动）。

2）预测未来一定时间的倾角摄动与变化。

3）根据相应的策略进行倾角控制方向与大小的确定。

5.4.1 倾角矢量的预测控制模型与初始状态的确定

（1）预测与控制方程

设推力向北。采用小冲量脉冲控制，在 t_k 时刻（或卫星恒星时角 s_k）施加向北方向的控制冲量 $\Delta V_k(\Delta V_k > 0)$，对应的无量纲控制量为 η_k 。综合 5.1 节和 5.2 节的倾角日均摄动分析，则倾角控制方程具有如下形式：

$$\frac{\delta \boldsymbol{i}(t)}{\delta t} = \boldsymbol{A}_i \boldsymbol{i}(t) + \boldsymbol{u}_1(t) + \boldsymbol{u}_2(t) + \sum_k \eta_k \delta(t - t_k) \begin{bmatrix} \mathrm{s}s_k \\ -\mathrm{c}s_k \end{bmatrix} \tag{5.4.1}$$

式（5.4.1）等号右边最后一项为主动控制项，$\delta(t)$ 为单位脉冲函数。该方程考虑了多个脉冲的情况，系统响应满足线性原理。如果推力向南，则只需将 t_k 、s_k 分别修改为 $t_k + 0.5T$ 、$s_k + \pi$ 即可，后文不再说明。

式（5.4.1）等号右边前三项是 5.2 节和 5.3 节各摄动项的合并表达，舍去了各因素中相对小量，不影响控制精度，具体说明如下。

1）状态矩阵 $\boldsymbol{A}_i$ 。

$\boldsymbol{A}_i$ 由地形 J_2 项［式（5.2.19）］、日月引力摄动［式（5.2.28）和式（5.2.43）］、地轴进动［式（5.2.7）］的相关部分组成，地轴进动仅影响第三位有效数字。

$$\boldsymbol{A}_i = \begin{bmatrix} 0 & a_1 \\ -a_2 & 0 \end{bmatrix} \tag{5.4.2}$$

$$\begin{cases} a_1 \approx \{5.317 - 1.222(1 + \mathrm{c}^2\Omega_m)\mathrm{s}^2 i_m\} \times 10^{-5} \boldsymbol{n}_e \\ a_2 \approx \{5.406 - 1.222(1 + \mathrm{s}^2\Omega_m)\mathrm{s}^2 i_m\} \times 10^{-5} \boldsymbol{n}_e \end{cases}$$

2）摄动 $\boldsymbol{u}_1$。

$\boldsymbol{u}_1$ 由日月引力摄动［式（5.2.29）和式（5.2.43）］、地轴进动［式（5.2.7）］的相

关部分组成，同样，地轴进动仅影响第三位有效数字。

$$\boldsymbol{u}_1 \approx 10^{-5} n_e \left\{ \begin{bmatrix} 0.641 \\ 0 \end{bmatrix} - \begin{bmatrix} 0.205\mathrm{c}2\beta_s \\ 0.224\mathrm{s}2\beta_s \end{bmatrix} + \begin{bmatrix} 0.074\mathrm{c}\Omega_{ms} \\ 0.0993\mathrm{s}\Omega_{ms} \end{bmatrix} - \begin{bmatrix} 0.44\mathrm{c}2\beta_m \\ 0.484\mathrm{s}2\beta_m \end{bmatrix} - \begin{bmatrix} 0.0914\mathrm{c}(2\beta_m + \Omega_{ms}) \\ 0.10\mathrm{s}(2\beta_m + \Omega_{ms}) \end{bmatrix} \right\} \tag{5.4.3}$$

其大小的量级在$10^{-9}\ \mathrm{s}^{-1}$左右。

3）摄动 $\boldsymbol{u}_2$。

$\boldsymbol{u}_2$ 由太阳光压摄动项［式（5.3.10）、式（5.3.21）、式（5.3.26）和式（5.3.32）］相加组成。其中，式（5.3.10）和式（5.3.21）由太阳运动、日蚀产生，通常卫星面质比情况下很小。例如，若面质比为 0.02 m^2/kg，则摄动的量级为$10^{-13}\ \mathrm{s}^{-1}$，相比 $\boldsymbol{u}_1$ 而言在短期完全可忽略。而式（5.3.26）和式（5.3.32）主要由卫星正反面光照系数差异产生，是否忽略取决于差异大小和所涉面质比大小。例如，若面质比为 0.02 m^2/kg，正反面光照系数相差 1.0，则摄动的量级接近$10^{-11}\ \mathrm{s}^{-1}$，对于精细控制，就值得考虑。这里予以保留，可依据实际情况取舍。有

$$\boldsymbol{u}_2 \approx \frac{p \cdot \mathrm{s}2\beta}{8An_e}(\sigma_X \Delta c_{1X}\boldsymbol{e}_s + \sigma_Z \Delta c_{1Z}\boldsymbol{e}_w) \tag{5.4.4}$$

式中，Δc_i 为本体相应方向正反面光照系数之差。

以时刻 $t=0$ 为起点，式（5.4.1）的解为

$$\boldsymbol{\Phi}(-t)\boldsymbol{i}(t) = \boldsymbol{i}_0 + \int_0^t \boldsymbol{\Phi}(-\tau)[\boldsymbol{u}_1(\tau) + \boldsymbol{u}_2(\tau)]\mathrm{d}\tau + \sum_k \eta_k \boldsymbol{\Phi}(-t_k)\begin{bmatrix} \mathrm{s}s_k \\ -\mathrm{c}s_k \end{bmatrix} \cdot 1(t-t_k) \tag{5.4.5}$$

式中，$\boldsymbol{i}_0$ 为初始时刻的平根数；$1(t)$ 为单位阶跃函数；$\Phi(t)$ 为状态转移矩阵：

$$\boldsymbol{\Phi}(t) = \begin{bmatrix} \cos\omega_I t & \sqrt{\dfrac{a_1}{a_2}}\sin\omega_I t \\ -\sqrt{\dfrac{a_2}{a_1}}\sin\omega_I t & \cos\omega_I t \end{bmatrix}$$

$$\omega_I = \sqrt{a_1 a_2}$$

倾角逆进动角频率 ω_I 较小，大约在 $3.7 \times 10^{-9}\ \mathrm{rad/s}[6.7(°)/Y]$，随月球绕地倾角小范围变化，只有以年为单位的长期计算才值得考虑。本节研究高精度倾角控制，利用式（5.4.5）判断一定时间内倾角变化趋势，预判小冲量控制方向和效果，将 $\boldsymbol{\Phi}(t)$ 当作单位阵处理所带来的误差微乎其微，因此式（5.4.5）简化为

$$\boldsymbol{i}(t) \approx \boldsymbol{i}_0 + \boldsymbol{U}(t) + \sum_k \eta_k \begin{bmatrix} \mathrm{s}s_k \\ -\mathrm{c}s_k \end{bmatrix} \cdot 1(t-t_k) \tag{5.4.6}$$

该积分方程可以作为倾角的预测与控制模型。记 $\boldsymbol{U}_1(t)$、$\boldsymbol{U}_2(t)$ 分别是式（5.4.3）和式（5.4.4）的积分，则

$$\boldsymbol{U}(t) = \boldsymbol{U}_1(t) + \boldsymbol{U}_2(t) \tag{5.4.7}$$

具体为

$$
\begin{aligned}
\boldsymbol{U}_1(t) &\equiv \int_0^t \boldsymbol{u}_1(\tau)\mathrm{d}\tau \\
&= 10^{-5} n_e \left\{ \begin{bmatrix} 0.641 + 0.074\mathrm{c}\Omega_{ms} \\ 0.099\,3\mathrm{s}\Omega_{ms} \end{bmatrix} t + \frac{1}{n_s} \begin{bmatrix} -0.103\Delta\mathrm{s}2\beta_s \\ 0.112\Delta\mathrm{c}2\beta_s \end{bmatrix} + \right. \\
&\left. \frac{1}{\dot{\beta}_m} \begin{bmatrix} -0.22\Delta\mathrm{s}2\beta_m \\ 0.242\Delta\mathrm{c}2\beta_m \end{bmatrix} + \frac{1}{\dot{\beta}_m} \begin{bmatrix} -0.045\,7\Delta\mathrm{s}(2\beta_m + \Omega_{ms}) \\ 0.05\Delta\mathrm{c}(2\beta_m + \Omega_{ms}) \end{bmatrix} \right\}
\end{aligned} \tag{5.4.8}
$$

$$
\boldsymbol{U}_2(t) \equiv \int_0^t \boldsymbol{u}_2(\tau)\mathrm{d}\tau = \frac{p\mathrm{s}i_s}{8An_e} \left\{ \mathrm{c}i_s \begin{bmatrix} k_Z \\ k_X \end{bmatrix} t - \frac{1}{2n_s} \begin{bmatrix} k_Z \mathrm{c}i_s \Delta\mathrm{s}2\beta_s + k_X \Delta\mathrm{c}2\beta_s \\ k_X \mathrm{c}i_s \Delta\mathrm{s}2\beta_s - k_Z \Delta\mathrm{c}2\beta_s \end{bmatrix} \right\} \tag{5.4.9}
$$

式中，$\Delta\mathrm{s}()$ 、$\Delta\mathrm{c}()$ 为末、始时刻的正余弦函数值之差；而

$$
k_X \equiv \sigma_X \Delta c_{1X}, \quad k_Z \equiv \sigma_Z \Delta c_{1Z}
$$

$\boldsymbol{U}_1(t)$ 包含随时间线性增长项、半年周期项和半月周期性，$\boldsymbol{U}_2(t)$ 包含随时间线性积累项和半年周期项。两者合并，有如下形式：

$$
\boldsymbol{U}(t) = \begin{bmatrix} a_{t,x} \\ a_{t,y} \end{bmatrix} t + \frac{1}{\dot{\beta}_m} \begin{bmatrix} a_{m,x}\Delta\mathrm{s}2\beta_m + b_{m,x}\Delta\mathrm{s}(2\beta_m + \Omega_{ms}) \\ a_{m,y}\Delta\mathrm{c}2\beta_m + b_{m,y}\Delta\mathrm{c}(2\beta_m + \Omega_{ms}) \end{bmatrix} + \frac{1}{n_s} \begin{bmatrix} a_{s,x}\Delta\mathrm{s}2\beta_s \\ a_{s,y}\Delta\mathrm{c}2\beta_s \end{bmatrix} + \frac{1}{n_s} \begin{bmatrix} a_{X,x}\Delta\mathrm{c}2\beta_s \\ a_{X,y}\Delta\mathrm{s}2\beta_s \end{bmatrix} \tag{5.4.10}
$$

各项系数可由式（5.4.8）和式（5.4.9）获得。式（5.4.10）等号右边各项的短期影响分析如下。

1）第 1 项是线性增长项。大约 i_x 每天增长 $2.3\times10^{-3\circ}$，朝向春分方向；而当白道进动到一定的升交点黄经时，i_y 的变化也不容忽视，最大约每天增长 $3.6\times10^{-4\circ}$。从长时间看，该项其实是周期为 18.6 年的波动项，最大变化（峰峰值）大约为 9.3 年 0.39°。

2）第 2 项是半月周期波动项，最大变化（峰峰值）大约为一星期 0.015°。

3）第 3 项是半年周期波动项，最大变化（峰峰值）大约为一季度 0.043°，虽然比第二项大，但是所需时间长得多。

4）第 4 项是卫星 $\pm X$ 面光照系数差异造成的半年周期波动项，一般情况下幅度很小。

普通的南北位保精度，如 0.1° 或以上，控制上对第 1 项施加补偿即可，推进剂最省；如果南北位保精度提高到 0.05°，则还需要考虑第 3 项的部分补偿；当南北位保精度提高到优于 0.01° 的程度时，上述这些项都需要考虑补偿，而推进剂消耗最多，但仍有优化空间。

（2）初始状态的确定

预测与控制规划均需要知道控制周期起始时刻 t_0 的倾角 $\boldsymbol{i}(0)$（滤去日周期摄动）。如果仅依赖式（5.4.6）的递推，则误差会逐步积累，轨道确定精度变差，从而也实现不了高精度控制。

全天时的高精度控制的卫星，星上必须具备实时自主获取瞬时轨道数据的能力，表现为以下 3 个方面。

1）具备基于精确模型的轨道参数实时计算功能，摄动因素全面、准确。

2）描述推力器的推力大小与方向的模型经过仔细标校，或者采用高精度加速度计实

时测量推力器产生的冲量。例如，推力 0.08 N 作用在质量 2 000 kg 卫星上，产生的加速度约 $4 \times 10^{-6} g$，则加速度测量精度或推力模型精度应到 $1 \times 10^{-7} g$，确保相对误差优于 2.5%，这样，本周期即使调整轨道 0.01°，因推力器测量带来的轨道确定误差也不会超过 2.5×10^{-4}°。

3）静止轨道 GNSS 或者地面测站提供比较频繁的高精度轨道测量数据，如定位精度优于 100 m。

可以基于以上 3 个方面设计滤波器，实现高精度的自主导航算法。这方面的研究很多，故本书不做进一步论述。

下面讨论如何利用星上自主导航模块提供的 $[t_0 - T_c, t_0]$ 的瞬时轨道数据计算 t_0 时刻的倾角 i_0（滤去日周期摄动）。为表述方便，该问题等价于：已知 $[t_0, t_0 + T_c]$ 的瞬时轨道数据，计算 $t_0 + T_c$ 时刻的倾角 $\boldsymbol{i}(T_c)$。

计算方法如下。

1）容易求得 $[t_0, t_0 + T_c]$ 的瞬时倾角的均值 $\bar{i}$。

2）由式（5.4.6），得到

$$\boldsymbol{i}(T_c) \approx \boldsymbol{i}_0 + \boldsymbol{U}(T_c) + \sum_k \eta_k \begin{bmatrix} ss_k \\ -cs_k \end{bmatrix} \tag{5.4.11}$$

3）对 $\boldsymbol{U}(t)$ 在 $[t_0, t_0 + T_c]$ 求平均。针对一天的时间，$\boldsymbol{U}(t)$ 中的半月、半年周期项可以视为常数（但 β_m、β_s 可取为日中对应的值），根据式（5.4.10），有

$$\bar{\boldsymbol{U}} = \boldsymbol{U}\left(\frac{T_c}{2}\right)$$

4）对式（5.4.6）在 $[t_0, t_0 + T_c]$ 求平均，得

$$\bar{\boldsymbol{i}} \approx \boldsymbol{i}_0 + \boldsymbol{U}\left(\frac{T_c}{2}\right) + \sum_k \eta_k \begin{bmatrix} ss_k \\ -cs_k \end{bmatrix} \left(1 - \frac{t_k}{T_c}\right) \tag{5.4.12}$$

5）依据式（5.4.11）和式（5.4.12），消去 i_0，得到

$$\boldsymbol{i}(T_c) \approx \bar{\boldsymbol{i}} + \left[\boldsymbol{U}(T_c) - \boldsymbol{U}\left(\frac{T_c}{2}\right)\right] + \sum_k \eta_k \begin{bmatrix} ss_k \\ -cs_k \end{bmatrix} \frac{t_k}{T_c} \tag{5.4.13}$$

5.4.2 最优控制的一般方法、预测和进一步优化方向

（1）最优控制的一般方法

关于将倾角控制在给定范围（保持圆）内，且机动方向最优（脉冲控制量的绝对值的累积极小）的方法的详细描述，可参见文献 [1] 或其他经典著作。为方便下文引用，这里做概略性介绍。简记式（5.3.6）中的主动控制项为

$$\boldsymbol{U}_c(t) \equiv \sum_k \eta_k \begin{bmatrix} ss_k \\ -cs_k \end{bmatrix} \cdot 1(t - t_k) \tag{5.4.14}$$

设保持圆的半径为 $i_{\max}$，则要求

$$|\boldsymbol{i}_0 + \boldsymbol{U}(t) + \boldsymbol{U}_c(t)| < i_{\max}$$

在 MEGSD 坐标系的 XY 平面内，曲线 $\boldsymbol{i}_0+\boldsymbol{U}(t)$ 被以 $-\boldsymbol{U}_c(t)$ 为圆心、以 $i_{\max}$ 为半径的圆的包络线所包围，而控制项 $\boldsymbol{U}_c(t)$ 形成的曲线要尽可能短，因为其长度等比于推进剂消耗。最短路径要求 $\boldsymbol{U}_c(t)$ 为指向圆心的直线，但这不能保证倾角矢量时刻在保持圆内，而只能保证最终误差。

为避免 $\boldsymbol{i}_0+\boldsymbol{U}(t)$ 与圆包络线相交时频繁执行机动，引入一个小的余量 d ，记

$$R=i_{\max}-d$$

上述约束修正为

$$|\boldsymbol{i}_0+\boldsymbol{U}(t)+\boldsymbol{U}_c(t)|\leqslant R \tag{5.4.15}$$

用控制量的辐角描述控制方向，则应满足

$$\arg[\boldsymbol{i}_0+\boldsymbol{U}(t)]-\operatorname{asin}\frac{R}{|\boldsymbol{i}_0+\boldsymbol{U}(t)|}\leqslant \arg\boldsymbol{U}_c(t)-\pi\leqslant \arg[\boldsymbol{i}_0+\boldsymbol{U}(t)]+\operatorname{asin}\frac{R}{|\boldsymbol{i}_0+\boldsymbol{U}(t)|}$$

当 $|\boldsymbol{i}_0+\boldsymbol{U}(t)|<i_{\max}-d$ 时，上式没有意义。为了统一处理，此时可强制式中的反正弦函数值为 π，即可任意方向寻优，从而确保控制方向由 $|\boldsymbol{i}_0+\boldsymbol{U}(t)|>R$ 的较长的时间区间决定。令

$$\begin{cases} B_1(t)=\max\limits_{0\leqslant\tau\leqslant t}\left\{\arg[\boldsymbol{i}_0+\boldsymbol{U}(\tau)]-\operatorname{asin}\dfrac{R}{|\boldsymbol{i}_0+\boldsymbol{U}(\tau)|}\right\} \\ B_2(t)=\min\limits_{0\leqslant\tau\leqslant t}\left\{\arg[\boldsymbol{i}_0+\boldsymbol{U}(\tau)]+\operatorname{asin}\dfrac{R}{|\boldsymbol{i}_0+\boldsymbol{U}(\tau)|}\right\} \end{cases} \tag{5.4.16a}$$

则存在某个时刻 t_N ，当 $t<t_N$ 时，一直有

$$B_1(t)<B_2(t)$$

直到 $t=t_N$ ，满足

$$B\equiv B_1(t_N)=B_2(t_N) \tag{5.4.16b}$$

则在时间区间 $[0,\ t_N]$ 的控制方向可以维持不变，为

$$\arg\boldsymbol{U}_c(t)-\pi=B \tag{5.4.16c}$$

每次机动前，重新初始化时间和状态，并重新计算摄动，再利用式（5.4.16）决定本次机动的优化方向。

（2）预测

控制策略需要计算未来一定时间的 $\boldsymbol{i}_0+\boldsymbol{U}(t)$ 。以式（5.4.16）的策略为例，说明计算过程。

1）初始化状态，确定 t_0 时刻的倾角 $\boldsymbol{i}_0$，令 $k=1$。

2）利用式（5.4.10），以 T_c 为单位计算 $\boldsymbol{U}(t_0+kT_c)$ 。

3）代入式（5.4.16a），计算 $B_1(t_0+kT_c)$ 和 $B_2(t_0+kT_c)$ 。

4）如果 $B_1<B_2$，则 $k=k+1$，返回 2）。

5）出现终止条件 $B_1\geqslant B_2$，一般不会严格满足式（5.4.16b）的等式。由于 B_1 与 B_2 中的一个必然由最近一步的 $\boldsymbol{i}_0+\boldsymbol{U}(t_0+kT_c)$ 产生，因此式（5.4.16c）中决定机动方向的 B 选取原则如下："若 $B_1=\boldsymbol{i}_0+\boldsymbol{U}(t_0+kT_c)$ ，则取 $B=B_2$；否则，取 $B=B_1$。"其原理是如果等式不满足，则由前 $k-1$ 天预测结果决定当前控制方向。

下文策略的预测过程与此类似，可类比获得，不再赘述。

（3）高精度倾角控制的进一步优化方向

将倾角一直保持在半径为 $i_{\max}=0.01°$ 的误差圆内的控制策略，必须考虑太阳引力半年周期摄动和月球引力半月周期摄动的部分补偿。但是，为了节省推进剂，应尽量将该部分补偿量降到最低。

针对高精度控制，进一步的优化方向包括以下几个方面。

1）余量 d 的选择。以天为控制周期已经是频繁机动的情况，余量 d 只需包络住轨道确定误差和执行控制误差即可，目前的水平已远优于 $5\times10^{-4}°$。选择较小的 d 可以增大式（5.4.16）中的 t_N，能在更长的时间内维持不变的控制方向，从而节省推进剂。

2）式（5.4.16）是在已知 $\boldsymbol{i}(0)$ 的条件下，给出了一个寻优周期的最优机动方向。因此，其存在 $\boldsymbol{i}(0)$ 能否优化的问题，从而进一步优化前后两个寻优周期的推进剂消耗。

5.4.3　大倾角的收敛控制策略

卫星初步定点后，一般倾角尚远大于 0.01°，要采用每天点火时长受限的小推力的电推力器控制，首先需要采用一个逐步减小、收敛的控制策略，只有当倾角进入 0.01°的误差圆内，才切换到高精度保持控制策略。

收敛控制策略的优化方向主要考虑推进剂损耗最省，而采用控制量的上限使得控制最快。其主要策略如下。

（1）控制方向

将式（5.4.16）中的 $i_{\max}$、d 分别用 i_R、d_R 替代，而 i_R、d_R 随倾角大小变化，取值如下。

若 $|i_0|>i_{\max}$，则取

$$i_R=|\boldsymbol{i}_0|,\quad d_R=\gamma i_R$$

否则

$$i_R=i_{\max},\quad d_R=d$$

将 i_R、d_R 代替式（5.4.16）中的 $\boldsymbol{i}_{\max}$、d，可获得控制相位 $\arg\boldsymbol{U}_c(t)$。由于保持圆较大，控制方向不受小的摄动波动影响，因此保持直线的时间 t_N 较长。

可以取余量的比例因子 $\gamma=0.1$，一方面，余量大于定轨和控制误差；另一方面，当 $|\boldsymbol{i}_0|$ 接近 $i_{\max}$ 时，控制方向仍有

$$2\mathrm{asin}\,(1-\gamma)\approx128°$$

的寻优空间。

（2）控制量大小

取上限，以最快速度接近 $i_{\max}$，即

$$\eta_k=\eta_{\max}$$

当然，根据需要，也可减小 η_k 的幅度，但必须大于每天的摄动量并留有余量，确保倾角向最终指标收敛。

5.4.4 倾角矢量的预测控制策略

(1) 控制方向约束

根据式 (5.4.8)，摄动的线性增长项的方向 $\boldsymbol{e}_l$ 在 MEGSD 坐标系的 XY 平面内与 X 轴夹角很小，即

$$\arg\boldsymbol{e}_l = \text{atan}\frac{0.0993\text{s}\Omega_{ms}}{0.641+0.074\text{c}\Omega_{ms}}$$

大约在 $\pm 8.8°$ 以内 (夹角随 Ω_{ms} 波动)。

长期的平均控制方向是朝向 $-\boldsymbol{e}_l$ 的。但是，由于摄动存在周期性波动，倾角高精度保持的实际控制方向也有一定波动。为节省推进剂，我们规定"每个控制脉冲的方向，必须与 $-\boldsymbol{e}_l$ 夹锐角"，即不能在 $\boldsymbol{e}_l$ 方向有正分量。

短期内 $\boldsymbol{U}(t)$ 的 X、Y 轴分量近似为

$$U_X(t) \approx 10^{-5}n_e\left[(0.641+0.074\text{c}\Omega_{ms}-0.205\text{c}2\bar{\beta}_s)t-\frac{0.22}{\dot{\beta}_m}\Delta\text{s}2\beta_m\right] \tag{5.4.17a}$$

$$U_Y(t) \approx 10^{-5}n_e\left[(0.0993\text{s}\Omega_{ms}-0.224\text{s}2\bar{\beta}_s)t+\frac{0.242}{\dot{\beta}_m}\Delta\text{c}2\beta_m\right] \tag{5.4.17b}$$

绝大部分时间 $U_X(t)>0$，上述控制方向的约束容易满足。

但在春分或秋分附近，且日地月基本在一条直线上时，可能会出现 $U_X(t)\leqslant 0$ 的情况，曲线 $\boldsymbol{U}(t)$ 在 XY 平面内，其横坐标会出现回头转折的情况。这时如果完全补偿 $U_X(t)$，就不能满足控制约束。由式 (5.4.17) 可知，维持这种情况的时间很短 (最恶劣情况也不足 2 天)，且此时 $U_X(t)$、$U_Y(t)$ 的绝对值非常小。如果发生这种情况的同时还出现倾角到达保持圆边界的问题，不完全补偿 $U_X(t)$ 会导致误差超界，则可以在此前周期的控制策略中施加一点预偏置，具体说明参见下文。

(2) 控制量的选择

某个优化周期 $[0, T_N]$ 内，控制策略式 (5.4.16) 给出了最优控制方向 $\boldsymbol{e}_c$，指向坐标系原点 O，其辐角为 $B+\pi$。平面 XY 上点 $\boldsymbol{i}_0+\boldsymbol{U}(t)$ 向直线

$$l:\boldsymbol{e}_c\cdot\begin{bmatrix} y \\ -x \end{bmatrix}=0 \tag{5.4.18}$$

作垂线，记垂足为 M，点到垂足的距离为 $\rho(t)$，称 l 为控制线。

对于边界点，即曲线 $\boldsymbol{i}_0+\boldsymbol{U}(t)$ 上满足 $\rho(t)=R$ 的点，如图 5-6 所示的点 P_1、P_2，在时间段 $[0, t]$ 累计的控制量与方向必然要求为

$$\boldsymbol{U}_c(t)=|OM|\boldsymbol{e}_c$$

才能维持保持圆。而对于非边界点，如图 5-6 所示的点 Q，$\rho(t)<R$，设以该点为圆心、以 R 为半径的圆与控制线 l 的两个交点分别为 M_1、M_2，则累计控制量可以在 $|OM_1|$、$|OM_2|$ 之间有一定的选择空间。

如果到本周期的累计控制量为 $|OM_c|$，点 M_c 在线段 M_1M_2 上，而到上周期的累计控制量为 $|OM_{cl}|$，则本周期的控制量应为 $|M_{cl}M_c|$。

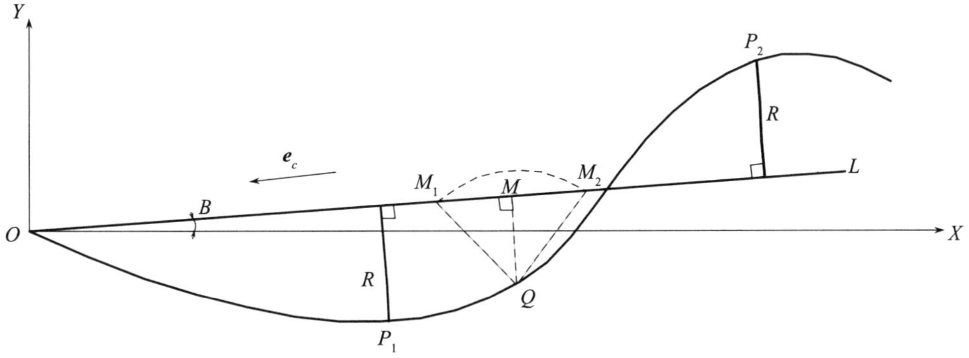

图 5-6　控制方向与控制量

1）计算至少两个控制周期的控制量。

如果非边界点的控制量偏离 $|OM|$ 过多，则可能导致后续时间 $\boldsymbol{i}_0+\boldsymbol{U}(t)$ 接近边界点时的控制量过大，而超出一次控制量的上限。因此，在决策本次控制量时，既要预测本周期的倾角变化，也要预测下个控制周期的控制量与倾角变化，满足倾角在保持圆的同时，确保控制量满足上限。

实际控制是离散化控制，每天的控制方向确定，则施加控制的时间就已经确定；如果本控制周期会出现接近边界的点，则大概率不在控制时刻。提前一个控制周期的预测与控制量决策可以实施预偏置，当 $\boldsymbol{i}_0+\boldsymbol{U}(t)$ 到达边界点时，确保累计的 $\boldsymbol{U}_c(t)$ 的长度刚好是 $|OM|$ 。

如果本周期控制量低于下限而不控，则同样需要预测下个控制周期的控制量与倾角变化；若下周期会出现超出边界点的情况，则加大本周期控制量，实施预偏置。

每个控制周期，滚动采用该预测策略。

2）$U_X(t)$ 负向变化情况。

上文已指出 $U_X(t)<0$ 的时间非常短，且此时 $\boldsymbol{U}(t)$ 的幅度很小，一般 $\boldsymbol{i}_0+\boldsymbol{U}(t)$ 不会到边界点，利用非边界点的控制量选择空间，此时可以不控，直到 $U_X(t)\geqslant 0$ 再开始控制。

如果在 $U_X(t)<0$ 的期间，因为 $\boldsymbol{i}_0$ 较大且方向与 $\boldsymbol{U}(t)$ 近似，会出现 $\boldsymbol{i}_0+\boldsymbol{U}(t)$ 接近边界的情况，则在此前 $U_X>0$ 的控制周期，累计控制量选择偏右边一点（X 方向少控一点），从而本周期的 $\boldsymbol{i}_0$ 存在正偏置，自然补偿 $U_X(t)$ 的负向变化。

3）机动量不足以卸载情况。

如果优化策略给出的机动量很小，甚至满足不了下限要求而置为 0，从而满足不了本周期角动量卸载的需求量，则上述预偏置策略同样适用。

（3）纵向修正

式（5.4.16）给出的控制策略是固定 $\boldsymbol{i}_0$ 的最优控制，因而还存在修正 $\boldsymbol{i}_0$ 的优化方向。

1）针对问题。

式（5.4.16）给出了优化周期 $[0,\ T_N]$ 内的最优控制方向 $\boldsymbol{e}_{c1}$ ，优化周期内曲线 $\boldsymbol{i}_0+$

$\boldsymbol{U}(t)$ 位于以式 (5.4.15) 定义的直线 l_1 为中心、垂直该直线上下距离为 R 的矩形区域内。根据其原理，曲线终点 $\boldsymbol{i}_0+\boldsymbol{U}(T_N)$ 位于上/下边界，而 $t<T_N$ 的曲线没有与其同向的边界点，但必有至少一个的另一方向（下/上）边界点。不妨设终点为上边界点，记为 P_2；而记 $t<T_N$ 的最右边的下边界点为 P_1，参见图 5－7。为表述方便，将决定控制线方向的两个边界点 P_1、P_2 称为控制线的决定点。

虽然 式(5.4.16) 在滚动优化，但是在 $\boldsymbol{i}_0+\boldsymbol{U}(t)$ 到达决定点 P_1 之前，获得的优化方向 $\boldsymbol{e}_{c1}$ 总是不变的。而当 $\boldsymbol{i}_0+\boldsymbol{U}(t)$ 跨过 P_1 时，最优控制方向一般会发生变化，记为 $\boldsymbol{e}_{c2}$ 。不妨设决定点 P_2 右边的趋势还在上升，则 $\boldsymbol{e}_{c2}$ 相对 $\boldsymbol{e}_{c1}$ 会上翘，这就导致两个优化周期内的控制在走折线，相对直线消耗更多的推进剂。

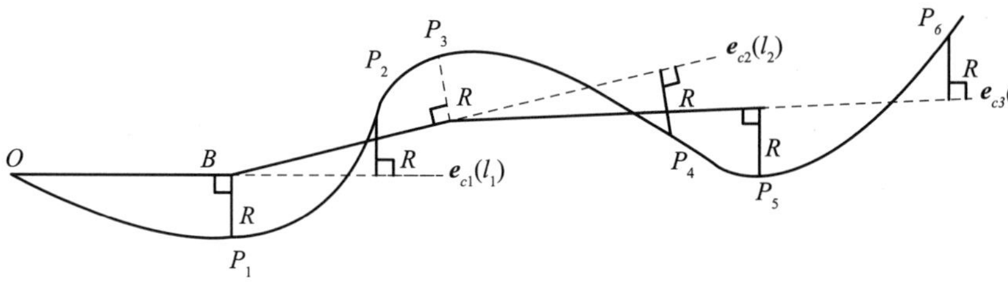

图 5－7 控制线的确定与转折

对于高精度控制而言，造成 $\boldsymbol{U}(t)$ 频繁波动的主要因素是月球引力的半月周期摄动。由式 (5.4.17) 可知，该部分在 XY 平面近似为半径为 0.007 5°、周期为半月的顺时针旋转圆，半径非常接近 0.01°。如果 $\boldsymbol{i}_0$ 选择不好，再叠加太阳引力摄动，会导致倾角极易超出保持圆，从而必须对月球半月周期摄动频繁补偿。由于本节策略已对控制方向相对线性增长方向施加约束，因此引起半月周期摄动频繁补偿主要发生在半月周期摄动的 Y 向分量引起最大误差的附近时段。

半月周期摄动导致控制线转折频繁的一个典型情况如图 5－7 所示。其中，相邻两条控制线的决定点 P_1、P_3 分别为局部极小、极大极值点，它们在 Y 向的距离在 $2R$ 左右或稍微超出。由式 (5.4.16) 寻优时，点 P_1 为下边界，但是由于 $\boldsymbol{i}_0$ 的存在，在 P_1P_3 之间低于 P_3 的 P_2 成为决定点，点对（P_1，P_2）决定了控制方向 $\boldsymbol{e}_{c1}$ ；当 $\boldsymbol{i}_0+\boldsymbol{U}(t)$ 跨过 $\boldsymbol{P}_1$ 后，控制方向 $\boldsymbol{e}_{c2}$ 由点 P_3 和其后的下边界 P_4 决定；当 $\boldsymbol{i}_0+\boldsymbol{U}(t)$ 跨过 P_3 后，控制方向 $\boldsymbol{e}_{c3}$ 就会折向下。综上，控制线先平，然后折向上，再折向下。

通过如下定义的纵向修正对 $\boldsymbol{i}_0$ 进行调节。如果 $\boldsymbol{i}_0+\boldsymbol{U}(t)$ 跨过 P_1 之前，还在垂直 $\boldsymbol{e}_{c1}$ 的方向施加一定控制分量 Δ ，则称为纵向修正；为便于区分，将式 (5.4.16) 优化方向的控制称为横向控制。

纵向修正后可一定程度减缓控制线的波折角度，但是调节 $\boldsymbol{i}_0$ 也有一定代价，需要综合考虑。

2）纵向修正策略。

讨论图 5－7 所示的典型情况。记 P_1、P_3 投影到 l_1 上对应的坐标为 x_1、x_3，$x_{31}=x_3-x_1$，直线 P_1P_3 与 l_1 的夹角为 α 。

纵向修正的主要思路如下：曲线 $\boldsymbol{i}_0+\boldsymbol{U}(t)$ 运动到 P_1 前进行纵向修正，使得下个优化周期极值点 P_1、P_3 之间的控制线没有波折。

记 $\varepsilon=2R/x_{31}$ ，纵向修正条件为

$$\tan\alpha>\varepsilon \tag{5.4.19}$$

如果式（5.4.19）不满足，则说明 P_1、P_3 之间的控制线已经没有波折，无须调节。

为了比较，先计算不进行纵向修正的控制量，如图 5－8（a）所示。曲线 $\boldsymbol{i}_0+\boldsymbol{U}(t)$ 从 O 运动到 P_3，无纵向修正时累计的控制量为

$$u_1=x_1+x_{31}\sqrt{\sec^2\alpha-\varepsilon\tan\alpha} \tag{5.4.20}$$

采用图 5－8（b）所示的修正策略，主要原理与控制量计算如下。

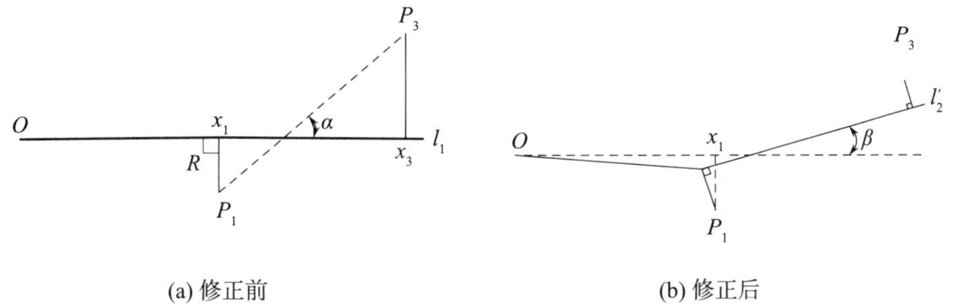

图 5－8　纵向修正前后对比

①从 O 开始，采用 5.4.2 节介绍的控制方向与决定点预测计算，获得控制方向与相应的决定点。控制线的移动采用上述“（2）控制量的选择”所介绍的方法。每当 $\boldsymbol{i}_0+\boldsymbol{U}(t)$ 跨过一段控制线的第一个决定点时，就开始下一段控制线与决定点的预测。最终，获得 3 段控制线和决定点。计算后段控制线相对邻近前段的转折方向，如果 3 段的转折方向相同，则不进行纵向修正，不执行下述流程；否则，从决定点中获得相邻的极值点 P_1、P_3。

②让 P_1、P_3 作为一段控制线 l'_2 的决定点，如图 5－8（b）所示，l'_2 与 l_1 的夹角 β 为

$$\beta=\alpha-\operatorname{asin}(\varepsilon\cos\alpha) \tag{5.4.21}$$

长度为

$$x_{31}\sqrt{\sec^2\alpha-\varepsilon^2}$$

设曲线 $i_0+U(t)$ 运动到 P_1 时累计的纵向控制分量为 Δ ，由几何关系得

$$\Delta=2R\sin^2\beta \tag{5.4.22}$$

③由于进行纵向修正，因此从 O 开始，横向控制的同时，向垂直 $\boldsymbol{e}_{c1}$ 的方向施加一点控制量（图 5－8 中是往上抬一点倾角，控制线向下偏），直到曲线 $\boldsymbol{i}_0+\boldsymbol{U}(t)$ 运动到 P_1 时，控制线 l'_1 的末点到 P_1 的距离为 R 。由图 5－8（b）所示几何关系，此段累计控制量为

$$\sqrt{x_1^2+2R\Delta-2x_1\sqrt{2R\Delta-\Delta^2}}\approx x_1-\sqrt{2R\Delta}$$

具体策略如下：按①预测计算，按②③计算 Δ ，确定控制线 l'_1、l'_2，依据 l'_1、l'_2 的顺序执行倾角控制。

修正策略的总控制量为

$$u_2 \approx x_1 - 2R\sin\beta + x_{31}\sqrt{\sec^2\alpha - \varepsilon^2} \tag{5.4.23}$$

修正与否的控制量之差为

$$\Delta u = u_1 - u_2 \approx 2R\sin\beta + x_{31}\left\{\sqrt{\sec^2\alpha - \varepsilon\tan\alpha} - \sqrt{\sec^2\alpha - \varepsilon^2}\right\} \tag{5.4.24}$$

若式（5.4.24）大于0，则意味着存在有效的纵向修正。

虽然 $\tan\alpha > \varepsilon$，但是当两者比较接近时，一定存在有效的纵向修正。由于半月周期摄动的幅度小于0.01°，因此对于0.01°左右的控制精度，假设 $\tan\alpha$ 与 ε 接近是合理的。设

$$\varepsilon = (1-\eta)\tan\alpha$$

如果 $0 < \eta \ll 1$，则

$$\sin\beta = \sin\alpha\sqrt{1-\varepsilon^2\cos^2\alpha} - \varepsilon\cos^2\alpha \approx \eta\tan\alpha$$

$$\sqrt{\sec^2\alpha - \varepsilon\tan\alpha} - \sqrt{\sec^2\alpha - \varepsilon^2} \approx -\frac{1}{2}\eta\tan^2\alpha$$

代入式(5.4.23)，得到

$$\Delta u \approx \eta R\tan\alpha \tag{5.4.25}$$

可见，纵向修正节省了一些控制量，是有效的。

此外，如果图5-7所示的第三段控制线存在向下趋势，从图5-7可以看出，其寻优控制线的波动也因上述纵向修正而得到了一点减缓。

5.5　经度的高精度预测控制方法

星上每天可以选定一个与倾角控制相同的固定星下点地方时 t_0，自主规划经度的控制。首先需要依据 $[t_0 - T_c,\ t_0]$ 的瞬时轨道数据计算 t_0 时刻（相应的卫星恒星时角为 s_0）的滤去日周期摄动的半长轴 a_0、偏心率矢量 $\boldsymbol{e}_0$ 和卫星经度 λ_0，作为轨道平面内参数预测的初值，具体计算方法见下文5.5.1.2节和5.5.5.1节的描述。

采用向东或向西的小冲量脉冲控制，在 t_k 时刻（相应的卫星恒星时角为 s_k）施加的控制冲量记为 ΔV_k。与倾角控制不同，该变量带符号，向东为正，向西为负。同样，定义标量

$$\eta_k \equiv \frac{\Delta V_k}{An_e}$$

表示第 k 个脉冲的控制量大小（带符号）。

设 t $(t \geqslant t_0)$ 时刻（相应的卫星恒星时角为 s）卫星的经度为 $\lambda(t)$（不计日周期摄动项），期望的定点经度为 λ_T，则经度偏差 $\delta\lambda(t)$ 可以分解为如下两项：随偏心率矢量 $\boldsymbol{e}(t)$ 波动的 $\lambda_e(t)$ 和除此外的漂移项 $\lambda_D(t)$，即

$$\delta\lambda(t) \equiv \lambda(t) - \lambda_T = \lambda_D(t) + \lambda_e(t) \tag{5.5.1a}$$

$$\lambda_e(t) = 2\boldsymbol{e}(t)\cdot\begin{bmatrix} \mathrm{s}s \\ -\mathrm{c}s \end{bmatrix} \tag{5.5.1b}$$

$$\dot{\lambda}_D(t) = n_e D(t),\ \lambda_D(t_0) = \lambda_0 - \lambda_T \tag{5.5.1c}$$

卫星经度的高精度控制目标与约束类似于倾角控制，具体如下。

1）利用高比冲的电推进系统，实现高精度的平经度控制，最终使

$$|\delta\lambda(t)|\leqslant 0.01^{\circ}$$

2）推进剂损耗尽量优化。

3）控制量与控制时间受限，与倾角控制的约束相同。

一般来说，东西位保的控制量远小于倾角控制，因此小范围高精度控制情况下，控制量主要是下限约束，只有大范围收敛控制时才考虑控制上限。此外，在一个轨道周期内，东西位保一般需要采用两个或以上脉冲，不过为了减少操作，不要超过 3 个脉冲。

假设电推力器的推力为 0.08 N，卫星质量为 2 000 kg，若每天累计点火时间的上限为 2 h，可实施 0.288 m/s 速度增量的控制，则最大可改变偏心率 1.92×10^{-4}（改变 λ_e 的幅度 0.022°），或者最大可改变 D 约 2.88×10^{-4}（改变 $\dot{\lambda}_D$ 约 0.1(°)/d）。

4）东西位保的同时，可实时通过矢量调节机构改变所需要的推力矢量相对卫星质心的距离，兼顾轨道法线方向的角动量卸载。

正常情况下，轨道法线方向的角动量积累主要来源于电推力器在南北位保点火时产生的滚转力矩，但值并不大。例如，滚转力矩为 200 μNm，点火时长为 2 h，则积累角动量为 1.4 N·m·s，较小。太阳光压力矩在法线方向的角动量积累更小，主要因为卫星对地，压心到质心的矢径在空间周期旋转，除非部分组件做其他运动导致角动量小量积累。若推力为 0.08 N，点火时间为 5 min，力臂为 0.25 m，则最大可卸载为 12 N·m·s，卸载量足够。

每次轨控，轨道法线方向的角动量卸载量由 4.4 节给出的方法确定。

5.5.1　偏心率矢量的预测控制模型与初始状态的确定

5.5.1.1　预测控制方程及特性

根据式（5.2.13），综合 5.1 节和 5.2 节的摄动分析结果，采用东西向脉冲的偏心率控制方程为

$$\frac{\delta \boldsymbol{e}}{\delta t}=\boldsymbol{u}_e(t)+2\sum_k \eta_k \delta(t-t_k)\begin{bmatrix}\cos s\\ \sin s\end{bmatrix} \tag{5.5.2}$$

对其积分，得到

$$\boldsymbol{e}(t)=\boldsymbol{e}_0+\boldsymbol{U}_e(t)+2\sum_k \eta_k\begin{bmatrix}\cos s_k\\ \sin s_k\end{bmatrix}\cdot 1(t-t_k) \tag{5.5.3}$$

式（5.5.3）可用于偏心率矢量的预测与控制设计。式中：

$$\boldsymbol{U}_e(t)=\int_{t0}^{t}\boldsymbol{u}_e(\tau)\mathrm{d}\tau$$

摄动速度为

$$\boldsymbol{u}_e(t)=\left(\frac{\delta \boldsymbol{e}}{\delta t}\right)_{M2}+\left(\frac{\delta \boldsymbol{e}}{\delta t}\right)_{S2}+\left(\frac{\delta \boldsymbol{e}}{\delta t}\right)_{R,f}+\left(\frac{\delta \boldsymbol{e}}{\delta t}\right)_{R,Y}+\left(\frac{\delta \boldsymbol{e}}{\delta t}\right)_{R,Z}+\left(\frac{\delta \boldsymbol{e}}{\delta t}\right)_{R,X} \tag{5.5.4}$$

式（5.5.4）等号右边各项的计算公式见式（5.2.32）、式(5.2.46)、式(5.3.19)、式(5.3.24)、式(5.3.30) 和式(5.3.37)。

按照频率成分分析，摄动速度包含年周期项、半年周期项和半月周期项，近似如下形式：

$$\boldsymbol{u}_e(t) \approx (d_{e0} + d_{e1} \cdot \mathrm{c}\beta)\mathrm{c}\beta \begin{bmatrix} \mathrm{c}\left(s_s + \dfrac{\pi}{2}\right) \\ \mathrm{s}\left(s_s + \dfrac{\pi}{2}\right) \end{bmatrix} + 2\,\dot{\beta}_m \begin{bmatrix} e_{mx}\mathrm{c}(2\beta_m + \varphi_{mx}) \\ e_{my}\mathrm{s}(2\beta_m + \varphi_{my}) \end{bmatrix} + 2n_s \begin{bmatrix} e_{sx}\mathrm{c}(2\beta_s + \varphi_{sx}) \\ e_{sy}\mathrm{s}(2\beta_s + \varphi_{sy}) \end{bmatrix} \tag{5.5.5}$$

其积分也对应写成 3 项：

$$\boldsymbol{U}_e(t) = \boldsymbol{U}_{eR}(t) + \boldsymbol{U}_{eM}(t) + \boldsymbol{U}_{eS}(t) \tag{5.5.6}$$

下面对式（5.5.6）等号右边 3 项展开分析。

（1）光压摄动项

该项对偏心率摄动影响最大。摄动速度的方向比太阳矢量在轨道平面的投影方向超前 90°。其作用大小不仅取决于面质比、表面光照系数，也与太阳矢量和轨道平面的夹角 β 有关。根据式（5.3.3）和式（5.3.8），摄动速度可化为

$$d_{e0}\begin{bmatrix} -\mathrm{c}i_s\mathrm{s}\beta_s \\ \mathrm{c}\beta_s \end{bmatrix} + d_{e1}\begin{bmatrix} -\mathrm{c}i_s\mathrm{c}\beta\mathrm{s}\beta_s \\ \mathrm{c}\beta\mathrm{c}\beta_s \end{bmatrix}$$

根据式（5.3.1），d_{e0} 仅为漫反射中反弹部分的摄动；而 d_{e1} 包含所有分类的入射方向撞击及镜面反射反弹部分的摄动，是主要部分。将

$$\mathrm{c}\beta = \sqrt{\mathrm{c}^2 i_s + \mathrm{s}^2 i_s \mathrm{c}^2\beta_s}$$

代入上式，积分得到

$$\boldsymbol{U}_{eR}(t) \approx \frac{d_{e0}}{n_s}\begin{bmatrix} \mathrm{c}i_s\Delta\mathrm{c}\beta_s \\ \Delta\mathrm{s}\beta_s \end{bmatrix} + \frac{d_{e1}}{n_s}\begin{bmatrix} \dfrac{\mathrm{c}i_s}{2}\left[\Delta(\mathrm{c}\beta\mathrm{c}\beta_s) + \dfrac{\mathrm{c}^2 i_s}{\mathrm{s}i_s}\ln\left|\dfrac{\mathrm{s}i_s\mathrm{c}\beta_s + \mathrm{c}\beta}{\mathrm{s}i_s\mathrm{c}\beta_{s0} + \mathrm{c}\beta_0}\right|\right] \\ \dfrac{\Delta(\mathrm{c}\beta\mathrm{s}\beta_s)}{2} + \dfrac{\Delta\beta}{2\mathrm{s}i_s} \end{bmatrix} \tag{5.5.7}$$

d_{e0} 对应的摄动，其运动轨迹在 MEGSD 坐标系的 XY 平面内，为从原点开始运动的椭圆，跟随太阳运动，如图 5-9 所示。椭心由积分起点的太阳方位决定，椭心坐标为

$$\left(-\frac{d_{e0}}{n_s}\mathrm{c}i_s\mathrm{c}\beta_{s0},\ -\frac{d_{e0}}{n_s}\mathrm{s}\beta_{s0}\right)$$

半长轴、半短轴分别为

$$\frac{d_{e0}}{n_s},\quad \frac{d_{e0}}{n_s}\mathrm{c}i_s$$

短轴方向平行 X 轴。

而 d_{e1} 对应的摄动，其运动轨迹要复杂一些。实际上，式（5.5.7）第 2 项矩阵的第一个分量相对于 $\mathrm{c}\beta_s$ 是单调递增的，并且用 $\mathrm{c}\beta_s$ 的线性关系描述的误差较小，依据最值分析，可以表示为

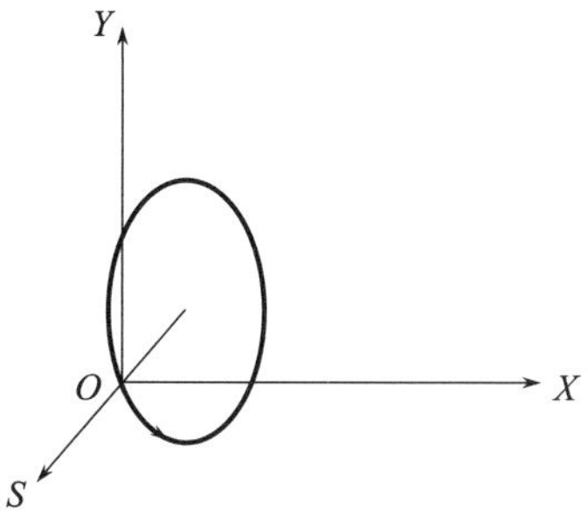

图 5-9　偏心率矢量摄动的椭圆轨迹

$$0.95ci_s\Delta(\gamma_{xt}c\beta_s)$$

式中，$\gamma_{xt}\sim 1$ 随 β_s 变化，为调整因子，并保证 $\gamma_{xt}c\beta_s$ 的最值为 ± 1，且 $c\beta_s$ 到峰值时 $\gamma_{xt}=1$；$\Delta()$ 为括号内函数末、始时刻值之差。

矩阵第二个分量相对于 $s\beta_s$ 是单调递增的，并且用 $s\beta_s$ 的线性关系描述的误差较小，依据最值分析，可以表示为

$$0.95\Delta(\gamma_{yt}s\beta_s)$$

调整因子 $\gamma_{yt}\sim 1$ 随 β_s 变化，并保证 $\gamma_{yt}s\beta_s$ 的最值为 ± 1，且 $s\beta_s$ 到峰值时 $\gamma_{yt}=1$。

式（5.5.7）可以简化为

$$\boldsymbol{U}_{eR}(t)\approx\frac{d_{e0}}{n_s}\begin{bmatrix}ci_s\Delta c\beta_s\\ \Delta s\beta_s\end{bmatrix}+\frac{0.95d_{e1}}{n_s}\begin{bmatrix}ci_s\Delta(\gamma_{xt}c\beta_s)\\ \Delta(\gamma_{yt}s\beta_s)\end{bmatrix}\tag{5.5.7a}$$

显然，在一阶近似下，式（5.5.7a）的轨迹仍然可以用椭圆描述，椭心坐标、短轴方向仍同图 5-9，但半长轴、半短轴分别近似为

$$\frac{d_{e0}+0.95d_{e1}}{n_s},\quad \frac{d_{e0}+0.95d_{e1}}{n_s}ci_s$$

如果不加控制，则偏心率最大摄动为半长轴的 2 倍，引起经度变化幅度是半长轴的 4 倍。

例 5.4　假设卫星面质比为 0.02 m^2/kg，若光照系数取全吸收，则

$$\frac{d_{e0}+0.95d_{e1}}{n_s}\sim 2.3\times 10^{-4}$$

而全镜面反射情况，其值为 4.6×10^{-4}，则引起经度的变化幅度为 0.105°。

（2）半月周期项

计算得

$$\boldsymbol{U}_{eM}(t)=\begin{bmatrix}e_{mx}\Delta c\left(2\beta_m+\varphi_{mx}-\dfrac{\pi}{2}\right)\\ e_{my}\Delta s\left(2\beta_m+\varphi_{my}-\dfrac{\pi}{2}\right)\end{bmatrix}\tag{5.5.8}$$

该项描述的轨迹跟随月球公转的二倍频运动，其形状十分复杂，大的趋势近似椭圆。

对式（5.5.8）适当简化，近似有

$$e_{mx}\approx e_m\sqrt{\frac{10}{9}+\frac{2}{3}c2s_0}$$

$$e_{my} \approx e_m \sqrt{\frac{10}{9} - \frac{2}{3}\mathrm{c}2s_0}$$

根号项的值与积分起始点的恒星时角有关，大小在 2/3～4/3。而

$$e_m = 0.61 \times 10^{-5}\ (1 + \mathrm{c}i_m)^2$$

范围为 $(2.16 \sim 2.32) \times 10^{-5}$ 。

初始相角为

$$\tan\varphi_{mx} \approx \frac{\mathrm{c}(s_0 - 2\Omega_m) + \frac{1}{3}\mathrm{c}(3s_0 - 2\Omega_m)}{\mathrm{s}(s_0 - 2\Omega_m) + \frac{1}{3}\mathrm{s}(3s_0 - 2\Omega_m)}$$

$$\tan\varphi_{my} \approx \frac{\mathrm{c}(s_0 - 2\Omega_m) - \frac{1}{3}\mathrm{c}(3s_0 - 2\Omega_m)}{\mathrm{s}(s_0 - 2\Omega_m) - \frac{1}{3}\mathrm{s}(3s_0 - 2\Omega_m)}$$

由于 φ_{mx} 、φ_{my} 并不相等，导致式 (5.5.8) 的 X、Y 分量中旋转角度有静差，不过这两个旋转部分的合成向量的幅度为

$$e_m \sqrt{\frac{10}{9} - \frac{2}{3}\mathrm{c}4(\beta_m - s_0 + \Omega_m)}$$

其以一个星期为周期变化，范围为

$$(0.4 \sim 0.8) \times 10^{-5}\ (1 + \mathrm{c}i_m)^2$$

半月周期项可引起经度的变化幅度最大为0.007 1°，已接近控制指标。

(3) 半年周期项

计算得

$$\boldsymbol{U}_{eS}(t) = \begin{bmatrix} e_{sx}\Delta\mathrm{c}\left(2\beta_s + \varphi_{sx} - \frac{\pi}{2}\right) \\ e_{sy}\Delta\mathrm{s}\left(2\beta_s + \varphi_{sy} - \frac{\pi}{2}\right) \end{bmatrix} \tag{5.5.9}$$

该项描述的轨迹跟随太阳视的二倍频运动，大的趋势近似椭圆。

类似半月周期项的分析，近似有

$$e_{sx} \approx e_s \sqrt{\frac{10}{9} + \frac{2}{3}\mathrm{c}2s_0}, \quad e_{sy} \approx e_s \sqrt{\frac{10}{9} - \frac{2}{3}\mathrm{c}2s_0}$$

式中：

$$e_s = 1.03 \times 10^{-5}$$

初始相角为

$$\tan\varphi_{sx} \approx \frac{\mathrm{c}s_0 + \frac{1}{3}\mathrm{c}3s_0}{\mathrm{s}s_0 + \frac{1}{3}\mathrm{s}3s_0}, \quad \tan\varphi_{sy} \approx \frac{\mathrm{c}s_0 - \frac{1}{3}\mathrm{c}3s_0}{\mathrm{s}s_0 - \frac{1}{3}\mathrm{s}3s_0}$$

式 (5.5.9) 的 X、Y 分量中旋转部分的合成向量的幅度为

$$e_s\sqrt{\frac{10}{9}-\frac{2}{3}c4(\beta_s-s_0)}$$

其以一个季度为周期变化，范围为（0.687～1.37）$\times 10^{-5}$。

半年周期项可引起经度的变化幅度最大为 0.003°。

5.5.1.2　*初始状态的确定*

根据实时导航结果，已知 $[t_0,\ t_0+T_c]$ 的瞬时轨道数据，计算 t_0+T_c 时刻的倾角 $\boldsymbol{e}(T_c)$ 的方法如下。

1）容易求得 $[t_0,\ t_0+T_c]$ 的瞬时偏心率的均值 $\overline{\boldsymbol{e}}$ 。

2）由式（5.5.3），得到

$$\boldsymbol{e}(T_c)\approx\boldsymbol{e}_0+\boldsymbol{U}_e(T_c)+2\sum_k\eta_k\begin{bmatrix}\cos s_k\\ \sin s_k\end{bmatrix}$$

3）对式（5.5.3）在 $[t_0,\ t_0+T_c]$ 求平均，得

$$\overline{\boldsymbol{e}}\approx\boldsymbol{e}_0+\overline{\boldsymbol{U}_e}+2\sum_k\eta_k\begin{bmatrix}\cos s_k\\ \sin s_k\end{bmatrix}\left(1-\frac{t_k}{T_c}\right)$$

$$\overline{\boldsymbol{U}_e}\approx\boldsymbol{U}_e\left(\frac{T_c}{2}\right)$$

4）消去 $\boldsymbol{e}_0$，得到

$$\boldsymbol{e}(T_c)\approx\overline{\boldsymbol{e}}+\left[\boldsymbol{U}_e(T_c)-\boldsymbol{U}_e\left(\frac{T_c}{2}\right)\right]+2\sum_k\eta_k\begin{bmatrix}\cos s_k\\ \sin s_k\end{bmatrix}\frac{t_k}{T_c}$$

5.5.2　平经度漂移率的预测控制模型

（1）平经度漂移率的初值

首先，计算平经度漂移率的初值 D_0。

地轴进动、地球非球形、日月引力、太阳光压力导致实际同步半径 A_c 相对标称值 A 的偏离为

$$\Delta=(\Delta)_p+(\Delta)_2+(\Delta)_{22}+(\Delta)_M+(\Delta)_S+(\Delta)_{R,f}+(\Delta)_{R,Y}+(\Delta)_{R,Z}+(\Delta)_{R,X}\tag{5.5.10}$$

式（5.5.10）中各项 $(\Delta)_k$ 的计算公式参见 5.2 节中的式（5.2.12）、式（5.2.20）、式（5.2.21）、式（5.2.34）、式（5.2.48）及 5.3 节中的式（5.3.13）、式（5.3.22）、式（5.3.27）、式（5.3.34），影响相对较大的项有 $(\Delta)_2$、$(\Delta)_M$ 、$(\Delta)_S$ 。

按照频率成分分析，式（5.5.10）中包含常值项、半年周期项和半月周期项，有

$$\Delta=a_\Delta-a_S c2\beta_s-a_M c2\beta_m\tag{5.5.11}$$

其中，系数

$$a_\Delta\approx 410\ \text{m},\quad a_S\approx 13\ \text{m},\quad a_M\approx 40\ \text{m}$$

利用式（5.2.10），计算平经度漂移率初值：

$$D_0=D_{0c}-\frac{1.5a_S c2\beta_s}{A}-\frac{1.5a_M c2\beta_m}{A}\tag{5.5.12}$$

常值项

$$D_{0c} \equiv -1.5\,\frac{a_0-(A+a_{\Delta})}{A} \tag{5.5.13a}$$

式中，$A+a_{\Delta}$ 为考虑地球非球形、日月引力摄动下的平均同步半径。

不妨记卫星半长轴相对这一平均同步半径的偏离为

$$\Delta a = a_0-(A+a_{\Delta})$$

则

$$D_{0c} \approx -3.56\times 10^{-5}\Delta a \tag{5.5.13b}$$

若 $\Delta a=1$ km，则 1 天导致经度变化约 $-0.013°$。

而

$$\frac{1.5a_S}{A}\approx 4.6\times 10^{-7},\quad \frac{1.5a_M}{A}\approx 1.42\times 10^{-6}$$

（2）平经度漂移率的控制方程

根据式（5.2.11b），施加切向脉冲控制的运动方程：

$$\frac{\delta D}{\delta t}=u_D(t)-3\sum_k \eta_k\delta(t-t_k) \tag{5.5.14}$$

式中，$u_D(t)$ 为平经度漂移率的摄动速率。

对式（5.5.14）积分，得到

$$D(t)=D_0+U_D(t)-3\sum_k \eta_k\cdot 1(t-t_k) \tag{5.5.15}$$

式（5.5.15）可用于平经度漂移率的预测与控制设计。式中：

$$U_D(t)=\int_{t0}^{t}u_D(\tau)\mathrm{d}\tau$$

$u_D(t)$ 包括地球非球形、日月引力、太阳光压力的摄动项：

$$u_D(t)=\left(\frac{\delta D}{\delta t}\right)_{22}+\left(\frac{\delta D}{\delta t}\right)_{M2t}+\left(\frac{\delta D}{\delta t}\right)_{M2r}+\left(\frac{\delta D}{\delta t}\right)_{S2t}+\left(\frac{\delta D}{\delta t}\right)_{S2r}+\left(\frac{\delta D}{\delta t}\right)_{R,f}+\left(\frac{\delta D}{\delta t}\right)_{R,Y}+\left(\frac{\delta D}{\delta t}\right)_{R,Z}+\left(\frac{\delta D}{\delta t}\right)_{R,X} \tag{5.5.16}$$

式（5.5.16）等号右边各项的计算公式参见 5.2 节的式（5.2.22）、式（5.2.37）、式（5.2.38）、式（5.2.50）、式（5.2.51），以及 5.3 节的式（5.3.16）、式（5.3.23）、式（5.3.29）、式（5.3.36）。

按照频率成分分析，$u_D(t)$ 包含常值项、半月周期项、半年周期项和年周期项，近似有如下形式：

$$u_D(t)\approx(d_{22}\sin 2\bar{\lambda}+d_X)+2D_M\dot{\beta}_m \mathrm{s}(2\beta_m+\varphi_m)+2D_{S1}n_s \mathrm{s}(2\beta_s+\varphi_{s1})-D_{S2}n_s \mathrm{s}(\beta_s+\varphi_{s2}) \tag{5.5.17}$$

令 $\Delta t=t-t_0$，对式（5.5.17）积分，并与式（5.5.12）的周期项合并，则式（5.5.15）有如下形式：

$$D(t)\approx D_{0c}+d\cdot\Delta t+D_{St}+D_{Mt}-3\sum_k \eta_k\cdot 1(t-t_k) \tag{5.5.18}$$

下面对各项进行具体计算。

1）与太阳运动的相关项 D_{St} 。

D_{St} 包含式（5.5.17）等号右边后两项的积分及式（5.5.12）的第二项，与太阳运动相关。代入天文常数，可得

$$D_{St} \approx -4.6\times10^{-7}\mathrm{c}2\beta_s - 1.55\times10^{-5}\Delta\mathrm{c}2(\beta_s - s_0) - 4.4\times10^{-7}\Delta\mathrm{c}2\beta_s - 2.3\times 10^{-4}\sigma_X\Delta c_X\Delta\mathrm{s}2\beta_s + 6.4\times10^{-5}\sigma_f c_f\Delta\mathrm{c}(\beta_s - s_0) \tag{5.5.19}$$

式中：

$$\Delta c_X = (c_{1X-} + c_{3X-}) - (c_{1X+} + c_{3X+})$$

$$c_f = c_{1f} + c_{2f} + c_{3f}$$

D_{St} 中的半年周期项主要来源于太阳引力摄动及卫星 $\pm X$ 面光压差，而卫星 $\pm Z$ 面光压力也有微弱影响；年周期项主要来源于太阳翼光压力，Y 面光压力也有微弱影响。对于通常的静止轨道遥感卫星而言，一般

$$\Delta c_X \leqslant 1,\quad c_f \sim 1,\quad \sigma_f \leqslant 0.02,\quad \sigma_X \sim 0.002$$

式（5.5.19）等号右边后两项的系数：

$$2.3\times10^{-4}\sigma_X\Delta c_X \sim 4.6\times10^{-7}$$

$$6.4\times10^{-5}\sigma_f c_f \sim 1.3\times10^{-6}$$

因此，式（5.5.19）等号右边其他项相对第二项相差 10～30 倍，由于存在长期作用，因此可予以保留。

将式（5.5.19）中的部分项进行组合，得到

$$D_{St} = -4.6\times10^{-7}\mathrm{c}2\beta_s - D_{S1}\Delta\mathrm{c}(2\beta_s + \varphi_{s1}) + D_{S2}\Delta\mathrm{c}(\beta_s - s_0) \tag{5.5.20}$$

式中：

$$D_{S1} \approx 1.55\times10^{-5}$$

$$D_{S2} = 6.4\times10^{-5}\sigma_f c_f$$

若取 $c_f = 1$，$\sigma_f = 0.02$，则 $D_{S2} \approx 1.28\times10^{-6}$ 。

必要时，可以将式（5.5.20）进一步处理为余弦项和常值项：

$$D_{St} = -D_{S3}\mathrm{c}(2\beta_s + \varphi_{s3}) + D_{S2}\mathrm{c}(\beta_s - s_0) + D_{S0} \tag{5.5.21}$$

显然

$$D_{S3} \approx D_{S1}$$

而

$$D_{S0} = D_{S1}\mathrm{c}(2\beta_{s0} + \varphi_{s1}) - D_{S2}\mathrm{c}(\beta_{s0} - s_0)$$

2）与月球运动的相关项。

D_{Mt} 包含式（5.5.17）等号右边第两项的积分及式（5.5.12）的第三项，与月球运动相关。代入天文常数，可得

$$\begin{aligned} D_{Mt} &\approx -1.42\times10^{-6}\mathrm{c}2\beta_m - 3.67\times10^{-5}\mathrm{c}i_m\Delta\mathrm{c}(2\beta_m - s_0 + \Omega_m) - 6.1\times10^{-6}\mathrm{s}^2 i_m\Delta\mathrm{c}2\beta_m \\ &= -1.42\times10^{-6}\mathrm{c}2\beta_m - D_M\Delta\mathrm{c}(2\beta_m + \varphi_m) \end{aligned} \tag{5.5.22}$$

式中：

$$D_M \approx 3.67 \times 10^{-5} ci_m$$

必要时，可以进一步处理为余弦项和常值项：

$$D_{Mt} = -D_{M1}c(2\beta_m + \varphi_{m1}) + D_{M0} \quad (5.5.23)$$

显然

$$D_{M1} \approx D_M$$

而

$$D_{M0} = D_M c(2\beta_{m0} + \varphi_m)$$

3）线性增长系数 d 。

该系数为

$$d \equiv d_{22}\sin 2\bar{\lambda} + d_X \quad (5.5.24)$$

式中，$d_{22}\sin 2\bar{\lambda}$ 来源于 J_{22} 摄动 ：

$$d_{22} \approx 5.41 \times 10^{-11}\ \mathrm{s}^{-1}, \quad \bar{\lambda} \approx \lambda_T + 14.5° \quad (5.5.25)$$

其大小依赖 $\sin 2\bar{\lambda}$ 或定点经度，如 $\lambda_T = 120.5°$，则该项达到负峰值，为 $-4.67\times10^{-6}\ \mathrm{d}^{-1}$，是影响经度控制的最主要因素。

而 d_X 来源于卫星 $\pm X$ 面光压差，为 式(5.3.36) 的常值项，代入天文常数：

$$d_X \approx -1.07 \times 10^{-9}\sigma_X \Delta c_X \quad (5.5.26)$$

若 $\Delta c_X \sim 1$，$\sigma_X \sim 0.002$，则 $d_X \sim -1.9 \times 10^{-7}\ \mathrm{d}^{-1}$，其对经度的摄动呈时间平方关系，必须考虑。

综合上述结果，将 $D(t)$ 中各项摄动重新归类如下。

1）线性增长项：

$$d \cdot \Delta t$$

2）常值项：

$$D_c = D_{0c} + D_{S0} + D_{M0}$$

3）跟随太阳周期运动项：

$$\widetilde{D}_S = -D_{S3}c(2\beta_s + \varphi_{s3}) + D_{S2}c(\beta_s - s_0)$$

4）跟随月球周期运动项：

$$\widetilde{D}_M = -D_{M1}c(2\beta_m + \varphi_{m1})$$

因此

$$D(t) \approx d \cdot \Delta t + D_c + \widetilde{D}_S + \widetilde{D}_M - 3\sum_k \eta_k \cdot 1(t - t_k) \quad (5.5.27)$$

式 (5.5.27) 中各项的系数大小已在上文分析过。其中，正弦运动项的初值为

$$\widetilde{D}_S(t_0) = -D_{S0} - 4.6 \times 10^{-7} c2\beta_{s0}$$

$$\widetilde{D}_M(t_0) = -D_{M0} - 1.42 \times 10^{-6} c2\beta_{m0}$$

5.5.3　平经度和偏心率的解耦控制

基于以下几点考虑，形式上 D 和 $\boldsymbol{e}$ 采用解耦控制。

1）影响经度的频率不同。

根据式（5.5.1），$\boldsymbol{e}$ 引起的经度变化 $\lambda_e(t)$ 呈日周期波动，而 D 决定了 $\lambda_D(t)$ 的变化速率。除线性增长项外，最快是半月周期项，因此 $\lambda_e(t)$ 和 $\lambda_D(t)$ 在频率上是隔离的，可以考虑解耦控制。

2）两者的主要摄动因素不同。

$\boldsymbol{e}$ 变化的主要部分是光压力摄动，D 变化的主要部分包括线性增长项、轨道高度差等常值项、半月周期项。

3）相同的摄动因素，造成经度变化的程度相差较大。

日月引力切向分量是两者共同的摄动来源，而通过 D 引起的经度周期变化幅度要大得多。与日月引力摄动比较，半月周期项相对大些。$\boldsymbol{e}$ 的半月周期项引起最大经度变化范围约 $\pm 0.0035°$，是控制的次要因素；D 的半月周期项引起最大经度变化达 $\pm 0.027°$，是精确控制需要重点关注的因素，涉及的控制量也大得多。理论上，考虑两者控制的联系，可能会有极少量的优化，但所得有限，且工程处理复杂，不便于实现。

4）采用如下两脉冲控制方式，可以实现两者控制的分离。

根据两个控制方程（5.5.2）和（5.5.15），可以得出以下结论。

①控制 D 而不影响 $\boldsymbol{e}$，至少需要两个脉冲。为了减少操作，这里采用同向同大小、相位相差 180° 的两个脉冲控制 D。不妨设第一个脉冲对应的卫星恒星时角为 s_1，第二个对应 $s_1+\pi$，控制量都为

$$\eta_k=\eta_D$$

则当 $s>s_1+\pi$ 时，两个脉冲引起的 $\boldsymbol{e}(t)$ 的变化相互抵消。

大小为 η_D 的两同向脉冲的作用结果为

$$\begin{cases}\delta D(t)=-6\eta_D\\ \delta\lambda_D(t)=-3\eta_D(2s-2s_1-\pi), & s>s_1+\pi\\ \delta\boldsymbol{e}(t)=0\end{cases}\tag{5.5.28}$$

②控制 $\boldsymbol{e}$ 而不影响 D，也采用两个脉冲，它们反向同大小，相位相差 180°。考虑减小操作，第一个脉冲对应的卫星恒星时角同样取为 s_1，控制量为 $\eta_k=\eta_e$；而第二个对应 $s_1+\pi$，控制量为 $-\eta_e$。显然，当 $s>s_1+\pi$ 时，这两个脉冲引起的 $D(t)$ 的变化相互抵消。但是，由于第一个脉冲作用较久，因此 $\lambda_D(t)$ 是有变化的。

大小为 η_e 的两反向脉冲的作用结果为

$$\begin{cases}\delta D(t)=0\\ \delta\lambda_D(t)=-3\pi\eta_e\\ \delta\boldsymbol{e}(t)=4\eta_e\begin{bmatrix}\cos s_1\\ \sin s_1\end{bmatrix}, & s>s_1+\pi\\ \delta\lambda_e(t)=8\eta_e\sin(s-s_1)\end{cases}\tag{5.5.29}$$

如果 η_e 比较大，则对 $\lambda_D(t)$ 的不期望影响会较大。例如，按照一天最大实施 0.288 m/s 速度增量的控制 $\boldsymbol{e}$，则导致 $\delta\lambda_D=0.026°$，这在 D 的控制中就需要及时补偿。

③将①和②的控制结果线性相加，每个控制周期采用两个脉冲来控制经度：第一个脉冲作用时刻为 s_1，控制量为 $\eta_D+\eta_e$；第二个脉冲作用时刻为 $s_1+\pi$，控制量为 $\eta_D-\eta_e$。

这种叠加效果，使得总有一个脉冲是两种控制量的部分抵消，从而防止推进剂无谓消耗。抵消的部分在另一个脉冲里是相加的，类似一个单脉冲同时控制 $\boldsymbol{e}$ 和 D。

总的控制结果为

$$\begin{cases} \delta D(t)=-6\eta_D \\ \delta\lambda_D(t)=-6\eta_D(s-s_1)+3\pi(\eta_D-\eta_e) \\ \delta\boldsymbol{e}(t)=4\eta_e\begin{bmatrix}\cos s_1\\ \sin s_1\end{bmatrix} \\ \delta\lambda_e(t)=8\eta_e\sin(s-s_1) \end{cases},\quad s>s_1+\pi \tag{5.5.30}$$

5.5.4 偏心率的控制策略

控制 λ_e 的目标，就是限制其变化幅度，设置上限为 $\lambda_{e\max}$，即要求

$$|\lambda_e(t)|<\lambda_{e\max}$$

因为 λ_e 的变化幅度也等于 $2|\boldsymbol{e}|$，所以控制目标等价于

$$|\boldsymbol{e}(t)|<e_{\max},\quad e_{\max}=\lambda_{e\max}/2 \tag{5.5.31}$$

根据式（5.5.7a）、式（5.5.8）和式（5.5.9），$\boldsymbol{U}_e(t)$ 的主要部分是在一个年周期的大尺寸椭圆与一系列半月周期的小椭圆叠加，$\boldsymbol{U}_e(t)$ 的轨迹近似如图 5－10 所示。

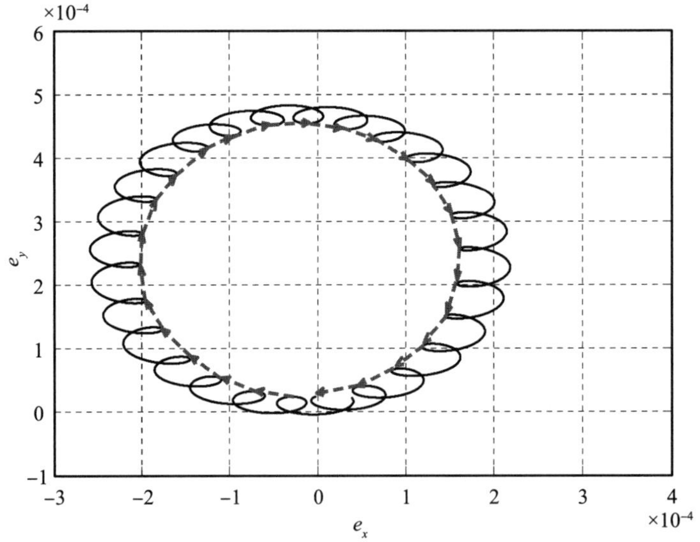

图 5－10 $\boldsymbol{U}_e(t)$ 的轨迹（其中，外包络线形成的大椭圆对应太阳光压摄动项，系列小椭圆对应半月周期项，折线表示 $e_{\max}=4.35\times10^{-5}$ 时的一条控制线）

（1）控制方向与控制量

在高精度稳定控制情况下，为了给 $\lambda_D(t)$ 的控制留出死区，$\lambda_{e\max}$ 的取值应小于 0.01°。图 5－10 中大椭圆的平均半径比 $e_{\max}$ 高一个量级，而小椭圆的平均半径与 $e_{\max}$ 接近，为了

保证精度圆的实现，$\boldsymbol{e}_0+\boldsymbol{U}_e(t)$ 的轨迹上各点到控制线的距离必须小于 $e_{\max}$ ，因而连接在一起的控制线也近似在 XY 平面上转圈，这是与倾角控制不一样的地方。

控制线的长度正比于推进剂消耗，为了缩短其长度，控制线应该是一系列折线，在图 5－10 中所示曲线的内部，如图示的折线。

依据 式(5.5.29)，两反向脉冲的作用记为一次控制，于是式（5.5.3）中的控制项可表示为

$$\boldsymbol{U}_{ec}(t)=4\sum_j \eta_j \begin{bmatrix} \cos s_j \\ \sin s_j \end{bmatrix} \cdot 1(t-t_j) \tag{5.5.32}$$

其中，第 j 次控制具体实施时分解为两个脉冲：第一个脉冲作用时刻为 s_j ，控制量为 $\eta_e=\eta_j$ ；第二个脉冲作用时刻为 $s_j+\pi$ ，控制量为 $-\eta_e$ 。

这里采用 1 天为规划周期，如果第二个脉冲作用时刻 $s_j+\pi$ 超出 1 天，则可以将其作用时刻调整为 $s_j-\pi$ ，即提前 1 天，而控制等效，这种情况，调整前的第二个脉冲实际上是调整后的第一个脉冲。

每段控制折线的优化方向，可以采用 5.4.2 节所述方法寻优。记

$$e_R=e_{\max}-e_d \tag{5.5.33}$$

式（5.5.33）引入一个小的余量 e_d 。控制方向应满足

$$\arg\left[\boldsymbol{e}_0+\boldsymbol{U}_e(t)\right]-\operatorname{asin}\frac{e_R}{|\boldsymbol{e}_0+\boldsymbol{U}_e(t)|}\leqslant \arg\boldsymbol{U}_{ec}(t)-\pi$$
$$\leqslant \arg\left[\boldsymbol{e}_0+\boldsymbol{U}_e(t)\right]+\operatorname{asin}\frac{e_R}{|\boldsymbol{e}_0+\boldsymbol{U}_e(t)|}$$

令

$$\begin{cases} B_{e1}(t)=\max\limits_{0\leqslant\tau\leqslant t}\left\{\arg\left[\boldsymbol{e}_0+\boldsymbol{U}_e(t)\right]-\operatorname{asin}\dfrac{e_R}{|\mathrm{e}_0+\boldsymbol{U}_e(t)|}\right\} \\ B_{e2}(t)=\min\limits_{0\leqslant\tau\leqslant t}\left\{\arg\left[\boldsymbol{e}_0+\boldsymbol{U}_e(t)\right]+\operatorname{asin}\dfrac{e_R}{|\boldsymbol{e}_0+\boldsymbol{U}_e(t)|}\right\} \end{cases} \tag{5.5.34a}$$

则存在某个时刻 t_N ，当 $t<t_N$ 时，一直有

$$B_{e1}(t)<B_{e2}(t)$$

直到 $t=t_N$ ，满足

$$B_e\equiv B_{e1}(t_N)=B_{e2}(t_N) \tag{5.5.34b}$$

则在时间区间 $[0,\ t_N]$ 的控制方向可以维持不变，为

$$\arg\boldsymbol{U}_{ec}(t)-\pi=B_e \tag{5.5.34c}$$

由式（5.5.32），式（5.5.34c）确定的 $\boldsymbol{U}_{ec}(t)$ 的方向即决定了切向控制时刻 s_j 。

每次机动前重新初始化时间和状态，并重新计算摄动，再利用式（5.5.34）决定本次机动的优化方向。

每次优化得到的控制线过坐标系原点 O ，控制时刻点 $\boldsymbol{e}_0+\boldsymbol{U}_e(t)$ 向控制线作垂线，记垂足为 M ，则一个脉冲控制量为

$$\eta_e=|OM|/4 \tag{5.5.35}$$

利用式（5.5.34c）和式（5.5.35）的结果，就得到具体实施的两个脉冲作用时刻和大小。

（2）大偏差的收敛控制

上文针对高精度稳定控制设置了误差上限 $\lambda_{e\max}$ 和 $e_{\max}$，并由式（5.5.33）给出的 e_R 规定了寻优控制线的范围。$\lambda_{e\max}$ 的具体选择要和 $\lambda_D(t)$ 的控制综合考虑，该内容将在 5.5.6 节介绍。

但是，当初始的偏心率 $\boldsymbol{e}_0$ 有很大的偏差时，首先需要采用一个逐步减小、收敛的控制策略，并满足电推力器每天点火时长受限的约束。

收敛控制策略的优化方向主要考虑推进剂损耗最省，并采用较大的控制量，使得控制较快。其主要策略类似大倾角的控制：若 $|\boldsymbol{e}_0| > 8.7\times10^{-5}$［对应 $\lambda_e(t)$ 的幅度大于 0.01°］，则决定 e_R 的式（5.5.33）由下式替换：

$$e_R = (1-\gamma)|e_0| \tag{5.5.36}$$

式中，γ 为余量因子，如可取 $\gamma = 0.1$。

再利用式（5.5.34）和式（5.5.35）选择控制策略。

由于保持圆较大，因此控制方向不受小的摄动波动影响，保持直线的时间 t_N 较长，有利于节省推进剂。

只有当 $\lambda_e(t)$ 进入 0.01°的误差圆内时，才切换到高精度稳定控制策略。

5.5.5 平经度的状态确定和控制策略

控制 λ_D 的目标，同样是限制其变化幅度，设置上限为 $\lambda_{D\max}$，即要求

$$|\lambda_D(t)| < \lambda_{D\max} \tag{5.5.37}$$

而控制边界同样取一定的余量：

$$\lambda_R = (1-\gamma)\lambda_{D\max} \tag{5.5.38}$$

$\lambda_D(t)$ 的控制方程是典型的二阶系统，$D(t)$ 的运动方程（5.5.14）乘以 n_e，就是 $\lambda_D(t)$ 的加速度方程。

记速度 $\dot{\lambda}_D(t)$ 中与日、月相关的正弦项为

$$\dot{\lambda}_{DS}(t) = n_e \widetilde{D}_S(t)$$

$$\dot{\lambda}_{DM}(t) = n_e \widetilde{D}_M(t)$$

它们的积分分别为

$$\lambda_{DS}(t) \equiv \int_{t_0}^{t} \dot{\lambda}_{DS}\,\mathrm{d}\tau = -\frac{n_e D_{S3}}{2n_s}\Delta \mathrm{s}(2\beta_s + \varphi_{s3}) + \frac{n_e D_{S2}}{n_s}\Delta \mathrm{s}(\beta_s - s_0) \tag{5.5.39}$$

$$\lambda_{DM}(t) \equiv \int_{t_0}^{t} \dot{\lambda}_{DM}\,\mathrm{d}\tau = -\frac{n_e D_{M1}}{2\dot{\beta}_m}\Delta \mathrm{s}(2\beta_m + \varphi_{m1}) \tag{5.5.40}$$

式中：

$$\frac{n_e D_{S3}}{2n_s} \approx 2.83\times10^{-3}(\approx 0.16°)$$

$$\frac{n_e D_{M1}}{2\dot{\beta}_m} \approx 5.0 \times 10^{-4} ci_m (\approx 0.029^\circ ci_m)$$

而

$$\frac{n_e D_{S2}}{n_s} \approx 2.34 \times 10^{-2} \sigma_f c_f$$

若取 $c_f = 1$，$\sigma_f = 0.02$，则值为 0.027°。

记控制项形成的速度为

$$\dot{\lambda}_c(t) = -3n_e \sum_k \eta_k \cdot 1(t - t_k) \tag{5.5.41}$$

积分为

$$\lambda_c(t) \equiv \int_{t_0}^{t} \dot{\lambda}_c \mathrm{d}\tau \tag{5.5.42}$$

由式（5.5.29），还需要考虑偏心率每次控制的第一个脉冲在半天后引起的经度变化（由于以天作为控制周期，因此该因素在这个半天中引起的速度与经度变化不计），累计为

$$\lambda_{D,e}(t) = -3\pi \sum_k \eta_{e,k} \cdot 1\left(t - t_k - \frac{T_c}{2}\right) \tag{5.5.43}$$

式中，t_k 为偏心率第 k 次控制的第一个脉冲（脉冲宽度 $\eta_{e,k}$）对应的时刻。

由式（5.5.27）得到速度方程：

$$\dot{\lambda}_D(t) \approx n_e d \cdot \Delta t + n_e D_c + \dot{\lambda}_{DS} + \dot{\lambda}_{DM} + \dot{\lambda}_c \tag{5.5.44}$$

式（5.5.44）积分，得到经度方程：

$$\lambda_D(t) = \lambda_D(t_0) + \frac{1}{2} n_e d \cdot \Delta t^2 + n_e D_c \Delta t + \lambda_{DS} + \lambda_{DM} + \lambda_{D,e} + \lambda_c(t) \tag{5.5.45}$$

依据需要，t_0 既可以是规划起点，此时 $\lambda_D(t_0) = \lambda_0 - \lambda_T$；也可以是任意指定的积分起点，此时 $\lambda_D(t_0)$ 应依据具体情况确定。

对于二阶控制系统的脉冲控制问题，这里采用 $\lambda_D - \dot{\lambda}_D$ 的相平面（λ_D 为横轴，$\dot{\lambda}_D$ 为纵轴）分析方法。相点 $(\lambda_D(t), \dot{\lambda}_D(t))$ 随时间运动，在相平面形成曲线，称为相轨迹。

根据极大值原理，对于典型的二阶控制系统，控制量受限、推进剂最优的控制律是 bang - bang 控制。在相平面上，当符合某种条件触发脉冲控制时，$\dot{\lambda}_D$ 跳变而 λ_D 不变，即瞬时改变速度，其后 $\lambda_D(t)$、$\dot{\lambda}_D(t)$ 按规律连续滑行，直到触发下一个控制脉冲，以此类推。

下面分别针对大偏差收敛、高精度控制情况展开讨论。

需要说明的是，下面讨论中的控制量 η_k 按每天单脉冲控制计算，折算成两脉冲实施时，式（5.5.28）中的 η_D 应为其一半，即

$$\eta_D = \eta_k / 2$$

5.5.5.1 初始半长轴、平经度的确定

应用经度方程（5.5.45）和其速度方程（5.5.44），需要知道初始状态 λ_0、a_0。它们的确定方法等效于：已知 $[t_0, t_0 + T_c]$ 的瞬时轨道数据，计算 $t_0 + T_c$ 时刻的滤去日周期摄动的半长轴 $a(T_c)$ 和卫星经度 $\lambda(T_c)$。

计算步骤如下。

1）容易求得 $[t_0, t_0+T_c]$ 的瞬时经度与半长轴的均值 $\bar{\lambda}$ 、$\bar{a}$ 。

2）由式（5.2.10）和式（5.5.18），可得

$$a(T_c)=\bar{a}-\frac{2}{3}[D(T_c)-\bar{D}]A$$

$$D(T_c)-\bar{D}\approx\frac{dT_c}{2}+\left[D_{St}(T_c)-D_{St}\left(\frac{T_c}{2}\right)\right]+\left[D_{Mt}(T_c)-D_{Mt}\left(\frac{T_c}{2}\right)\right]+\sum_k\frac{3\eta_k t_k}{T_c}$$

3）利用式（5.5.45），推得

$$\lambda(T_c)\approx\bar{\lambda}+\frac{4\pi}{3}dT_c+\pi D_c+\left[\lambda_{DS}(T_c)-\lambda_{DS}\left(\frac{T_c}{2}\right)\right]+\left[\lambda_{DM}(T_c)-\lambda_{DM}\left(\frac{T_c}{2}\right)\right]-$$
$$3\pi\eta_{e,k}\left(\frac{1}{2}+\frac{t_{e,k}}{T_c}\right)-6\pi\sum_k\eta_k\frac{t_k}{T_c}\left(1-\frac{t_k}{T_c}\right)$$

式中，$t_{e,k}$ 、$\eta_{e,k}$ 为偏心率控制第一个脉冲的时间与控制量；t_k 、η_k 为 λ_D 的控制时间与控制量。

5.5.5.2 大偏差的收敛控制

这里将半月周期项的幅度作为分界，经度误差超出 0.029°ci_m 或经度速度超出 $\dot{\lambda}_{DM}$ 的幅度的情况归入大偏差的收敛控制；否则，归入高精度控制。

大偏差的收敛控制方程不考虑半月周期摄动，即忽略式（5.5.44）中的 $\dot{\lambda}_{DM}$ ，以及式（5.5.45）的 $\lambda_{DM}(t)$ 中的正弦变化项（其长期的均值作为常值予以保留，从而成为控制的一部分），即

$$\dot{\lambda}_D(t)\approx n_e d\cdot\Delta t+n_e D_c+\dot{\lambda}_{DS}+\dot{\lambda}_c$$

$$\lambda_D(t)\approx\lambda_D(t_0)+\frac{n_e D_{M1}}{2\dot{\beta}_m}\mathrm{s}(2\beta_{m0}+\varphi_{m1})+\frac{1}{2}n_e d\Delta t^2+n_e D_c\Delta t+\lambda_{DS}+\lambda_{D,e}+\lambda_c(t)$$

实际允许的控制收敛时间应小于月，每次控制策划时，可以将经度方程、速度方程中与太阳周期相关的项 $\dot{\lambda}_{DS}$ 、λ_{DS} 当作常值处理。

大偏差收敛控制采用极限环控制律。下面根据 d 的大小，设计不同的极限环控制律。这里仅讨论 $d\geqslant 0$ 的情况，$d<0$ 情况在相平面上是 $d\geqslant 0$ 情况的原点对称。

（1）控制误差上限的选择

依据初始偏差，开始会选择比较大的 $\lambda_{D\max}$（或 λ_R），按照要求的收敛时间逐步减小，直到 λ_R 达到 0.03° 左右。

（2）单边极限环控制律

当 d 较大时，设计图 5-11 所示的单边极限环，为开口向右的抛物线。$|n_e d|$ 的上限约为 $1.68\times10^{-3}(°)/\mathrm{d}^2$，最大 15 天可漂移 0.19°，该值是很可观的。

记极限环周期为 T_R ，不难得到

$$\dot{\lambda}_R=2\sqrt{|n_e d|\lambda_R}\tag{5.5.46}$$

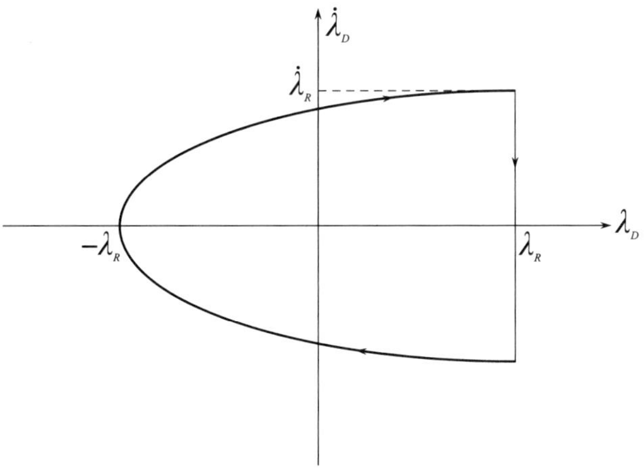

图 5-11　单边极限环

$$T_R = 4\sqrt{\frac{\lambda_R}{|n_e d|}} \tag{5.5.47}$$

例 5.5　取 $\lambda_R = 0.168°$，$n_e d = 1.68 \times 10^{-3}(°)/\mathrm{d}^2$，则 $T_R = 40\mathrm{d}$，$\dot{\lambda}_R = 0.0336(°)/\mathrm{d}$。

当相轨迹沿单边极限环运动时，每个极限环周期只需在右边上端点施加脉冲，控制到右边下端点，其他时间自由运动。由式（5.5.41），控制量为

$$\eta_k = \frac{2\dot{\lambda}_R}{3n_e} \tag{5.5.48}$$

其抵消了 d 在整个周期 T_R 的作用量。

当相轨迹在单边极限环所围区域内部时，无须主动控制；直到减小 λ_R 后超出新的极限环，按后述方案控制；或者运行到右端 λ_R，此时速度 $\dot{\lambda} < \dot{\lambda}_R$，施加控制量

$$\eta_k = \frac{\dot{\lambda} + \dot{\lambda}_R}{3n_e}$$

系统会进入所设计的极限环；或者相轨迹进入高精度控制切换区。

当相轨迹处于极限环的上部或下部时，计算相点在纵向偏离极限环的速度 $\Delta\dot{\lambda}$，施加控制量

$$\eta_k = \frac{\Delta\dot{\lambda}}{3n_e}$$

使得相轨迹回到极限环上。

如果相轨迹处于极限环右部，当 $\dot{\lambda}$ 大于 0 或为较小的负值时，依据收敛时间的需求，应让系统具备一定的负速度 $-\dot{\lambda}_k$，以尽快回到极限环，此时控制量为

$$\eta_k = \frac{\dot{\lambda} + \dot{\lambda}_k}{3n_e}$$

而若当前 $\dot{\lambda} < -\dot{\lambda}_k$，则不需要控制，相轨迹很快回到极限环或其下方。

如果相轨迹处于极限环左部，当 $\dot{\lambda}$ 小于 0 或为较小的正值时，应让系统具备一定的正速度 $\dot{\lambda}_k$ ，以尽快回到极限环，此时控制量为

$$\eta_k = \frac{\dot{\lambda} - \dot{\lambda}_k}{3n_e}$$

而若当前 $\dot{\lambda} > \dot{\lambda}_k$ ，则不需要控制，相轨迹很快回到极限环或其上方。

上面关于相轨迹在极限环外部或内部如何控制的阐述具有一般性，本章后续章节不再重复，只交代极限环设计。

(3) 双边极限环控制律

当 d 小到一定程度时，即若走单边极限环，则由式 (5.5.48) 得到的控制量已经小于控制量的下限约束，此时只能采用双边极限环控制律，如图 5-12 所示。

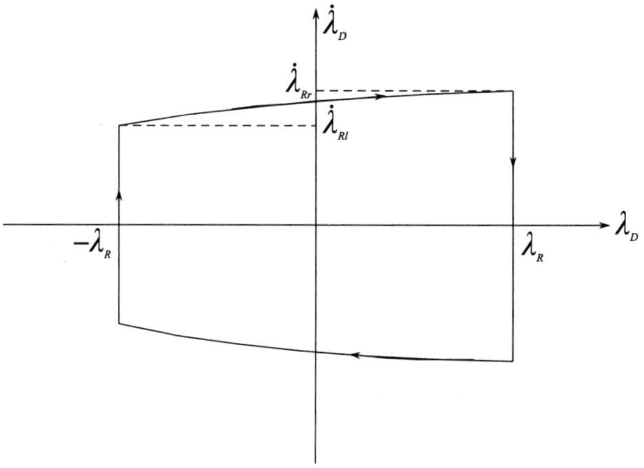

图 5-12　双边极限环

极限环左端的控制脉冲较窄，控制量大小为

$$\eta_k = \frac{2\dot{\lambda}_{Rl}}{3n_e}$$

为了不过多消耗推进剂，选择上式的值等于控制量的下限约束 $\eta_{\min}$ ，则

$$\dot{\lambda}_{Rl} = 1.5 n_e \eta_{\min}$$

不难得到

$$\dot{\lambda}_R = \sqrt{4|n_e d|\lambda_R + \frac{9}{4}n_e^2\eta_{\min}^2}$$

将上式代入式 (5.5.48)，经计算可得极限环右端的控制量。

5.5.5.3　高精度控制

对于维持 0.01°以内的东西位置精度，此时半月周期项是最大影响，大约每 7 天经度漂移 0.054°；而 $|n_e d|$ 即使在特殊的定位点取最大值，在 7 天内也只引起 0.04° 变化。

控制边界 λ_R 的选择应与 $\lambda_{e\max}$ 综合考虑，留有余量，但应保证总的经度误差在 0.01°

以内。

在半月周期 T_{HM} 内讨论极限环的设计。设在时间区间 $[0, T_{HM}/2]$ ，$\dot{\lambda}_{DM} \geqslant 0$；而在时间区间 $[T_{HM}/2, T_{HM}]$ ，$\dot{\lambda}_{DM} \leqslant 0$。

具体策略与 d 的大小有关。下面讨论 $d=0$ 和 $d>0$ 两种情况，$d<0$ 是 $d>0$ 的对称情况，这里不再赘述。

(1) $d=0$ 的情况

此时，影响极限环设计的因素只有半月周期项。

1) 归一化分析。

讨论如下以角度为自变量的归一化正弦变化函数：

$$\dot{f}(\theta)=\sin\theta-\sum_k 3b_k \cdot 1(\theta-\theta_k) \tag{5.5.49}$$

式 (5.5.49) 等号右边第二项为脉冲控制项，可产生阶跃速度。如果不施加控制，则 $f(\theta)$ 的峰峰值为 2，相对均值在 $-1\sim+1$ 变化。例如，希望控制目标为

$$|f(\theta)|\leqslant 0.3$$

并且累计的控制量最小，比照相对半月周期项幅度的比例，该值对应经度误差 0.008°。

考察一个周期 $[0, 2\pi]$ 。当 $\theta\in[0, \pi]$ 时，应实施负向控制，以部分抵消正弦速度引起 $f(\theta)$ 的增加，并且在 $\theta=0$ 实施的效率最高；而当 $\theta\in[\pi, 2\pi]$ 时，应在 $\theta=\pi$ 实施正向控制。如图 5-13 所示，实线为正弦速度，矩状虚线为控制速度。

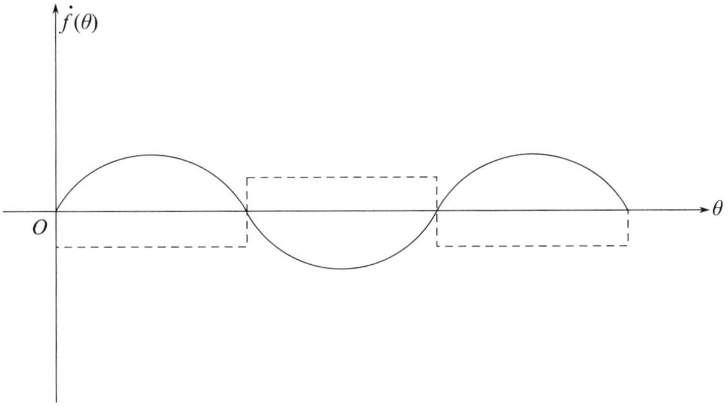

图 5-13 正弦速度与控制速度

显然，控制速度 b 应小于等于正弦速度在半个周期的平均值，即

$$b\leqslant\frac{2}{\pi}$$

设计极限环的初值为

$$\dot{f}(0-)=b_0,\quad f(0)=-f_0 \tag{5.5.50a}$$

在 $\theta=0$ 实施控制 b_{k0} 后，得到速度

$$\dot{f}(0+)=-b \tag{5.5.50b}$$

此后运动轨迹为

$$\begin{cases} \dot{f}(\theta) = \sin\theta - b \\ f(\theta) = 1 - \cos\theta - b\theta - f_0 \end{cases}, \quad \theta \in (0, \pi) \tag{5.5.51}$$

为了保证形成闭合的极限环，$\theta = \pi$ 对应的相点应与 $\theta = 0$ 对应的相点关于原点对称，得到该点状态：

$$\dot{f}(\pi -) = -b_0, \quad f(\pi) = f_0 \tag{5.5.52a}$$

实施控制 b_{k1} 后，得到速度

$$\dot{f}(\pi +) = b \tag{5.5.52b}$$

这样，$\theta \in [\pi, 2\pi]$ 的相轨迹与 $\theta \in [0, \pi]$ 的相轨迹关于原点对称。

由式（5.5.51）和边界条件，得到

$$f_0 = 1 - \frac{b\pi}{2}, \quad b_0 = b \tag{5.5.53}$$

容易证明：

$$\dot{f}(\pi - \theta) = \dot{f}(\theta)$$
$$f(\pi - \theta) = -f(\theta)$$

因此，相轨迹也关于相平面的纵轴对称。

令式（5.5.51）中的速度为零，可求得左右边界的横坐标值，设其大小为 f_R，有

$$f_R = \sqrt{1 - b^2} + b\sin^{-1}b - \frac{b\pi}{2} \tag{5.5.54}$$

两个脉冲的控制量分别为

$$b_{k0} = \frac{2}{3}b, b_{k1} = -\frac{2}{3}b \tag{5.5.55}$$

图 5－14 所示为极限环轨迹，控制作用是在大极限环上套加两个小极限环，减小了边界值，以满足误差限要求。大圈形如橄榄球。

一旦规定控制误差限 f_R，就可由式（5.5.53）～式（5.5.55）推知 b 及控制点状态与控制量。

误差限 f_R 越小，控制代价（正比于 b）越大，事实上

$$\frac{\partial f_R}{\partial b} < 0$$

当然，一个周期两个脉冲的控制能获得的误差限是有下界的，不可能无限小。当

$$b = \frac{2}{\pi}$$

时，f_R 取最小：

$$\min f_R \approx 0.15$$

比照相对半月周期项幅度的比例，该值对应经度误差限 0.004°，对于本章的目标是够的。

如果需要更小的误差限，则需要付出更多的代价。将图 5－13 中的矩形控制线拆分成

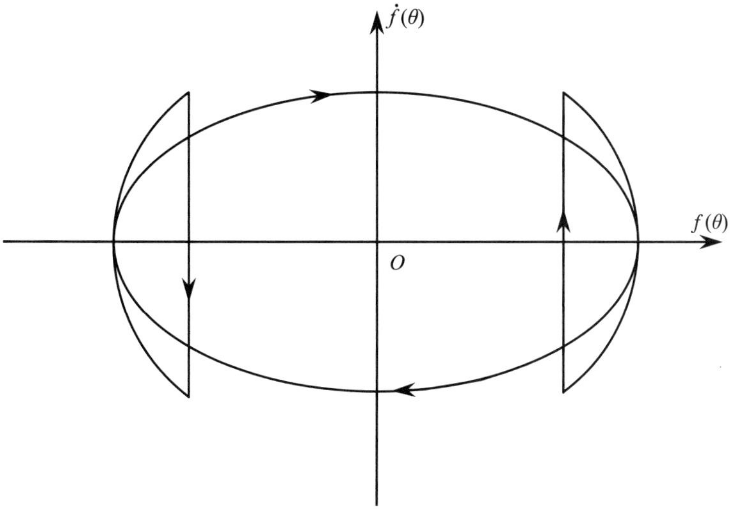

图 5－14　正弦扰动系统的极限环设计

对称的台阶状控制线，随着误差限从大到小，台阶逐渐由少到多，各级台阶由宽到窄，从负向逼近正弦函数速度。极限环仍然关于原点对称。这里不再赘述。

2）系统的极限环设计。

根据量纲分析，进行如下换算，就可以得到系统（5.5.44）的极限环。

①时间与角度对应关系：

$$\theta = 2\beta_m + \varphi_{m1} - \frac{\pi}{2}$$

②已知指定的控制边界 λ_R ，则

$$f_R = \frac{2\dot{\beta}_m}{n_e D_{M1}} \lambda_R$$

代入式（5.5.54），得到归一控制量 b ，进一步获得归一化极限环所有参数。

③相点 $\theta = 0(t = 0)$ 、$\theta = \pi(t = T_{HM}/2)$ 对应的初值与控制为

$$\beta_m(0) = -\frac{1}{2}\varphi_{m1} + \frac{\pi}{4}$$

$$\dot{\lambda}_D(0-) = n_e D_{M1} \dot{f}(0-)$$

$$\lambda_D(0) = \frac{2\dot{\beta}_m}{n_e D_{M1}} f(0)$$

$$\eta_{k0} = D_{M1} b_{k0}, \quad \eta_{k1} = D_{M1} b_{k1}$$

例 5.6　设 $D_{M1} = 3.4 \times 10^{-5}$ ，分配 $\lambda_R = 0.008°$ 。

对应 $f_R \approx 0.3$，由式（5.5.54）求得 $b \approx 0.5415$，由式（5.5.55）求得 $b_{k0} \approx 0.361$、$b_{k1} \approx -0.361$，进而得到 $\eta_{k0} \approx 1.2 \times 10^{-5}$ 、$\eta_{k1} \approx -1.2 \times 10^{-5}$ 。两脉冲对应的速度增量均约为 0.036 m/s。

至于 $\dot{\lambda}_D$ 、λ_D 存在的常数项，包括 $\lambda_{D,e}$ ，只会影响初始或某个时刻相点在相平面的位

置，偏离极限环的控制，前文已经阐述过。

(2) $d>0$ 的情况

极限环的设计，除了考虑半月周期项外，还需考虑 d 带来的变化。若仅考虑它们的作用，则当 $t\in[0,\ T_{HM}/2]$ 时，$\dot{\lambda}_{DM}$ 与 $n_e d\cdot\Delta t$ 同向，经度增加很快，经度变化 0.054°～0.094°；而当 $t\in[T_{HM}/2,\ T_{HM}]$ 时，$\dot{\lambda}_{DM}$ 与 $n_e d\cdot\Delta t$ 反向，有部分抵消作用，程度依赖 d 的大小，但经度变化至少超出 0.014°。

其控制策略依然是大极限环上套加小极限环，以满足小的误差限要求。

设计如下归一化的函数：

$$\dot{f}(\theta)=g\theta+\sin\theta-\sum_k 3b_k\cdot 1(\theta-\theta_k) \tag{5.5.56}$$

式中：

$$g=\frac{d}{2\dot{\beta}_m D_{M1}} \tag{5.5.57}$$

讨论分别在 $\theta=0$、$\theta=\pi$ 施加脉冲控制的方案。设控制脉冲结束时刻的状态为

$$f(0)=-f_0,\dot{f}(0+)=-b_0,\quad \dot{f}(\pi+)=b_1 \tag{5.5.58}$$

1）轨迹闭合条件。

前半个周期的轨迹为

$$\begin{cases}\dot{f}(\theta)=g\theta+\sin\theta-b_0\\ f(\theta)=1+\dfrac{1}{2}g\theta^2-\cos\theta-b_0\theta-f_0\end{cases},\quad \theta\in(0,\pi) \tag{5.5.59}$$

显然

$$f(\pi)=2+\frac{1}{2}g\pi^2-b_0\pi-f_0$$

针对后半个周期，定义

$$h(\theta)=f(\theta+\pi),\theta\in(0,\pi)$$

轨迹为

$$\begin{cases}\dot{h}(\theta)=g\theta-\sin\theta+b_1\\ h(\theta)=-1+\dfrac{1}{2}g\theta^2+\cos\theta+b_1\theta+f(\pi)\end{cases},\quad \theta\in(0,\pi) \tag{5.5.60}$$

轨迹闭合条件应为

$$\begin{cases}\dot{h}(\pi-)=\dot{f}(0-)\\ h(\pi)=f(0)\end{cases}$$

经推导，该条件等价于

$$\begin{cases}\dot{f}(0-)=b_0\\ b_1=b_0-g\pi\end{cases} \tag{5.5.61}$$

易知

$$\begin{cases}\dot{h}(\pi-\theta)=-\dot{f}(\theta)\\ h(\pi-\theta)=f(\theta)\end{cases}$$

闭合相轨迹关于横轴对称。

2）边界条件。

一旦规定控制误差限 f_R，最优的设计是让轨迹在横坐标的左、右边界分别为 $-f_R$、f_R。考虑到轨迹的上下对称，只需分析 $f(\theta)$ 在区间（0，π）的边界即可。设 $\dot{f}(\theta)=0$ 的两个解为 θ_0、θ_1，$\theta_0<\theta_1$，即

$$g\theta_0+\sin\theta_0=g\theta_1+\sin\theta_1=b_0 \tag{5.5.62}$$

令

$$f_R=-f(\theta_0)=f(\theta_1)$$

可得

$$f_0=1+\frac{1}{4}g(\theta_0^2+\theta_1^2)-\frac{1}{2}(\cos\theta_0+\cos\theta_1)-\frac{1}{2}b_0(\theta_0+\theta_1) \tag{5.5.63}$$

$$f_R=\frac{1}{2}(\cos\theta_0-\cos\theta_1)+\frac{1}{2}(\theta_0\sin\theta_0-\theta_1\sin\theta_1)-\frac{1}{4}g(\theta_1^2-\theta_0^2) \tag{5.5.64}$$

记

$$x=\frac{\theta_1-\theta_0}{2},\quad y=\frac{\theta_0+\theta_1}{2} \tag{5.5.65}$$

则边界条件为

$$\begin{cases}gx+\sin x\cos y=0\\ gy+\cos x\sin y=b_0\\ f_R=(\sin x-x\cos y)\sin y\end{cases} \tag{5.5.66}$$

显然有

$$\cos y=-g\,\frac{x}{\sin x},\quad \frac{\sin x}{x}>g$$

得到控制边界值公式：

$$f_R=\left(1-\frac{x}{\tan x}\right)\sqrt{\sin^2x-g^2x^2} \tag{5.5.67}$$

可以验证，f_R 取最小的条件为

$$\sqrt{\sin^2x-g^2x^2}=g\left(1-\frac{x}{\tan x}\right) \tag{5.5.68}$$

根据定位经度确定 g，就可由式（5.5.68）得到两脉冲周期控制可达到的最小边界 $f_{R,\min}$。

3）极限环参数的确定。

①根据规定的控制误差限 f_R，由式（5.5.67）求解 x，再由式（5.5.65）和（5.5.66）得到 θ_0、θ_1。

②由式（5.5.61）、式（5.5.62）和式（5.5.63）得到 b_0、b_1 与 f_0，从而获得控制点状态：

$$f(0)=-f_0,\quad \dot{f}(0-)=b_0$$

$$f(\pi)=2-\frac{1}{2}g\pi^2-b_1\pi-f_0,\quad \dot{f}(\pi-)=-b_1$$

③两个脉冲的控制量分别为

$$b_{k0}=\frac{2}{3}b_0,\quad b_{k1}=-\frac{2}{3}b_1 \tag{5.5.69}$$

例 5.7　设 $d=5.2\times10^{-11}\,\mathrm{s}^{-1}$（定点经度约 $\lambda_T=30.5°$），$D_{M1}=3.4\times10^{-5}$，分配 $\lambda_R=0.008°$。

对应 $f_R\approx0.3$。根据式（5.5.24）～式（5.5.26）和式（5.5.57）得到 $g=0.287\,186$，根据式（5.5.61）、式（5.5.66）和式（5.5.67）求得 $b_0\approx1.089\,1$、$b_1\approx0.186\,9$，进而得到 $b_{k0}\approx0.726\,1$、$b_{k1}\approx-0.124\,6$，由之得 $\eta_{k0}\approx2.47\times10^{-5}$、$\eta_{k1}\approx-4.24\times10^{-6}$。两脉冲对应的速度增量分别约为 0.074 m/s、0.013 m/s。

图 5-15 为极限环轨迹，大圈呈仿锤状。

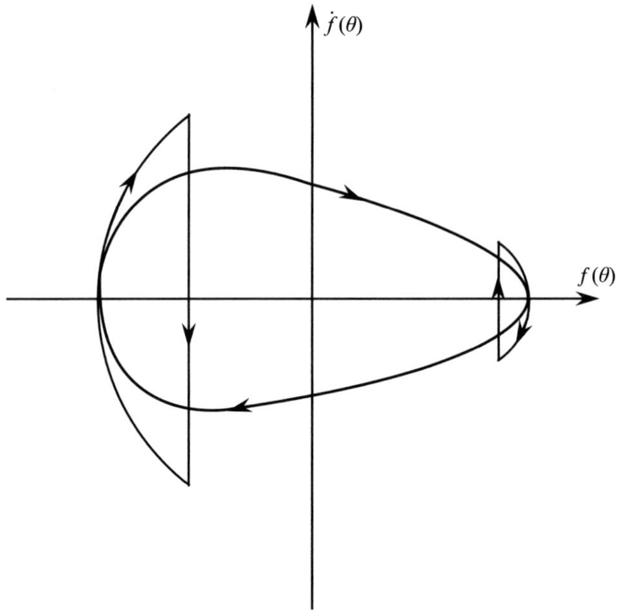

图 5-15　正弦与常值加速度扰动系统的极限环设计

进行类似 $d=0$ 情况的换算，并利用式（5.5.57），就可以得到系统（5.5.44）的极限环，这里不再赘述。

如果需要的误差限必须小于 $f_{R,\min}$，则应设计多脉冲控制的极限环。此时仍可借鉴上述闭合条件、边界条件的论述展开，并借助数字计算机进行设计，限于复杂性，这里不做深入讨论。

5.5.6　平经度和偏心率的协调控制

上文对 λ_e 、λ_D 采用解耦控制，分别设计了相应的误差限 e_R 、λ_R ，并在每个控制周期，依据各自的控制策略获得了相应的两个控制脉冲，单脉冲大小分别为 η_e 、η_D（可以为 0，代表当天无须控制），依据 5.5.3 节给出的方法，它们被处理为相同作用时刻、带方向叠加。

下面给出几个尚未交代的情况与处理方法。

（1）施加控制的时刻（或控制相位）

偏心率的控制是明确方向的，如果 λ_e 、λ_D 均需要控制，则施加控制的时刻由 λ_e 的控制方向确定。尽管 λ_D 的极限环控制方法也有一定相位要求，但相对其 14 天周期，相位误差不到半天的影响甚微。

如果某个控制周期 λ_e 无须控制，则 λ_D 的控制相位由自己的策略确定。

（2）触发控制下限的处理

相对于倾角控制，经度所需的控制量较小，一般电推进的上限约束对于经度控制而言，不用过多考虑。即使是大偏差控制，满足上限约束所花费的时间也是可以接受的；而高精度控制情况所需控制量一般远少于上限。

λ_e 或 λ_D 的控制策略不单独考虑下限约束，而仅考虑它们叠加后是否满足下限约束，这样即使 λ_e 或 λ_D 的控制量小于下限，但只要它们的和超出下限，仍有可能得到及时控制。

而两脉冲中的一个是 λ_e 与 λ_D 的控制量部分抵消，若剩余的 $\Delta\eta$ 低于控制下限，此时该脉冲取消，则应从另一个脉冲加上 $\pm\Delta\eta$ ，正负号选择如下：若 $\Delta\eta$ 来自 λ_D 的控制，则取负；若 $\Delta\eta$ 来自 λ_e 的控制，则取正。

（3）大偏差收敛控制期间的协调

上文交代过，λ_e 或 λ_D 控制的误差限选取均采取逐渐缩减方式。如果控制策略给出的 η_e 、η_D 都比较大，则可以限幅处理，使得

$$|\eta_e| = |\eta_D|, 2|\eta_D| \leqslant \eta_{\max}$$

这样，控制周期内只需执行一个大脉冲。

如果 λ_e 与 λ_D 中的一个进入了高精度控制，而另一个在大偏差收敛控制中，则全部保留高精度控制量，而大偏差控制量应加以限制，使得与高精度控制量叠加的最大值不要超出控制上限 $\eta_{\max}$ 。这样，即使高精度控制量低于下限，仍会得到执行，从而避免性能恶化和反复。

（4）高精度控制期间的协调

λ_e 、λ_D 的控制误差限 e_R 、λ_R 越大，推进剂消耗越少，但是必须满足 $\lambda_e + \lambda_D$ 小于 $\lambda_{\max} = 0.01°$ 的约束。两者的协调，就是如何对误差限 e_R 、λ_R 进行分配。

比较 5.5.1 节和 5.5.2 节的分析结果，λ_D 的短周期摄动相对大得多，是控制的主要因素。这里采取如下协调策略。

（1）误差限 λ_R 固定且取值相对较大。如，可取 $\lambda_R = 0.8\lambda_{max}$。

（2）依据 λ_D 的大小，对误差限 e_R 进行动态调整。

受控的 λ_D 按照边界值为 $\pm\lambda_R$ 的极限环连续运动，极限环周期为半个月。依据预测控制方程，计算接下来的两天中 $|\lambda_D|$ 的最大值 $\lambda_{D,max}$，本控制周期选取

$$e_R = (1-\gamma)(\lambda_{max} - \lambda_{D,max})/2$$

式中，γ 为余量因子。

本章小结

本章讨论了小冲量高精度轨道控制的自主实现问题，主要结果如下。

1）建立了倾角与经度的预测控制模型，主要特点包括偏心率摄动公式的修正、半月周期项建模、卫星结构正反面光照参数差异的摄动作用等，它们对高精度位置保持问题有重要的影响。模型具有解析形式，易于软件实现。

2）星上自主定时规划控制策略：首先，给出了初始状态的确定方法，保证了轨道预报精度；其次，利用解析模型，可以实现较长时间的预测，长周期预报与短周期滚动输出控制策略相结合，控制策略兼顾角动量卸载的需求。

3）大偏差控制采取逐步缩小误差限的思路，既节省了推进剂，也容易满足电推进控制上限的约束。

4）倾角的高精度控制采用纵向修正与固定初值的最优方向搜索相结合的方法，一定程度上进一步减缓了半月周期摄动所造成的控制线的波折角度。

5）在经度的高精度控制方面，采取 λ_e、λ_D 的误差限协调分配而控制解耦的方法。控制策略的特点包括：①偏心率采用满足误差限的最优方向搜索的控制方法；② λ_D 的摄动速度是短时间成主要因素的正弦部分与线性增长部分的混合——这是高精度面临的不可忽略的对象，设计了针对性的极限环控制律。

参考文献

[1] SOOP E M. 地球静止轨道手册 [M]. 王正才，邢国华，张宏伟，等，译. 北京：国防工业出版社，1999.

[2] 章仁为. 卫星轨道姿态动力学与控制 [M]. 北京：北京航空航天大学出版社，1998.

[3] CARLOMUSTO M. Product definition and users' guide (PUG) volume 5: level 2+products for geostationary operational environmental satellite R series (GOES-R1 core ground segment. CDRL SE-16 [Z]. 2017, Melbourne, Florida: Harris Corporation Government Communications Systems.

[4] SCHMIT T J, GRIFFITH P, GUNSHOR M M, et al. A closer look at the ABI on the GOES: R series [J]. Bulletin of the American Meteorological Society, 2017, 98 (4): 681-698.

[5] 吕旺，董瑶海，沈毅力，等. 静止气象卫星轨道运动的成像补偿研究 [J]. 遥感学报，2019，23 (2)：185-195.

[6] 屠善澄. 卫星姿态动力学与控制 (1) [M]. 北京：宇航出版社，1999.

[7] 杭观荣，李诗凝，康小录，等. 霍尔电推进空间应用现状及未来展望 [J]. 推进技术，2023，44 (6)：1-14.

第6章　多层级故障诊断与系统容错方法

维持全天时业务运行的一个重要基础，是必须快速、准确地检测与处理好部件故障及系统异常。本章按照从部件到系统、从局部到全局的线路划分层级，论述多层级故障诊断与系统容错方法，包括单个部件、同种信息冗余部件组、异种信息动态关联部件组、物理级联部件组、控制系统回路4个环节（测量、控制器、执行机构和控制对象）、系统状态性质等不同层级的异常检测与处理方法。

6.1　概述

6.1.1　故障、异常检测的背景与必要原则

故障与异常是航天器工程的一道“阴霾”，虽然其以较小的概率发生，本质上却躲避不了，关键在于如何正确处理。从长期的航天实践结果统计来看，精准的处理、普通的处理及失当的处理导致的后果截然不同，不同的表现可以为长期稳定运行、时不时业务中断、系统抢救与逐渐丧失功能甚或突发解体。某种意义上说，在硬件配置、软件设计上对故障容错、故障检测是否具备系统性与合理性、处理逻辑是否自洽，往往能衡量系统的水平和能力；而且，这方面的确定性方法相对缺乏，设计师发挥空间较大，也使得系统在这方面的设计近乎是具有一定艺术特质的创作。

高精度姿轨控系统功能复杂，控制链路长，活动部件多，空间环境恶劣，故障或异常易发，部分原因不能预知。据统计，近年来世界静止轨道卫星发生的短期业务中断或失效，约32%是由于姿轨控系统引起的[1]。

突发故障或异常通常会导致控制性能严重下降甚至危害卫星安全。例如，日本“瞳”卫星因为星敏感器异常而导致卫星解体[2]；国际上在轨多颗卫星出现陀螺异常，导致进入安全模式，业务长期中断，Express - AM22卫星因陀螺失效导致卫星彻底失效。因此，故障诊断与处理方法一直受到人们的充分关注，已成为航天器控制的重要研究领域，内容宽广。

故障检测的常见问题主要表现为误诊和漏诊。误诊就是将正常的部件判为故障，其剔除了正常的部件而在闭环系统中保留故障部件，并且在接下来的诊断中造成极大混乱，危害极大，使得系统性能迅速恶化、失稳发散。而漏诊是未将故障部件检测出来，可能会导致系统性能逐渐恶化，给系统多层级的综合性检测留出必要的时间；如果该类部件冗余度较大，也可能该异常仍在系统容错范围内。

对于信息相关联的部件组的异常检测可能存在这样一个认识误区，即应采用可靠性指标高的部件输出，通过比对判断可靠性低的部件是否异常。需要指出的是，这是一种具有

一定随机性的判据，可靠性高的部件仍存在出现故障的概率，因而这样的判据存在概率误诊，风险较高，是要避免的。

故障与异常的检测应遵循以下原则。

1）确定性判据。故障与异常检测的首要任务是避免误诊，需要采用能正确检测出异常的确定性判据。当然，供检测的信息总是存在随机性的，这里所说的确定性是工程近似说法，严格地说是极大概率（如 0.995 或以上）。

2）判据全面，减小漏判。确定性判据总是存在漏诊的概率，需要建立比较全面的、多层级的异常检测方法，减小漏诊概率。

3）异常检测所设计的边界应在闭环系统鲁棒性能所能容忍的范围内，否则可能发生判断正常而闭环性能严重恶化的情况。

6.1.2　全天时需求下的故障检测与容错的主要内容与本章安排

围绕全天时需求的特点，控制系统故障诊断与容错需要开展下面几个方面的针对性研究。这里比较全面地论述这些方面所涉内容或主要措施，而限于篇幅，只选择部分重点内容在本章后续章节详细论述。

（1）全面、快速、准确的部件故障检测，以及检测到异常期间的容错

具有全天时、高精度需求的遥感卫星姿轨控系统，除了太阳翼驱动机构、推进系统压力容器等极少数部件，因为结构、布局、系统连接等限制没有办法冗余备份外（这些单点设备一般要在设计、生产、试验与验证等过程中采取代价较大的措施来提高产品可靠度），测量、控制器、执行机构等环节都会考虑冗余备份。因此，容错问题的主要矛盾不是控制系统各环节有无部件可用的问题，而是如何检测出故障或异常，并且在系统性能恶化到设计裕度的边界之前，从系统中剔除故障部件。

6.2 节将从全面性角度讨论部件故障快速、准确定位的分层方法。

许多故障检测的物理原理比较简单，难点在于故障检测阈值如何设置，或者缺少理论依据，或者与具体系统状态高度耦合，取得不合适，可能导致误诊。作为典型的代表，6.3 节和 6.4 节分别针对常用的数据不更新故障诊断、冗余陀螺故障诊断，重点研究它们的阈值选取方法，提高诊断方法的准确性。

（2）系统稳定性质与状态演化的实时检测

除了故障检测的全面性考虑不足、不够准确外，资料统计，姿轨控系统发生的故障中约 17%是由未知原因造成的[1]，特别是基于新原理、新技术状态的部件，设计的部件诊断方法很可能存在缺失或缺陷。这就意味着，部件故障检测仍有漏网之鱼。

如何防止故障下系统严重恶化一直是工程研制极为关注的重要问题。目前，一些高精度控制过程中的故障预案以不损害卫星结构为前提限制卫星角速度上限，但是该值过大，远超动量轮的角动量包络。保留这么大的角速度上限的另一个原因是，控制系统在停控前尝试重构健康系统，通过在测量、执行机构等环节切换部件或分支来观察闭环系统的状态，每次切换需停留必要的时间，若累积到一定的时间后系统仍无改善，则停控，等待地

面处理。这种异常一旦发生，卫星将保持失控状态，依赖地面判断、试验、故障定位、上注程序重构系统等进行补救，该过程通常耗时较长。控制系统恢复正常工作前卫星快速旋转，恢复过程高精度敏感器输出饱和或失效、一般需要化学推进系统提供力矩，仍然存在姿态测量不完整、故障定位不准确、能源供给不足的风险。

6.5 节提出的系统稳定性质与状态演化的实时检测方法力图预防故障扩散和系统恶化，不发生卫星失稳、快速旋转，甚至结构散架等恶劣事件，为业务连续或快速恢复奠定基础。

（3）多重故障下的高精度姿态控制方法

高精度姿态控制系统包括姿态测量、控制器、动量轮组和角动量卸载执行机构等环节，在各环节存在冗余备份的情况下，即使每个环节均发生过故障，但只要各环节仍有必要的配置，仍可以在姿态性能没有大的恶化前重构健康系统，维持高精度控制，同时保证了全天时要求。其前提是故障检测快速、准确。

各环节必要的配置不仅由部件种类、数量决定，也依赖于方案选择。下面针对控制系统各环节，介绍必要配置及出现欠配置情况后的可能方法。

1）姿态测量。

高精度部件包括星敏感器和陀螺。由于同时采用了 3.4 节和 3.5 节介绍的两套定姿方法，因此在高精度控制期间，最少的必要配置如下：2 个星敏感器，可以不使用陀螺，由 3.5 节方法定姿；或者，1 个星敏感器＋3 个陀螺，由 3.4 节方法定姿，虽然绕星敏感器光轴转动角的测量噪声较大，但与高精度陀螺组合滤波后得到抑制；或者一定条件下，仅采用 1 个星敏感器，由 3.5 节方法定姿，其是否能保证精度，则取决于动力学与控制机构模型的准确性。

当这些必要配置不能满足时，高精度任务将不能继续。

如果系统配置 3 个星敏感器、6 个或以上的陀螺，则姿态测量环节保证全天时、高精度要求的裕度是比较充分的。

2）控制器。

遥感卫星的控制计算机通常采用主备份架构，特别的场合甚至采用多机容错架构，可靠度很高，针对空间环境效应、偶发异常等有专门的针对性容错设计，本章不做过多介绍。

3）动量轮组。

最少的必要配置为 3 个动量轮，如果系统配置 5 或 6 个动量轮，就比较充分。

当可用动量轮为 2 个或 1 个时，就表示欠配置。对于低轨卫星，可以将磁力矩器加入闭环控制，优点是控制分辨率很高，缺点是力矩很小，适用于干扰力矩较小的场合。高低轨都可以将推进系统加入姿态控制，为了保证一定的精度，采用小脉冲工作方式，但推进剂消耗比较多。

4）角动量卸载执行机构。

低轨卫星多采用磁力矩器作为角动量的卸载机构，一般需要 3 根，特殊轨道还能减少，可根据卫星干扰力矩积累方向、轨道上的地磁场情况确定。当可用磁力矩器欠配置后，引入推进系统卸载，采用小脉冲与姿态控制动态补偿方法，基本可维持高精度控制。

高轨卫星采用推进系统作为角动量的卸载机构，必要配置依赖安装、干扰力矩特性和卸载策略，需要结合具体情况分析。

推进系统一旦失效，一般情况下航天器业务中断，随后便永久失效。俄罗斯的福布斯-土壤号、美国波音公司的 Intelsat 29e 等均因推进系统故障而永久失效。

当推进系统出现欠配置时，就存在是否还能维持高精度控制的问题。6.6 节论述一种解决方案，包括姿态捕获、角动量卸载与管理、长期高精度稳定控制等内容。

(4) 推进系统的异常检测与容错

在高精度控制系统中，推进系统扮演了轨道位置维持、角动量卸载的执行机构的角色，地位突出。实际上，推进系统是卫星关键的分系统，种类多、构成复杂，故障检测与定位所涉及的研究对象和内容比较繁杂，方法与手段也存在一定的困难，应作为一门学问进行专门研究。

这里从应用的角度，初步讨论几个方面的局部的途径。

1) 测量部件与驱动部件。

推进系统的重要物理量包括流体的压力、流量和温度，诸如压力传感器、流量计、温度敏感器等测量部件，驱动部件的电流、电压输出都可以采用 6.2.1 节、6.2.2 节和 6.3 节所讨论的异常检测与容错方法。

对于测量部件的参数缓慢漂移的异常，一般不容易检测。如果这类部件参与压力、流量的闭环控制，一般同类产品配置三机，利用三机比对可以检出参数缓慢漂移异常；如果只有两机，在两机比较出现不一致的情况时，需要利用流体上下游其他状态测量，并结合流体动力学，进行综合判断。

电磁阀、自锁阀等驱动部件也可以采用类似 6.2.1 节给出的方法，比较指令与遥测电参数的一致性，判断开关状态。但是，仅判断运动状态是不够的，它们还具备密封性能，存在堵或漏的失效模式，对于明显的堵或漏的情况，可以通过上游、下游流体的压力或流量的变化情况进行判断。

检测出故障后，采取隔离故障部件、切换备份部件、切换其他分支等措施。

2) 推力器。

推力器是推进系统的终端，即便上游压力、流量正常，但仍存在推进系统没有正常工作的情况。实际上，推力器本身发生故障的概率更高一些。

对于化学推力器而言，点火表现正常的一个必要条件是喉部温度在一定范围内，因而温度范围可以作为一个判据。

衡量电推力器的推力是否正常的一个重要参数，是阳极束流是否稳定在正常范围内。

如果条件许可，也可以利用加速度计测量冲量大小，从而间接检查推力器的推力性能。

3）闭环控制模块。

化学推进系统的贮箱压力、冷气推力器与化学推力器的入口压力、电推力器上游的压力和流量都是需要控制的，它们的控制模块形成局部的控制子系统。可以检测系统状态是否在正常范围内、系统是否稳定、输入/输出是否符合力学规律，综合测量部件与执行部件的异常检测情况，定位故障，隔离故障部件、切换备份部件或者切换备份分支。

4）在姿轨控系统回路中的综合检测。

在顶层上，判断推力、推力矩与系统测量的质心加速度、姿态角速度是否符合预期的动力学关系，检验系统是否正常。6.5 节内容实际上是检测大的环路上的异常，也包含推进系统异常可能造成的后果；再综合各层级的判断，准确定位异常发生的环节或部件。

6.2 分层的部件故障快速定位与处理方法

控制系统实时采集反映组成部件的工作状态或功能的信息。可以利用单个部件的信息判断自身是否异常，但从系统层面看，不同部件的信息可能是从不同角度反映动态系统的相关联的物理量，或者它们直接存在物理连接，因而可以利用关联的部件组合来检测故障。

出于全面性考虑，本节分层讨论部件的异常检测方法。

由于设计参数的具体选取与部件性能、安装、系统裕度等相关，实际的情况多种多样，细节上需要具体问题具体分析，因此下面的讨论多数偏向原则性论述。

特别说明：

对于健康部件，第一次判出故障后，一般采取断电后重启的措施，给出纠正因空间环境导致的寄存器或电路锁定、状态反转、饱和等错误的机会。重启后恢复，则解除故障判断，可以重新引入闭环；否则，正式判为故障，剔除出闭环系统。下文介绍的异常检测策略不再专门交代断电、重启和重判过程。

6.2.1 单个部件的异常检测与处理

本节分别针对敏感器测量数据和驱动部件输入/输出数据进行讨论。

（1）敏感器测量数据异常检测

在高精度控制系统中，敏感器测量数据包括星敏感器的姿态测量、陀螺的角速度测量和动量轮的转速测量，还可能包括加速度计的视加速度测量，SADA、矢量调节机构或其他附件转动机构等部件的驱动关节的转角测量，磁力矩器线圈电流（反映输出的磁矩），推进系统中压力传感器的压力测量与流量计的流量测量，等等。同样处理方法，还可以推广到太阳敏感器、地球敏感器、磁强计等。

1）合规性检查。

上述测量数据反映的物理量，针对特定的卫星轨道、工作模式都有一定的合理范围，描述卫星指向的姿态四元数也有归一化的格式上的限制，不合规的数据应判为无效，不引入闭环系统。如果敏感器输出的无效数据出现比较频繁，可以判为故障。频繁的判断方法可以如下设计：在规定时间内异常出现超出一定次数；或者使用如下打分判据。

①在异常出现后影响比较大，一次异常多加分（如加 3 分），本周期未出现异常则少减分（如减 1 分）。

②如果异常发生后，只要恢复正常系统性能就能很好恢复，则加、减分的比例可减小。

当累计分数到一定阈值时，可视为异常频繁。也可以将判断异常的阈值取的大一些，而未出现异常的阈值小一些。

后面其他判据判断某种现象频繁的计数或打分的方法类同，不再单独交代。

2）数据不更新故障诊断。

数据不更新故障也可称为常值故障，是敏感器常见的一种故障模式，具体诊断方法参见 6.3 节。短时间出现数据不更新可能是正常现象，因此不能轻易将数据判断为无效。

3）统计特性检测。

敏感器噪声变大是常见异常，大到一定程度时就可以视为故障。

一般不直接通过实时计算均方差来检查噪声是否变大，主要原因是测量对象在动态变化。

一个比较简单的方法是为前后拍数据的差设置一个槛值（如果采用四元数描述姿态，可以计算出欧拉转角，并只对其进行考察），当超出槛值时，则认为出现一次异常。如果异常出现频繁，可以判为故障；偶尔出现的数据异常可以当野值剔除，不引入闭环。

槛值的设计要考虑下面两个因素。

①敏感器噪声到多大才不可接受：这需要从敏感器正常性能、系统需求综合考虑。

②两拍之间被测对象的变化是多少：依据物理原理和闭环系统组成部件的可能动作获得其估计，并留有一定余量。例如，可能的最大作用力矩引起姿态角速度变化、作用力引起速度变化、可能的挠性振动与液体晃动引起姿态变化等。

4）数据跳变检测。

采样电路状态的错误翻转与保持或测量采用编码器的部件出现码道损坏，都有可能引起输出数据跳变异常。此外，若光学码道（如数字太阳敏感器）损坏，会导致测角输出跳变；电动机驱动部件（如动量轮）出现突然堵转故障、掉电故障，其转速也会出现跳变。

检查前后拍数据之差，如果突然出现一拍大的差值（系统本身的动态运动不可能出现如此大的变化），且此前、此后一定时间内的数据均波动小，但两段时间的均值有较大差异，则可以判定部件发生数据跳变故障。从出现大的差值开始，该部件数据不再引入闭环控制。

对于动量轮堵转故障，除了将其踢出闭环、重组轮组外，还需判断该故障引起的卫星姿态角速度变化是否还在重组的动量轮组的控制能力范围内，必要时采取推进系统喷气保护措施或临时采用喷气控制，直到系统状态进入轮控能力范围内。

(2) 驱动部件输入/输出数据不一致检测

输入 x 是控制系统给出的控制指令，驱动部件是一个较快的动态系统，应以比系统更大的带宽产生响应；但其输出数据 y 依赖于不同的测量原理，往往是上述响应的间接反映。

系统应在 x 产生后给部件留有必要的稳定时间，然后采集 y，这样分析它们的关系时，就可以忽略瞬态过程的影响。

1) 相关性检测。

以磁力矩器为例，指令（期望的磁矩或控制电压）x 与线圈电流 y 的关系为一次函数：

$$y = kx + b + n \tag{6.2.1}$$

式中，k 为比例因子（允许有一定的非线性度）；b 为常值偏置，经过地面标定，已经有比较准确的先验值；n 为噪声。

记录 N 个控制周期的数据对（x_i，y_i）后，执行如下操作。

①分别计算序列 x_i、y_i 的均值 $\overline{x}$、$\overline{y}$，偏差序列 $x_{ei} = x_i - \overline{x}$、$y_{ei} = y_i - \overline{y}$，以及偏差序列的平方和：

$$X_e = \sum_i x_{ei}^2, \quad Y_e = \sum_i y_{ei}^2$$

②为避免奇异，输入/输出要有一定的离散度，即当 $X_e > N\varepsilon$ 且 $Y_e > k^2 N\varepsilon$ 时（$\varepsilon > 0$ 衡量输入离散度的槛值），才计算相关系数：

$$R = \frac{\sum_i (x_{ei} y_{ei})}{\sqrt{X_e Y_e}}$$

如果 R 小于一定值（如 0.75），则可判断部件输入/输出不一致故障。

为了弥补上述方法需要离散度约束的缺点，可以增加如下“单步不一致”判据：每周期判断 $|y - kx - b|$ 是否大于某个为正的阈值 ε_1（取值要超出正常的非线性度和噪声影响），若是，记一次异常；如果异常出现频繁，则置不一致故障。

2) 动量轮的不一致检测。

力矩指令（或控制电压）x 与轮子角动量（或转速）y 的关系见 4.3.3 节，该节提供了摩擦力矩估计，其实质就是判断一步估计周期内 x 的积分与 y 的增量的不一致。由于摩擦力矩的存在，少量的不一致是正常现象。动量轮的常见故障是摩擦力矩渐变、增加，当估计的摩擦力矩到了动量轮最大输出力矩的 1/3 或以上时，应视为故障，从闭环剔除，任其自由下滑，将其下滑过程中角动量变化作为控制系统的干扰力矩。

如果将一步估计周期内 x 的积分与 y 的增量分别当作式（6.2.1）的自变量和因变量（$k = 1$），则还可以利用上述相关性检测方法做出故障诊断。

需要指出的是，动量轮测速装置没有备份且是角动量管理所必需，当利用测量数据异常检测或不一致估计诊断出故障后，整个动量轮应视为故障。

有些动量轮还采用了速度闭环的控制方式，输入 x 是角动量增量（加上规定的控制周期约束，与力矩指令等效），摩擦力矩已由闭环补偿，此时可将一步估计周期内 x 的累加

与 y 的增量分别当作式（6.2.1）的自变量和因变量（$k=1$，$b=0$），利用上述相关性检测方法、“单步不一致”判据做出故障诊断。

3）转动部件驱动关节的不一致检测。

SADA、矢量调节机构或其他附件转动机构等部件的驱动关节与动量轮有所区别：①输入 x 一般是规定时间内的转动角度指令（或转速指令），输出 y 是转动角度；②驱动关节或者采用速度闭环，或者采用步进电动机，阻力矩已由闭环补偿，并不显性地出现在输入/输出关系中；③关节测角装置一般有备份。

可以将一步估计周期内 x 的累加与 y 的增量分别当作式（6.2.1）的自变量和因变量（$k=1$，$b=0$），利用相关性检测方法、“单步不一致”判据做出驱动关节的测角或驱动功能的故障诊断。

①如果可用的两个测角装置的输出数据之差在正常范围内，则上述不一致检测方法可判断驱动功能是否正常。

②如果可用的两个测角装置的输出数据之差异常，则分别与输入进行上述不一致检测，可诊断出故障的测角装置。

③如果只有一个可用的测角装置，并且不一致判据检测到异常，则意味着关节驱动已经不能可靠闭环控制，关节不能正常使用，除非还有其他间接的测量手段。例如，某些使用步进电动机的驱动关节还设计有零位传感器，通过转动到零位来判断测角装置输出是否合理。

6.2.2　同种信息冗余的部件组的异常检测与处理

控制系统的一个状态，如某轴转角，某个方向角速度、加速度，推进系统流体流道某处的压力或流量等，采取三机测量，通过数据比对，是能够快速、准确地检测出一个故障的。另外，诊断过程中比对数据一旦发现异常，则对应单机数据不再引入闭环，系统性能基本不受异常数据的影响。

高精度遥感卫星一般配备 3 个星敏感器，同时开机工作，因此具备该条件。电推进系统的压力控制模块通常采用 3 个压力传感器备份测量流体压力，也是出于这种考虑。

陀螺与加速度计的情况要复杂一些，如果采取三机比对检测异常方式，则需要在 3 个方向共安装多达 9 个单轴设备，且可靠度、冗余度不高，一旦某方向发生一个故障，则该方向再出现故障时就无法依靠同类部件组定位。只有采用轻小型、低精度、低成本的 MEMS（Micro - Electro - Mechanical System，微机电系统）等器件才考虑这种方案，以便简化判断逻辑和减少软件工作量。

而陀螺与加速度计如果采用分布式布局，理论上利用 5 个单轴设备就可以定位一个故障，6 个单轴设备就具备较高的冗余度。6.4 节将以陀螺为例进行介绍。

6.2.3　异种信息动态关联的部件组的异常检测与处理

本节针对星敏感器与陀螺的典型组合展开讨论。

星敏感器测量惯性姿态，而陀螺测量惯性角速度，两者信息动态关联。当只有 1 个或 2 个健康的星敏感器，或者只有 4 个或以下的健康陀螺时，它们就不能全部依赖同种信息冗余来定位新的故障，而需要借助异种关联信息。

星敏感器与陀螺的“关联不一致”判据可以设计如下：计算一定时间 Δt 内卫星本体系某个方向的陀螺数据的积分，由星敏感器测量计算 Δt 内该方向的转角变化，如果两者的差值超出一定的阈值，则可以判断出“关联不一致”。选择 Δt 时应保证系统转动的角度是小角度，这样才能保证正常的差值很小，但 Δt 也不宜过短，以保证陀螺数据积分有足够的信噪比。选择阈值应超出陀螺积分正常误差、星敏感器正常误差之和，并留有足够的余量。

（1）陀螺信息冗余充分的情况

可用陀螺为 5 个或以上，而可用星敏感器只有 2 个或以下，这种情况的主要措施如下。

1）陀螺组合依靠同种信息冗余来检测、定位与剔除组合中的异常。

2）如果 2 个星敏感器的数据不一致，或者只有 1 个星敏感器，则利用“关联不一致”判据，可检测星敏感器是否异常。

需要说明的是，利用星敏感器与陀螺组合定姿的姿态作为参考来判断两个不一致的星敏感器谁出现异常是危险的，因为滤波姿态已经被污染或者尚未收敛，容易误判，一旦误判，将导致定姿系统引入错误数据，发散很快。

（2）星敏感器信息冗余充分的情况

可用星敏感器有 3 个或以上，可用陀螺为 4 个或以下，这种情况的主要措施如下。

1）星敏感器组合依靠同种信息冗余来检测、定位与剔除组合中的异常。

2）如果 4 个陀螺的数据不一致，或者只有 3 个或以下陀螺，则利用“关联不一致”判据，可检测陀螺是否存在异常。

（3）星敏感器与陀螺的同种信息冗余均不充分的情况

为快速发现和处理测量部件异常，首先利用 3.5 节基于动力学模型的星敏感器姿态确定算法获得的角速度估值，投影到各可用陀螺的测量方向，与陀螺测量进行一致性比对。如果最多只有一个陀螺数据不一致，则证明参与定姿的星敏感器正常，并且可以判比对不一致的陀螺数据异常，异常数据不引入闭环；如果有陀螺频繁发生数据异常，则可诊断为故障。

如果上述证明星敏感器正常的条件没有满足，并不能立即判断星敏感器异常，也有可能定姿系统还处在暂态过程中。此时，采用“关联不一致”判据检测异常，具体分类如下。

1）如果 2 个星敏感器数据一致，而 4 个陀螺数据不一致，或者只有 3 个或以下陀螺，则利用“关联不一致”判据，可检测陀螺是否存在异常。

2）如果 4 个陀螺的数据一致（满足平衡方程，具体含义参见 6.4 节），而 2 个星敏感器数据不一致，或者只有 1 个星敏感器，则利用“关联不一致”判据，可检测星敏感器是否异常。

3）其他情况，每个星敏感器均与所有陀螺进行“关联不一致”判断。如果星敏感器最多只与一个陀螺数据不一致，则证明该星敏感器正常，并可检测出异常的陀螺；而如果存在与多数陀螺不一致的星敏感器，则可视为故障。

6.2.4　物理级联的部件组的异常检测与处理

控制系统经常出现物理级联的部件组合，如功能相同的主、备部组件（称为上级部件），物理连接到多个互相独立的部件（称为下级部件），或者为下级部件正常工作提供必要的物理条件，或者传递下级的信息。例如：

1）多个光纤陀螺头部（下级）共用主、备光源（上级）。

2）多类不同部件（下级，如光纤陀螺、磁力矩器、压力传感器等）共用主、备二次电源模块（上级）。

3）多个部件（下级）共用主、备驱动或采集电路或模/数转换模块（上级）。

4）多个部件（下级）分时复用主、备公用通信接口（上级）等。

此种情况，部组件异常检测原则如下。

1）上级即使只是模块，也应作为独立的部组件纳入健康管理。

2）上级判断应快于下级判断，若判出上级异常，应快速地切换到健康的备份，同时下级故障计数器应全部清零，不可因上级异常而造成下级误判。

3）上级异常的判断除利用自身特性参数外，也可利用多个下级是否同时异常来进行判断。

4）下级判断过程不需考虑上级异常，避免交叉耦合，减小复杂度。

6.3　部件数据不更新故障诊断

6.3.1　原理与设计

设采样周期为 Δt ，控制计算机在第 j 个采样周期采集的部件测量数据为 $y(j)$ ，数字量可采用源码，避免数据转换造成取舍。数据不更新的判据一般如下：如果连续 N 个周期采样数据 $y(j)$ 都维持相同的数值，就认为部件发生数据不更新故障。

该判据容易发生误判，可能将正常部件判成故障。例如，在姿态极限环控制模式，正常情况可以出现上千次（遥测周期 0.5 s）陀螺数据不更新与 450 次数字太阳敏感器数据不更新的正常现象。要避免误判，主要困难在于如何设计 N 。

（1）原理

在不考虑量化误差的情况下，测量模型为

$$y(j)=x(j)+b+n(j) \tag{6.3.1}$$

式中，$x(j)$ 为实际的被测量；b 为常值测量偏差；$n(j)$ 为均值为 0 的随机误差。

前后拍的差值为

$$\Delta y(j) \equiv y(j) - y(j-1) = \Delta x(j) + \Delta n(j) \tag{6.3.2}$$

实际测量需要进行量化，如采用 VF 转换的脉冲当量、模数转换的有效位、字长的最小有效位等。设量化单位为 q ，如果存在不变整数 m ，一直有

$$(m-1)q \leqslant y(j) < mq \tag{6.3.3}$$

则 $y(j)$ 的量化结果会维持相同的数值。

如果寻找到 N ，使得部件正常情况下，连续 N 次满足

$$|\Delta y(j)| \leqslant q \tag{6.3.4}$$

的概率极低（甚至为 0)，由于式（6.3.4）比式（6.3.3）发生的概率大，那么实际采用式（6.3.3)的判断。正常情况下，其连续发生 N 次的概率更低，一旦发生，说明部件极大概率（几乎确定）异常，可判为故障。从工程角度看，该判据仍符合确定性原则。

(2) N 的设计

出现 $|\Delta y(j)| > q$ 的条件，统计意义上可以有如下两个。

条件 1：多次出现 $|\Delta x(j)| > q$ ；或者，

条件 2：多次出现 $|\Delta n(j)| > q$ 。

由于 $\Delta n(j)$ 的随机性，条件的“多次”中能保证大概率出现 $\Delta x(j)$ 、$\Delta n(j)$ 同号，其和超出量化单位。

条件 1 与被测对象的变化率 $\dot{x}$ 有关。应根据 $\dot{x}$ 的控制方式与典型大小，保守预测 $\Delta x(j)$ 超出 $\pm(1+\gamma_1)q$ 箱体（其中 $\gamma_1 > 0$ 为余量因子）的时间 T（若不能超出，取 $T = \infty$），并取

$$N_1 = kT/\Delta t \tag{6.3.5}$$

式中，$k \geqslant 1$，确保在 $N_1 \Delta t$ 时间内会多次出现 $|\Delta x(j)| > q$ 。

条件 2 与部件测量的随机噪声相关。如果随机性能优于量化误差，满足

$$\max|\Delta n(j)| \leqslant (1+\gamma_2)q$$

$\gamma_2 > 0$ 为余量因子，应取

$$N_2 = \infty \tag{6.3.6}$$

否则，由部件性能与噪声模型获得出现 $|\Delta n(j)| < (1+\gamma_2)q$ 的概率 P ，选择 N_2，使得

$$P^{N_2} < \varepsilon \ll 1 \tag{6.3.7}$$

式中，ε 为极小的正数，确保 N_2 次测量中极大概率满足条件 2。

于是，可以确定

$$N = \min\{N_1, N_2\} \tag{6.3.8}$$

对于噪声优于量化当量的部件，在 $\dot{x}$ 变化十分缓慢的应用场合，可能 N 会非常大，此时需要评估一旦发生不更新故障，系统状态会恶化到何种情况，若有不可接受问题，则必须有其他更迅速的判断手段。不同的判据都有自己的局限性，这也是提出判断方法全面性，并且避免故障恶化的需求的一个例证。

6.3.2 应用实例

针对姿轨控系统的几种典型测量部件进行讨论。

（1）星敏感器

星敏感器的定姿算法一般采用双精度浮点数计算，量化单位 q 极小，远远小于噪声 $n(j)$ 的均方差值，如误差 1 角秒比 q 大十几个量级，因此 $|\Delta n(j)|>q$ 的概率很大，1 角秒精度星敏感器测量发生连续 2 次不更新的频次都很低，几乎没有出现过连续 3 次不更新的情况。依赖于采样周期，取 $N=10\sim100$ 即足够，并且如果前 4 拍不更新，则该星敏感器数据暂时不引入定姿系统，直到恢复更新或判断故障后踢出闭环系统。

星敏感器是可以可靠地、快速检测出数据不更新异常的。

（2）陀螺

控制计算机一般定周期定时采集陀螺测量数据，陀螺内部将实时角速度数据积分，输出周期内的角度增量。

如果陀螺的角度增量采用 4 字节数据的高精度存储与传输，则其不更新判据的设计类似星敏感器，这里不做更多讨论。

但是，机械陀螺经常采用 I/F 转换电路，将角度增量转换为脉冲数输出；而光纤陀螺往往受测量范围宽而分辨率要求高、通信字长的限制，也经常采用量化手段，将角度增量转换为脉冲数。这就存在量化误差相对更大的问题。

例 6.1　高精度控制系统的陀螺噪声小，往往低于量化单位（脉冲当量）。取系统采样与控制周期为 $\Delta t=50\ \mathrm{ms}$，陀螺角度随机游走系数为 1×10^{-4} (°) $/\sqrt{\mathrm{h}}$，$q=5\times10^{-6}$°。

1）依据条件 2 的设计。

Δt 内陀螺测量角度增量的噪声的 3σ 值

$$1\times10^{-4}(°)/\sqrt{\mathrm{h}}\times3\times\sqrt{50\ \mathrm{ms}}\approx1.1\times10^{-6}°$$

比 q 低半个量级，条件 2 几乎不能满足。

增大数据噪声，将适当多的采样周期（$m\Delta t$，$m>1$）的测量数据相加，作为一个采样数据 $x(j)$ 进行不更新判断，此时数据噪声以 $\sqrt{m}$ 倍增加。例如，取 $m=100$、$m\Delta t=5\ \mathrm{s}$，噪声的 3σ 值为 1.1×10^{-5}°，是 q 的 2 倍以上，因而存在一定概率 $x(j)$ 超出 q，可以根据式（6.3.7）确定 N_2。

2）依据条件 1 的设计。

只能使用在姿态角加速度有一定幅度的场合，才可能有效。而姿态角加速度变化幅度，轮控模式与推力器大力矩脉冲控制模式是有较大差异的，下面分别讨论。

①高精度的轮控模式。

设卫星受到控制力矩、干扰力矩的合力矩作用后产生的角加速度在陀螺测量方向的分量为 $\dot{\omega}$（限于闭环系统带宽，$2\Delta t=0.1$ s 内可认为是常值），则

$$\Delta x(j)=\dot{\omega}\,\Delta t^2$$

当然，依据闭环系统特性，$\dot{\omega}$ 在一定范围内动态波动。

要发生 $|\Delta x(j)|>q$，则应有 $|\dot{\omega}|>2\times10^{-3}$ (°) $/\mathrm{s}^2$（惯量 5 000 $\mathrm{kg\cdot m^2}$ 的卫星，如果干扰力矩前馈补偿，则对应的反馈控制力矩约 0.17 N · m）。

a. 存在子体间断性的短时间大力矩步进而控制系统不做前馈补偿，每次步进均发生

$|\Delta x(j)|>q$ 。虽然干扰力矩大，但时间较短，间断时间相对较长，对姿态和角速度的影响不大。此种情况，可以以几倍的步进间隔时间作为 N_1。

b. 如果控制对象不存在大的干扰力矩，或者前馈补偿误差小，则几乎不可能有 $|\dot{\omega}|>2\times10^{-3}$ (°) $/s^2$。为了设计有效的数据不更新判据，将适当的多个采样周期（$m\Delta t$，$m>1$）的测量数据相加，作为一个采样数据 $x(j)$ 进行不更新判断，此时 $|\Delta x(j)|>q$ 所要求的 $|\dot{\omega}|$ 以 m^2 倍减小，如取 $m=10$、$m\Delta t=0.5$ s，则只需 $|\dot{\omega}|>2\times10^{-5}$ (°) $/s^2$，这是非常容易发生的，N_1 可以取得比较小。

②推力器大力矩脉冲控制模式。

设卫星受到干扰角加速度、控制加速度在陀螺测量方向的分量分别为 $\dot{\omega}_d$ 、$\dot{\omega}_c$ ，而脉冲控制的时间为 $\Delta t_c(\leqslant\Delta t)$，不控则取为 0，且前后两拍最多只有一拍在控制，有

$$\Delta x(j)=\dot{\omega}_d\,\Delta t^2+\frac{1}{2}\,\dot{\omega}_c\Delta t_c^2$$

推力器大力矩控制模式，只要发生脉冲控制，必然发生 $|\Delta x(j)|\gg q$ 。

在大推力连续变轨模式，$\dot{\omega}_d$ 比较大，虽然 $|\dot{\omega}_d\,\Delta t^2|>q$ 未必满足，但脉冲控制会比较频繁，选择比较小的 N_1 就可以满足条件 1。

而在其他的脉冲控制模式，$\dot{\omega}_d$ 非常小，当角速度和姿态角比较小时，很长时间才会触发脉冲控制，因此发生 $|\Delta x(j)|>q$ 的时间特别长，N_1 应取得特别大，取小容易误判。当角速度或姿态角比较大时，可以保守估计发生脉冲控制的时间，由之动态确定 N_1；如果卫星在姿态一角速度的相平面上走极限环运动，则可以依据极限环周期设计 N_1。

（3）编码式数字太阳敏感器和摆动式红外地球敏感器

某些高精度卫星也会配置这两个部件，完成某些过渡模式的姿态测量功能。

编码式数字太阳敏感器是有量化单位的，如：

$$q=\left(\frac{1}{128}\right)^{\circ}$$

而其测量噪声一般比 q 还要小，只能利用条件 1，且在姿态角速度有一定幅度的场合，不更新判断才可能有效，并且应适当加大采样周期，以增大姿态运动带来的测量变化，从而加快判断时间。

摆动式红外地球敏感器多使用在地球静止轨道卫星，其典型的量化单位有 $q=0.01^{\circ}$ 或 $0.002\,5^{\circ}$，而测量噪声（3σ）一般为 0.02° 或以上，可以依据条件 2 设计 N 。

6.4　自主优选零空间向量的冗余陀螺故障诊断方法

陀螺的寿命和可靠性是影响航天器的任务使命能否完成的关键因素。高精度高性能卫星一般安装多个冗余陀螺，如 6～9 个，为保证更好的冗余度，采取任意 3 个陀螺测量方向不共面的安装方式。初始可以采用安装冗余度很好的 6 个陀螺开机工作，保证优良的性能；随着故障陀螺的诊断与剔除，重新依据 3.4.2 节的安装冗余度计算方法，选择新的陀螺加入闭环。该过程一直进行下去，开机陀螺会逐步减少。

依赖同种信息冗余的陀螺故障定位至少需要 5 个陀螺开机工作。航天器上广泛应用的平衡方程法[3]的优点是实时性好、快速、比较可靠，但是针对大量的构型组合（若安装 9 个陀螺，共有 $C_9^5=126$ 种构型），现有技术存在如下问题。

1）各个构型平衡方程的系数、判断阈值不同，参数众多，且参数选择随意性较大，参数确定的自主性较差。

2）某些较恶劣的陀螺构型，同组平衡系数相差非常大，可导致误诊断。

本节给出了故障检测阈值设置的解析而非枚举式的算法，改变了以往阈值选取主观性大、存在误判的缺陷，在统一框架下适应所有冗余（5 个及 5 个以上）陀螺构型。

6.4.1　冗余陀螺组的异常检测原理

（1）全部分量非零的零空间向量

记 $N(4\sim5)$ 个陀螺的安装矩阵为

$$\boldsymbol{C}=[\boldsymbol{c}_1\quad\cdots\quad\boldsymbol{c}_N]$$

式中，$\boldsymbol{c}_i$ 为第 i 个陀螺测量轴在本体系方位，任意 3 个不共面。

设单位向量

$$\boldsymbol{e}=[e_1\quad\cdots\quad e_N]^{\mathrm{T}}$$

是 $\boldsymbol{C}$ 的零空间向量，即满足方程

$$\boldsymbol{Ce}=\boldsymbol{0},\quad|\boldsymbol{e}|=1\tag{6.4.1}$$

式（6.4.1）存在分量全部不为 0 的解 $\boldsymbol{e}$（并且 $\boldsymbol{e}$ 、$-\boldsymbol{e}$ 的结果等价，规定 $e_1>0$，这样不用再区分 ±）。证明如下：

1）$N=4$ 时，式（6.4.1）存在分量全部不为 0 的唯一解。等式

$$[\boldsymbol{c}_2\quad\boldsymbol{c}_3\quad\boldsymbol{c}_4]\boldsymbol{x}=-\boldsymbol{c}_1\tag{6.4.2}$$

有唯一解 $\boldsymbol{x}$ ，且其 3 个分量均不为 0，否则 $\boldsymbol{c}_1$ 可由其他 2 个陀螺方位线性表示，与任意 3 个陀螺不共面矛盾。其解为

$$\boldsymbol{e}=\begin{bmatrix}1\\\boldsymbol{x}\end{bmatrix}\cdot\left|\begin{bmatrix}1\\\boldsymbol{x}\end{bmatrix}\right|^{-1}\tag{6.4.3}$$

2）$N=5$ 时，存在 $y\neq0$，使得向量 $\boldsymbol{c}_1+y\boldsymbol{c}_2$ 不与 $\boldsymbol{c}_3$、$\boldsymbol{c}_4$ 、$\boldsymbol{c}_5$ 中的任意两个共面。不妨取 4 个不同的非零数 y_i ，形成 4 个向量 $\boldsymbol{z}_i=\boldsymbol{c}_1+y_i\boldsymbol{c}_2$，则必有一个满足。事实上，从 $\boldsymbol{c}_3$、$\boldsymbol{c}_4$ 、$\boldsymbol{c}_5$ 中任取两个作为一组，如 $\boldsymbol{c}_3$、$\boldsymbol{c}_4$ ，由式（6.4.2）的解的唯一性，最多只有一个 $\boldsymbol{z}_i$ 与该组共面，因而 4 个 $\boldsymbol{z}_i$ 中必有一个与所有的 3 组均不共面。

求解

$$[\boldsymbol{c}_3\quad\boldsymbol{c}_4\quad\boldsymbol{c}_5]\boldsymbol{x}=-\boldsymbol{c}_1-y\boldsymbol{c}_2\tag{6.4.4}$$

得到

$$\boldsymbol{e}=\begin{bmatrix}1\\y\\\boldsymbol{x}\end{bmatrix}\cdot\left|\begin{bmatrix}1\\y\\\boldsymbol{x}\end{bmatrix}\right|^{-1}\tag{6.4.5}$$

所有分量非零。

为下文论证需要，定义

$$E=\sum_{i}|e_i|,e_M=\max_{i}|e_i|,\quad e_m=\min_{i}|e_i|,\mu=\frac{e_M}{e_m} \tag{6.4.6}$$

最大与最小分量的比例 μ 反映了零空间向量各分量的离散度，而分量绝对值之和满足

$$1\leqslant E\leqslant \sqrt{N}$$

(2) 异常检测判据与可检测的不确定范围

将陀螺测量的角度增量换算成采样周期内的平均角速度，冗余陀螺组的测量模型为

$$\boldsymbol{\omega}_m=\boldsymbol{C}^{\mathrm{T}}\boldsymbol{\omega}+\boldsymbol{b}+\boldsymbol{n}+\boldsymbol{f} \tag{6.4.7}$$

式中，$\boldsymbol{\omega}$ 为卫星角速度。

测量向量 $\boldsymbol{\omega}_m$ 、常值漂移向量 $\boldsymbol{b}$ 、随机误差向量 $\boldsymbol{n}$ 、故障输出向量 $\boldsymbol{f}$ 分别为

$$\boldsymbol{\omega}_m=[\omega_{m1}\quad\cdots\quad\omega_{mN}]^{\mathrm{T}}$$
$$\boldsymbol{b}=[b_1\quad\cdots\quad b_N]^{\mathrm{T}}$$
$$\boldsymbol{n}=[n_1\quad\cdots\quad n_N]^{\mathrm{T}}$$
$$\boldsymbol{f}=[f_1\quad\cdots\quad f_N]^{\mathrm{T}}$$

只考虑故障诊断期间最多发生一个故障，因而 $\boldsymbol{f}$ 最多只有一个分量不为 0。

依据陀螺指标与性能，正常陀螺应有

$$|b_i+n_i|\leqslant B(i=1,2,\cdots,N) \tag{6.4.8}$$

参数 B 还可根据部件老化、环境影响等在轨情况做出一定程度的修正。

$\boldsymbol{\omega}_m$ 在零空间向量 $\boldsymbol{e}$ 的投影为

$$\boldsymbol{e}\cdot\boldsymbol{\omega}_m=\boldsymbol{e}\cdot\boldsymbol{b}+\boldsymbol{e}\cdot\boldsymbol{n}+\boldsymbol{e}\cdot\boldsymbol{f}$$

显然与卫星运动无关，而只与陀螺测量误差相关。

定义检测量

$$s\equiv\begin{cases}\boldsymbol{e}\cdot\boldsymbol{\omega}_m, & \boldsymbol{b}\text{ 未知}\\ \boldsymbol{e}\cdot(\boldsymbol{\omega}_m-\boldsymbol{b}), & \boldsymbol{b}\text{ 已知}\end{cases} \tag{6.4.9}$$

上述式中，$\boldsymbol{\omega}_m$ 为测量值；$\boldsymbol{e}$ 为待设计向量；$e\cdot n$、$e\cdot f$ 为不确定量。

$\boldsymbol{b}$ 依据应用场景而定，如在星敏感器与陀螺组合定姿模式且判断系统收敛，就可以认为 $\boldsymbol{b}$ 已知；而其他情况，或保守一点，应认为 $\boldsymbol{b}$ 未知。前者 B 可以小得多，利用该信息可以减小判据的不确定范围。

如果陀螺组全部正常，即 $\boldsymbol{f}=\boldsymbol{0}$，则事先能确定的 s 的最小上界为 EB ，因此陀螺组正常的必要条件为

$$|s|\leqslant EB \tag{6.4.10}$$

但是，如果某个未知的陀螺 j 的误差变大，$f_j\neq 0$，式（6.4.10）仍有可能满足。针对异常陀螺，其偏差综合为一项：

$$g_j=f_j+b_j+n_j$$

由于 $\boldsymbol{b}$ 、$\boldsymbol{n}$ 及 j 的不确定性，只有当

$$|g_j| > \left(\frac{2E}{e_m} - 1\right)B$$

时才能事先肯定式（6.4.10）得不到满足。这说明如果故障发生在 $|e_i| = e_m$ 对应的陀螺，且 e_m 很小，则可能故障特别严重时才检测得出来。

定姿系统是有一定容错能力的，不能认为陀螺性能超出正常指标 B 就是异常，否则检测方法可能太敏感。当

$$|g_j| > kB \tag{6.4.11}$$

时，则可以认为可能出现异常，其中 $k > 1$ 表明 g_j 是正常指标的 k 倍。由于 $\boldsymbol{b}$、$\boldsymbol{n}$ 及 j 的不确定性，只有当

$$|s| > s_{an}, \quad s_{an} = [E + (k-1)e_M]B \tag{6.4.12}$$

发生时，才能肯定地检测出发生了式（6.4.11）的异常。

式（6.4.12）就是确定性的异常检测判据。如果检测到 $|s| = s_{an}$，依据式（6.4.9），实际异常的范围为

$$kB < |g_j| < \left[(k-1)\mu - 1 + \frac{2E}{e_m}\right]B \tag{6.4.13}$$

而当 $|g_j|$ 超出右边界时，判据就一定能检测出异常，因此式（6.4.13）的左右边界分别为实际异常可检测到的不确定范围的最小、最大值。

当异常发生在 $|e_i|$ 为最大值或最小值对应的陀螺时，其异常可检测的不确定范围分别为

$$kB < |g_{jM}| < \left(k - 2 + \frac{2E}{e_M}\right)B \tag{6.4.14a}$$

$$[(k-1)\mu + 1]B < |g_{jm}| < \left[(k-1)\mu - 1 + \frac{2E}{e_m}\right]B \tag{6.4.14b}$$

异常可检测的不确定范围越大，要求定姿系统的容错能力必须越强，越不利于实现。显然，根据式（6.4.13），减小不确定性范围的措施有如下途径。

1）对于 $N = 5$ 的陀螺组合，应减小离散度，使 μ 最小。

2）优化 k，但如果到了 $|g_j| = kB$ 不能被认可为异常的程度，k 就不能减小。

3）减小 B，主要取决于能否降低常值漂移的未知部分。

下面进一步讨论措施 1）的实施方法。

（3）五陀螺组零空间向量的自主优选方法

若取定 y 值，就可由式（6.4.4）和式（6.4.5）求得唯一的 $\boldsymbol{e} = \boldsymbol{e}(y)$，并由式（6.4.6）确定离散度 $\mu = \mu(y)$，因此有一个自由度来优化 μ。

地面根据陀螺安装构型，能事先确定一个并不太大的上界 $\bar{\mu}$（如可取 $\bar{\mu} < 4$），使得任意可用的 5 个陀螺构型的最优 μ 均满足 $\mu < \bar{\mu}$。如果某构型的最优 μ 可能超出 $\bar{\mu}$，则说明该构型很差，建议定姿系统不要采用。因此，y 的取值范围为

$$\frac{1}{\bar{\mu}} \leqslant |y| \leqslant \bar{\mu}$$

由于计算量不大，因此可采用比较简单的遍历寻优。取步长

$$h=\left(\overline{\mu}-\frac{1}{\overline{\mu}}\right)/100$$

步数 100 还可根据需求调整。

寻优步骤如下。

1）初始化，令

$$y=\frac{1}{\overline{\mu}}$$

计算 $\boldsymbol{e}(y)$、$\mu(y)$，$\boldsymbol{e}(-y)$、$\mu(-y)$。将 $\mu(y)$ 与 $\mu(-y)$ 中较小者对应的 $\boldsymbol{e}$、μ 分别赋值给 $\boldsymbol{e}_{\mathrm{opt}}$、$\mu_{\mathrm{opt}}$。

2）迭代，$y=y+h$，计算 $\boldsymbol{e}(y)$、$\mu(y)$，$\boldsymbol{e}(-y)$、$\mu(-y)$，如果 $\mu(y)$ 与 $\mu(-y)$ 中的较小者小于 μ_{opt}，则较小者对应的 $\boldsymbol{e}$、μ 分别赋值给 $\boldsymbol{e}_{\mathrm{opt}}$、$\mu_{\mathrm{opt}}$。

3）如果 $y<\overline{\mu}$，则重复（2）。

上述算法输出的 $\boldsymbol{e}_{\mathrm{opt}}$ 即为优选的零空间向量，异常检测判据（6.4.12）采用 $\boldsymbol{e}_{\mathrm{opt}}$ 对应的参数 e_M、E。

如果频繁满足判据（6.4.12），则可以认为五陀螺组中有一个发生故障。对于 50 ms 采样周期，完全可以在 1s 时间左右快速诊断出故障。

6.4.2　故障定位方法

（1）故障定位算法

一旦按 6.4.1 节给出的方法检测出故障，就可以按照以下算法进行故障定位。

对 5 个陀螺排序，设计一个 5 位二进制数的标志 F，它的第 i 位表示第 i 号陀螺的健康状态，$i=0$，…，4。初始全部置为不健康（相应位置 1），依据陀螺正常判断的充分条件，逐步排除正常陀螺，将标志 F 的相应位清零，清零位不可再恢复为 1。

算法步骤如下。

A1.　初始化，令 $i=0$，$F=11111\mathrm{B}$。

A2.　从 5 个陀螺中去掉第 i 号陀螺，立 5 位标志 $F1$，第 i 位置 1，其他位清零。对于余下的 4 个陀螺组合，分别按式（6.4.2）、式（6.4.3）、式（6.4.6）和式（6.4.9）计算 $\boldsymbol{e}$、E、s。

A2.1　如果 $|s|>EB$，则说明该组合不满足陀螺组正常的必要条件（6.4.10），其中必含故障陀螺，因此可以排除第 i 号陀螺，将 F 的第 i 位清零。

A2.2　否则，将四陀螺组合中的 $\boldsymbol{e}$ 的分量满足如下条件的所有陀螺，它们在五陀螺组合中的序号对应 $F1$ 的位都置为 1：

$$|e_j|<\frac{2E}{k+1} \tag{6.4.15}$$

这时分量 e_j 较小，当满足式（6.4.15）时，仍有可能满足式（6.4.10），因此不能排除。而该组合其他陀螺的 e_j 不满足式（6.4.15），则式（6.4.11）必不满足，因而不可视为异常。赋值

$$F = F \& F1$$

求与运算保证 $F1$ 不能改变 F 的为零的位，说明排除是不可逆的。

A2.3　如果 F 中为 1 的位只有 1 个，则对应序号的陀螺定位为故障，算法终止。

A3.　$i = i + 1$，如果 $i < 5$，则返回步骤 A2。

为了减小测量噪声的影响，可以增加步骤 A2.3 中条件的满足次数，几次发生均为同一个陀螺，则将其置为故障。

（2）特点分析

1）检测阈值参数自主计算。

唯一需要事先确定的参数为陀螺正常指标 B 与陀螺性能异常的阈值下限 kB 。

2）不会误诊。

如果陀螺 i 故障，触发异常检测判据（6.4.12），那么其在定位算法中就不会被排除，F 的对应位会一直为 1。因为不含它的四陀螺组合不会满足 A2.1 条件，从而其不会被排除；而包含它的四陀螺组合要么满足 A2.1 条件，排除其他正常陀螺，要么其在本组合的 $\boldsymbol{e}$ 分量满足式（6.4.15），F 的对应位没有改变。

3）有较小的概率发生漏诊。

在算法循环结束后 F 仍有两位或以上为 1，不能定位故障，这就会导致漏诊。不妨设陀螺 i 故障且正常陀螺 j 在 F 对应位也为 1，这等价于下面 3 件事情同时发生。

①含 i 不含 j 的组合，满足 A2.2 的条件，且 i 的 $\boldsymbol{e}$ 分量 e_i 满足式（6.4.15）（由于陀螺 i 故障，因此只有 e_i 特别小时才可能发生，这说明 i 、j 除外的 3 个陀螺在陀螺 i 方向的投影很小）。

②含 j 不含 i 的组合，j 的 $\boldsymbol{e}$ 分量满足式（6.4.15）（这说明 i 、j 除外的 3 个陀螺在陀螺 j 方向的投影也较小）。

③含 i 、j 的 3 种组合，要么满足 A2.1 的条件（这是极大概率事件），要么满足 A2.2 的条件且 e_i 、e_j 均满足式（6.4.15）（这是极小概率事件）。

根据上面的分析，存在发生漏诊概率的五陀螺组合其构型较差，利用 3.4.2 节定义的陀螺组冗余度来说明，i 、j 除外的 3 个陀螺在陀螺 i 方向的冗余度很小（说明这 3 个陀螺接近在一个平面），同时陀螺 i 、j 的方向还比较接近。如果有条件，应尽量避免使用这样构型的陀螺参与闭环。

适当增加 k ，也可减小式（6.4.15）发生的概率，从而减小较差构型的故障漏诊机会。不过这取决于定姿系统的容错能力。

如果备份陀螺足够，即使出现 F 的两位为 1，也可以将对应的两个陀螺踢出系统，选择新的、使得组合构型较好的陀螺加入。

6.4.3　应用实例

采用两组正交陀螺（3＋3）工作，在任意方向的冗余度均为 2，测量误差方差是单个陀螺的一半，有很好的精度，两组之间的安装方位可以任意。但是，如果允许两个陀螺故障，从容错能力来看，让所有陀螺沿卫星本体某固定轴 $\boldsymbol{Z}$ 对称安装是最强的。

图 6－1 给出了 3 组正交陀螺对称安装的实例，正常工作采用（$G1$，$G3$，$G5$）和（$G2$，$G4$，$G6$）两组正交陀螺，它们采用金字塔构型，所有陀螺方位 $\boldsymbol{c}_j$ 与本体固定轴 Z 夹定角：

$$\boldsymbol{c}_j \cdot \boldsymbol{Z} = \frac{1}{\sqrt{3}}$$

且它们在 XY 平面的投影均匀分布，如同图 6－2。备份的正交陀螺组（$G7$，$G8$，$G9$）仍然与工作陀螺分布在同一锥面上。

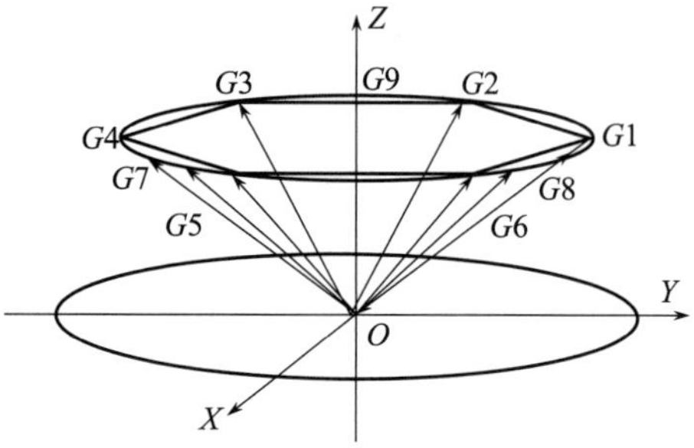

图 6－1　陀螺在卫星本体坐标系中的安装

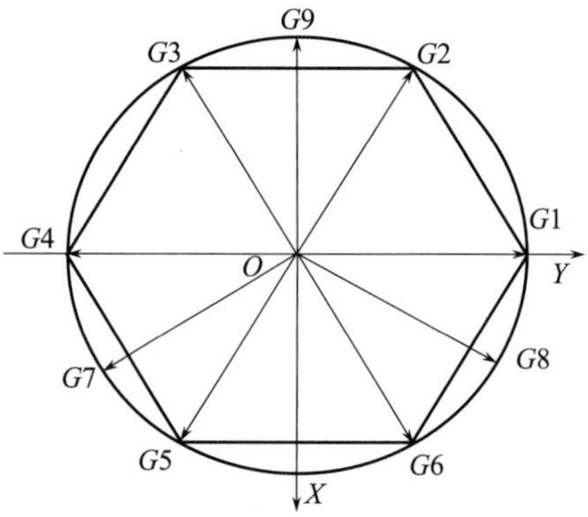

图 6－2　陀螺在卫星本体坐标系 XOY 平面的投影

（1）故障检测与定位方法的仿真验证

建立卫星高精度控制系统的数学仿真系统，9 个陀螺对卫星角速度进行测量，陀螺模型考虑了常值漂移和噪声。

从 9 个陀螺中任意选择 5 个，设置 4 个正常，1 个陀螺异常。设定参数 $B=3$（°）/h，$k=13$（判定故障的下限为 39（°）/h）。设置正常陀螺的测量偏差不大于 B ，而异常陀螺的测量偏差设置在 30（°）/h～200（°）/h。

仿真系统对构型组合（共 $C_9^5=126$ 种构型）、异常陀螺设置、异常偏差进行遍历，结果表明：

1）正常陀螺不会被诊断为故障。

2）陀螺异常偏差小于 39（°）/h，不会被诊断为故障。

3）陀螺异常偏差大于 165（°）/h，必被诊断为故障。

而异常偏差为 39（°）/h～165（°）/h，是否被诊断为故障依构型而定，上下界的比约为 4.2。

（2）两组正交陀螺的异常检测与故障定位

正常情况下，一般先采用两组正交陀螺（3＋3）工作。

1）检测陀螺组是否正常。

事实上，构型对称轴满足：

$$\boldsymbol{Z}=\frac{1}{\sqrt{3}}(\boldsymbol{c}_1+\boldsymbol{c}_3+\boldsymbol{c}_5)=\frac{1}{\sqrt{3}}(\boldsymbol{c}_2+\boldsymbol{c}_4+\boldsymbol{c}_6)$$

将 6.4.1 节的检测方法扩大到维数 $N=6$，则 $\boldsymbol{C}$ 的零空间向量为

$$\boldsymbol{e}=\frac{1}{\sqrt{6}}\begin{bmatrix}1 & -1 & 1 & -1 & 1 & -1\end{bmatrix}^{\mathrm{T}}$$

式（6.4.6）中的各参数为

$$E=\sqrt{6},\quad e_M=e_m=\frac{1}{\sqrt{6}},\quad \mu=1$$

仍按式（6.4.9）计算检测量，因此陀螺组正常的必要条件为

$$|s|\leqslant EB=\sqrt{6}B \tag{6.4.16}$$

而满足式（6.4.16）的异常一定有

$$|g_j|\leqslant\left(\frac{2E}{e_m}-1\right)B=11B$$

如果选择的故障下限因子

$$k>11$$

就可以用式（6.4.16）判断两正交陀螺组合是否正常。通常该选择是合理的。

2）可能的异常检测与故障定位。

如果式（6.4.16）不能满足，则说明可能存在故障。针对工作陀螺的 6 个五陀螺组合，分别采用 6.4.1 节方法检测异常。

①如果 5 个组合检测到异常［条件（6.4.11）触发］，另一个组合无异常，则不在无异常组合中的那个陀螺可以定位为故障。

②如果有组合但少于 5 个组合检测到异常，对这些组合依次应用 6.4.2 节的定位算法，直到某个组合检测到 F 中为 1 的位只有 1 个，则定位故障，退出当前诊断。

6.5　系统稳定性质和状态演化的实时检测方法

比部件异常检测更高层级的，是系统状态是否正常的检测。当未知故障发生时，通常导致部件故障误判，造成错误的系统重构，逻辑上的负反馈系统会变成实质的正反馈，危害极大，教训深刻，该类故障需尽早发现与隔离。系统状态的实时检测，是预防未知故障

扩散、造成系统严重恶化的必要手段。

目前常用的检测有以下两类。

（1）推进系统喷气频繁检测

其检测的原理是推力器的使用频度、预计的作用量超出了正常的干扰作用及姿态角与角速度控制所需的作用量。其判据比较多，如平滑估计喷气脉冲间隔时间、统计滑动时间窗口内6个方向（三轴正负方向）喷气时间、统计滑动时间窗口内三轴正负方向喷气时间之差等，只要有任意一个检测量超出设置的阈值，则认为系统控制异常，并采取将推进系统切换到健康分支，甚至系统停止控制等待地面处理的措施。

该方法能够保证在异常发生后，卫星角速度限制在一定范围内，从而确保结构安全，因而是必要的保证安全底线的措施。

不过，其依据的正常所需作用量不确定性大，检测阈值不能太小，否则可能不能保证正常的控制。因而，一旦触发，就说明系统性能已经恶化，正常业务只能中断。

（2）姿态角速度或姿态角超限检测

其检测原理是系统状态严重不符合预期，认为控制系统有异常。视控制模式不同，两者可能同时使用，也可能只使用其中之一。但是，它们不能用在过渡过程中，否则容易误判，中断正常控制进程。只有当确认进入某个模式的初始状态的误差较小，或者经过一定的过渡时间，才启用判据。

对于长期运行的卫星而言，该判据也是需要的。当然，其存在过渡时间较长、检测阈值不确定性同样较大的缺点。

上述策略是静态的检测方法。下面从系统动态与状态演变特性的角度，讨论系统状态检测方法，减小检测阈值的不确定范围，从而减少异常发生后的扩散时间。

6.5.1　闭环系统的状态演变特性

（1）轮控系统状态演变特性

考察4.3节所述系统，在采用轮控的复合控制作用下，由式（4.3.4）和式（4.3.6）得

$$\boldsymbol{I}_S\dot{\boldsymbol{\omega}} = \boldsymbol{T}_{\mathrm{PID}} + \delta\boldsymbol{T} \tag{6.5.1}$$

式中，$\delta\boldsymbol{T}$ 为各类力矩补偿后的残差，也包含弱耦合的正交补模态作用在系统的力矩［见式（4.3.2）等号右边后两项］；$\boldsymbol{T}_{\mathrm{PID}}$ 为式（4.3.6）定义的反馈控制律。

依据闭环系统的稳定性质和角动量定理，正常控制的情况下，系统具有如下特性。

1）平衡点附近的类动能 E_k 近似单调减小：

$$E_k = E_{k,\omega} + E_{k,\dot{\eta}},\quad E_{k,\omega} = \frac{1}{2}\delta\boldsymbol{\omega}^{\mathrm{T}}\boldsymbol{I}_S\delta\boldsymbol{\omega} \tag{6.5.2}$$

式中，$E_{k,\dot{\eta}}$ 为振动模态的动能。$E_{k,\omega}$、$E_{k,\dot{\eta}}$ 都会近似衰减至0。

2）平衡点附近的类势能 E_p 同样近似单调减小：

$$E_p = E_{p,Q} + E_{p,\eta},\quad E_{p,Q} = \frac{1}{2}\omega_c^2(2\boldsymbol{Q}_v)^{\mathrm{T}}\cdot\hat{\boldsymbol{I}}_S\cdot 2\boldsymbol{Q}_v \tag{6.5.3}$$

式中，$E_{p,\eta}$ 为振动模态的势能。$E_{p,Q}$ 、$E_{p,\eta}$ 都会近似衰减至 0。

3）式（6.5.1）左右两边在本体系短时间的积分应符合一致性。

（2）姿态喷气控制的系统状态演变特性

如果将姿态的喷气控制也纳入进来，则可以扩大本节方法的适用范围，可应用到建立全天时高精度控制模式之前的过渡模式和安全模式。但喷气控制律不一定采用复合控制和 PID 控制律，式（6.5.1）要做一定的改动：

$$\boldsymbol{I}_S\dot{\boldsymbol{\omega}} = (\boldsymbol{T}_c + \hat{\boldsymbol{T}}_d) + \delta\boldsymbol{T} \tag{6.5.4}$$

式中，$\boldsymbol{T}_c$ 为控制力矩；$\hat{\boldsymbol{T}}_d$ 为式（4.3.4）中其他力矩的可估计部分；$\delta\boldsymbol{T}$ 为其他力矩的不可估计部分和估计误差。

对于喷气控制而言，系统状态走极限环运动，轮控系统的特性 1）2），喷气控制只是在大范围上成立，而到一定边界内就不是收敛的情况，甚至允许小量增长；但角动量定理是一定符合的，因此特性 3）是一样的。

6.5.2　系统变化趋势与异常的检测

（1）类能量变化趋势的检测

正常情况下，E_k 、E_p 都是收敛到一定范围的；而如果 E_k 异常，E_p 也不会是正常的，反之亦然。因此，只需讨论 E_k 变化趋势的检测。

一般 E_k 中只有 $E_{k,\omega}$ 是可以测量和计算的，而理想的控制系统 $E_{k,\omega}$ 、$E_{k,\dot{\eta}}$ 都是衰减的，理论上只要检测 $E_{k,\omega}$ 是否衰减就可以反映系统是否正常。但是，即使是正常的轮控情况，也经常有偶然的激励导致卫星附件启振，喷气控制则更容易启振。因此，异常判据需要剔除 $E_{k,\dot{\eta}}$ 的主要影响。

1）检测周期的选择。

首先，取检测周期 T_{E1} ，其可以比最低阶易振非约束模态（喷气控制情况，还需将液体晃动模态考虑进去）的一半周期略大，这样在时间区间 $[0，T_{E1}]$ 内存在 $E_{k,\dot{\eta}}=0$ 的时刻，该区间 $E_{k,\omega}$ 的最大值就基本去除了振动动能的主要部分，将其当作当前拍的检测量。

其次，针对喷气控制，还需要选择一个更快的检测周期 T_{E2} ，可以比最低阶易振非约束模态的周期小一个量级或以上。这样，前后两个检测周期的时间差很小，$E_{k,\dot{\eta}}$ 的变化小，因此 E_k 的变化近似为 $E_{k,\omega}$ 的变化。

额外选择快周期 T_{E2} 的原因是喷气控制的力矩相对很大，如果设计上对喷气间隔不加限制（某些模式干扰力矩可能的确很大），某些严重的异常会使卫星角速度上升得比较快，因此应限制检测时间；而周期 T_{E1} 相对慢一点，适用于缓变异常的检测。

2）判据。

如果某个检测周期的检测量在一定范围内（设边界为 B_E），可以视为本拍正常。B_E 依据 $\delta\boldsymbol{\omega}$ 的允许范围、系统容错能力而定，太小会将系统正常波动当作异常，太大会导致系统不必要的恶化。喷气控制的情况下，B_E 应取的更大一些，以适用于极限环存在、附件振动与液体晃动相对较大的情况。

如果检测量超出边界 B_E ，并且超过一定的增长速率 D_E ，则可认为本拍不正常，而不正常比较频繁，则认为系统异常。增长率 D_E 与反映异常频繁的计数上限 n_m 配合使用，既要排除偶发波动，也要缩小判据的不确定界。

3）动能变化异常检测算法。

记检测周期为 T_E 。轮控时，$T_E = T_{E1}$ ，调用下面算法；喷气控制时，分别将 T_{E1} 、T_{E2} 代入 T_E ，同时调用下面算法，只要其中一个检出异常，则做异常处理。

算法步骤如下。

A1.　初始化，$E_{\text{last}} = 0$，计数器 $n = 0$。

A2.　按式（6.5.2）计算当前时刻开始的一段时间 T_E 内的 $E_{k,\omega}$ ，将其最大值赋给 E 。

A3.　如果 $E < B_E$ ，则 $E_{\text{last}} = E$ ，返回 A2。

A4.　如果 $E - E_{\text{last}} > D_E T_E$ ，则 $n = n + 1$；否则，$n = \max\{n - 2, 0\}$ 。

A5.　$E_{\text{last}} = E$ 。

A6.　如果 $n \geqslant n_m$ ，则系统异常，应做异常处理；否则，返回 A2。

角速度测量异常、控制器计算异常、控制输出接口异常、执行机构异常均可能导致检测量逐渐发散，而姿态测量异常会通过控制器计算异常迅速体现出来。如果控制对象发生大的变化，如卫星结构出现异常大的变形而导致质心、力臂、惯量参数、振动模态或环境力矩发生巨大变化，超出控制律的稳定裕度，或者推进剂泄漏力矩超出控制范围等，也可能导致检测量发散。

系统一旦发散，则 A4 的条件很容易满足；相反，系统正常，哪怕是一定的等幅振荡，也不会连续 n_m 次满足 A4 的条件。

（2）角动量不一致性的检测

取时间 T_H 。式（6.5.1）等号左边在本体系的积分反映了系统冻结状态的角动量变化，可以通过姿态角速度测量计算得到：

$$\Delta \boldsymbol{H}_m = \boldsymbol{I}_S \boldsymbol{\omega}(t + T_H) - \boldsymbol{I}_S \boldsymbol{\omega}(t) \tag{6.5.5}$$

而等号右边在本体系短时间的积分，则包括控制器未补偿的柔性振动的角动量变化和执行机构输出导致的角动量变化。

但轮控系统的计算数据来源于执行机构的指令输入 $\hat{\boldsymbol{T}}_{\text{PID}}$ ，而喷气控制的计算数据来源除了控制指令输入 $\hat{\boldsymbol{T}}_c$ 外，还需要计算 $\hat{\boldsymbol{T}}_d$ ，因此，能得到的积分，对于轮控系统：

$$\Delta \boldsymbol{H}_c = \int_t^{t+T_H} \hat{\boldsymbol{T}}_{\text{PID}} \mathrm{d}t \tag{6.5.6a}$$

其中，$\hat{\boldsymbol{T}}_{\text{PID}}$ 必须是限幅到执行机构的正常能力范围内的，正常情况是能完全输出的。对于喷气控制系统：

$$\Delta \boldsymbol{H}_c = \int_t^{t+T_H} (\hat{\boldsymbol{T}}_c + \hat{\boldsymbol{T}}_d) \mathrm{d}t \tag{6.5.6b}$$

同样，$\hat{\boldsymbol{T}}_c + \hat{\boldsymbol{T}}_d$ 必须是限幅到执行机构的正常能力范围内的。

下面通过检测 $\Delta\boldsymbol{H}_m$ 和 $\Delta\boldsymbol{H}_c$ 的不一致来检测系统异常。不过，即使系统正常情况下，$\Delta\boldsymbol{H}_m$ 和 $\Delta\boldsymbol{H}_c$ 的不一致也包括两方面。

1）未补偿的柔性振动的角动量变化。

2）$\hat{\boldsymbol{T}}_{\mathrm{PID}}$ 与 $\boldsymbol{T}_{\mathrm{PID}}$ 的差异或者 $\hat{\boldsymbol{T}}_c$ 与 $\boldsymbol{T}_c$ 的差异，即执行机构输入/输出误差。对于轮控系统，它们会比较小；但对于喷气控制系统，这两方面的不一致会突出一些。

为了提高判据的容错能力，防止误判，我们采取如下措施。

1）分别比较 $\Delta\boldsymbol{H}_m$ 和 $\Delta\boldsymbol{H}_c$ 的三轴分量，并且三轴可以采取不同的积分时间 $T_{H,i}$（$i=x$，y，z），为该轴耦合最大的最低阶易振非约束模态（含液体晃动模态）的一半周期。

2）针对喷气控制系统，除 1）中选择的积分时间外，三轴分别再额外选择更快的积分时间，选择原理同动能检测的 T_{E2}。

3）容许 $\hat{\boldsymbol{T}}_{\mathrm{PID}}$ 与 $\boldsymbol{T}_{\mathrm{PID}}$ 存在一定差异，即将不一致判断的阈值适当取的大一些。

可以对 i 轴（$i=x$，y，z）设计如下角动量不一致异常检测算法：

A1. 初始化，计数器 $n=0$，$T_H=T_{H,i}$。

A2. 当前时刻开始的一段时间 T_H 内，计算式（6.5.4）和式（6.5.5），得到 $\Delta\boldsymbol{H}_m$ 和 $\Delta\boldsymbol{H}_c$ 的第 i 个分量 $\Delta H_{m,i}$ 和 $\Delta H_{c,i}$。

A3.

A3.1　如果 $|\Delta H_{c,i}|>\varepsilon_H T_H$，则：

A3.1.1　若 $|\Delta H_{m,i}-\Delta H_{c,i}|>(1-\eta)|\Delta H_{c,i}|$，则 $n=n+1$；

A3.1.2　否则 $n=\max\{n-2,0\}$。

A3.2　否则：

A3.2.1　若 $|\Delta H_{m,i}-\Delta H_{c,i}|>\varepsilon_\Delta T_H$，则 $n=n+1$；

A3.2.2　否则 $n=\max\{n-2,0\}$。

A4.　如果 $n\geqslant n_m$，则系统异常，应做异常处理；否则，返回 A2。

上述算法中，A3.2 是判断控制量较小的情况，$\Delta H_{m,i}$ 与 $\Delta H_{c,i}$ 是否仍有较大的偏差（ε_Δ 反映其平均值）。这个不一致的发生，说明姿态测量、执行或控制对象发生异常。ε_Δ 的选取要考虑干扰力矩积累、附件运动不确定性、残余振动角动量等因素的正常作用，并留有一定的余量。

而 A3.1 是在有一定的控制量的情况下（ε_H 反映其平均值），判断即使执行机构输入/输出存在一定差异（$0<\eta<1$ 表示输入/输出的吻合程度），$\Delta H_{m,i}$、$\Delta H_{c,i}$ 的方向是否一致，方向不一致必然导致系统异常。如果控制量太小，方向判断会受残余振动角动量和其他小量的影响。因此，ε_H 必须适当，不能太小，但应在正常控制的能力范围内。对于动量轮而言，η 一般可以取的比较大（如 $\eta\geqslant 0.6$），机电系统的性能衰减太多，可以判为故障。但对于喷气控制系统，系统可以允许推力有比较大的衰减，仍能很好地工作，η 一般可以取的比较小（如 $\eta=0.25$）。

此外，在有一定控制量的情况下，$\Delta H_{m,i}$ 与 $\Delta H_{c,i}$ 即使方向一致，但仍有较大的偏差，也可能触发异常判断。参照 A3.2 的分析，$(1-\eta)\varepsilon_H$ 应与 ε_Δ 相当。

导致动能变化异常的因素，同样也是导致角动量不一致的主要原因。

6.5.3 系统变化异常的处理

控制系统回路主要包括 4 个环节：L1，测量；L2，控制器、控制软件、接口；L3，执行机构；L4，控制对象。如上所述，它们中任一个异常，都是系统异常——动能变化异常、角动量不一致异常的诱因。

（1）控制对象异常的可能原因与检测

前文已经介绍了 L1～L3 的异常检测方法或原则。这里简要介绍 L4 环节异常的可能原因及可能的检测手段。

常见的控制对象异常，主要是卫星的子体结构发生异常。原因可能是外因，如空间碎片撞击，瞬间改变卫星的角动量和动能，并破坏卫星的结构；也可能是内因，如结构连接铰链、拉索或支撑架断裂，导致子体结构展开未到位、或非预期变形等。子体结构异常，通常导致卫星质心、惯量、推力器力臂偏离设计状态，控制系统动力学参数发生变化；其次，可能发生结构遮挡敏感器视场，导致相应敏感器失效；还可能发生变形结构与推力器羽流作用，产生异常的干扰力与干扰力矩，甚至超出正常控制能力、改变控制极性等。

此外，大型结构在真空环境展开时，初期放气会产生超出预期或预料不到的干扰力，如果大型结构关于质心不对称，其干扰力矩将超出控制能力，这类现象也可归入控制对象异常。

检测结构异常，既可以利用拉力、应力、应变、监视相机等传感器测量进行识别；也可以利用子体闭环控制系统内部的故障诊断程序进行定位；且可以利用子体应用功能的衰弱，结合必要的先验知识进行识别，比如依据太阳翼受照的电流变化与太阳方位的关系，可以计算太阳翼法线的变化，从而大致了解太阳翼的变形情况；还可以根据陀螺组测量的角速度突变、惯量参数辨识等方法监测卫星的结构变形情况。应具体情况具体分析，这里不再阐述。至于结构非对称的放气力矩干扰问题，在卫星入轨初期应特别注意，可利用角速度测量、干扰力矩估计、推力器喷气控制是否单方向频繁等检测手段，加以识别。

（2）系统异常检测与部件检测相结合的处理原则

当检测到动能变化异常或角动量不一致异常时，还需要结合各环节的具体故障检测结果，才能定位异常环节，给出处理措施。系统异常检测与部件检测相结合的主要处理原则如下。

1）相比部件异常的检出时间，系统异常的检出时间一般要设置得相对长一些，给 L1～L4 各环节的异常检测留出必要的时间。如果在系统异常的检测周期内，L1～L4 中有环节已检出异常，则故障可定位。该环节故障部分若有健康的备份，应尽快切换到备份，在系统性能恶化前重建系统；若没有备份，系统只能切换到其他异构模式，或者停控。

2）当检出系统异常，而所有 4 个环节都没有检出异常时，应根据各环节异常检测算法的完备程度、部件备份情况判断可疑环节。如果该可疑环节只有一个，则可以定位为该环节有异常，在有健康的全备份的情况下，利用全备份重组系统。例如，推进系统异常检测策略不完善，发生上述情况时，若有健康的分支，应尽快切换；如果可疑环节没有备份，或者可疑环节是控制对象，或者可疑环节有两个或以上，不能可靠地重建健康系统，则系统应该停控，避免卫星受损，交给地面处理。

下面具体介绍系统检出异常，而只有一个环节可疑的措施。

（1）测量环节可疑的处理

在星敏感器和陀螺的健康备份逐渐减少、冗余信息少到一定程度后，测量环节的异常检测手段就不再完备。因此，检出系统异常后，测量环节可疑的概率就比较大。

如果确认可疑部件是星敏感器，而又不能定位是哪一个，则依据实际情况，可以采取如下 3 种方案之一。

1）若有效载荷的恒星敏感信息或者地标信息可以实时提供给控制系统（采样周期或数据间隔可以比较大），则 3.4 节描述的陀螺与星敏感器组合定姿的算法，其中星敏感器的测量信息由有效载荷的测量信息（如果是地标信息，应利用轨道参数转换到惯性系）替代，仍能获得较高的定姿精度；

2）若卫星安装有地球敏感器和太阳敏感器，则由它们与陀螺组成新的定姿系统，可获得 0.01°量级的对地姿态精度。

3）利用太阳敏感器和陀螺定姿，卫星转为对日定向姿态，保证能源。

如果确认可疑部件是陀螺组件且不能准确重构健康的陀螺组合，则采用 3.5 节描述的依赖动力学模型的星敏感器定姿算法。

（2）控制器环节可疑的处理

如果异常不能定位到具体模块，且处理器模块、信号接收和驱动模块都有健康的备份，应全部切换到健康的备份工作，重组控制器。如果没有措施确保控制器健康重建，则驱动输出应清零或封锁，系统进入停控模式，等待地面处理。

（3）执行机构环节可疑的处理

如果确认可疑部件是动量轮，则最大可能是动量轮摩擦力矩急骤变大，在部件异常检测算法诊断故障前，系统检测出角动量不一致异常。其处理措施应该是将姿态控制从轮控方式切换到控制力矩更大的喷气控制方式，确保姿态受控，当后续诊断出动量轮故障、故障轮停转后，再利用健康动量轮重组轮控系统。

在姿态的喷气控制或者轮控卸载的喷气控制期间，如果确认可疑部件是推力器，则应迅速切换到健康的全备份推力器分支，原来使用的推力器分支不能使用。进一步地，若没有健康的备份推力器可用，则有以下两种方案可选。

1）系统停控，等待地面处理。该方案可以保证故障不扩散，但姿态会失去控制，任务中断时间较长，甚至蓄电池有概率不能有效充电，存在能源风险。

2）不再使用推力器参与控制，采用动量轮进行姿态控制，可以较快地重建稳定姿态，恢复正常控制。其前提是卫星角动量必须在动量轮组的动量包络范围内，但由于动量轮组容量有限，而推力器作用力矩大，通常在系统发生异常时不易做到。不过，采取本节基于系统状态动态演化特性检测的方法，可以在卫星角速度较小时即检测出异常，从而保证了采用轮控的可行性。后续的角动量卸载需要使用环境力矩，6.6 节将对这种情况的轮控方法进行研究。

(4) 控制对象环节可疑的处理

控制对象发生变化，对其特性不能有效辨识，从而检出系统异常。这意味着对象变化超出了控制系统的稳定裕度，应尽快停控，避免卫星结构恶化。如果星上设计有主动辨识算法，则在有效修正质心位置、推力器力臂、卫星质量特性参数后，可以利用常规手段重建稳定姿态，然后返回正常控制模式。对于变形结构与推力器羽流作用超出控制能力的情形，通过各种检测手段判断哪些推力器工作受到影响，并禁用产生控制极性问题的推力器，重组用于控制的推力器。

至于入轨初期的结构非对称的放气力矩干扰问题，采用喷气频繁判据，可能引起误判，最好区分是单边喷气频繁还是双边频繁，入轨初期出现短期的单边喷气频繁、且姿态比较稳定，可视为控制正常；如果检测出系统异常，说明干扰力矩超出控制能力，可重组推力器加大控制能力、或者停控，等待地面处理。

6.6 不使用推进情况下的长期高精度姿态稳定控制方法

本节内容是 6.5 节方法检出系统异常，且不能可靠地在系统中引入必要的推力器组合时的后续处理，也适用于推进系统判出故障、无健康推力器分支可用的情况。

得益于系统状态演变特性的及时检测，当检出系统异常时，控制系统具有如下特点。

1) 卫星角速度较小，系统角动量在动量轮组的动量包络内。

2) 星敏感器在小角速度下仍能正常输出姿态数据，陀螺输出正常，远没有饱和。

3) 不可再使用推力器，角动量卸载只能依赖环境力矩。

低轨卫星配置有磁力矩器，可以作为角动量卸载的执行机构，角动量卸载能力强；而对于地球静止轨道卫星，只能依靠太阳光压力矩进行角动量卸载。如果是双太阳翼卫星，则在兼顾能源需求的同时，采用驱动南北太阳翼、通过制造两翼光照面积差异来产生方向合适的光压力矩进行卸载。但是，类似 4.4.5 节描述的单翼卫星，情况就复杂得多。

特别指出，如果不使用推进系统，则卫星的轨道保持能力就没有了。本节方法适用条件可以有如下几方面。

1) 推进系统排除故障期间，能够保证卫星姿态和载荷工作。

2) 低轨卫星此后不做轨道维持，仍可保证主要业务；如果轨道相对较高，则可不影响卫星寿命。

3) 静止轨道遥感卫星不做南北位保仍可维持主要业务。此时需要东西位保的平经度控制（不再做偏心率控制），主要是避免卫星东西漂移，不干涉其他轨位卫星。由于东西位保的速度增量较小，以下情况卫星仍然可业务使用：

(a) 化学推进系统点火主功能丧失，但贮供的压力正常，由高压的液体、气体排出提供东西位保平经度控制的动力。

（b）东西面只有严重欠配置的化学推力器或电推力器，需要卫星频繁调姿配合位保。

（c）推进剂严重不足，仍需维持一段时间的主要业务。

下面重点将地球静止轨道的单翼卫星作为对象，按照恢复稳定姿态、实现长期稳定控制所采取措施的顺序和要点进行介绍，其中也交代低轨卫星和静止轨道双翼卫星的处理方法。包括：

1）速率阻尼，并建立稳定的惯性指向。

2）建立合适的对日姿态，保障卫星能源供应，利用外力矩卸掉一部分角动量，便于动量轮有更大的控制空间。

3）轮控机动到正常对地，建立长期的对地指向、角动量管理的正常模式。

如果系统角动量远未达到动量轮组的动量包络，则可以直接执行步骤 3)，迅速建立正常姿态。

6.6.1　速率阻尼与惯性指向

不考虑子体运动和挠性振动，系统方程（4.3.2）和轮组角动量关系（4.4.5）如下：

$$\boldsymbol{I}_S\dot{\boldsymbol{\omega}} = -\dot{\boldsymbol{H}}_w + \boldsymbol{T}_d - \boldsymbol{\omega}\times(\boldsymbol{I}_S\boldsymbol{\omega} + \boldsymbol{H}_w) \tag{6.6.1a}$$

$$\boldsymbol{H}_w(t) = \boldsymbol{Ch}(t) \tag{6.6.1b}$$

采取如下控制律：

$$\dot{\boldsymbol{H}}_w = k_r k \boldsymbol{I}_S\boldsymbol{\omega} \tag{6.6.2a}$$

$$\boldsymbol{u}_{\text{null}} = -k_{rn}k_n\boldsymbol{Mh} \tag{6.6.2b}$$

$$\dot{\boldsymbol{h}} = \boldsymbol{D}\dot{\boldsymbol{H}}_w + \boldsymbol{u}_{\text{null}} \tag{6.6.2c}$$

式中，$\boldsymbol{D}$ 、$\boldsymbol{M}$ 分别为 4.4 节定义的轮组的伪逆分配矩阵和零运动分配矩阵。

控制律中的各标量参数均为正数。其中，k 、k_n 为控制增益；$k_r \leqslant 1$ 对三轴控制力矩进行限制，避免超出实际能力，可随 $\boldsymbol{\omega}$ 值的大小自动调整，$\boldsymbol{\omega}$ 值较大时可以取得小点；$k_{rn} \leqslant 1$ 对轮组零运动力矩进行限制。

阻尼律［式（6.6.2a）］使得 $\boldsymbol{\omega}$ 收敛到很小的范围，取 Lyapunov 函数：

$$V = \frac{1}{2}\boldsymbol{\omega}^{\mathrm{T}}\boldsymbol{I}_S\boldsymbol{\omega}$$

忽略干扰力矩，则

$$\dot{V} = -k_r k V$$

系统渐近稳定。

轮组采用伪逆分配，出发点是在满足姿态控制的约束下保证 $\boldsymbol{h}^{\mathrm{T}}\boldsymbol{h}$ 最小，而零运动控制律［式(6.6.2*b*)］确保 $\boldsymbol{h}$ 的零空间分量 $\boldsymbol{Mh}$ 收敛到 0，这样在速率阻尼期间轮子转速有最优的调整范围。

当 $\boldsymbol{\omega}$ 收敛到较小的范围时，将控制律切换为 PID 控制律，即式（4.3.6）中的 $\boldsymbol{T}_{\text{PID}}$ ，稳定住卫星当前的惯性指向。

6.6.2 建立对日姿态与角动量卸载

设太阳翼转轴平行于星体 Y 轴，卫星质心至太阳翼压心的矢径为 $\boldsymbol{r}_f$（双太阳翼加下标区分），近似平行于 Y 轴。不管星体 Y 轴初始的空间指向如何，总是可以通过轮控实现小角速度调姿，使得 Y 轴的空间指向与 $\boldsymbol{S}$ 近似垂直；而用 SADA 转动太阳翼，使其电池面法线指向太阳，维持该对日姿态，从而保证能源获取。

此后，对于配置有磁力矩器的低轨卫星，地磁场随轨道运动在惯性系变化，有利于卸载各方向角动量。对日姿态下采用磁力矩器卸载部分动量轮角动量，再规划卫星姿态机动方向和机动速度，利用轮控重新建立正常的对地姿态和角速度，长期将磁力矩器作为角动量卸载的执行机构，应用 4.4 节给出的方法实现角动量管理的任务。本节对比不做进一步讨论。

而利用光压力矩卸载方案，受限于系统角动量 $\boldsymbol{H}_\Sigma$、太阳矢量 $\boldsymbol{S}$ 的空间关系，相对复杂一些。$\boldsymbol{H}_\Sigma$ 短时间内维持惯性空间不变，经过上面的处理，已基本被动量轮吸收。设 $\boldsymbol{H}_\Sigma$ 与 $\boldsymbol{S}$ 的夹角为 α 。

依据卫星结构特点、光照系数和太阳光压力公式［式（5.3.2a）］，太阳翼光压力中平行 $\boldsymbol{S}$ 的部分是主要的，而其他部分及卫星其他面的光压次要且具有不确定性，因此利用前者卸载，后者当作干扰。可利用的太阳光压力矩为

$$\boldsymbol{T}_f = -pA_f c_1 \cos\theta \cdot \boldsymbol{r}_f \times \boldsymbol{S} \tag{6.6.3}$$

式（6.6.3）是（6.6.1a）中 $\boldsymbol{T}_d$ 的一部分，式中符号说明参见 5.3 节。

力矩 $\boldsymbol{T}_f$ 只能卸载 $\boldsymbol{H}_\Sigma$ 垂直 S 的分量。如果 $\boldsymbol{H}_\Sigma$ 与 $\boldsymbol{S}$ 平行，即 $\alpha=0$ 或 π ，则 $\boldsymbol{T}_f$ 起不了卸载的作用，卫星可以保持惯性姿态，而 $\boldsymbol{S}$ 随着地球公转进动，$\boldsymbol{H}_\Sigma$ 平行于初始 $\boldsymbol{S}$ 的分量就可以缓慢地卸载。下面讨论 $\boldsymbol{H}_\Sigma$ 与 $\boldsymbol{S}$ 不平行的情况。记方向

$$\boldsymbol{e}_y = \frac{\boldsymbol{S} \times \boldsymbol{H}_\Sigma}{|\boldsymbol{S} \times \boldsymbol{H}_\Sigma|}, \quad \boldsymbol{e}_x = \boldsymbol{e}_y \times \boldsymbol{S}$$

式中，$\boldsymbol{e}_x$ 为 $\boldsymbol{H}_\Sigma$ 垂直 $\boldsymbol{S}$ 的分量的方向。

（1）考虑单翼卫星

通过调姿，使得 $\boldsymbol{r}_f$ 位于平面 $\boldsymbol{S}\boldsymbol{e}_y$ 内，不妨设

$$\boldsymbol{r}_f = r_f(\cos\beta\boldsymbol{S} + \sin\beta\boldsymbol{e}_y)$$

则

$$\boldsymbol{T}_f = -pA_f r_f c_1 \mathrm{c}\theta\,\mathrm{s}\beta \cdot \boldsymbol{e}_x \tag{6.6.4}$$

当 $\mathrm{c}\theta\,\mathrm{s}\beta > 0$ 时，太阳光压力矩即可卸载 $\boldsymbol{H}_\Sigma$ 。若 $\boldsymbol{r}_f // \boldsymbol{Y}$ ，取 $\beta=\pi/2$，则卸载力矩取最大值

$$\boldsymbol{T}_f = -pA_f r_f c_1 \cdot \boldsymbol{e}_x$$

（2）考虑双翼卫星

通过制造两翼光照面积差异产生卸载力矩。两翼法线与 $\boldsymbol{S}$ 夹不同的角度，分别为 θ_1、θ_2。合力矩为

$$\boldsymbol{T}_f = -pA_f c_1(\mathrm{c}\theta_1 \boldsymbol{r}_{f1} + \mathrm{c}\theta_2 \boldsymbol{r}_{f2}) \times \boldsymbol{S} \tag{6.6.5}$$

由于 $\boldsymbol{r}_{fi}$ 分别近似平行 $\pm\boldsymbol{Y}$，通过调姿，使得 $\boldsymbol{Y}$ 位于平面 $\boldsymbol{S}\boldsymbol{e}_y$ 内，可以卸载 $\boldsymbol{e}_x$ 方向的角动量。简化问题，考虑主要因素，不妨设

$$\boldsymbol{r}_{f1}=r_{f1}(\cos\beta\boldsymbol{S}+\sin\beta\boldsymbol{e}_y)$$

$$\boldsymbol{r}_{f2}=-r_{f2}(\cos\beta\boldsymbol{S}+\sin\beta\boldsymbol{e}_y)$$

则

$$\boldsymbol{T}_f=-pA_fc_1\mathrm{s}\beta(r_{f1}\mathrm{c}\theta_1-r_{f2}\mathrm{c}\theta_2)\cdot\boldsymbol{e}_x$$

通过 β、θ_1、θ_2 的设置，既可保证满足能源需求的必要的受照面，又可确保 $\boldsymbol{T}_f$ 与 $\boldsymbol{e}_x$ 方向相反，起到卸载作用。若 $r_{f1}\geqslant r_{f2}$，取 $\beta=\pi/2$、$\theta_1=0$ 可以获得最大效果。

卫星通过轮控维持以上惯性姿态，并采用 式(6.6.2b) 给出的零运动控制律。直到 $\boldsymbol{H}_\Sigma$ 的值较小，保证重建姿态时动量轮角动量不饱和，进入下一个控制阶段。

6.6.3 长期稳定控制策略

本节仅介绍地球静止轨道卫星的情况。

6.6.3.1 双翼卫星

首先规划卫星姿态机动方向和机动速度，利用轮控重新建立正常的对地姿态和角速度，具体算法可以参考文献［4］。SADA 驱动太阳翼指向太阳。卫星姿态机动到位后，$\boldsymbol{H}_\Sigma$ 的值仍然很小。

卫星采用 4.3 节描述的高精度控制策略。

卫星的角动量在姿态运动空间的卸载策略，需要对 4.4.2 节的策略做改动。由于类似式（6.6.5）的卸载策略可以随时进行，因此可设预偏置量 $\boldsymbol{H}_0=\boldsymbol{0}$，但是卸载律需要重新设计。

卸载力矩［式（6.6.5）］中可设计部分为

$$\boldsymbol{r}_c=\mathrm{c}\theta_1\boldsymbol{r}_{f1}+\mathrm{c}\theta_2\boldsymbol{r}_{f2}$$

其主要分量是在星体 $\boldsymbol{Y}$ 方向，而其他方向的分量所产生的力矩在对地姿态下基本上不积累，因此可设计部分为

$$\boldsymbol{r}_c\approx(r_{f1}\mathrm{c}\theta_1-r_{f2}\mathrm{c}\theta_2)\boldsymbol{Y}$$

则式（6.6.5）可以卸载轮组合成角动量 $\boldsymbol{H}_w$ 在 $\boldsymbol{Y}\times\boldsymbol{S}$ 的分量，记

$$H_u=(\boldsymbol{Y}\times\boldsymbol{S})\cdot\boldsymbol{H}_w$$

调节 θ_1、θ_2 的控制律设计为

$$r_{f1}\mathrm{c}\theta_1-r_{f2}\mathrm{c}\theta_2\approx kH_u,\quad k>0 \tag{6.6.6}$$

例如，当 $H_u>0$ 时，令 $\theta_1=0$，$0<\theta_2<\pi/2$，依据能源需求适当选取，满足式（6.6.6）；当 $H_u<0$ 时，令 $\theta_2=0$，θ_1 适当大。

卸载力矩为

$$\boldsymbol{T}_f\approx-kpA_fc_1H_u(\boldsymbol{Y}\times\boldsymbol{S})$$

在维持对地姿态情况下，有

$$H_u\to0$$

初始时刻平行于 $\boldsymbol{S}$ 的角动量分量，将随地球公转而逐渐卸载。其具体措施在 6.6.3.2 节的单翼卫星情况中进行介绍。

轮组角动量在零运动空间的控制策略完全同 4.4.3 节，应保证参与控制的动量轮转速不过零、不饱和。

6.6.3.2　单翼卫星

单翼卫星只能采用半天零姿态对地（偏航角 0°）、半天调头对地（偏航角 180°）的工作方式，太阳翼维持对日。采用第 5 章符号，$\boldsymbol{e}_s$ 为 $\boldsymbol{S}$ 在轨道平面的投影方向，它们的夹角为 β（太阳在北为正），$\boldsymbol{e}_n$ 为轨道法线：

$$\boldsymbol{e}_w = \boldsymbol{e}_s \times \boldsymbol{e}_n$$

设半个轨道周期为 T_u 。

（1）光压力矩积累情况

1）太阳翼。

太阳翼转轴平行卫星 $\boldsymbol{Y}$ 轴，法线 $\boldsymbol{n} = \boldsymbol{e}_s$ 。记太阳翼压心矢径 $\boldsymbol{r}_f$ 在卫星本体系表示为

$$\boldsymbol{r}_f = x_f \boldsymbol{X} + y_f \boldsymbol{Y} + z_f \boldsymbol{Z}$$

一般 y_f 是主要部分。依据光压力公式［式（5.3.2a）］，光压力矩为

$$\boldsymbol{T}_f = -pA_f(a\boldsymbol{r}_f \times \boldsymbol{S} + b\boldsymbol{r}_f \times \boldsymbol{e}_s)$$

式中：

$$a = c_{1f}\,\mathrm{c}\beta, b = c_{2f}\,\mathrm{c}\beta + c_{3f}\,\mathrm{c}^2\beta$$

在半天的对地姿态下，$\boldsymbol{Y} \times \boldsymbol{S}$ 、$\boldsymbol{Y} \times \boldsymbol{n}$ 的积分最大。零姿态对地时，$\boldsymbol{Y} = -\boldsymbol{e}_n$ ，对应的积累角动量为

$$\boldsymbol{H}_{T+} = -pA_f y_f T_u(a\,\mathrm{c}\beta + b)\boldsymbol{e}_w \tag{6.6.7a}$$

而调头对地时 $\boldsymbol{Y} = \boldsymbol{e}_n$ ，积累角动量为

$$\boldsymbol{H}_{T-} = pA_f y_f T_u(a\,\mathrm{c}\beta + b)\boldsymbol{e}_w \tag{6.6.7b}$$

为后文使用方便，记

$$H_T = -pA_f y_f T_u(a\,\mathrm{c}\beta + b)$$

如果某半天太阳翼偏转小角度 θ ，则修正式（6.6.7a）或式（6.6.7b）的 A_f ，替代为

$$A_f\,\mathrm{c}\theta$$

从而可产生 $\boldsymbol{e}_w$ 方向的控制角动量：

$$\Delta\boldsymbol{H}_T = \boldsymbol{H}_{T+} + \boldsymbol{H}_{T-} \tag{6.6.7c}$$

在半天的对地零姿态下，设中间时刻 $\boldsymbol{X}$ 、$\boldsymbol{Z}$ 的指向分别为 $\boldsymbol{X}_e$ 、$\boldsymbol{Z}_e$ ，则 $\boldsymbol{X}$ 、$\boldsymbol{Z}$ 的积分分别为

$$\frac{2T_u}{\pi}\boldsymbol{X}_e, \quad \frac{2T_u}{\pi}\boldsymbol{Z}_e$$

而它们在半天的调头姿态下的积分为

$$\frac{2T_u}{\pi}\boldsymbol{X}_e, \quad -\frac{2T_u}{\pi}\boldsymbol{Z}_e$$

因而全天存在积累角动量为

$$\boldsymbol{H}_f = -\frac{4}{\pi} p A_f x_f T_u (a\boldsymbol{X}_e \times \boldsymbol{S} + b\boldsymbol{X}_e \times \boldsymbol{e}_s) \tag{6.6.8a}$$

或

$$\boldsymbol{H}_f = -\frac{4}{\pi} p A_f x_f T_u \left[(a\,\mathrm{c}\beta + b)\boldsymbol{X}_e \times \boldsymbol{e}_s + a\,\mathrm{s}\beta \cdot \boldsymbol{X}_e \times \boldsymbol{e}_n\right] \tag{6.6.8b}$$

虽然一般 $x_f \ll y_f$，$\boldsymbol{H}_f$ 在数值上远小于 $\boldsymbol{H}_T$，但仍应减小其积累。取

$$\boldsymbol{X}_e = -\boldsymbol{e}_s$$

积累最小，为

$$\boldsymbol{H}_f = \frac{4}{\pi} p A_f x_f T_u a\,\mathrm{s}\beta \cdot \boldsymbol{e}_w \tag{6.6.9}$$

这就意味着平衡情况下，调头的时间应选为卫星星下时的正午和子夜。

2) $\pm X$ 面。

取调头时刻为正午和子夜，则一个轨道周期 $\pm X$ 面只有一个面受照，将光压力公式［式（5.3.31a）和式（5.3.31b）］中 $\boldsymbol{f}_{R-}$、$\boldsymbol{f}_{R+}$ 的光照系数统一为一个面的系数，则它们描述了调头前后的受力情况。记压心矢径 $\boldsymbol{r}$ 在卫星本体系表示为

$$\boldsymbol{r} = x_X\boldsymbol{X} + y_X\boldsymbol{Y} + z_X\boldsymbol{Z}$$

显然，零姿态下：

$$\boldsymbol{r}_- = x_X\boldsymbol{e}_t - y_X\boldsymbol{e}_n - z_X\boldsymbol{e}_r$$

调头姿态下：

$$\boldsymbol{r}_+ = -x_X\boldsymbol{e}_t + y_X\boldsymbol{e}_n - z_X\boldsymbol{e}_r$$

计算光压力矩在惯性系积分，将 $\boldsymbol{r}_- \times \boldsymbol{f}_{R-}$ 和 $\boldsymbol{r}_+ \times \boldsymbol{f}_{R+}$ 中大小相等、惯性空间方向相反的项抵消，去掉它们的半轨道周期项和组合出的轨道周期项，得到全天积累角动量：

$$\boldsymbol{H}_X = \frac{1}{2} p A_X x_X T_u c_{1X}\,\mathrm{s}2\beta \cdot \boldsymbol{e}_w \tag{6.6.10}$$

3) $\pm Z$ 面。

一个轨道周期 $\pm Z$ 面会交替受照，正、反面的压心矢径在本体系可以表示为

$$x_Z\boldsymbol{X} + y_Z\boldsymbol{Y} + z_{Z+}\boldsymbol{Z},\quad x_Z\boldsymbol{X} + y_Z\boldsymbol{Y} + z_{Z-}\boldsymbol{Z}$$

应用式（5.3.25），得到全天积累角动量：

$$\begin{aligned}\boldsymbol{H}_Z = {} & pA_Z T_u\,\mathrm{s}2\beta\left[\frac{x_Z}{2\pi}(c_{1Z+} + c_{1Z-}) - \frac{1}{4}(z_{Z+}c_{1Z+} - z_{Z-}c_{1Z-})\right]\boldsymbol{e}_w \\ & + \frac{1}{\pi} pA_Z y_Z T_u\,\mathrm{c}\beta\left[(c_{2Z+} - c_{2Z-}) + \frac{\mathrm{c}\beta}{3}(c_{3Z+} - c_{3Z-})\right]\boldsymbol{e}_s\end{aligned} \tag{6.6.11}$$

其中，$\boldsymbol{e}_s$ 方向分量是由光照系数差异导致的。

4) $\pm Y$ 面。

一个轨道周期 $\pm Y$ 面也会交替受照，正、反面的压心矢径在本体系表示为

$$x_Y\boldsymbol{X} + y_{Y+}\boldsymbol{Y} + z_Y\boldsymbol{Z},\ x_Y\boldsymbol{X} + y_{Y-}\boldsymbol{Y} + z_Y\boldsymbol{Z}$$

应用式（5.3.20），可得到全天积累角动量在 $\boldsymbol{e}_w$、$\boldsymbol{e}_s$ 的分量为

$$\boldsymbol{H}_{Y1}=pA_YT_u\,|\,s\beta\,|\left\{\frac{4x_Y}{\pi}[(\bar{c}_{1Y}+\bar{c}_{3Y})s\beta+\bar{c}_{2Y}]+(y_{Y+}c_{1Y+}-y_{Y-}c_{1Y-})c\beta\right\}\boldsymbol{e}_w$$
$$-\frac{2}{\pi}pA_Yz_YT_u\,|\,s\beta\,|\,[(c_{2Y+}-c_{2Y-})+(c_{1Y+}+c_{3Y+}-c_{1Y-}-c_{3Y-})s\beta]\,\boldsymbol{e}_s \tag{6.6.12}$$

其中，$\boldsymbol{e}_s$ 方向分量同样是由光照系数差异导致的。全天积累角动量在 $\boldsymbol{e}_n$ 方向还有分量，计算时应注意区分太阳在北半球还是南半球，结果为

$$\boldsymbol{H}_{Y2}=\frac{2}{\pi}pA_Yz_YT_u\,s2\beta(c_{1Y+}-c_{1Y-})\boldsymbol{e}_n \tag{6.6.13}$$

其同样由光照系数差异所致，全年呈周期变化，平均为零。

（2）角动量卸载措施

依据上面的分析，标称的调头时刻分别为卫星星下时的正午和子夜，光压力矩仍会产生 $\boldsymbol{e}_w$ 、$\boldsymbol{e}_s$ 、$\boldsymbol{e}_n$ 方向的积累，需要做进一步卸载处理。

1）$\boldsymbol{e}_n$ 方向分量。

该方向分量全年不积累。一般 $\pm Y$ 面 c_1 系数不会超过 0.2。例如，取 $A_Y=2.25\ \mathrm{m}^2$，$z_Y=0.05\ \mathrm{m}$，则根据式（6.6.13），$\boldsymbol{e}_n$ 方向分量半年时间的最大积累为

$$H<0.3\ \mathrm{N\cdot m\cdot s}$$

对轮组角动量影响可忽略，无须考虑。

即使轮组在 $\boldsymbol{e}_n$ 方向角动量偏大，需要卸载，通过识别太阳翼压心矢径的分量 x_f，利用式（6.6.8b），调头时间偏离一点 $\pm\boldsymbol{e}_s$，也可以产生所需的 $\pm\boldsymbol{e}_n$ 方向的力矩。

2）$\boldsymbol{e}_w$ 方向分量和初始时刻 $\boldsymbol{e}_{w0}$ 方向分量。

各面均会产生 $\boldsymbol{e}_w$ 方向分量的角动量。长期看，随太阳视转动，不会积累；短期看，它们的大小与 $\boldsymbol{H}_{T+}$ 的大小的比例近似为

①太阳翼：

$$\left|\frac{x_f\,s\beta}{y_f}\right|$$

一般应在 0.01 或以下。

②其他各面：

$$\left|\frac{A_i\,l_ic_{1i}\,s\beta}{A_fy_fc_{1f}}\right|$$

一般也在 0.01 以下，其中 l_i 为各面压心矢径长度。

完全可以利用式（6.6.7c）抵消 $\boldsymbol{e}_w$ 方向分量。实际上，太阳翼偏转 10°就获得 H_T 的 0.015 倍大小的控制力矩，可以实时地实现干扰力矩的补偿。

轮组在惯性方向 $\boldsymbol{e}_{w0}$ 积累的角动量，可以在 $\boldsymbol{e}_{w0}$ 附近的多天内，频繁利用 式(6.6.7c)来产生卸载力矩，使得残余量到设置的阈值内。太阳翼偏转可以取得更大一点，只要这个角度对能源的损失很小。

例 6.2 取太阳翼面积 $A_f=25\ \mathrm{m}^2$，$y_f=3.5\ \mathrm{m}$，光照系数约为 1.0，有

$$|H_T| \approx 17.6\ \mathrm{N \cdot m \cdot s}$$

若每天需获得 1.76 N·m·s 的卸载量，只需半天内太阳翼偏转 26°，半天能源损失 10%，全天平均损失 5%，并不大，而获得的卸载量是足够大的。

3）$\boldsymbol{e}_s$ 方向分量。

比较式（6.6.12）和式（6.6.13），每天 ±Y 面 $\boldsymbol{e}_s$ 方向分量与 $\boldsymbol{e}_n$ 方向分量的大小相当，且随太阳视转动，影响更小，可忽略。

主要部分是 ±Z 面产生的 $\boldsymbol{e}_s$ 方向分量。根据式（6.6.11），该部分每天积累为

$$\boldsymbol{H}_{Zs} = \frac{1}{\pi} p A_Z y_Z T_u \mathrm{c}\beta \left[(c_{2Z+} - c_{2Z-}) + \frac{\mathrm{c}\beta}{3}(c_{3Z+} - c_{3Z-}) \right] \boldsymbol{e}_s \tag{6.6.14}$$

随太阳视转动。记

$$k = \frac{1}{2\pi} p A_Z y_Z \left[(c_{2Z+} - c_{2Z-}) + \frac{1}{3}(c_{3Z+} - c_{3Z-}) \right]$$

对式（6.6.14）在惯性系积分，近似有

$$\boldsymbol{H}_{Zs}(t) \approx \frac{k}{n_s}(\boldsymbol{e}_w - \boldsymbol{e}_{w0}) = \frac{k}{n_s}[(1 - \mathrm{c}\alpha)\boldsymbol{e}_w + \mathrm{s}\alpha \boldsymbol{e}_s]$$

全年不积累。该项相对单太阳翼半天积累的幅度 H_T 是小量。

一方面，$\boldsymbol{H}_{Zs}(t)$ 的幅度较小，并不影响轮组角动量管理；另一方面，由于在 $\boldsymbol{e}_w$ 方向采取角动量主动控制措施，因此 $\boldsymbol{H}_{Zs}(t)$ 的实际幅度会有所减小，分析可以参见下文 4）的描述。

例 6.3　考虑到 ±Z 面一面为光学载荷，另一面散热，对地面积偏大，单翼造成 y_Z 偏大，k 中光照系数差值取大一些，为 −0.6，对地面积 $A_Z = 4\ \mathrm{m}^2$，$y_Z = 0.1\ \mathrm{m}$，则 $\boldsymbol{H}_{Zs}(t)$ 的最大值为

$$\frac{2|k|}{n_s} \approx 1.8\ \mathrm{N \cdot m \cdot s}$$

相对每天的 H_T 都是小量。

4）初始时刻 $\boldsymbol{e}_{s0}$ 方向分量。

卫星系统转入正常控制时，可能在初始的 $\boldsymbol{e}_{s0}$ 方向存在小量的角动量，表示为

$$\boldsymbol{H}_{s0} = H_0 \boldsymbol{e}_{s0} \approx H_0(\mathrm{s}\alpha \boldsymbol{e}_w + \mathrm{c}\alpha \boldsymbol{e}_s) \tag{6.6.15}$$

式中，α 为 $\boldsymbol{e}_s$ 相对 $\boldsymbol{e}_{s0}$ 的转角。

可以选择 $\boldsymbol{H}_{s0}$ 在 $\boldsymbol{e}_w$ 的分量大到一定程度时，利用 $\boldsymbol{e}_w$ 方向力矩卸载。假设 $\boldsymbol{e}_s$ 每转动 $\Delta\alpha$（对应整数轨道周期），卫星执行一次 $\boldsymbol{e}_w$ 方向的卸载，则 n 次卸载后，根据式（6.6.15），$\boldsymbol{H}_{s0}$ 的剩余量为

$$H_0 \cos^n \Delta\alpha \cdot \boldsymbol{e}_s$$

如果 $\Delta\alpha$ 非常小（最小约 1°），则剩余量衰减非常缓慢，增大 $\Delta\alpha$ 会提高衰减速率。最极端情况是轮组维持住 $\boldsymbol{H}_{s0}$，等待一个季度，在 $\alpha = \pi/2$ 附近执行 $\boldsymbol{e}_w$ 方向的卸载，短时间卸载干净。

是否完全卸载无关紧要，而维持一定效率衰减是比较重要的。因此，应以不影响动量

轮组角动量长期管理的安全为原则，选择适当的 $\Delta\alpha$ 。

（3）角动量卸载律

设已选定 $\boldsymbol{e}_{s0}$ 、$\Delta\alpha$ ，记录了 $\boldsymbol{H}_{s0}$ 。设置 $\boldsymbol{H}_{s0}$ 的控制标志 FLAG，初始置为“不控”。

其具体控制策略设计如下。

1）一个轨道周期，在调头前，利用动量轮组的角动量测量 $\boldsymbol{H}_W$ ，计算其在 $\boldsymbol{e}_w$ 方向分量相对前一个周期的变化量 ΔH_1，与前一个周期所有光压力矩公式估计的 $\boldsymbol{e}_w$ 方向角动量积累量进行比较，设计滤波器，估计光压力矩公式的修正系数，并代入光压力矩估计中。

2）如果轮组在 $\boldsymbol{e}_n$ 方向的角动量大小 H_n 超出设定的上阈值 $H_{n,\max}$ ，则调整本周期的两次调头时间，分别偏离 $\pm\boldsymbol{e}_s$ 一点，但必须保证相位差，利用式（6.6.8b）产生所需的 $\pm\boldsymbol{e}_n$ 方向的力矩逐步减小 H_n 。当 H_n 接近下阈值 $H_{n,\min}$ 时，调头点恢复为 $\pm\boldsymbol{e}_s$ 。

3）正常情况下，轮组角动量在 $\boldsymbol{e}_w$ 方向分量的大小会在标称的 $\pm H_T/2$ 之间波动。计算波动上下幅度绝对值与 $H_T/2$ 的差值和方向，在 $\boldsymbol{e}_w$ 方向表示为 ΔH_2；估计除太阳翼外的其他各面本天将在 $\boldsymbol{e}_w$ 方向产生角动量 ΔH_3，计算 $\Delta H=\Delta H_2+\Delta H_3$。

4）如果标志 FLAG 为“不控”，则判断 $\boldsymbol{e}_s$ 相对 $\boldsymbol{e}_{s0}$ 的转角 α 是否已接近 $\Delta\alpha$ 。若是，则置标志 FLAG 为“控制”。

5）如果标志 FLAG 为“不控”，则应保持 $\boldsymbol{H}_{s0}$ ，从 ΔH 减去其在 $\boldsymbol{e}_w$ 方向的分量，即

$$\Delta H=\Delta H-H_0\mathrm{s}\alpha$$

6）如果 ΔH 超出规定的阈值，则依据式（6.6.7c）决定某个半天太阳翼偏转角度 θ（限制大小），而另一个半天太阳翼不偏转，从而利用太阳光压力矩减小 ΔH 。

7）如果 FLAG 为“控制”，则判断 ΔH 是否低于某个阈值。若是，则表明 $\boldsymbol{H}_{s0}$ 在 $\boldsymbol{e}_w$ 方向的分量基本卸载到位，置 FLAG 为“不控”，并重置如下参数：

$$\boldsymbol{e}_{s0}=\boldsymbol{e}_s,\quad \boldsymbol{H}_{s0}=(\boldsymbol{H}_W\cdot\boldsymbol{e}_s)\boldsymbol{e}_s$$

重复上述过程。

（4）轮组角动量在姿态运动空间的控制策略

不妨在卫星运行到径向 $\boldsymbol{e}_r$ 平行 $\boldsymbol{e}_s$ 时，利用轮控重新建立正常的对地姿态和角速度，并且 SADA 驱动太阳翼指向太阳，设对应时刻 $t=0$。上一阶段措施保证了系统角动量 $\boldsymbol{H}_\Sigma(0)$ 的值不大，不影响调头机动。

开始执行上述角动量卸载措施，初始时刻在惯性空间残留的角动量 $\boldsymbol{H}_\Sigma(0)$ 将逐步卸载。下面的讨论假设 $\boldsymbol{H}_\Sigma(0)$ 为 0。

1）角动量预偏置量的设计。

如果不设置轮组角动量偏置，则一个轨道周期内，轮组角动量大小将在

$$0\sim H_T\sim 0$$

变化。

参考 4.4.2 节预偏置量 $\boldsymbol{H}_0$ 设计方法，减小轨道周期 $[0,\ 2T_u]$ 内轮组合成角动量的波动，设计

$$\boldsymbol{H}_0=-\frac{1}{2}H_T\boldsymbol{e}_w \tag{6.6.16}$$

若保证

$$\boldsymbol{H}_W(0)=\boldsymbol{H}_0$$

则根据式（6.6.7a）和式（6.6.7b）：

$$\boldsymbol{H}_W(T_u)=\boldsymbol{H}_0+\boldsymbol{H}_{T+}=-\boldsymbol{H}_0$$

$$\boldsymbol{H}_W(2T_u)=\boldsymbol{H}_0+\boldsymbol{H}_{T+}+\boldsymbol{H}_{T-}=\boldsymbol{H}_0$$

显然轮组的角动量波动幅度减小一半。

2）角动量卸载参数的计算。

上文角动量卸载律中，参数 ΔH_2 在每个轨道周期的起始时刻计算：

$$\Delta H_2=\boldsymbol{H}_W(0)\cdot\boldsymbol{e}_w+\frac{1}{2}H_T \tag{6.6.17}$$

执行所述卸载方法。

3）调头机动。

在 $[T_{u-},\ T_{u+}]$ 期间执行卫星偏航角从 0° 到 180° 的机动，规划的机动时间区间、机动角速度轨迹关于 T_u 对称。在 T_u 时刻：

$$\boldsymbol{H}_W(T_u)\approx\frac{1}{2}H_T\boldsymbol{e}_w+H_M\boldsymbol{e}_s$$

偏航轴上的最大角动量 H_M 由机动速度决定。在不引起轮组饱和的约束下，$\boldsymbol{H}_M$ 可以取得大一点，以减小机动时间。

而在 $[0_-,\ 0_+]$ 期间执行卫星偏航角从 180°到 0°的机动，与上述机动相反，$\boldsymbol{H}_W$ 近似反号。

若轮组在 $\boldsymbol{e}_n$ 方向有卸载需求，则依据卸载律，应对调头时机进行相应的调整。

4）姿态控制。

非机动期间，卫星采用 4.3 节描述的高精度控制策略。

（5）轮组角动量在零运动空间的控制策略

可以参照 4.4.3 节和 4.4.4 节给出的方法，确保非姿态机动过程动量轮不过零、不饱和，机动过程不饱和。机动过程姿态精度可以要求不高，若追求机动时间，可以允许动量轮过零。这里不再赘述。

本章小结

本章提出一种多层级异常检测与系统容错方法，企图实现面向多重故障的稳定控制的系统设计架构。所有判据都坚守不误判的原则，依赖多级方法的综合，实现检测准确、快速，处理及时。本章主要结果如下。

1）从全面性角度，提出部件故障快速、准确定位的分层方法，分别讨论了部件本身数据特性、同种信息冗余部件组、异种信息冗余部件组、物理级联部件组的异常检测方法和处理措施，这些方法综合使用，提高了部件异常检测的能力和速度。

2）对部件数据不更新异常、冗余陀螺组异常的检测原理和定位方法进行了阐述，克服了通常使用上发生的边界模糊、参数不确定性大、判据不准确甚至易误判的缺点。

3）从系统动态与状态演变特性的角度，提出新的系统状态异常检测方法，减少检测阈值的不确定范围，从而减小异常发生后扩散的时间，为系统稳定运行或快速重建正常姿态奠定基础。

4）基于系统异常检测方法，提出一套不使用推进情况下的长期稳定运行控制方案，解决推进系统故障且不易定位或不能使用的条件下，如何实现高精度姿态控制问题。

参 考 文 献

[1] TAFAZOLI M. A study of on - orbit spacecraft failures [J]. Acta Astronautica, 2009, 64 (2): 195 - 205.

[2] http://global.jaxa.jp/projects/sat/astro-h/astroh_presskit.pdf

[3] SATIN A L, GATES R L. Evaluation of parity equations for gyro failure detection and isolation [J]. Journal of Guidance Control and Dynamics, 1978 (1): 14 - 20.

[4] 袁利，王淑一，雷拥军．航天器姿态敏捷稳健控制方法与应用［M］. 北京：科学出版社，2021.

第 7 章　含固定转速驱动电动机的挠性卫星自旋稳定性分析与应用

多体柔性卫星功能多样、结构复杂，即使故障检测与重构措施考虑得比较周全，仍然具有较小概率存在失控的风险。全天时卫星针对失控风险，应提高应对能力，即快速调整自旋轴在星体的方向，尽早获取充足的能源，为重建正常姿态打下基础。此外，一些特殊任务也需要指定自旋轴，主动让卫星自旋，而如何保证其稳定性，是设计的第一要务。

本章论述含固定转速驱动电动机的挠性卫星的自旋稳定性质，为主动控制卫星自旋在本体的方向奠定了理论基础。本章主要内容包括：①对作者在文献［1］报道的工作进行了整理，包括自旋轴在本体方位与电动机转速的关系、稳定性证明、仿真验证；②设计了典型的应用实例，展示了上述性质在失控后重建稳定姿态或者重大故障修复过程中保证姿态安全的作用；③增加了环境力矩对自旋的影响分析，为确定自旋轴在惯性系的方位提供计算公式。

7.1　概述

现代卫星动力学呈现显著的挠性特性，控制上多采用以带电动机驱动的动量交换装置（如动量轮、控制力矩陀螺）为执行机构的三轴稳定工作方式，很少再采用自旋稳定工作方式。随着功能需求日益增强，三轴稳定挠性卫星的结构远比早期自旋稳定卫星复杂，当因部件、系统故障或误操作等原因卫星进入无控的自旋状态时，对其自旋稳定性质的判断也远比早期自旋卫星困难。但是，是否可以和如何利用星上驱动电动机（如动量轮）来改变自旋轴以获得更有利的能源条件或测量条件，以及判断启动驱动电动机后稳定的自旋轴在哪里，却是制定卫星抢救策略、对卫星实施消旋与进动控制乃至重建三轴稳定姿态的前提和基础。

卫星抢救的一个重要物理条件是太阳能电池帆板有一定输出，以维持抢救过程基本的星上能源需求。实际情况可能面临着自旋轴在本体的位置不理想的困难，使得太阳能电池帆板获取能源不足甚至背向太阳。徐福祥研究员在成功抢救“风云一号”B 星的过程中，通过起旋接近俯仰轴方向的动量轮稳定了卫星俯仰轴在空间的指向，从而保证了星上能源供应[2]。这一创造性的举措为后续挽救策略成功实施和重建卫星三轴稳定姿态打下了基础，类似的手段在此后的一些挽救卫星工作中也得到实施并发挥了重要作用。但是，应用现有自旋稳定理论尚不能解释起旋动量轮改变卫星自旋轴的机理，因此针对含驱动电动机挠性卫星自旋稳定性的研究就十分必要。

历史上，将能汇法应用到刚体绕主轴旋转稳定性分析，产生了“最大轴原理”[3]，这是卫星动力学的重大成就。但是，能汇法并不适用于含驱动电动机挠性卫星的自旋稳定性分析。首先，挠性卫星不符合能汇法的准刚体假设；其次，能汇法假设卫星内部不存在能源（驱动机构）。文献［4］通过实例分析，指出能汇法应用于含驱动电动机系统的姿态运动分析可能会导致错误的结果。在挠性双自旋卫星稳定性研究方面，借助动力学模型和 Lyapunov 稳定性分析方法也获得了不少成果，稳定判据包括惯量条件和挠性振动频率条件等[5]。不过，双自旋卫星的平台与转子有特殊的连接关系，设计的自旋轴也是明确的，相关的稳定性结论不能照搬到失控的三轴稳定控制方式的挠性卫星。通常依赖精确的数字仿真来获取这类卫星的运动特性，但其结果很难搬到其他的初始条件不同或参数不同的情形，一般性规律不清晰。

本章利用挠性振动的弱阻尼特性，对一类含驱动电动机挠性卫星的自旋稳定性进行分析，揭示了这类卫星自旋稳定的部分规律及稳定的自旋轴与动力学参数的关系。不含驱动电动机的挠性卫星属于本章对象的特殊情况。本章设计了两个应用实例以说明其应用领域，并分别分析了太阳光压力矩、气动力矩对自旋的影响。

7.2　系统方程与平衡点

设卫星由中心刚体和挠性附件组成，星上驱动电动机安装在中心刚体上。

不失一般性，选取主惯量坐标系作为卫星本体坐标系，在该坐标系下，卫星惯量矩阵 $\boldsymbol{J}=\mathrm{diag}\{J_1, J_2, J_3\}$。对于其他的本体固连坐标系定义，与之存在固定的坐标变换关系，在其他本体坐标系描述的系统参数和状态可以变换到主惯量坐标系，根据后文方法得到系统平衡点和自旋轴方向，然后方便地通过反变换获得在相应坐标系中的描述。

设星上驱动电动机的转速大小和在星体的方向维持恒定，其角动量大小为 $h_w \geqslant 0$，在星上的方向为 $\boldsymbol{e}=[e_1, e_2, e_3]^{\mathrm{T}}(e_1^2+e_2^2+e_3^2=1)$，$h_w=0$，即对应不含驱动电机的情况。

不考虑外干扰力矩作用，忽略轨道运动耦合，子体固定不动，则可简化第 2 章建立的动力学，获得含固定转速驱动电动机挠性卫星的姿态动力学方程和挠性振动方程：

$$\begin{cases}\boldsymbol{J}\dot{\boldsymbol{\omega}}+\boldsymbol{F}_{BA}\ddot{\boldsymbol{\eta}}+\boldsymbol{\omega}\times(\boldsymbol{J}\boldsymbol{\omega}+\boldsymbol{F}_{BA}\dot{\boldsymbol{\eta}}+h_w\boldsymbol{e})=0\\ \boldsymbol{F}_{BA}^{\mathrm{T}}\dot{\boldsymbol{\omega}}+\ddot{\boldsymbol{\eta}}+\boldsymbol{D}\dot{\boldsymbol{\eta}}+\boldsymbol{K}\boldsymbol{\eta}=0\end{cases} \tag{7.2.1}$$

式中，$\boldsymbol{\omega}=[\omega_1, \omega_2, \omega_3]^{\mathrm{T}}$ 为卫星角速度；$\boldsymbol{\eta}$ 为 n 维挠性振动模态位移向量，n 表示模态坐标个数；$\boldsymbol{F}_{BA}$ 为挠性附件相对本体坐标系的转动耦合系数阵；$\boldsymbol{D}$、$\boldsymbol{K}$ 分别表征挠性振动的阻尼矩阵和刚度矩阵，$\boldsymbol{K}$ 为正定矩阵，考虑挠性振动的阻尼特性，$\boldsymbol{D}$ 也为正定矩阵。

记中心体、挠性附件在卫星本体系的惯量分别为 $\boldsymbol{J}_B$、$\boldsymbol{J}_A$，则有 $\boldsymbol{J}=\boldsymbol{J}_B+\boldsymbol{J}_A$，根据惯性完备性准则，有

$$\boldsymbol{J}_A=\boldsymbol{F}_{BA}\boldsymbol{F}_{BA}^{\mathrm{T}}$$

由于无外力矩作用，因此系统角动量

$$\boldsymbol{h}=\boldsymbol{J}\boldsymbol{\omega}+\boldsymbol{F}_{BA}\dot{\boldsymbol{\eta}}+h_w\boldsymbol{e} \tag{7.2.2}$$

在惯性空间的方向不变，幅值 h_s 为常数。假设 $h_s>h_w$。

系统状态 $\boldsymbol{x}=[\boldsymbol{\omega}^{\mathrm{T}},\ \boldsymbol{\eta}^{\mathrm{T}},\ \dot{\boldsymbol{\eta}}^{\mathrm{T}}]^{\mathrm{T}}$，系统［式（7.2.1）］的平衡点满足：

$$\dot{\boldsymbol{\omega}}=\mathbf{0},\quad \dot{\boldsymbol{\eta}}=\mathbf{0},\quad \ddot{\boldsymbol{\eta}}=\mathbf{0},\quad \boldsymbol{\eta}=\mathbf{0} \tag{7.2.3a}$$

$$\boldsymbol{J\omega}+h_w\boldsymbol{e}=\lambda\boldsymbol{\omega} \tag{7.2.3b}$$

式中，λ 为待定标量。

一旦 λ 确定，则平衡点的 $\boldsymbol{\omega}$ 值就由式（7.2.3b）和系统角动量幅值 h_s 确定，因此可以用 λ 的不同解等效地描述相应的平衡点。

式（7.2.3b）表明，在平衡点，系统角动量与卫星角速度平行，而 λ 具有惯量的量纲，如果平衡点稳定，则称相应的 λ 为自旋轴等效惯量。

7.2.1 $h_w=0$ 时的系统平衡点

此时式（7.2.3b）退化为 $(\lambda\boldsymbol{E}-\boldsymbol{J})\boldsymbol{\omega}=\mathbf{0}$，$\boldsymbol{E}$ 为单位矩阵。由于 $\boldsymbol{\omega}$ 为未定非零向量，λ 是 $\boldsymbol{J}$ 的特征值，即其解为 3 个主轴惯量，因此系统存在 3 个平衡点，分别如下。

1）$\lambda=J_1$ 时：

$$\boldsymbol{\omega}=\left[\pm\frac{h_s}{J_1},0,0\right]^{\mathrm{T}}$$

2）$\lambda=J_2$ 时：

$$\boldsymbol{\omega}=\left[0,\pm\frac{h_s}{J_2},0\right]^{\mathrm{T}}$$

3）$\lambda=J_3$ 时：

$$\boldsymbol{\omega}=\left[0,0,\pm\frac{h_s}{J_3}\right]^{\mathrm{T}}$$

7.2.2 $h_w\neq 0$ 时的系统平衡点

将式（7.2.3b）展开，得到

$$\begin{cases}(\lambda-J_1)\omega_1=h_we_1\\(\lambda-J_2)\omega_2=h_we_2\\(\lambda-J_3)\omega_3=h_we_3\end{cases} \tag{7.2.3c}$$

可见 λ 的解存在不为主轴惯量和在一定条件下取主轴惯量两种情况。

（1）讨论 λ 不为主轴惯量的情况

若电动机转速在 3 个主轴均有非零分量，即任意的 $e_i\neq 0$，$i=1,2,3$，则 λ 必不为主轴惯量。参考文献［6］在分析陀螺体运动特性时所定义的函数：

$$\phi(\lambda)=\left(\frac{\lambda e_1}{\lambda-J_1}\right)^2+\left(\frac{\lambda e_2}{\lambda-J_2}\right)^2+\left(\frac{\lambda e_3}{\lambda-J_3}\right)^2 \tag{7.2.4}$$

这里用它来求解平衡点。根据式（7.2.3c）以及系统角动量大小 h_s，平衡点的 λ 是如下六阶方程的解：

$$\phi(\lambda)=\frac{h_s^2}{h_w^2} \tag{7.2.5}$$

设 J_{max} 、J_{min} 分别为最大、最小主轴惯量，容易得到函数 $\phi(\lambda)$ 的下列性质。

1）若 $e_i \neq 0$，当 $\lambda \to J_i$ 时，$\phi(\lambda) \to \infty$ 。

2）当 $\lambda < 0$ 或 $\lambda > J_{max}$ 时：

$$\frac{\partial \phi}{\partial \lambda} < 0$$

即 $\phi(\lambda)$ 递减。

3）当 $0 < \lambda < J_{min}$ 时：

$$\frac{\partial \phi}{\partial \lambda} > 0$$

即 $\phi(\lambda)$ 递增。

4）当 $\lambda \to \pm\infty$ 时，$\phi(\lambda) \to 1$。

图 7－1 给出了 e_i 均不为零且三轴惯量互不相等时函数 $\phi(\lambda)$ 的示意图。式（7.2.5）的实数解就是直线 $y = h_s^2 / h_w^2$ 与函数 $\phi(\lambda)$ 相交点的横坐标值，依赖 h_s^2 / h_w^2 的大小，λ 的实数解从 2 个到 6 个不等。

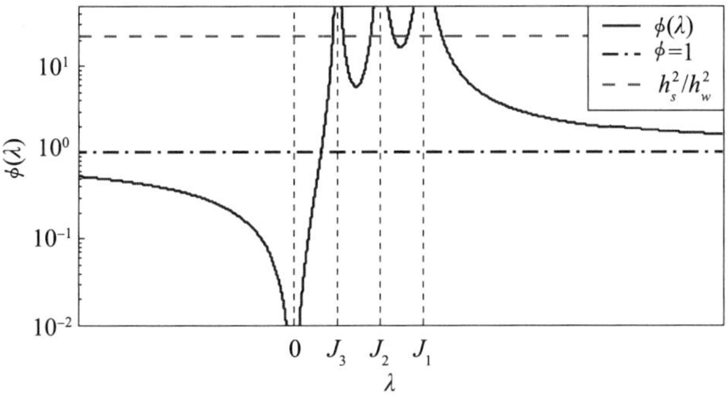

图 7－1　函数 $\phi(\lambda)$ 的示意图

当有两个主惯量相等或三个惯量均相等，或者当某个或某两个 $e_i = 0$ 时，式（7.2.4）等号右边减少为两项或一项，此时 λ 的实数解从 2 个到 4 个不等。

不管哪种情况，根据函数 $\phi(\lambda)$ 的性质，式（7.2.5）必有唯一的最大实数解：

$$\lambda > \max\{J_i \mid i = 1,2,3 \text{ 且 } e_i \neq 0\}$$

其他解小于最大惯量。其也存在实数解：

$$\lambda < \min\{J_i \mid i = 1,2,3 \text{ 且 } e_i \neq 0\}$$

一旦确定 λ ，平衡点 $\boldsymbol{\omega}$ 值即由式（7.2.3c）确定。若 $e_i \neq 0$，相应的 $\omega_i \neq 0$；相反地，$e_i = 0$ 相应的 $\omega_i = 0$。

（2）讨论 λ 可为主轴惯量的情况

该情况发生在存在 $e_i = 0$ 且系统参数满足一定条件时。

1）当只有某个 $e_i = 0$ 时，不妨设 $e_3 = 0$，此时函数 $\phi(\lambda)$ 为

$$\phi(\lambda) = \left(\frac{\lambda e_1}{\lambda - J_1}\right)^2 + \left(\frac{\lambda e_2}{\lambda - J_2}\right)^2$$

式（7.2.3c）除了式（7.2.5）确定的解外，在 J_3 与其他两轴惯量不等且满足

$$\phi(J_3)<\frac{h_s^2}{h_w^2} \tag{7.2.6}$$

时，还有解 $\lambda=J_3$。条件（7.2.6）实质上是要求系统角动量 $\boldsymbol{h}$ 在 J_1-J_2 平面的分量大小要小于 h_s［相等的情况已包含于式（7.2.5）］。此时平衡点

$$\boldsymbol{\omega}=\left[\frac{h_w e_1}{J_3-J_1},\frac{h_w e_2}{J_3-J_2},\pm\sqrt{\frac{h_s^2}{J_3^2}-\omega_1^2-\omega_2^2}\right]^{\mathrm{T}}$$

如果 J_3 大于式（7.2.5）的最大实数解 λ_m，则必然满足条件（7.2.6）。事实上函数 $\phi(\lambda)$ 最右边分支递减，因而 $\phi(J_3)<\phi(\lambda_m)$，从而 $\lambda=J_3$ 是方程（7.2.3c）的解。如果 $J_3<\lambda_m$ 且满足条件（7.2.6），因为点（J_3，$\phi(J_3)$）不在曲线 $\phi(\lambda)$ 最右边分支上（图 7-1），所以必有 $J_3<\max\{J_1, J_2\}$。

2）当存在两个 $e_i=0$ 时，不妨设 $e_2=e_3=0$，此时函数 $\phi(\lambda)$ 为

$$\phi(\lambda)=\left(\frac{\lambda e_1}{\lambda-J_1}\right)^2$$

式（7.2.3c）除了式（7.2.5）确定的解外，在 J_2、J_3 均与 J_1 不等时，有如下结果。

当 $J_2\neq J_3$ 时，如果 J_2 满足

$$\phi(J_2)<\frac{h_s^2}{h_w^2} \tag{7.2.7}$$

则方程（7.2.3c）有解 $\lambda=J_2$，此时平衡点

$$\boldsymbol{\omega}=\left[\frac{h_w}{J_2-J_1},\pm\sqrt{\frac{h_s^2}{J_2^2}-\omega_1^2},0\right]^{\mathrm{T}}$$

如果 J_3 满足

$$\phi(J_3)<\frac{h_s^2}{h_w^2} \tag{7.2.8}$$

则方程（7.2.3c）有解 $\lambda=J_3$，此时平衡点

$$\boldsymbol{\omega}=\left[\frac{h_w}{J_3-J_1},0,\pm\sqrt{\frac{h_s^2}{J_3^2}-\omega_1^2}\right]^{\mathrm{T}}$$

当 $J_2=J_3\equiv J_t$ 时，如果满足

$$\phi(J_t)<\frac{h_s^2}{h_w^2} \tag{7.2.9}$$

则方程（7.2.3c）有解 $\lambda=J_t$，此时平衡点

$$\omega_1=\frac{h_w}{J_t-J_1},\quad \omega_t=\pm\sqrt{\frac{h_s^2}{J_t^2}-\omega_1^2}$$

式中，ω_t 为 ω_2、ω_3 的合量，方向任意。

如果 $\max\{J_2, J_3\}$ 大于式（7.2.5）的最大实数解 λ_m，则必然满足条件式（7.2.7）、式（7.2.8）或式（7.2.9），从而 $\lambda=\max\{J_2, J_3\}$ 是方程（7.2.3c）的解；如果 $\max\{J_2, J_3\}<\lambda_m$ 且满足条件式（7.2.7）、式（7.2.8）或式（7.2.9），则必有

$\max\{J_2, J_3\} < J_1$。

为后文需要，表 7－1 列出了满足方程（7.2.3c）的 λ 的最大实数解 $\lambda_{\max}$，其中 λ_m 是式（7.2.5）的最大实数解。针对 $\boldsymbol{e}$ 的一个或两个分量为 0 的情况，表 7－1 中分别只给出了一种典型情况，其他组合是对称问题，相应的 $\lambda_{\max}$ 同理可得。

表 7－1　λ 的最大实数解 $\lambda_{\max}$

情况分类	$\lambda_{\max}$
任意 $e_i \neq 0$ $(i = 1,2,3)$	存在 $\lambda_{\max} > \max\{J_1, J_2, J_3\}$ ： 当 $h_w \to h_s$ 时，$\lambda_{\max} \to \infty$； 当 $h_w \ll h_s$ 时，$\lambda_{\max} \to \max\{J_1, J_2, J_3\}$
$e_3 = 0$ 且 $e_i \neq 0$ $(i = 1,2)$	1)存在 $\lambda_m > \max\{J_1, J_2\}$ ： 当 $h_w \to h_s$ 时，$\lambda_m \to \infty$； 当 $h_w \ll h_s$ 时，$\lambda_m \to \max\{J_1, J_2\}$ 。 2)如果 $\lambda_m > J_3$，则 $\lambda_{\max} = \lambda_m$ 。 3)如果 $\lambda_m < J_3$，则 $\lambda_{\max} = J_3$
$e_1 = 1$ 且 $e_2 = e_3 = 0$	1)存在 $\lambda_m = \dfrac{h_s}{h_s - h_w} J_1$ 2)如果 $\lambda_m > \max\{J_2, J_3\}$ ，则 $\lambda_{\max} = \lambda_m$； 3)如果 $\lambda_m < \max\{J_2, J_3\}$ ，则 $\lambda_{\max} = \max\{J_2, J_3\}$

7.3　系统的不变集

不难推出，系统（7.2.1）的机械能 E_s 为

$$E_s = \frac{1}{2}\boldsymbol{\omega}^{\mathrm{T}}\boldsymbol{J}\boldsymbol{\omega} + \frac{1}{2}\dot{\boldsymbol{\eta}}^{\mathrm{T}}\dot{\boldsymbol{\eta}} + \boldsymbol{\omega}^{\mathrm{T}}\boldsymbol{F}_{BA}\dot{\boldsymbol{\eta}} + h_w\boldsymbol{e}^{\mathrm{T}}\boldsymbol{\omega} + \frac{1}{2}h_w\omega_w + \frac{1}{2}\boldsymbol{\eta}^{\mathrm{T}}\boldsymbol{K}\boldsymbol{\eta} \tag{7.3.1}$$

式中，ω_w 为驱动电动机转速大小。

这里略去式（7.3.1）中有关电动机转速的部分，得到系统状态 $\boldsymbol{x}$ 的标量函数：

$$V(\boldsymbol{x}) = \frac{1}{2}\boldsymbol{\omega}^{\mathrm{T}}\boldsymbol{J}\boldsymbol{\omega} + \frac{1}{2}\dot{\boldsymbol{\eta}}^{\mathrm{T}}\dot{\boldsymbol{\eta}} + \boldsymbol{\omega}^{\mathrm{T}}\boldsymbol{F}_{BA}\dot{\boldsymbol{\eta}} + \frac{1}{2}\boldsymbol{\eta}^{\mathrm{T}}\boldsymbol{K}\boldsymbol{\eta} \tag{7.3.2}$$

式中，$V(\boldsymbol{x})$ 为 $\boldsymbol{x}$ 的正定函数。

事实上，式（7.3.2）可写为

$$V(\boldsymbol{x}) = \frac{1}{2}(\boldsymbol{\omega}^{\mathrm{T}}\boldsymbol{J}_B\boldsymbol{\omega} + \boldsymbol{\eta}^{\mathrm{T}}\boldsymbol{K}\boldsymbol{\eta} + \|\dot{\boldsymbol{\eta}} + \boldsymbol{F}_{BA}^{\mathrm{T}}\boldsymbol{\omega}\|^2)$$

对式（7.3.2）求导，并将式（7.2.1）代入，有

$$\begin{aligned}\dot{V}(\boldsymbol{x}) &= \boldsymbol{\omega}^{\mathrm{T}}\boldsymbol{J}\dot{\boldsymbol{\omega}} + \dot{\boldsymbol{\eta}}^{\mathrm{T}}\ddot{\boldsymbol{\eta}} + \boldsymbol{\omega}^{\mathrm{T}}\boldsymbol{F}_{BA}\ddot{\boldsymbol{\eta}} + \dot{\boldsymbol{\omega}}^{\mathrm{T}}\boldsymbol{F}_{BA}\dot{\boldsymbol{\eta}} + \boldsymbol{\eta}^{\mathrm{T}}\boldsymbol{K}\dot{\boldsymbol{\eta}} \\ &= \dot{\boldsymbol{\eta}}^{\mathrm{T}}(\boldsymbol{F}_{BA}^{\mathrm{T}}\dot{\boldsymbol{\omega}} + \ddot{\boldsymbol{\eta}} + \boldsymbol{K}\boldsymbol{\eta}) + \boldsymbol{\omega}^{\mathrm{T}}(\boldsymbol{J}\dot{\boldsymbol{\omega}} + \boldsymbol{F}_{BA}\ddot{\boldsymbol{\eta}}) \\ &= -\dot{\boldsymbol{\eta}}^{\mathrm{T}}\boldsymbol{D}\dot{\boldsymbol{\eta}}\end{aligned} \tag{7.3.3}$$

显然，$\dot{V}(\boldsymbol{x})$ 是 $\boldsymbol{x}$ 的负半定函数。根据李雅普诺夫稳定性判据，有 $\dot{\boldsymbol{\eta}} \to \boldsymbol{0}$。

下面分析满足 $\dot{V}(\boldsymbol{x}) = 0$ 的点集的不变集。

由 $\dot{\boldsymbol{\eta}}=\mathbf{0}$，$\ddot{\boldsymbol{\eta}}=\mathbf{0}$，根据式（7.2.1）得出 $\dot{\boldsymbol{\omega}}=-\boldsymbol{J}_A^{-1}\boldsymbol{F}_{BA}\boldsymbol{K}\boldsymbol{\eta}$ ，则 $\boldsymbol{\eta}$ 、$\dot{\boldsymbol{\omega}}$ 为常向量，$\boldsymbol{\omega}$ 是时间 t 的线性函数；根据式（7.2.2）计算 $\boldsymbol{h}^{\mathrm{T}}\boldsymbol{h}$ ，由角动量守恒，其值必为常值，从而得出 $\dot{\boldsymbol{\omega}}=\mathbf{0}$；再由 $\boldsymbol{\eta}=-\boldsymbol{K}^{-1}\boldsymbol{F}_{BA}^{\mathrm{T}}\dot{\boldsymbol{\omega}}$ ，得到 $\boldsymbol{\eta}=\mathbf{0}$。

进一步，由动力学方程（7.2.1），满足 $\dot{V}(\boldsymbol{x})=0$ 的最大不变集就是式（7.2.3a）和式（7.2.3b)确定的系统的平衡点。

显然 $V(\boldsymbol{x})$ 、$\dot{V}(\boldsymbol{x})$ 均满足全局不变集定理[7]的条件。根据该定理，当 $t\rightarrow\infty$ 时，系统［式（7.2.1）］所有的解都全局渐近地收敛于式（7.2.3a）和式（7.2.3b）确定的平衡点集。

7.4 自旋稳定性

虽然系统［式（7.2.1）］的解必然收敛到其平衡点集，但不是所有的平衡点都是稳定的。

式（7.3.2）定义的 $V(\boldsymbol{x})$ 是系统的类能量函数，正定，且单调递减。如果 $V(\boldsymbol{x})$ 在某个平衡点 $\boldsymbol{x}_e$ 局部极小，则 $\boldsymbol{x}_e$ 是稳定的；如果单点集 $\{\boldsymbol{x}_e\}$ 还是 $\boldsymbol{x}_e$ 某个邻域内满足 $\dot{V}(\boldsymbol{x})=0$ 的最大不变集，则 $\boldsymbol{x}_e$ 是渐近稳定的。

如果平衡点 $\boldsymbol{x}_e$ 不是 $V(\boldsymbol{x})$ 极小点，则 $\boldsymbol{x}_e$ 是不稳定的。事实上，对于 $\boldsymbol{x}_e$ 的任意邻域，总存在点 $\boldsymbol{x}_0$，使得 $V(\boldsymbol{x}_0)<V(\boldsymbol{x}_e)$ ，而 $\dot{V}(\boldsymbol{x})\leqslant 0$，因此从 $\boldsymbol{x}_0$ 出发的系统轨迹，其状态不能回到 $\boldsymbol{x}_e$ 。

本节通过分析 $V(\boldsymbol{x})$ 极小的条件来寻找稳定平衡点。

7.4.1 类能量函数极小的条件

考虑系统角动量幅值不变的约束，取拉格朗日函数

$$L(\boldsymbol{x})=V(\boldsymbol{x})-\frac{1}{2\lambda}(\boldsymbol{h}^{\mathrm{T}}\boldsymbol{h}-h_s^2) \tag{7.4.1}$$

式中，λ 为拉格朗日乘子。

下面考察 $V(\boldsymbol{x})$ 取极小值的一阶必要条件和二阶必要条件。

（1）一阶必要条件

对 $L(\boldsymbol{x})$ 求偏导：

$$\boldsymbol{L}_x\equiv\frac{\partial L}{\partial \boldsymbol{x}}=\begin{bmatrix}\boldsymbol{J}\boldsymbol{\omega}+\boldsymbol{F}_{BA}\dot{\boldsymbol{\eta}}-\dfrac{1}{\lambda}\boldsymbol{J}\boldsymbol{h}\\ \boldsymbol{K}\boldsymbol{\eta}\\ \boldsymbol{F}_{BA}^{\mathrm{T}}\boldsymbol{\omega}+\dot{\boldsymbol{\eta}}-\dfrac{1}{\lambda}\boldsymbol{F}_{BA}^{\mathrm{T}}\boldsymbol{h}\end{bmatrix} \tag{7.4.2}$$

$V(\boldsymbol{x})$ 取极值的一阶必要条件是

$$\boldsymbol{L}_x=\mathbf{0}$$

不难推出，其解就是式（7.2.3a）和式（7.2.3b）所确定的系统的平衡点。这说明 $V(\boldsymbol{x})$ 的极值点必是系统的平衡点。

（2）二阶必要条件

对 $L(\boldsymbol{x})$ 求二次偏导，有

$$\boldsymbol{L}_{xx}\equiv\frac{\partial \boldsymbol{L}_x}{\partial \boldsymbol{x}^{\mathrm{T}}}=\begin{bmatrix}\boldsymbol{J}-\lambda^{-1}\boldsymbol{J}^2 & 0 & (\boldsymbol{E}-\lambda^{-1}\boldsymbol{J})\boldsymbol{F}_{BA}\\ 0 & \boldsymbol{K} & 0\\ \boldsymbol{F}_{BA}^{\mathrm{T}}(\boldsymbol{E}-\lambda^{-1}\boldsymbol{J}) & 0 & \boldsymbol{E}-\lambda^{-1}\boldsymbol{F}_{BA}^{\mathrm{T}}\boldsymbol{F}_{BA}\end{bmatrix}\tag{7.4.3}$$

$V(\boldsymbol{x})$ 在平衡点取极小值的必要条件是 $\boldsymbol{L}_{xx}\geqslant\boldsymbol{0}$（正半定），充分条件是 $\boldsymbol{L}_{xx}>\boldsymbol{0}$（正定）。

由于 $\boldsymbol{K}>0$，因此 $\boldsymbol{L}_{xx}$ 的正定条件与

$$\boldsymbol{N}=\begin{bmatrix}\boldsymbol{J}-\lambda^{-1}\boldsymbol{J}^2 & (\boldsymbol{E}-\lambda^{-1}\boldsymbol{J})\boldsymbol{F}_{BA}\\ \boldsymbol{F}_{BA}^{\mathrm{T}}(\boldsymbol{E}-\lambda^{-1}\boldsymbol{J}) & \boldsymbol{E}-\lambda^{-1}\boldsymbol{F}_{BA}^{\mathrm{T}}\boldsymbol{F}_{BA}\end{bmatrix}\tag{7.4.4}$$

的正定条件相同。

假设 $\boldsymbol{E}-\lambda^{-1}\boldsymbol{J}_A$ 可逆，即 λ 不是挠性附件惯量矩阵 $\boldsymbol{J}_A$ 的特征值。式（7.2.3b）确定的平衡点一般满足该假设，特别是式（7.2.3b）确定的最大 λ 值必然满足。利用 $\boldsymbol{J}_A=\boldsymbol{F}_{BA}\boldsymbol{F}_{BA}^{\mathrm{T}}$，根据矩阵反演公式：

$$(\boldsymbol{E}-\lambda^{-1}\boldsymbol{F}_{BA}^{\mathrm{T}}\boldsymbol{F}_{BA})^{-1}=\boldsymbol{E}+\lambda^{-1}\boldsymbol{F}_{BA}^{\mathrm{T}}(\boldsymbol{E}-\lambda^{-1}\boldsymbol{J}_A)^{-1}\boldsymbol{F}_{BA}\tag{7.4.5}$$

对矩阵 $\boldsymbol{N}$ 作相似变换，有

$$\boldsymbol{N}\sim\begin{bmatrix}\boldsymbol{N}_1 & 0\\ 0 & \boldsymbol{E}-\lambda^{-1}\boldsymbol{F}_{BA}^{\mathrm{T}}\boldsymbol{F}_{BA}\end{bmatrix}\tag{7.4.6}$$

式中：

$$\boldsymbol{N}_1=(\boldsymbol{E}-\lambda^{-1}\boldsymbol{J})\boldsymbol{J}-(\boldsymbol{E}-\lambda^{-1}\boldsymbol{J})\boldsymbol{F}_{BA}(\boldsymbol{E}-\lambda^{-1}\boldsymbol{F}_{BA}^{\mathrm{T}}\boldsymbol{F}_{BA})^{-1}\boldsymbol{F}_{BA}^{\mathrm{T}}(\boldsymbol{E}-\lambda^{-1}\boldsymbol{J})$$

将式（7.4.5）代入，并利用 $\boldsymbol{J}=\boldsymbol{J}_A+\boldsymbol{J}_B$ 和矩阵反演公式化简 $\boldsymbol{N}_1$：

$$\begin{aligned}\boldsymbol{N}_1&=(\boldsymbol{E}-\lambda^{-1}\boldsymbol{J})\boldsymbol{J}-(\boldsymbol{E}-\lambda^{-1}\boldsymbol{J})\boldsymbol{J}_A[\boldsymbol{E}+\lambda^{-1}(\boldsymbol{E}-\lambda^{-1}\boldsymbol{J}_A)^{-1}\boldsymbol{J}_A](\boldsymbol{E}-\lambda^{-1}\boldsymbol{J})\\&=(\boldsymbol{E}-\lambda^{-1}\boldsymbol{J})[\boldsymbol{J}-\boldsymbol{J}_A(\boldsymbol{E}-\lambda^{-1}\boldsymbol{J}_A)^{-1}(\boldsymbol{E}-\lambda^{-1}\boldsymbol{J})]\\&=(\boldsymbol{E}-\lambda^{-1}\boldsymbol{J})[\boldsymbol{J}_B+\lambda^{-1}\boldsymbol{J}_A(\boldsymbol{E}-\lambda^{-1}\boldsymbol{J}_A)^{-1}\boldsymbol{J}_B]\\&=(\boldsymbol{E}-\lambda^{-1}\boldsymbol{J})(\boldsymbol{E}-\lambda^{-1}\boldsymbol{J}_A)^{-1}\boldsymbol{J}_B=\boldsymbol{J}_B[\boldsymbol{J}_B^{-1}-(\lambda\boldsymbol{E}-\boldsymbol{J}_A)^{-1}]\boldsymbol{J}_B\end{aligned}$$

显然 $\boldsymbol{N}_1$ 的正定性等价于

$$\boldsymbol{N}_2=\boldsymbol{J}_B^{-1}-(\lambda\boldsymbol{E}-\boldsymbol{J}_A)^{-1}$$

的正定性。由于惯量矩阵均为正定矩阵，根据 Schur 补引理，$\boldsymbol{N}_2$ 的正定性等价于矩阵

$$\begin{bmatrix}\lambda\boldsymbol{E}-\boldsymbol{J}_A & \boldsymbol{E}\\ \boldsymbol{E} & \boldsymbol{J}_B^{-1}\end{bmatrix}\sim\begin{bmatrix}\lambda\boldsymbol{E}-\boldsymbol{J}_A-\boldsymbol{J}_B & 0\\ 0 & \boldsymbol{J}_B^{-1}\end{bmatrix}$$

的正定性，即 $\boldsymbol{N}_1$ 的正定性等价于 $\lambda\boldsymbol{E}-\boldsymbol{J}$ 的正定性。

综上所述，$\boldsymbol{L}_{xx}>\boldsymbol{0}$ 的充分必要条件是

$$\lambda\boldsymbol{E}-\boldsymbol{J}>\boldsymbol{0},\text{且 }\lambda\boldsymbol{E}-\boldsymbol{F}_{BA}^{\mathrm{T}}\boldsymbol{F}_{BA}>\boldsymbol{0}\tag{7.4.7a}$$

根据式（7.4.5），如果有 $\lambda\boldsymbol{E}-\boldsymbol{J}_A>\boldsymbol{0}$，则 $\lambda\boldsymbol{E}-\boldsymbol{F}_{BA}^{\mathrm{T}}\boldsymbol{F}_{BA}>\boldsymbol{0}$，而 $\lambda\boldsymbol{E}-\boldsymbol{J}>\boldsymbol{0}$ 蕴含 $\lambda\boldsymbol{E}-\boldsymbol{J}_A>\boldsymbol{0}$，因此条件（7.4.7a）等价于

$$\lambda \boldsymbol{E} - \boldsymbol{J} > \boldsymbol{0} \tag{7.4.7b}$$

如果 $\lambda \boldsymbol{E} - \boldsymbol{J} \geqslant \boldsymbol{0}$，则 $\boldsymbol{L}_{xx}$ 正半定；如果 $\lambda \boldsymbol{E} - \boldsymbol{J}$ 是不定矩阵，则 $\boldsymbol{L}_{xx}$ 不定。

7.4.2　平衡点的稳定性

(1) $h_w = 0$ 的情况

在平衡点 λ 为 3 个主轴惯量。

若 λ 为非最大主惯量，则 $\lambda \boldsymbol{E} - \boldsymbol{J}$ 、$\boldsymbol{L}_{xx}$ 为不定矩阵，不满足 $V(\boldsymbol{x})$ 取极小的必要条件，对应的平衡点是不稳定的。

若 λ 为最大主惯量，则 $\lambda \boldsymbol{E} - \boldsymbol{J}$ 、$\boldsymbol{L}_{xx}$ 为正半定矩阵，满足 $V(\boldsymbol{x})$ 极小的一阶和二阶必要条件，且为唯一可能的极值点，因此 $V(\boldsymbol{x})$ 在对应的平衡点极小，该平衡点是稳定的。这与准刚体自旋的最大轴原理是一致的。

(2) $h_w \neq 0$ 的情况

在平衡点 λ 的解已在 7.2 节和表 7－1 做了描述。下面分类讨论各平衡点的稳定性。

1) 任意 $e_i \neq 0 (i = 1, 2, 3)$ 。

式 (7.2.3c) 存在唯一的 $\lambda_{\max} > \max\{J_1, J_2, J_3\}$ ，其他 λ 解均小于最大主惯量。显然 $\lambda_{\max}$ 满足条件 (7.4.7b)，$\boldsymbol{L}_{xx}$ 为正定矩阵，满足 $V(\boldsymbol{x})$ 极小的一阶必要和二阶充分条件，相应的平衡点是稳定的。对于其他 λ 解，$\boldsymbol{L}_{xx}$ 为不定矩阵，相应的平衡点不稳定。

显然，电动机转速起到增加自旋轴等效惯量 $\lambda_{\max}$ 的作用，使得 $\lambda_{\max}$ 大于任一主轴惯量。

下面给出稳定自旋轴与电动机转轴的夹角公式：

$$\cos\theta = \frac{\sum_{i=1}^{3} \frac{e_i^2}{\lambda_{\max} - J_i}}{\sqrt{\sum_{i=1}^{3} \frac{e_i^2}{(\lambda_{\max} - J_i)^2}}} \tag{7.4.8}$$

显然：

① $\cos\theta > 0$。

②若 3 个主惯量相等，则 $\cos\theta = 1$。

③可以验证：

$$\frac{\partial \cos\theta}{\partial \lambda_{\max}} \geqslant 0$$

因此，增大 h_w ($\lambda_{\max}$ 跟着增大)，可以减小稳定自旋轴与电动机转轴的夹角；当 $h_w \rightarrow h_s$ 时，$\cos\theta \rightarrow 1$。

这些结论意味着：①当 3 个主惯量接近时，可启动期望方向的动量轮（也可组合实现），使卫星自旋轴接近动量轮转速方向；或者，②在卫星自旋角动量不大而动量轮组容量足够的情况下，可以尽量由动量轮吸收大部分角动量，而改变自旋轴接近动量轮转速方向。

而当 $h_w \ll h_s$，$\lambda_{\max} \rightarrow \max\{J_1, J_2, J_3\}$ ，3 个主惯量有差异时，稳定自旋轴接近最

大惯量轴，电动机转速对改变自旋轴的贡献不大。

2) $e_3=0$，$e_i \neq 0(i=1, 2)$。

式（7.2.5）存在唯一的最大解 $\lambda_m > \max\{J_1, J_2\}$，其他解小于 $\max\{J_1, J_2\}$。

①如果 $J_3 < \lambda_m$，则 λ_m 是式（7.2.3c）最大解，且其他解均小于 $\max\{J_1, J_2\}$（包括 J_3 是 λ 解的情况）。显然 λ_m 满足条件式（7.4.7a），相应的平衡点是稳定的。而对于其他 λ 解，$\boldsymbol{L}_{xx}$ 为不定矩阵，相应的平衡点不稳定。

可见，自旋轴等效惯量 λ_m 大于最大主惯量。稳定自旋轴在 J_1 轴、J_2 轴确定的平面内，与电动机转轴的夹角公式为

$$\cos\theta = \frac{\displaystyle\sum_{i=1}^{2} \frac{e_i^2}{\lambda_m - J_i}}{\sqrt{\displaystyle\sum_{i=1}^{2} \frac{e_i^2}{(\lambda_m - J_i)^2}}} \tag{7.4.9}$$

显然：

a. $\cos\theta > 0$。

b. 若 $J_1 = J_2$，$\cos\theta = 1$。

c. 当 $h_w \to h_s$ 时，$\cos\theta \to 1$。

在 J_1—J_2 平面内，电动机转速改变自旋轴的作用类似情形 1)。

②对于 $J_3 = \lambda_m$ 的特殊情况，$\lambda = \lambda_m$ 时 $\boldsymbol{L}_{xx}$ 正半定，相应平衡点稳定，式（7.4.9）依然成立。

③如果 $J_3 > \lambda_m$，$\lambda = J_3$ 为最大解，$\lambda\boldsymbol{E} - \boldsymbol{J}$、$\boldsymbol{L}_{xx}$ 为正半定矩阵，满足 $V(\boldsymbol{x})$ 极小的一阶和二阶必要条件，且为唯一可能的极值点，因此 $V(\boldsymbol{x})$ 在其对应的平衡点极小，该平衡点是稳定的；其他 λ 解相应的平衡点不稳定。

记 $J_m = \max\{J_1, J_2\}$，根据惯量定义和式（7.2.6），可以得到 $\lambda_{\max} = J_3$ 的一个必要条件：

$$J_m < J_3 < J_1 + J_2, \quad \frac{J_3}{J_m} < \frac{h_s}{h_w} \tag{7.4.10}$$

显然 h_w 越接近 h_s，$\lambda_{\max} = J_3$ 的存在条件越不易满足。

对于 $\lambda_{\max} = J_3$ 的情况，自旋角速度在三轴均有分量，自旋轴等效惯量 $\lambda_{\max}$ 大于卫星在稳定自旋轴上的惯量，电动机转速起到增加自旋轴等效惯量的作用。稳定自旋轴与电动机转轴的夹角公式为

$$\cos\theta = \frac{h_w}{h_s}\left(\frac{J_3 e_1^2}{J_3 - J_1} + \frac{J_3 e_2^2}{J_3 - J_2}\right) \tag{7.4.11}$$

显然 $\cos\theta > 0$。如果 $h_w \ll h_s$，自旋角速度在 J_1、J_2 轴的分量很小，稳定自旋轴接近最大惯量轴 J_3 轴；近似地，如果 h_w 接近 $J_m h_s / J_3$，则 $\cos\theta$ 接近 1，稳定自旋轴接近电动机转轴。

3) $e_1 = 1$，$e_2 = e_3 = 0$。

式（7.2.5）存在唯一的最大解：

$$\lambda_m = \frac{h_s}{h_s - h_w} J_1$$

其他解小于 J_1。

如果 $\lambda_m > J_m = \max\{J_2, J_3\}$，则 λ_m 是式（7.2.3c）最大解，且其他解均小于 J_1（包括 $\max\{J_2, J_3\}$ 是 λ 解的情况）。显然最大解 λ_m 满足条件（7.4.7a），相应的平衡点是稳定的（对于 $\lambda_m = J_m$ 的情况，稳定性结论依然成立）。而对于其他 λ 解，$\boldsymbol{L}_{xx}$ 为不定矩阵，相应的平衡点不稳定。

此时稳定自旋轴在 J_1 轴上，自旋角速度大小为

$$\omega_1 = \frac{h_s - h_w}{J_1}$$

方向与电动机转速同向。显然自旋轴等效惯量 λ_m 也可写为

$$\lambda_m = J_1 + \frac{h_w}{\omega_1} \tag{7.4.12}$$

很明显，电动机转速起到增加自旋轴惯量的作用，并且 h_w 越接近 h_s，其作用越明显。

如果 $J_m > \lambda_m$，则条件式（7.2.7）、式（7.2.8）或式（7.2.9）必有一个成立，此时方程（7.2.3c）的最大实数解为 $\lambda_{\max} = J_m$。根据 $V(\boldsymbol{x})$ 极小条件，该平衡点是稳定的，而其他平衡点不稳定。与条件式（7.2.7）、式（7.2.8）或式（7.2.9）等价，这种情况存在的条件是

$$\frac{J_m}{J_1} > \frac{h_s}{h_s - h_w} \tag{7.4.13}$$

显然，h_w 越接近 h_s，条件（7.4.13）越不易满足。

此时自旋角速度既在 J_1 轴上有分量，也在 J_2—J_3 平面有分量。稳定自旋轴与电动机转轴的夹角公式为

$$\cos\theta = \frac{h_w}{h_s}\frac{J_m}{J_m - J_1} \tag{7.4.14}$$

显然 $\cos\theta > 0$。如果 $h_w \ll h_s$，自旋角速度在 J_1 轴的分量很小，稳定自旋轴接近最大惯量轴；如果 h_w 接近 $\dfrac{J_m - J_1}{J_m} h_s$，则 $\cos\theta$ 接近 1，稳定自旋轴接近电动机转轴。

7.4.3 稳定性结论

综上所述，式（7.2.3b）最大的 λ 解对应的平衡点是稳定的，稳定的自旋轴在本体的方位由对应的平衡点 $\boldsymbol{\omega}$ 的方位得到；电动机转速增加了自旋轴等效惯量，并将稳定的自旋轴拉向电动机转速方向。

本节主要结论如下。

1）由于挠性振动阻尼特性，在无外扰力矩作用时，挠性卫星存在稳定的自旋。

2）不含驱动电动机的挠性卫星，稳定的自旋轴为其最大主惯量轴。

3）驱动电动机可改变挠性卫星的自旋轴，稳定自旋轴与电动机转速方向的夹角为锐角。当电动机转动角动量幅值远小于系统角动量时，卫星自旋轴接近最大主惯量轴；电动机转动角动量幅值越接近系统角动量，卫星自旋轴越接近电动机转动方向。

4）在下列情况下，挠性卫星稳定自旋轴平行电动机转轴。

①若电动机转轴平行某主惯量轴，且自旋轴等效惯量大于其他两主轴惯量。

②若电动机转轴位于两主轴确定的平面，两主轴惯量相等，而自旋轴等效惯量大于另一主轴惯量。

③若电动机转轴方向在三主轴均有非零分量，且三主轴惯量相等。

7.5　仿真与分析

仿真对象采用某卫星的动力学模型[1]，该卫星选取的本体坐标系 $OXYZ$ 并非主惯量坐标系，可用来检验前文在主惯量坐标系下所得结论的一般性。卫星惯量矩阵为

$$\boldsymbol{J}=\begin{bmatrix} 5\ 353.5 & 198.7 & 190.0 \\ 198.7 & 3\ 489.4 & -342.2 \\ 190.0 & -342.2 & 4\ 944.5 \end{bmatrix}(\mathrm{kg}\cdot\mathrm{m}^2)$$

卫星挠性附件前 5 阶模态频率 f_i 如表 7－2 所示，挠性附件相对于卫星质心的转动耦合系数如表 7－3 所示。取阻尼比 $\xi=0.005$，记 $\Omega_i=2\pi f_i$，则挠性振动方程的阻尼矩阵和刚度矩阵分别为

$$\boldsymbol{D}=\mathrm{diag}\{2\xi\Omega_1,\cdots,2\xi\Omega_5\}$$

$$\boldsymbol{K}=\mathrm{diag}\{\Omega_1^2,\cdots,\Omega_5^2\}$$

表 7－2　卫星挠性附件前 5 阶模态频率

模态阶数	频率/Hz
1	0.316 09
2	0.612 78
3	0.956 86
4	1.381 3
5	2.380 3

表 7－3　卫星挠性附件相对于卫星质心的转动耦合系数（单位：$\sqrt{\mathrm{kg}}\mathrm{m}$）

模态阶数	X	Y	Z
1	$-23.036\ 2$	3.36×10^{-5}	-7.9×10^{-4}
2	-6.8×10^{-5}	$-10.900\ 9$	0
3	3.296×10^{-3}	0	$-25.929\ 6$
4	0.719 105	7.49×10^{-5}	2.59×10^{-4}
5	2.04×10^{-4}	1.905 815	2.97×10^{-7}

根据卫星惯量矩阵，计算得到卫星主惯量为

$$\mathrm{diag}\{5\ 430.3,\ 3\ 384.6,\ 4\ 972.5\}\ \mathrm{kg}\cdot\mathrm{m}^2$$

最大主惯量轴靠近 X 轴，卫星本体坐标系 $OXYZ$ 到主惯量坐标系的转换矩阵为

$$\boldsymbol{R}=\begin{bmatrix}-0.9390 & -0.0358 & -0.3420\\ -0.1194 & 0.9666 & 0.2266\\ -0.3225 & -0.2536 & 0.9120\end{bmatrix}$$

(1) $h_w=0$ 情况仿真

设角速度初值 $\boldsymbol{\omega}(0)=[0,\ 0,\ 150]^{\mathrm{T}}[(°)/\mathrm{s}]$，初始转轴远离最大惯量轴。卫星三轴角速度仿真曲线如图 7-2 所示，利用转换矩阵 $\boldsymbol{R}$ 换算到主惯量坐标系的三轴角速度仿真曲线如图 7-3 所示，可见卫星转速收敛到最大主惯量轴。

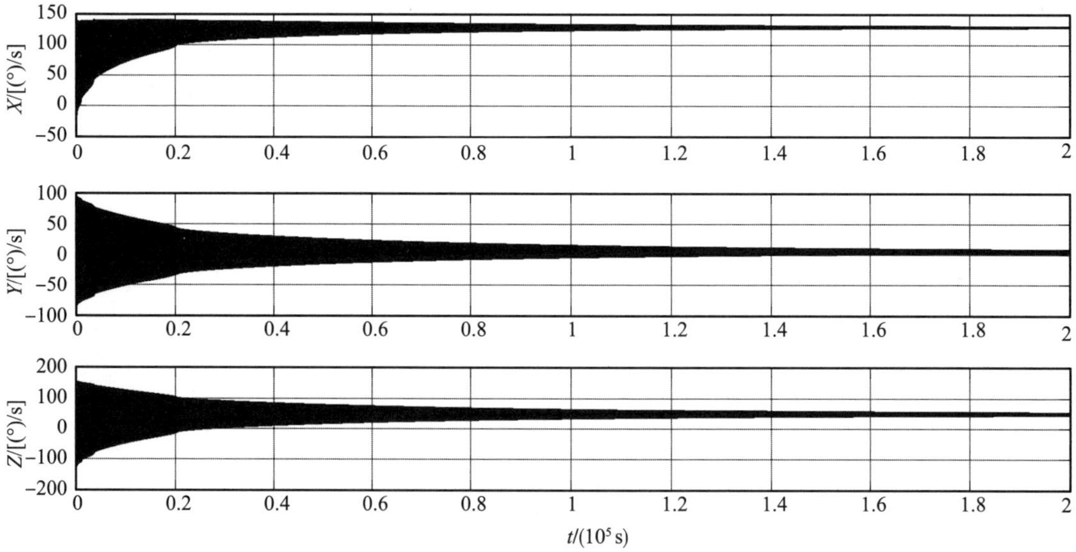

图 7-2　卫星三轴角速度仿真曲线

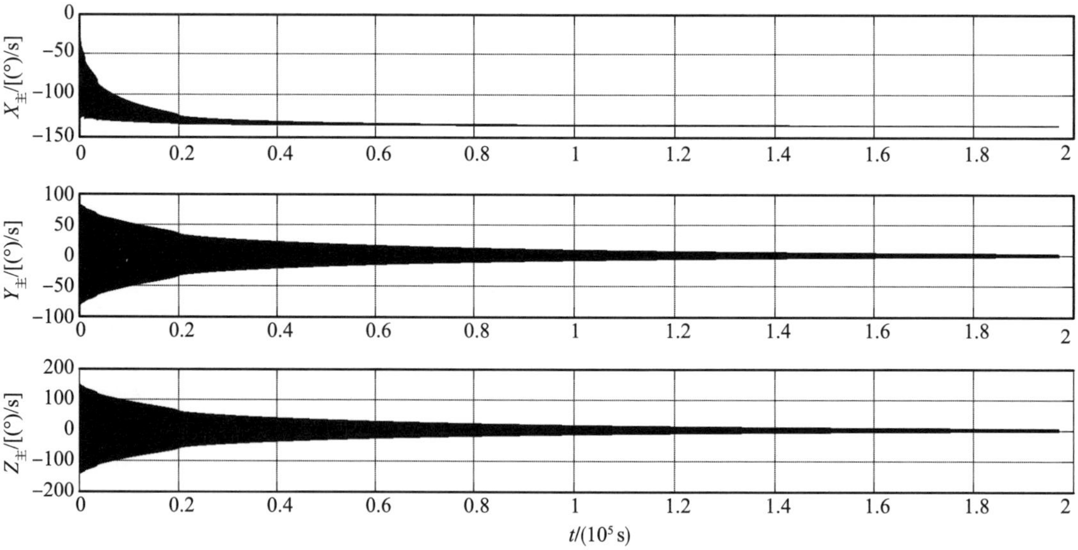

图 7-3　绕卫星惯量主轴的角速度仿真曲线

(2) $h_w \neq 0$ 情况仿真

不妨设卫星初始转轴为 Z 轴，驱动电动机转速方向在卫星 Y 轴，即 $\boldsymbol{e}=[0,1,0]^T$。设定总的系统角动量大小 $h_s = 12\,985$ N•m•s，分别取 $h_w=0.2h_s$、$0.4h_s$、$0.6h_s$、$0.8h_s$ 进行仿真，考察稳定自旋轴方向随电动机转速变化的关系，并与理论结果进行对比。相应的卫星初始转速大小分别为 149.05（°）/s、141.68（°）/s、126.37（°）/s、98.66（°）/s。

4 种情况的仿真结果均表明卫星转速收敛，卫星存在稳定的自旋。限于篇幅，仅给出 $h_w/h_s=0.6$ 时的卫星三轴角速度仿真曲线，如图 7-4 所示。

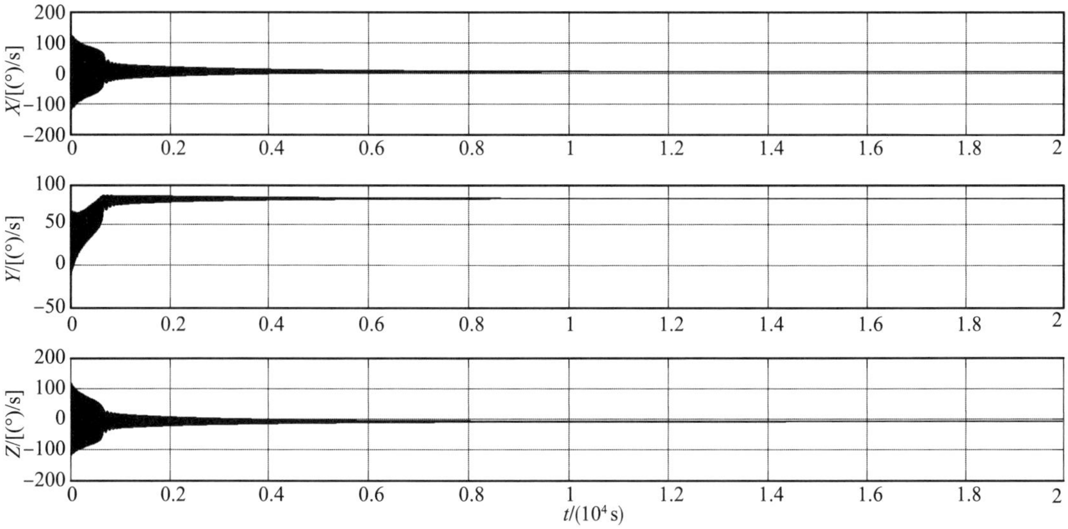

图 7-4 卫星三轴角速度仿真曲线（$h_w/h_s=0.6$）

根据 h_w/h_s 大小和前文给出的夹角公式，计算卫星的自旋轴等效惯量 λ_{max} 和稳定自旋轴与电动机转速矢量 $\boldsymbol{e}$ 的夹角 θ；再依据仿真结果获得稳定的转速 $\boldsymbol{\omega}(\infty)$，计算 $\boldsymbol{\omega}(\infty)$ 与 $\boldsymbol{e}$ 的夹角。这些结果列于表 7-4，可见理论结果与仿真结果具有良好的一致性。

表 7-4 理论结果与仿真结果比较

h_w/h_s	λ_{max}/(kg·m²)	θ/(°)	
		理论值	仿真值
0.2	5 487	50.066 4	49.563 9
0.4	6 196	16.981 3	16.902 7
0.6	8 885	5.674 3	5.616 1
0.8	17 540	1.811 9	1.811 9

根据表 7-4 所示数据，驱动电动机转速增加自旋轴等效惯量、改变自旋轴在本体方向及自旋轴与电动机转速的夹角公式等理论分析结果得到验证。

(3) 仿真结果分析

1) 当 $h_w=0$ 时，卫星转速收敛到最大主惯量轴；当 $h_w \neq 0$ 时，增加自旋轴等效惯量、改变自旋轴在本体方向等稳定性结论得到仿真验证。

2）仿真结果表明，随着 h_w 在系统角动量中占比的增加，自旋稳定的收敛速度明显增加。

3）与在轨卫星的现象比较，在偏离平衡点较远的区域，在轨数据与动力学仿真结果都证明收敛速度较快；但是，在平衡点附近，在轨的实际情况比动力学仿真的收敛过程快得多，特别是 $h_w=0$ 时差别更加明显。这说明挠性卫星实际的动力学可能存在尚未认识到的能量快速耗散的结构，值得进一步研究。

7.6 自旋受环境力矩影响在空间的进动

地球卫星受到的环境力矩主要包括太阳光压力矩、气动力矩、重力梯度力矩和剩磁力矩，本节重点阐述前两种力矩对自旋进动的影响，见 7.6.1 节和 7.6.2 节。后两种力矩的影响已有结论，可参考文献 [6]，出于叙述完整和便于查阅的考虑，在 7.6.3 节简要介绍其结论。

为了分析方便，对卫星结构进行一定的简化，但仍注意保证其典型意义。

7.6.1 太阳光压力矩的影响

设挠性卫星为典型的本体（刚体）＋太阳翼帆板结构，不考虑遮挡。因为发电需求，一般帆板面积远大于本体表面积。

参照文献 [3] 和 5.3.1 节定义的相关参数，表面微元 $\mathrm{d}A$ 受到的太阳辐射力为

$$\mathrm{d}\boldsymbol{F}=-p\mathrm{c}\theta\cdot\mathrm{d}A\left[c_1\cdot\boldsymbol{S}+(c_2+c_3\mathrm{c}\theta)\boldsymbol{n}\right],\quad \mathrm{c}\theta>0 \tag{7.6.1}$$

对于太阳能电池帆板，如果正反面都可以受照，则应注意它们的法线方向是相反的。

定义卫星本体固连质心坐标系为 $OXYZ$，O 为卫星质心。不妨设 X 为稳定自旋轴，三轴 X、Y、Z 在空间的指向记为 $\boldsymbol{X}$、$\boldsymbol{Y}$、$\boldsymbol{Z}$。太阳 $\boldsymbol{S}$ 与自转轴 $\boldsymbol{X}$ 的夹角 $0\leqslant\alpha\leqslant\pi$，满足

$$\mathrm{c}\alpha=\boldsymbol{X}\cdot\boldsymbol{S}$$

选定 $\boldsymbol{YZ}$ 的初始位置 $\boldsymbol{Y}_0\boldsymbol{Z}_0$，使得 $\boldsymbol{X}$、$\boldsymbol{Y}_0$、$\boldsymbol{S}$ 在同一平面（图 7-5），如果不考虑自旋轴进动，则 $\boldsymbol{XY}_0\boldsymbol{Z}_0$ 为空间固定坐标系。当自旋角度为 φ 时，有

$$\boldsymbol{Y}=\boldsymbol{Y}_0\mathrm{c}\varphi+\boldsymbol{Z}_0\mathrm{s}\varphi$$

$$\boldsymbol{Z}=-\boldsymbol{Y}_0\mathrm{s}\varphi+\boldsymbol{Z}_0\mathrm{c}\varphi$$

记表面 $\mathrm{d}A$ 的压心在 $OXYZ$ 的矢径为

$$\boldsymbol{r}=x\boldsymbol{X}+y\boldsymbol{Y}+z\boldsymbol{Z}$$

法线在本体系表示为

$$\boldsymbol{n}=n_x\boldsymbol{X}+n_y\boldsymbol{Y}+n_z\boldsymbol{Z}$$

则光压力矩为

$$\mathrm{d}\boldsymbol{M}=\boldsymbol{r}\times\mathrm{d}\boldsymbol{F}=-p\mathrm{c}\theta\cdot\mathrm{dA}\left[c_1\boldsymbol{r}\times\boldsymbol{S}+(c_2+c_3\mathrm{c}\theta)\cdot\boldsymbol{r}\times\boldsymbol{n}\right] \tag{7.6.2}$$

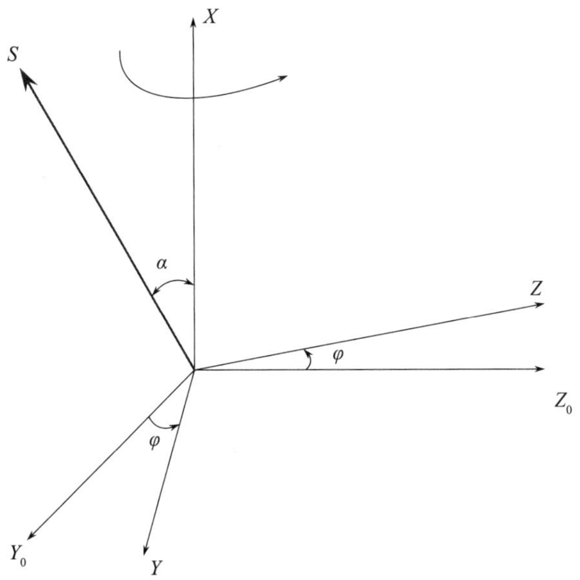

图 7-5　自旋卫星坐标系与太阳矢量的关系

(1) 帆板所受力矩的均值

取一翼太阳能电池帆板分析，多翼可以类似计算，结果累加即可。其压心 O_f 在 $OXYZ$ 的矢径为

$$\boldsymbol{r}_f = x_f\boldsymbol{X} + y_f\boldsymbol{Y} + z_f\boldsymbol{Z}$$

面积为 A_f，帆板面积远大于本体面积。

自旋期间，帆板回归零位，通常情况其法线朝向卫星某个本体轴。下面分别讨论 $\boldsymbol{n}//\boldsymbol{X}$ 和 $\boldsymbol{n}//\boldsymbol{Z}$ 两种情况，$\boldsymbol{n}//\boldsymbol{Y}$ 与 $\boldsymbol{n}//\boldsymbol{Z}$ 是对称情况，不用再讨论。

1) $\boldsymbol{n}//\boldsymbol{X}$。

此时，太阳光始终照射在帆板的一面，$\mathrm{c}\theta = |\mathrm{c}\alpha|$。由式 (7.6.2)，光压力矩为

$$\boldsymbol{M}_f = -pA_f|\mathrm{c}\alpha|\,[c_1\boldsymbol{r}_f \times \boldsymbol{S} + (c_2 + c_3|\mathrm{c}\alpha|)\cdot \boldsymbol{r}_f \times \boldsymbol{n}] \tag{7.6.3}$$

式 (7.6.3) 在 $\boldsymbol{Y}$、$\boldsymbol{Z}$ 的分量均值为 0，则自旋一周的均值为

$$\boldsymbol{M}_{f,m} = -pA_f x_f|\mathrm{c}\alpha|c_1\boldsymbol{X} \times \boldsymbol{S} = -pA_f x_f c_1|\mathrm{c}\alpha|\mathrm{s}\alpha\cdot \boldsymbol{Z}_0 \tag{7.6.4}$$

显然，压心矢径必须在自旋轴方向有分量 ($x_f \neq 0$)，才可能有非零平均力矩。

对于装有面积相同的两翼太阳能电池帆板的卫星，可以分别按式 (7.6.4) 计算，累加即可。但是，其结果仍然具有式 (7.6.4) 的形式。首先，两翼帆板的法线一致，因此平均力矩方向与式 (7.6.4) 一致；其次，两翼帆板的转轴一般垂直法线，式 (7.6.4) 的 x_f 用两翼帆板该参数之和替代即可，如果同轴安装，则是单翼的 2 倍。

2) $\boldsymbol{n}//\boldsymbol{Z}$。

可推导出：

$$\begin{aligned}\boldsymbol{r}_f \times \boldsymbol{S} = &-(y_f\mathrm{s}\varphi + z_f\mathrm{c}\varphi)\mathrm{s}\alpha\cdot \boldsymbol{X} + (y_f\mathrm{s}\varphi + z_f\mathrm{c}\varphi)\mathrm{c}\alpha\cdot \boldsymbol{Y}_0 \\ &+ (x_f\mathrm{s}\alpha - y_f\mathrm{c}\alpha\,\mathrm{c}\varphi + z_f\mathrm{c}\alpha\,\mathrm{s}\varphi)\cdot \boldsymbol{Z}_0\end{aligned} \tag{7.6.5}$$

需要注意到，电池面与背面的吸收系数差异很大，电池面的吸收系数为 0.9 以上。电池面受照时，吸收系数 c 接近 1，式（7.6.1）的 3 个 c 系数记为 c_{1A}（接近 1）、c_{2A}（接近 0）、c_{3A}（接近 0）；背面受照时，吸收系数 c 很低，3 个 c 系数记为 c_{1B} 、c_{2B} 、c_{3B} ，后两个系数相对有比较大的值。

当 $\varphi \in [-\pi, 0]$ 时，电池面受照，$\boldsymbol{n}=\boldsymbol{Z}$ ：

$$\mathrm{c}\theta=\boldsymbol{S}\cdot\boldsymbol{n}=-\mathrm{s}\alpha\,\mathrm{s}\varphi$$

$$\boldsymbol{r}_f\times\boldsymbol{n}=\boldsymbol{r}_f\times\boldsymbol{Z}=y_f\boldsymbol{X}-x_f\mathrm{c}\varphi\boldsymbol{Y}_0-x_f\mathrm{s}\varphi\boldsymbol{Z}_0$$

将上式与式（7.6.5）代入式（7.6.2），积分求得的力矩可以表示为 $\boldsymbol{X}$ 、$\boldsymbol{Y}_0$、$\boldsymbol{Z}_0$ 3 个方向的分量，求其在区间 $\varphi \in [-\pi, 0]$ 的均值，得到

$$\boldsymbol{M}_{f1,m}=-pA_f\mathrm{s}\alpha(a_1\boldsymbol{X}+a_2\boldsymbol{Y}_0+a_3\boldsymbol{Z}_0) \tag{7.6.6}$$

式中：

$$a_1=\frac{1}{2}(c_{1A}+c_{3A})y_f\mathrm{s}\alpha+\frac{2}{\pi}c_{2A}y_f$$

$$a_2=-\frac{1}{2}c_{1A}y_f\mathrm{c}\alpha$$

$$a_3=\frac{2}{\pi}\left(c_{1A}+\frac{2}{3}c_{3A}\right)x_f\mathrm{s}\alpha-\frac{1}{2}c_{1A}z_f\mathrm{c}\alpha+\frac{1}{2}c_{2A}x_f$$

当 $\varphi \in [0, \pi]$ 时 ，电池背面受照 $\boldsymbol{n}=-\boldsymbol{Z}$ ，类似推导，力矩均值为

$$\boldsymbol{M}_{f2,m}=-pA_f\mathrm{s}\alpha(b_1\boldsymbol{X}+b_2\boldsymbol{Y}_0+b_3\boldsymbol{Z}_0) \tag{7.6.7}$$

式中：

$$b_1=-\frac{1}{2}(c_{1B}+c_{3B})y_f\mathrm{s}\alpha-\frac{2}{\pi}c_{2B}y_f$$

$$b_2=\frac{1}{2}c_{1B}y_f\mathrm{c}\alpha$$

$$b_3=\frac{2}{\pi}\left(c_{1B}+\frac{2}{3}c_{3B}\right)x_f\mathrm{s}\alpha+\frac{1}{2}c_{1B}z_f\mathrm{c}\alpha+\frac{1}{2}c_{2B}x_f$$

式（7.6.6）与式（7.6.7）的平均，即为一个自旋周期的力矩均值。电池面与背面的光照系数差异导致平均力矩在 $\boldsymbol{X}$ 、$\boldsymbol{Y}_0$ 有了分量，不妨记电池面与背面光照系数的均值、差异分别为

$$\bar{c}_1=\frac{1}{2}(c_{1A}+c_{1B}),\bar{c}_2=\frac{1}{2}(c_{2A}+c_{2B}),\bar{c}_3=\frac{1}{2}(c_{3A}+c_{3B})$$

$$\Delta_1=\frac{1}{2}(c_{1A}-c_{1B}),\Delta_2=\frac{1}{2}(c_{2A}-c_{2B}),\Delta_3=\frac{1}{2}(c_{3A}-c_{3B})$$

则平均力矩为

$$\boldsymbol{M}_{f,m}=-pA_f\mathrm{s}\alpha\left\{\begin{array}{c}y_f\left[\frac{1}{2}(\Delta_1+\Delta_3)\mathrm{s}\alpha+\frac{2}{\pi}\Delta_2\right]\boldsymbol{X}\\-\frac{1}{2}y_f\Delta_1\mathrm{c}\alpha\boldsymbol{Y}_0\\+x_f\left[\frac{2}{\pi}\left(\bar{c}_1+\frac{2}{3}\bar{c}_3\right)\mathrm{s}\alpha+\frac{1}{2}\bar{c}_2\right]\boldsymbol{Z}_0-\frac{1}{2}z_f\Delta_1\mathrm{c}\alpha\boldsymbol{Z}_0\end{array}\right\} \tag{7.6.8}$$

显然，压心矢径在垂直自旋轴和法线的方向有分量 y_f ，才可能让正反面光照系数差异在 $\boldsymbol{X}$ 、$\boldsymbol{Y}_0$ 方向产生非零平均力矩。

对于装有两翼太阳能电池帆板的卫星，可以分别按式（7.6.8）计算，累加即可。其结果仍然具有式（7.6.8）类似的形式。

（2）本体所受力矩的均值

假设本体为长方体，$\pm X$ 、$\pm Y$ 、$\pm Z$ 面的面积分别 A_x 、A_y 、A_z 。本体几何中心 O_g 在 $OXYZ$ 的矢径为

$$\boldsymbol{r}_g = x_g\boldsymbol{X} + y_g\boldsymbol{Y} + z_g\boldsymbol{Z}$$

几何中心到各面的距离分别为 d_x 、d_y 、d_z 。设本体体积为 V_b ，则

$$A_x d_x = A_y d_y = A_z d_z = \frac{1}{2}V_b$$

本体各面一般有热控包覆，光照系数比较接近，但考虑到散热面与非散热面的区别，安装天线、有效载荷等外露设备表面不同，因此仍存在差异。

1）$\pm X$ 面。

由于 X 轴为自旋轴，$\pm X$ 面只有一面见太阳，记其第一个光照系数为 c_{1x} 。其平均力矩与帆板法线平行 X 轴的形式是一样的。

$$\boldsymbol{M}_{X,m} = -pA_x(x_g \pm d_x)c_{1x}\left|\mathrm{c}\alpha\right|\mathrm{s}\alpha \cdot \boldsymbol{Z}_0 \tag{7.6.9}$$

式（7.6.9）中，如果是 $+X$ 面受照，取“$\pm$”正，否则取负。

2）$\pm Z$ 面。

不妨记 $+Z$ 面、$-Z$ 面光照系数的均值、差异分别为 $\bar{c}_{1z}$ 、$\bar{c}_{2z}$ 、$\bar{c}_{3z}$ ，Δ_{1z} 、Δ_{2z} 、Δ_{3z} 。两面压心相对卫星的矢径分别为 $\boldsymbol{r}_g + d_z\boldsymbol{Z}$ 、$\boldsymbol{r}_g - d_z\boldsymbol{Z}$ ，其中 $\boldsymbol{r}_g$ 部分产生的平均力矩可以套用帆板正反面受照的公式（7.6.8），为

$$\boldsymbol{M}_{Z1,m} = -pA_z\mathrm{s}\alpha\left\{\begin{array}{c} y_g\left[\dfrac{1}{2}(\Delta_{1z}+\Delta_{3z})\mathrm{s}\alpha + \dfrac{2}{\pi}\Delta_{2z}\right]\boldsymbol{X} \\ -\dfrac{1}{2}y_g\Delta_{1z}\mathrm{c}\alpha\boldsymbol{Y}_0 \\ +\left[\dfrac{2x_g}{\pi}\left(\bar{c}_{1z}+\dfrac{2}{3}\bar{c}_{3z}\right)\mathrm{s}\alpha + \dfrac{x_g}{2}\bar{c}_{2z} - \dfrac{1}{2}z_g\Delta_{1Z}\mathrm{c}\alpha\right]\boldsymbol{Z}_0 \end{array}\right\}$$

经简单推导，两面 $\pm d_z\boldsymbol{Z}$ 部分的平均力矩为

$$\boldsymbol{M}_{Z2,m} = pA_z d_z\bar{c}_{1z}\mathrm{s}\alpha\,\mathrm{c}\alpha \cdot \boldsymbol{Z}_0$$

两部分相加，获得 $\pm Z$ 面光压平均力矩：

$$\boldsymbol{M}_{Z,m} = -pA_Z\mathrm{s}\alpha\left\{\begin{array}{c} y_g\left[\dfrac{1}{2}(\Delta_{1z}+\Delta_{3z})\mathrm{s}\alpha + \dfrac{2}{\pi}\Delta_{2z}\right]\boldsymbol{X} \\ -\dfrac{1}{2}y_g\Delta_{1z}\mathrm{c}\alpha\boldsymbol{Y}_0 + \\ \left\{-\dfrac{1}{2}d_z\bar{c}_{1z}\mathrm{c}\alpha + x_g\left[\dfrac{2}{\pi}\left(\bar{c}_{1z}+\dfrac{2}{3}\bar{c}_{3Z}\right)\mathrm{s}\alpha + \dfrac{1}{2}\bar{c}_{2z}\right] - \dfrac{1}{2}z_g\Delta_{1z}\mathrm{c}\alpha\right\}\boldsymbol{Z}_0 \end{array}\right\} \tag{7.6.10}$$

3）$\pm Y$ 面。

记 $+Y$ 面、$-Y$ 面光照系数的均值、差异分别为 $\bar{c}_{1y}$ 、$\bar{c}_{2y}$ 、$\bar{c}_{3y}$ ，Δ_{1y} 、Δ_{2y} 、Δ_{3y} 。两面压心相对卫星的矢径分别为 $\boldsymbol{r}_g+d_y\boldsymbol{Y}$ 、$\boldsymbol{r}_g-d_y\boldsymbol{Y}$ 。该情况与 $\pm Z$ 面情况具有对称性。

$$\boldsymbol{M}_{Y,m}=-pA_y\mathrm{s}\alpha\left\{\begin{array}{c}z_g\left[\dfrac{1}{2}(\Delta_{1y}+\Delta_{3y})\mathrm{s}\alpha+\dfrac{2}{\pi}\Delta_{2y}\right]\boldsymbol{X}\\+z_g\left(-\dfrac{1}{2}\Delta_{1y}\mathrm{c}\alpha\right)\boldsymbol{Y}_0+\\\left\{-\dfrac{1}{2}d_y\bar{c}_{1y}\mathrm{c}\alpha+x_g\left[\dfrac{2}{\pi}\left(\bar{c}_{1y}+\dfrac{2}{3}\bar{c}_{3y}\right)\mathrm{s}\alpha+\dfrac{1}{2}\bar{c}_{2y}\right]-\dfrac{1}{2}y_g\Delta_{1y}\mathrm{c}\alpha\right\}\boldsymbol{Z}_0\end{array}\right\}\tag{7.6.11}$$

（3）太阳光压力矩造成自旋角动量进动

式（7.6.4）或式（7.6.8），与式（7.6.9）～式（7.6.11）的和，即为作用在卫星上的平均太阳光压力矩，不妨记为

$$\boldsymbol{M}=f_x\boldsymbol{X}+f_y\boldsymbol{Y}_0+f_z\boldsymbol{Z}_0=f_x\boldsymbol{X}-f_y\frac{1}{\mathrm{s}\alpha}(\boldsymbol{S}\times\boldsymbol{X})\times\boldsymbol{X}-f_z\frac{1}{\mathrm{s}\alpha}(\boldsymbol{S}\times\boldsymbol{X})\tag{7.6.12}$$

前两项是因为帆板正背面、星本体正背面的光照系数有差异造成的，而第三项主要由各受照面压心偏离质心在自旋轴的分量及本体几何中心到星体表面的距离决定。

设卫星的角动量为

$$\boldsymbol{h}=h\boldsymbol{X}$$

则由角动量定理

$$\dot{h}\boldsymbol{X}+h\boldsymbol{\omega}\times\boldsymbol{X}=\boldsymbol{M}$$

得到

$$\begin{gathered}\dot{h}=f_x,\boldsymbol{\omega}=\omega_z\left(\frac{1}{s\alpha}\boldsymbol{S}\times\boldsymbol{X}\right)+\omega_s\boldsymbol{S}\\\omega_z=\frac{-f_y}{h},\omega_s=\frac{-f_z}{h\,\mathrm{s}\alpha}\end{gathered}\tag{7.6.13}$$

卫星角速度 $\boldsymbol{\omega}$ 的分量，不仅包括未受干扰的标称自旋角速度 $\boldsymbol{\omega}_X$ ，还包括干扰力矩的影响项：

1）太阳光压力矩将使得系统角动量绕太阳方向旋转，旋转角速度 ω_s 不仅与光压力矩成正比，与系统角动量大小成反比，而且和太阳与自旋轴夹角相关。

2）正背面光照系数的差异还导致角动量大小发生变化（变化速率 $\dot{h}$），并角动量朝向（或背离）太阳方向进动（速率为 ω_z）。

例 7.1　（典型的对称情况）讨论双翼帆板、结构对称性好的卫星，绕星体 X 轴稳定自旋。两翼帆板对称，光照特性相同，沿 $\pm Y$ 轴安装，转轴过星本体几何中心。由于卫星 $\pm Y$ 面都安装有帆板，其他用途有限，都作为散热面，因此可以不考虑两面光照系数的差异。卫星纵轴指向 Z 轴，$+Z$ 面安装相机，本体几何中心与质心仅在 Z 轴上有偏差（相机导致结构在 Z 轴不对称，推进剂消耗导致质心在 Z 轴移动），则

$$x_f = x_g = y_g = 0, \quad z_f = z_g \neq 0$$

而两翼帆板的 y_f 大小相同，符号相反，与之有关项抵消。

在上述条件下，得到各面平均力矩：

$$\boldsymbol{M}_{f,m} = pA_f z_g \Delta_1 \mathrm{s}\alpha\, \mathrm{c}\alpha \boldsymbol{Z}_0$$

$$\boldsymbol{M}_{X,m} = -pA_x d_x \bar{c}_{1x} \mathrm{s}\alpha\, \mathrm{c}\alpha \boldsymbol{Z}_0$$

$$\boldsymbol{M}_{Y,m} = \frac{1}{2} pA_y d_y \bar{c}_{1y} \mathrm{s}\alpha\, \mathrm{c}\alpha \boldsymbol{Z}_0$$

$$\boldsymbol{M}_{Z,m} = \frac{1}{2} pA_z (d_z \bar{c}_{1z} + z_g \Delta_{1z}) \mathrm{s}\alpha\, \mathrm{c}\alpha \boldsymbol{Z}_0$$

合力矩为

$$\boldsymbol{M} = M_{\max} \mathrm{s}2\alpha \cdot \boldsymbol{Z}_0$$

$$M_{\max} = -\frac{1}{4} pV_b \left(c_{1x} - \frac{1}{2}\bar{c}_{1y} - \frac{1}{2}\bar{c}_{1z} \right) + \frac{1}{4} pz_g (2A_f \Delta_1 + A_z \Delta_{1z}) \tag{7.6.14}$$

系统角动量绕太阳方向旋转，旋转角速度为

$$\boldsymbol{\omega}_s = -\frac{2M_{\max} \mathrm{c}\alpha}{h} \tag{7.6.15}$$

例 7.2　（不对称情况）类似 7.5 节仿真用例所示的单翼帆板卫星稳定自旋，自旋轴为星体 X 轴，$\alpha = \pi/4$。其主要参数与计算如下。

1）帆板法线指向星体 Z 轴，面积 $A_f = 25\ \mathrm{m}^2$，压心矢径为（0.2，−3.0，0）m。近似地，电池面吸收系数 c 取 1.0；背板表面为抗环境腐蚀强的保护膜层，具有强反射作用，设吸收系数为 0，漫反射比例系数 r_d 取 0.5，则

$$c_{1A} = 1.0, \quad c_{2A} = c_{3A} = 0.0$$

$$c_{1B} = 0.5, \quad c_{2B} = 0.32, \quad c_{3B} = 1.0$$

$$\bar{c}_1 = 0.75, \quad \bar{c}_2 = 0.16, \quad \bar{c}_3 = 0.5$$

$$\Delta_1 = 0.25, \quad \Delta_2 = -0.16, \quad \Delta_3 = -0.5$$

由式（7.6.8），计算帆板所受平均力矩为（在 XY_0Z_0 表示）

$$\boldsymbol{M}_f \approx \begin{bmatrix} -4.7 \times 10^{-5} \\ -2.2 \times 10^{-5} \\ -0.92 \times 10^{-5} \end{bmatrix} (\mathrm{N \cdot m})$$

可见，单翼帆板压心在 Y 轴偏离质心很远，从而帆板正背面的光照系数不一致的作用比较明显。

2）星本体各面面积均为 $2\ \mathrm{m}^2$，几何中心到各面的距离均为 0.7 m。由于有效载荷质量使得质心偏 $+Z$ 面，单翼帆板使得质心偏 $-Y$ 面，本体几何中心偏离质心，矢径为（0，0.1，−0.2）m。

3）$+X$ 面。表面隔热包覆，强反射，设吸收系数为 0，漫反射比例系数 r_d 取 0.8。由式（7.6.9），计算该面所受平均力矩为

$$\boldsymbol{M}_X \approx \begin{bmatrix} 0 \\ 0 \\ -0.26\times10^{-5} \end{bmatrix}(\mathrm{N\cdot m})$$

4）$\pm Z$ 面。$+Z$ 面安装了光学载荷，吸收系数比较大，近似取 1.0；$-Z$ 面隔热包覆，强反射，设吸收系数为 0，漫反射比例系数 r_d 取 0.8。由式（7.6.10），计算 $\pm Z$ 面所受平均力矩为

$$\boldsymbol{M}_Z \approx \begin{bmatrix} 0.01\times10^{-5} \\ 0 \\ 0.26\times10^{-5} \end{bmatrix}(\mathrm{N\cdot m})$$

5）$\pm Y$ 面。$+Y$ 面为散热面，近似取吸收系数 0.2，漫反射比例系数 r_d 取 0.5；$-Y$ 面隔热包覆，取吸收系数为 0，漫反射比例系数 r_d 取 0.8。由式（7.6.11），计算 $\pm Y$ 面所受平均力矩为

$$\boldsymbol{M}_Y \approx \begin{bmatrix} 0 \\ 0 \\ -0.02\times10^{-5} \end{bmatrix}(\mathrm{N\cdot m})$$

可见，帆板所受力矩是主要部分。前几项相加，可得合力矩，再由式（7.6.13）评估自旋进动。

7.6.2　气动力矩的影响

仍然采用 7.6.1 节的卫星模型，卫星轨道为高度较低的圆轨道。设卫星绕 X 轴稳定自旋。

参考文献［3］，卫星所受气动力可以表示为

$$\boldsymbol{F} = -k_v A\,\mathrm{c}\theta\left[\boldsymbol{e} + \frac{\omega_n}{\omega_0}\mathrm{si}\,\mathrm{c}(\omega_0 t)\cdot\boldsymbol{e}_n\right],\quad \mathrm{c}\theta = \boldsymbol{e}\cdot\boldsymbol{n} > 0 \tag{7.6.16}$$

式中：

$$k_v = \frac{C_D}{2}\rho v^2$$

式中，C_D 为阻力系数；ρ 为大气密度；v 为气流相对卫星速度。

式（7.6.16）中，A 为卫星迎流面的面积，外法线为 $\boldsymbol{n}$ 。考虑到借用太阳光压的计算结果，定义 $\boldsymbol{e}$ 指向卫星飞行方向，近似来流的反方向，与 7.6.1 节 $\boldsymbol{S}$ 方向类似，由卫星向外指向。式（7.6.16）也考虑了大气绕地轴旋转运动，旋转角速度为 ω_n（一般认为是地球自转角速度的 1～1.5 倍），ω_0 是轨道角速度，i 是轨道倾角，单位向量 $\boldsymbol{e}_n$ 表示轨道法向，t 是升交点起算的时间。

气动力矩为

$$\boldsymbol{M} = \boldsymbol{r}\times\boldsymbol{F} = -k_v A\,\mathrm{c}\theta\cdot\boldsymbol{r}\times\boldsymbol{e} - k_v A\,\frac{\omega_n}{\omega_0}\mathrm{c}\theta\,\mathrm{si}\,\mathrm{c}(\omega_0 t)\cdot\boldsymbol{r}\times\boldsymbol{e}_n \tag{7.6.17}$$

式（7.6.17）第二项在幅值上比第一项小一个量级，卫星各面该项力矩的合力矩在每

个自旋周期的均值，方向指向 $\boldsymbol{X}\times\boldsymbol{e}_n$，大小正比于 $\mathrm{c}(\omega_0 t)$。如果不考虑大气密度变化，则轨道周期均值为 0；而即使考虑阴影区导致大气密度变化，其轨道周期均值也比第一项的均值小得多。因此，下面的讨论忽略第二项。

（1）气动力矩的自旋周期均值

与式（7.6.2）比较，与 $\boldsymbol{e}$ 相关部分是其简化版。面积、压心矢径、坐标系等符号完全借用 7.6.1 节，只是将 $\boldsymbol{S}$ 替代为 $\boldsymbol{e}$，并且不再考虑正背面的差异。

考虑到卫星自旋速率远大于轨道角速度，求自旋周期内的平均力矩时，可以认为 $\boldsymbol{e}$ 的指向不变。与 $\boldsymbol{e}$ 相关的平均力矩可以类比 7.6.1 节获得，相当于 $c_1=1, c_2=c_3=0, \Delta_i=0$，从而直接给出。

1）帆板 $\boldsymbol{n}//\boldsymbol{X}$ 时：

$$\boldsymbol{M}_{f,m}=-k_v A_f x_f\,|\mathrm{c}\alpha|\cdot\boldsymbol{X}\times\boldsymbol{e}=-k_v A_f x_f\,|\mathrm{c}\alpha|\,\mathrm{s}\alpha\cdot\boldsymbol{Z}_0$$

2）帆板 $\boldsymbol{n}//\boldsymbol{Z}$ 时：

$$\boldsymbol{M}_{f,m}=-\frac{2}{\pi}k_v A_f x_f\,\mathrm{s}^2\alpha\cdot\boldsymbol{Z}_0$$

3）本体 $\pm X$ 面：

$$\boldsymbol{M}_{X,m}=-k_v A_x(x_g\pm d_x)\,|\mathrm{c}\alpha|\,\mathrm{s}\alpha\cdot\boldsymbol{Z}_0=-k_v A_x(d_x\pm x_g)\mathrm{c}\alpha\,\mathrm{s}\alpha\cdot\boldsymbol{Z}_0$$

如果是 $+X$ 面受照，则上式中“$\pm$”取正，否则取负。

4）本体 $\pm Z$ 面：

$$\boldsymbol{M}_{Z,m}=-k_v A_z\left(-\frac{1}{2}d_z\mathrm{c}\alpha+\frac{2}{\pi}x_g\mathrm{s}\alpha\right)\mathrm{s}\alpha\cdot\boldsymbol{Z}_0$$

5）$\pm Y$ 面：

$$\boldsymbol{M}_{Y,m}=-k_v A_y\left(-\frac{1}{2}d_y\mathrm{c}\alpha+\frac{2}{\pi}x_g\mathrm{s}\alpha\right)\mathrm{s}\alpha\cdot\boldsymbol{Z}_0$$

6）合力矩：

$$\boldsymbol{M}=-k_v(V_1\mathrm{s}\alpha+V_2\,|\mathrm{c}\alpha|)\cdot\boldsymbol{X}\times\boldsymbol{e}\tag{7.6.18}$$

式中：

①当帆板 $\boldsymbol{n}//\boldsymbol{X}$ 时：

$$V_1=\frac{2}{\pi}(A_y+A_z)x_g,\quad V_2=A_f x_f+A_x x_g$$

②当帆板 $\boldsymbol{n}//\boldsymbol{Z}$ 时：

$$V_1=\frac{2}{\pi}(A_f x_f+A_y x_g+A_z x_g),\quad V_2=A_x x_g$$

（2）气动力矩对自旋角动量的作用

考察自旋进动，必须考虑 $\boldsymbol{e}$ 随轨道变化情况，这是与 7.6.1 节不一样的地方。

由于气动力矩很小，因此忽略自旋轴在一个轨道周期内的变化。

记自旋轴 $\boldsymbol{X}$ 在轨道面的投影方向（单位矢量）为 $\boldsymbol{p}$。设 $\boldsymbol{X}$ 与轨道法线 $\boldsymbol{e}_n$ 的夹角为 γ，卫星轨道幅角为 u（以 $\boldsymbol{p}$ 为起点），有

$$c\alpha = -s\gamma \cdot su, \quad s\alpha = \sqrt{1 - s^2\gamma \cdot s^2 u}$$

$$\boldsymbol{e} = -su \cdot \boldsymbol{p} + cu \cdot \boldsymbol{e}_n \times \boldsymbol{p}$$

1）大气密度不变（轨道无阴影区）。

显然，$s\alpha \cdot \boldsymbol{e}$ 、$|c\alpha| \cdot \boldsymbol{e}$ 均为轨道周期函数，均值为0，因此式（7.6.18）在一个轨道周期的均值为0。对系统角动量的平均效益可忽略。

2）大气密度变化（轨道有阴影区）。

除了极少数特殊轨道卫星（如晨昏轨道卫星每年大部分时间）外，一般卫星每个轨道周期都存在一定时段的阴影区，而阴影区的大气密度远低于阳照区，差别巨大，不可忽视。

设阴影区对应的轨道幅角范围为 $[u_0 - \Delta, u_0 + \Delta]$ 。式（7.6.18）中参数 k_v 为

$$k_v = \begin{cases} k, u \in [u_0 - \Delta, u_0 + \Delta] \\ (n+1)k, \text{其他} \end{cases}$$

结合1）的结果，有

$$\frac{1}{2\pi}\int_0^{2\pi} -k_v s\alpha \boldsymbol{e} \mathrm{d}u = \frac{nk}{2\pi}\int_{u_0-\Delta}^{u_0+\Delta} s\alpha \boldsymbol{e} \mathrm{d}u$$

$$\frac{1}{2\pi}\int_0^{2\pi} -k_v c\alpha \boldsymbol{e} \mathrm{d}u = \frac{nk}{2\pi}\int_{u_0-\Delta}^{u_0+\Delta} c\alpha \boldsymbol{e} \mathrm{d}u$$

$$\frac{1}{2\pi}\int_0^{2\pi} -k_v |c\alpha| \boldsymbol{e} \mathrm{d}u = \frac{nk}{2\pi}\int_{u_0-\Delta}^{u_0+\Delta} |c\alpha| \boldsymbol{e} \mathrm{d}u$$

它们可积，有显式结果，但过于复杂，不再列出。利用这些积分，可求式（7.6.18）的轨道周期均值，具有如下形式

$$\boldsymbol{M}_m = f_1\left(\frac{1}{s\gamma}\boldsymbol{e}_n \times \boldsymbol{X}\right) + f_2\left(\frac{1}{s\gamma}\boldsymbol{e}_n \times \boldsymbol{X}\right) \times \boldsymbol{X}$$

根据角动量定理，气动力矩使系统角动量绕轨道法线 $\boldsymbol{e}_n$ 旋转，旋转角速度为 $f_1/(hs\gamma)$；同时绕轨道法线与自旋轴的垂直方向（$\boldsymbol{e}_n \times X/s\gamma$）旋转，即朝向（或背离）轨道法线进动，旋转角速度为 f_2/h 。

7.6.3 重力梯度力矩和剩磁力矩的影响

只考虑卫星自旋速度远大于轨道角速度的情况。这里简要地给出主要计算公式，具体推导参见文献［6］，不过尽量统一采用本书定义的变量符号。

选取主惯量坐标系作为卫星本体坐标系 $OXYZ$ ，设 X 轴为稳定自旋轴，方向为 $\boldsymbol{X}$ ，卫星惯量矩阵 $\boldsymbol{J} = \mathrm{diag}\{J_1, J_2, J_3\}$ 。

记卫星轨道半长轴、偏心率分别为 a 、e ，卫星地心距为 r ，卫星径向、轨道法线单位向量为 $\boldsymbol{e}_r$ 、$\boldsymbol{e}_n$ ，$\boldsymbol{X}$ 与 $\boldsymbol{e}_n$ 的夹角为 γ 。

（1）重力梯度力矩的影响

重力梯度力矩为

$$\boldsymbol{M} = 3\frac{\mu}{r^3}\boldsymbol{e}_r \times \boldsymbol{J}\boldsymbol{e}_r \tag{7.6.19}$$

式中，μ 为地球引力常数。式（7.6.19）在一个轨道周期的均值为

$$\boldsymbol{M}_m=-k_G c\gamma\cdot\boldsymbol{e}_n\times\boldsymbol{X}\tag{7.6.20}$$

式中系数

$$k_G=\frac{3\mu}{2a^3(1-e^2)^{1.5}}\left[J_1-\frac{1}{2}(J_2+J_3)\right]$$

根据角动量定理，重力梯度力矩使系统角动量绕轨道法线 $\boldsymbol{e}_n$ 旋转，旋转角速度为

$$\omega_G=-\frac{k_G c\gamma}{h}\tag{7.6.21}$$

（2）剩磁力矩的影响

考虑地磁场为偶极子模型的简化情况，记偶极矩为 μ_m（约 8.1×10^{15} Wb·m），地磁北极方向矢量为 $\boldsymbol{e}_m$ 。

设卫星剩磁矩在自旋轴 $\boldsymbol{X}$ 方向的分量为 m_x（单位为 A·m^2），则剩磁力矩在一个轨道周期的均值为

$$\boldsymbol{M}_m=k_m[\boldsymbol{e}_m-3(\boldsymbol{e}_m\cdot\boldsymbol{e}_n)\boldsymbol{e}_n]\times\boldsymbol{X}\tag{7.6.22}$$

式中系数

$$k_m=\frac{\mu_m m_x}{2a^3(1-e^2)^{1.5}}$$

根据角动量定理，剩磁力矩使系统角动量旋转，旋转角速度矢量为

$$\boldsymbol{\omega}_m=\frac{k_m}{h}[\boldsymbol{e}_m-3(\boldsymbol{e}_m\cdot\boldsymbol{e}_n)\boldsymbol{e}_n]\tag{7.6.23}$$

7.7　应用实例设计

7.7.1　失控后快速捕获太阳的方案

仍以 7.5 节卫星[1]作为假想对象，主惯量为

$$J_x=5\,430.3\ \text{kg}\cdot\text{m}^2,\quad J_y=3\,384.6\ \text{kg}\cdot\text{m}^2,\quad J_z=4\,972.5\ \text{kg}\cdot\text{m}^2$$

假设卫星处于失控状态，单翼太阳能电池帆板位于星体 $-Y$ 方向，归零，法线指向星体 $-Z$ 轴。设卫星角动量与太阳方向夹角为 20°。

这是一个十分危险的姿态，最大主惯量在 X 轴，卫星自旋轴将稳定在 X 轴，稳定状态 X 轴与太阳方向夹角 20°，则太阳能电池帆板法线与太阳夹角在 70°～110°，能源情况非常糟糕，只能维持小功率的应急处理。

卫星的自旋轴与自转角速度可以通过星上安装的太阳敏感器测量获得，原理为

$$\frac{\mathrm{d}\boldsymbol{S}}{\mathrm{d}t}=\dot{\boldsymbol{S}}+\boldsymbol{\omega}\times\boldsymbol{S},\quad\frac{\mathrm{d}\boldsymbol{S}}{\mathrm{d}t}\approx0$$

则

$$\boldsymbol{S}^{\times}\boldsymbol{\omega}\approx\dot{\boldsymbol{S}}$$

式中，$\boldsymbol{S}$ 为太阳敏感器测量的太阳方位在本体表示，随卫星旋转而变化。

通过多次测量，即可由上式估算出卫星角速度矢量 $\boldsymbol{\omega}$ 。再根据卫星惯量，可计算卫星角动量大小 h_s 与方向。

启动动量轮组，维持角动量大小 h_w（$h_w < h_s$），方位为星体 $-Z$ 轴。只要

$$\lambda_m = \frac{h_s}{h_s - h_w} J_z > J_x$$

或

$$h_w > 0.085\, h_s$$

则 λ_m 为稳定自旋轴等效惯量，稳定自旋轴方向在星体 $-Z$ 轴。很快，$-Z$ 轴（太阳能电池帆板法线）即与太阳方向夹角 20°，卫星获得了充足的能源。

当然，实际使用时，动量轮角动量大小的设计应留有一定余量。

7.7.2 中心遥控机故障修复方案

（1）故障现象与问题

以 7.5 节描述的地球静止轨道卫星[1]作为虚拟对象，假设其载有中心遥控机，双机热备份工作，为星上实施直接遥控指令、控制星上重要分系统与设备加断电、热控启动等的关键部件。

卫星运行过程中，设想中心遥控机出现 A 机功能丧失，只能由 B 机执行直接遥控任务。故障定位到大功率 CMOS 器件发生单粒子闩锁，一直处于锁定状态，但并未毁坏。考虑到故障同源，B 机发生类似故障的概率较大，一旦 B 机也发生故障，卫星将失去重要设备主备切换与部分热控功能，从而陷入极大风险中。因此，应尽快想办法修复。

单粒子闩锁的解除手段是对部件断电，再重启恢复。考虑到中心遥控机的核心作用和高可靠性要求，没有设置单独的加断电开关，其断电与重启由卫星电源控制器的加断电间接控制。

修复过程的可能风险如下。

1）如果利用遥控指令，直接让电源控制器断电，那么断电过程中母线电流波动非常大，存在单粒子闩锁器件直接烧毁的风险，星上其他部件也可能发生电应力失效。

2）断电后卫星电源重启时，因为控制系统动量轮掉电而导致卫星失去姿态基准，存在卫星能源不足风险，甚至可能导致卫星进入不确定较大的抢救程序。

3）卫星重启后，姿态控制系统可能需要上注程序，以应对非预期状况，这就存在地面预判、重新研制成本、时间成本、上注通道是否畅通等风险。

（2）故障修复方案

故障修复方案设计的原则如下。

1）断电电流波动小。

2）整个修复过程姿态基本受控。

3）断电后能源较快恢复。

4）利用星上现有程序，特别是卫星重启后，不需要上注程序。

故障修复方案的重点就是利用动量轮偏置动量，确保断电前与断电过程姿态稳定，并朝预期方向旋转。

设计如下故障修复方案。

1）断电前姿态设置与保持。

卫星的单翼太阳能电池帆板位于星体 $-Y$ 方向，将其归零，法线指向星体 $-Z$ 轴。利用姿轨控系统的惯性定向模式，在正午时刻（太阳在天顶方向），控制星体 $+X$ 轴指向卫星飞行方向，而星体 $-Z$ 轴与太阳方向夹 θ_0 角，并且启动动量轮组，使动量轮组合成角动量大小维持为 h_s，方向指向星体 $+X$ 轴，卫星与太阳矢量关系如图 7－6 所示。此后姿轨控系统控制卫星在惯性系一直维持该定向姿态。

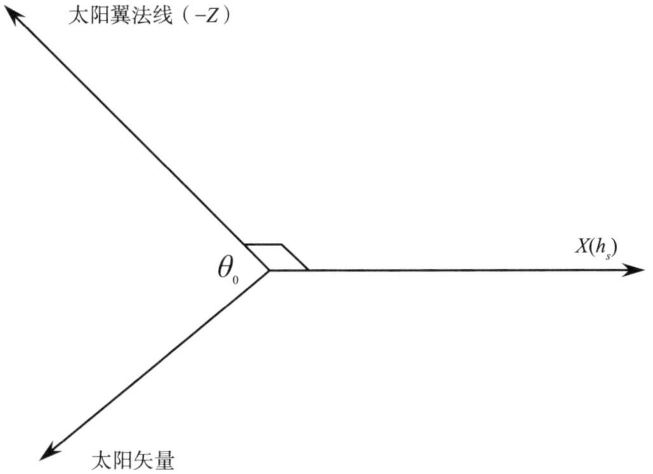

图 7－6　卫星与太阳矢量关系

选择 $+X$ 轴作为偏置动量轴，一个原因是其为最大惯量轴，一旦卫星掉电，卫星即开始绕 $+X$ 轴自旋，自旋轴位于最大惯量轴稳妥可靠。

选择 X 轴的正方向而不是相反方向的主要考虑是：一旦卫星旋转起来，即便后续操作异常或不及时，让卫星一直旋转，卫星的主要干扰力矩——太阳光压力矩的合成角动量平均作用在 $+X$ 方向，从而加大自旋角动量，提高了自旋稳定度，卫星仍是安全的。

分析如下：太阳翼电池面朝向太阳与背向太阳（背面受照），产生的光压力矩不一样，后者更大。这是因为前者对太阳光的吸收率为 0.9 以上；而后者除了部分吸收外，还有较大部分被反射。前者干扰力矩幅值约 3×10^{-4} N·m，作用在 $-X$ 轴；后者干扰力矩幅值约 4.5×10^{-4} N·m，作用在 $+X$ 轴。卫星旋转一周（周期为 T_s），积累角动量约为 $1.5\times10^{-4}\times T_s/\pi$（N·m·s）。

2）断电条件。

θ_0 的选择应使得太阳翼提供的蓄电池充电电流小于卫星负载电流 I_p。如果 θ_0 的绝对值大于或等于 90°，那么太阳翼无充电电流，蓄电池以最大速度放电。如果希望放电电流 I_{out} 受控，不妨记太阳翼正对太阳时提供的充电电流为 I_m，则应有

$$\cos\theta_0=\frac{I_p-I_{\text{out}}}{I_m}$$

当蓄电池放电达到较大的深度时，电源控制器就会自动断电，此时由于一次母线电压很低，因此母线电流波动就比正常母线电压下指令断电的情况小得多。

3）理想情况断电后姿态变化。

断电后，动量轮组掉电，在摩擦力矩（单个轮子的摩擦力矩约为 0.01 N·m 量级）作用下，转速缓慢下降，而卫星绕 $+X$ 轴的旋转角速度则缓慢增加。

理想情况下，断电后，自旋轴方向在星体 $+X$ 轴，稳定自旋轴等效惯量

$$\lambda_m(t)=\frac{h_s}{h_s-h_w(t)}J_x$$

初始时刻 $h_w(t)$ 为 h_s，缓慢减小时，λ_m 仍然很大，自旋具有良好的稳定性。即使 $h_w(t)$ 衰减到 0，仍是卫星最大惯量轴，自旋仍具有稳定性。实际上 $h_w(t)$ 远未衰减到 0，卫星电源就已自动重启。

设 $h_w(t)$ 的衰减率为 $-\dot{h}_w(t)$，则星体 $-Z$ 轴与太阳方向夹角变化为

$$\dot{\theta}(t)=-\frac{1}{J_x}\int_0^t\dot{h}_w(\tau)\mathrm{d}\tau$$

$$\theta(t)=\theta_0+\int_0^t\dot{\theta}(\tau)\mathrm{d}\tau$$

太阳翼法线与太阳方向夹角近似以时间平方项减小，充电电流上升，且卫星断电后，卫星基本无负载电流，因此蓄电池充电较快，很快电源系统自动加电。

例 7.3 $h_s=40$ N·m·s，$\dot{h}_w(t)=0.02$ N·m（多个动量轮在 X 轴合阻力矩），$I_m=100.0$ A，$\theta_0=72.0°$，电源重启需要的充电量为 $Q_0=10.0$ A·h。

姿态变化公式（所取时刻在动量轮转速下滑到零的时间内）为

$$\dot{\theta}(t)\approx-2.0\times10^{-4}t[(°)/\mathrm{s}]$$

$$\theta(t)\approx72.0-1\times10^{-4}t^2(°)$$

充电量 $Q(t)=\int_0^t I_m\cos\theta\,\mathrm{d}t$，可以用数值积分求解。

这里用比较法说明问题。即使姿态维持在 θ_0，达到充电量所需时间

$$T=\frac{Q_0}{I_m\cos\theta_0}\approx1\ 165\ \mathrm{s}$$

而实际姿态在 $0\sim T$ 时间内从 72° 变化到 $\theta(T)\approx-64°$，平均充电角度远优于 72°，充电量应远大于 Q_0。这说明达到重启时间小于 T，而动量轮角动量仍未衰减到零（最大下滑时间约 2 000 s）；且重启时刻，太阳矢量与 $-Z$ 轴夹角不大，满足后续太阳捕获测量条件；并且需要阻尼的速率不大，低于 0.2（°）/s。

4）动量轮组的选择与参数设计。

轮组的选择及角动量的设置，应使得它们在 X 轴的分量叠加，而在 Y 与 Z 轴分量抵消。最多 3 个轮子必然满足该条件，而 1 个 X 轴轮子或 2 个关于 X 轴对称的轮子也能

满足。

但是，如果参与控制的动量轮的摩擦力矩不一致，则断电后可能还会在 Y 轴或 Z 轴上产生干扰角动量，影响控制效果。应尽量选择安装方位靠近 $\pm X$ 轴的动量轮参与控制，这样即使摩擦力矩不一致，角动量交换过程引起的章动也很小。

不妨设参与控制的两个动量轮位于星体 XY 平面，关于 X 轴对称，角动量方向与 X 轴夹角为 α 。断电前它们的角动量均维持为 h_0。断电后，轮 1 的衰减率为 $-\dot{h}$ ，轮 2 的衰减率为 $-(1+\Delta)\dot{h}$ ，其中 Δ 就表示了两者的不一致性。断电后 t 时刻（小于动量轮下滑时间），交换到卫星 Y 轴角动量为

$$H_y(t)=\Delta\cdot\dot{h}t\sin\alpha$$

空间章动角 β 约为

$$\beta(t)=\sin^{-1}\frac{H_y}{2h_0\cos\alpha}=\sin^{-1}\frac{\Delta\cdot\dot{h}t\cdot\tan\alpha}{2h_0}$$

可见，减小轮子与 X 轴夹角 α 、减小不一致参量 Δ 、增加初始角动量 h_0，均能减缓章动角的增长。

例 7.4　$h_0=20\ \text{N}\cdot\text{m}\cdot\text{s}$, $\alpha=15^\circ$, $\dot{h}=0.01\ \text{N}\cdot\text{m}$ ，则

$$\beta(t)=\sin^{-1}(6.7\times10^{-5}\Delta t)$$

增长很慢。如果不一致参量 $\Delta=0.2$, $T=1\ 165\ \text{s}$ ，则 $\beta(T)\approx0.9^\circ$ ，卫星电源重启时对自旋轴指向影响甚小。

如果对角动量需求较大，不得不选用多个动量轮，那么越靠近 X 轴的动量轮应分配越多的角动量。

5）卫星电源重启后的姿控系统操作。

卫星电源重启后，AOCC 自动上电，姿控系统进入太阳捕获与定向模式。而上面的设计已经确保了进入该模式良好的初始条件。

此后，按照正常的流程，逐步恢复卫星工作的正常姿态。

本章小结

本章揭示了含固定转速驱动电动机挠性卫星的自旋稳定性质，为主动控制卫星自旋轴在本体的方向奠定了理论基础。本章也分析了太阳光压力矩、气动力矩对自旋的影响，为评估自旋进动提供了计算公式。

本章设计了两个应用实例，以对上述性质的应用进行展示。实际上，除了所举应用实例的类似场景外，还有许多利用卫星自旋达到某种目的的应用场景，如利用自旋帮助机构解锁、对特殊目标扫描搜索等。自旋稳定是第一需要考虑的问题，但现代卫星很难保证需设计的自旋轴在最大惯量轴上，而利用本章结论就突破了卫星质量特性的限制，具备了可控制、可灵活调节的优势。

本章自旋稳定性结论得到了在轨数据验证，但是尚没有给出自旋稳定的收敛速度的理

论评估。在偏离平衡点较远的区域，在轨数据与动力学仿真结果都证明收敛速度很快。需要指出的是，在平衡点附近，在轨的实际情况比动力学仿真的收敛过程快得多，这说明挠性卫星实际的动力学可能存在尚未认识到的能量快速耗散的结构，而且可能是非线性过程。该问题目前还没有公认的结论，留待有志者深入研究。在此之前，应根据在轨经验数据，评估和近似模拟自旋稳定的收敛速度。

参 考 文 献

[1] 刘一武．含固定转速驱动电机的挠性卫星自旋稳定性分析 [J]．宇航学报，2015，36（6）：667－675．

[2] 徐福祥．用地球磁场和重力场成功挽救风云一号（B）卫星的控制技术 [J]．宇航学报，2001，22（2）：1－11．

[3] 屠善澄．卫星姿态动力学与控制（1）[M]．北京：宇航出版社，1999．

[4] KANE T R，LEVINSON D A. Energy－sink analysis of systems containing driven rotors [J]．J. Guidance and Control，1980，3（3）：234－238．

[5] 金梁，Bauer H F. 挠性双自旋卫星的姿态稳定判据 [J]．宇航学报，1991（4）：1－11．

[6] HUGHES P C. Spacecraft attitude dynamics [M]．New Jersey：John Wiley & Sons，1986．

[7] SLOTINE J J E，LI W P. Applied nonlinear control [M]．New Jersy：Prentice Hall，1991．